Das Bogenbauer-Buch

Das Bogenbauer-Buch

Herausgeberin	Angelika Hörnig
Autoren	Flemming Alrune Wulf Hein Jürgen Junkmanns Boris Pantel Holger Riesch Achim Stegmeyer Ulli Stehli Konrad Vögele Jorge Zschieschang
Titelfoto	Volker Alles
Layout	Angelika Hörnig
Mitarbeit	Hubert Sudhues, Holger Riesch, Volker Alles

Bibliografische Information der Deutschen Nationalbibliothek
Die Deutsche Nationalbibliothek verzeichnet diese Publikation in der Deutschen Nationalbibliografie; detaillierte bibliografische Daten sind im Internet über www.dnb.de abrufbar.

ISBN 978-3-938921-74-6

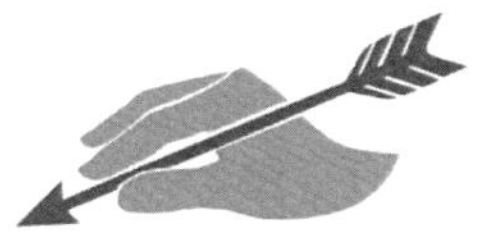

VERLAG ANGELIKA HÖRNIG

Siebenpfeifferstraße 16
67071 Ludwigshafen | Germany
office@bogenschiessen.de
www.bogenschiessen.de

TRADITION HEISST NICHT DIE ASCHE AUFHEBEN,

SONDERN DIE FLAMME WEITERREICHEN.

RICARDA HUCH

Das Bogenbauer-Buch

Europäischer Bogenbau von der Steinzeit bis heute

Verlag Angelika Hörnig

Die Faszination des Einfachen

Ein gebogener Stock und eine Schnur – wie oft schon mag sich diese Szene seit Jahrtausenden wiederholt haben? Anhand der Altersbestimmung von Felsen- und Höhlenmalereien ist es gut möglich, dass schon vor 20.000 Jahren der erste Pfeil sich von einer Bogensehne löste.

Was uns durch die Jahrtausende und quer durch alle Altersstufen verbindet, ist die Faszination, die Magie, die von Pfeil und Bogen ausgeht.
Den Bogen kraftvoll zu spannen, einen Pfeil auf seinen Weg zu schicken, das gute Gefühl, wenn er sein Ziel getroffen hat.
Alle diese Erfahrungen noch dazu mit einem selbstgebauten Bogen zu machen, steigern das Erlebnis, machen es unmittelbarer.
Und einen Bogen aus einer bestimmten Epoche nachzubauen, kann uns helfen, die besser zu verstehen, die vor uns waren.

Zeichnung: Höhlenmalerei in der „Cueva de los Caballos", Spanien, ca. 5.000 v. Chr.
Foto: Argentinien ca. 1960

> „...Man kennt nur die Dinge, die man zähmt," sagte der Fuchs. „Die Menschen haben keine Zeit mehr, irgend etwas kennen zu lernen. Sie kaufen sich alles fertig in den Geschäften. Aber da es keine Kaufläden für Freunde gibt, haben die Leute keine Freunde mehr. Wenn du einen Freund willst, so zähme mich!"
>
> Aus „Der kleine Prinz" von A. De Saint-Exupéry

In diesem Sinne möchte dieses Buch Anleitung und Ermutigung sein, sich seinen persönlichen „Freund aus Holz" zu zähmen. Es stellt einen Leitfaden dar, an den man sich halten kann, aber natürlich nicht muss, denn nur durch eigenes Experimentieren und Ausprobieren ist auch schon vor 20.000 Jahren „Neues" entdeckt worden.

Viel Freude dabei wünscht Angelika Hörnig
Ludwigshafen im November 2001

Hubert Sudhues (1957–2005)

EINE KLEINE GESCHICHTE DES BOGENS

Ausschnitt aus Höhlenmalerei in der „Cueva de los Caballos", Spanien.

Die Erfindung des Bogens verliert sich im mythischen Nebel der Geschichte: Erfindungsort und -zeit können von der Archäologie nicht exakt bestimmt werden. Ursache hierfür ist die Tatsache, daß sowohl Bogen als auch Pfeile aus organischen Materialien hergestellt wurden, die die Zeit nicht überdauert haben.

Erst mit der Verwendung von Pfeilspitzen aus Knochen und Stein hinterließen unsere Vorfahren eindeutig zu datierende Belege für die Verwendung von Pfeil und Bogen. Derartige Anhaltspunkte sprechen dafür, dass der Bogen bereits seit ca. 20.000 Jahren vom Menschen benutzt wird.

Stock und Stein waren die ersten Werkzeuge und Waffen des Menschen. Die Erfindung und Weiterentwicklung von Waffen war erforderlich, weil der Mensch als Jäger seinen potentiellen Beutetieren wie auch Raubtieren sowohl in seinen Sinnesleistungen wie auch hinsichtlich Kraft, Geschwindigkeit und „natürlicher Bewaffnung" (Zähne und Klauen) hoffnungslos unterlegen war.

Dem Faustkeil als der wohl ältesten Waffe der Menschheit folgte der Spieß, der aber wegen des immer noch engen Kontaktes zur Jagdbeute das Verletzungsrisiko des Jägers nur unwesentlich reduzierte. Der Speer als erste Distanzwaffe und die Speerschleuder (Atlatl) ermöglichten eine zunehmend größere Distanz und Effektivität bei der Jagd und natürlich auch in kriegerischen Auseinandersetzungen.

Der Bogen jedoch ermöglichte es, eine große Anzahl von Projektilen platzsparend mitzuführen und auf große Distanz zielgenauer als mit dem Atlatl zu plazieren. Damit konnte sich der steinzeitliche Jäger der sich ändernden Wildpopulation (Aussterben des Großwildes wie Mammut und Wollnashorn) anpassen und auf flüchtiges Wild wie Rentiere etc. mit guter Aussicht auf Erfolg Jagd machen.

Die bislang weltweit ältesten eindeutigen Belege für das Vorhandensein der Bogenwaffe stellen die aus Kiefernspaltholz hergestellten Pfeile vom Fundplatz Stellmoor bei Hamburg dar. Diese mit Vorschaft, präzisem Verbindungsstecksystem und Feuersteinspitze ausgerüsteten Pfeile repräsentieren eine schon weit fortgeschrittene Technologie und datieren auf ca. 9.000 bis 8.000 v. Chr. Der älteste Bogen, in den vierziger Jahren im Holmegaard-Moor auf Seeland, Dänemark, gefunden, datiert auf ca. 8.000 v. Chr. Auch hier zeugt das Design dieses Bogens von gehobenem 'Know-how'.

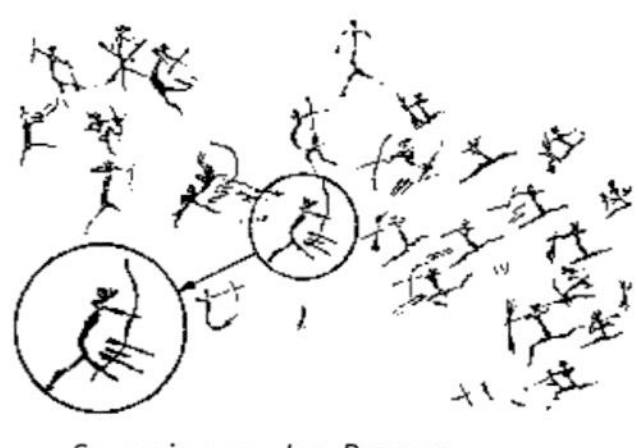

Szenerie aus »Les Dogues«, Castellón, Frankreich

Einen Beleg dafür, dass die Jagdwaffe ‚Bogen' schon sehr früh auch als Kampfwaffe benutzt wurde, liefert eine mesolithische Felsmalerei (ca. 8.000 v. Chr., links). Zwei Gruppen von Bogenschützen stehen sich im Schlachtgetümmel gegenüber, wobei auch ein Halbreflexbogen (Kreisausschnitt) zu erkennen ist.

1991 wurde als archäologischer „Jahrhundertfund" auf dem Hauslabjoch in den Ötztaler Alpen die Gletschermumie eines ca. 5.300 Jahre alten Mannes („Ötzi") mit kompletter Ausrüstung entdeckt. Wesentlicher Bestandteil dieser Ausrüstung war ein Langbogen sowie ein mit 14 Pfeilen gefüllter Köcher.

Pfeil und Bogen blieben für Jahrtausende die Hauptdistanzwaffe des Menschen, sie wurde in den verschiedenen Kulturen allerdings sehr unterschiedlich bewertet: Den Griechen der Antike galt sie als Waffe des Feiglings, der den unmittelbaren Nahkampf fürchtete.

Auch bei den Germanen war der Bogen nur Jagdwaffe; im Krieg galt er laut Tacitus als knabenhaft und tückisch. Vielen orientalischen und asiatischen Kulturen hingegen galt der Bogen als königliche Waffe.
Die Assyrer führten berittene Bogenschützen ein und kombinierten so die Distanzwaffe Bogen mit der Mobiltät des Pferdes. Der Kompositbogen war die Hauptwaffe der Reitervölker - Skythen, Partern, Hunnen, Sarmaten. Bei den alten Persern musste jeder Junge drei Dinge lernen: Reiten, Bogenschießen und die Wahrheit sagen!
Die Hochzeit des europäischen Rittertums wurde durch die großen Schlachten des Hundertjährigen Krieges zwischen England und Frankreich (Grecy 1346, Poitiers 1356, Agincourt 1415) am Ausgang des Mittelalters in Frage gestellt und schließlich beendet: Selbst gegen gepanzerte Ritter war der massierte Einsatz des englischen Langbogens verheerend. Die Armbrust war nicht nur in Grecy wegen der niedrigen Feuerfrequenz (1/Min.) dem englischen Langbogen (bis 12/Min.) unterlegen.
Auch den mongolischen Reiterbogen der „Tartaren" (von gr. „tartaros" = Unterwelt) und der damit möglichen flexiblen Taktik Dschingis-Khans hatte die schwer gepanzerte und damit unbewegliche Ritterschaft Europas nichts entgegenzusetzen.
In der kriegerischen Auseinandersetzung wurde der Bogen erst durch das Auftreten der Feuerwaffen am Ausgang des Mittelalters verdrängt, weil Armbrust- und Musketenschützen leichter auszubilden und somit billiger waren, sichere Beherrschung des Bogens aber jahrelanges Training voraussetzt.
In den Nordamerikanischen Indianerkriegen des 19. Jahrhunderts aber war der Bogen durchaus noch eine gefürchtete Waffe. Erst mit Einführung der Repetiergewehre konnten die bis dahin sowohl an Feuerfrequenz als auch an Präzision überlegenen Indianer besiegt werden. Aus dem gleichen Grund hatte aber noch Benjamin Franklin (1706–1790) während des amerikanischen Unabhängigkeitskrieges vorgeschlagen, die schwerfällige Muskete durch den altbewährten englischen Langbogen zu ersetzten.
Im 20. und 21. Jh. wurde und wird der Bogen noch in Südamerika, Afrika, der arabischen Halbinsel, Indien und in der Südsee (z.B. auf Papua-Neuguinea) sowohl zur Jagd als auch in kriegerischen Auseinandersetzungen von der einheimischen Urbevölkerung benutzt.

Aus der „Cueva Saltadora", Spanien.

Zu Beginn des 20. Jahrhunderts wurde u.a. durch Saxton Pope eine Renaisance des sportlichen und jagdlichen Bogenschießens ausgelöst. In Nordamerika gibt es heute ca. 2,5 Millionen Bogenschützen, von denen nicht wenige mit Pfeil und Bogen auf die Jagd gehen, allerdings der Großteil mit dem Compound-Bogen.
Auch in einigen Ländern Europas (z.B. Frankreich, Italien, Ungarn) ist die Bogenjagd erlaubt, nicht jedoch in Deutschland, Österreich und der Schweiz.
Trotz aller Technikbegeisterung nimmt seit den 80ziger Jahren in den USA wie auch in Europa die Zahl der Bogenschützen mit traditionellem Gerät, also einfachen Langbogen und Recurvebogen ohne Visier und Rollenzüge, immer mehr zu. Die Zahl der traditionellen Bogensportvereine wächst, so dass es leichter wird, im Kreise Gleichgesinnter diese Form des Bogenschiessens zu praktizieren.
Und auch der Bogenbau wurde wiederentdeckt. Heute gibt es auch bei uns wieder professionelle Bogenbauer, die ihr Wissen und Können in Kursen weitergeben.
Und es gibt diejenigen, die Bogenbau als spannendes und entspannendes Hobby für sich entdeckt haben. Zumindest hier schließen sich die Kreise...

Verwendete Literatur:
Beckhoff 1963, Daniel 1996, Dutour 1986, Egg 1992, Ehrenreich 1997, Feldhaus 1914, Feustel 1985, Hardy 1992, Heath 1971, Hurley 1975, Kluge 1989, Lennox 1979, Marden 1980, Nickel 1974, Pope 1923, 1930, 1985, Schmidt 1989, Stodiek 1993/1996, Sun Tsu 1993, Sunzi 1996, Winkle 1974.

INHALT

ZUM AUTOR

FLEMMING ALRUNE

Seit etwa 18 Jahren rekonstruiert Flemming Alrune archäologische Artefakte aus Dänemark, Norddeutschland und Südschweden. Im Laufe der Jahre baute er so viele Bogen und Pfeile aus den unterschiedlichsten Epochen für Museen in verschiedenen Ländern. Seine Arbeit dokumentierte er in Artikeln für internationale Magazine und in Fernseh- und Filmproduktionen. Heutzutage gibt er Kurse und Vorführungen im Bogenbau und schreibt freiberuflich für das dänische „Historisch-Archäologische Zentrum" und verschiedene Museen.

Seine erste Broschüre „Pfeil und Bogen vor 6.000 Jahren", von 1991, war in Dänemark schnell ausverkauft und wurde oft wieder aufgelegt. In dem hier vorliegenden Buch ist auch seine zweite Veröffentlichung „Ein Bogen aus dem Mittelalter - Bau dir deine eigene Kopie" zu finden. Der Autor freut sich auf Zuschriften und Kontakte. (Adresse im Anhang)

1

FLEMMING ALRUNE

PFEIL UND BOGEN VOR 6.000 JAHREN

Aus dem Dänischen von Wulf Hein (in Zusammenarbeit mit Kerstin Wieland und Ole Nielsen)

Eine Frage, die mir immer wieder gestellt wird, wenn ich Vorträge halte oder meine Bogen und Pfeile vorführe, ist: „Wo kann ich lernen, Pfeil und Bogen zu bauen? Gibt es Bücher darüber, die ich in der Bibliothek ausleihen kann?“ Es gibt Bücher zu dem Thema, aber entweder sind sie in Englisch geschrieben, oder sie sind so technisch, dass sie einen Anfänger abschrecken – meistens sind sie beides.

Deshalb folgt hier eine einfache und leichte Anleitung wie man sich einen Bogen baut, Pfeile macht und damit schießt. Es ist keine aufwendige Sache, sich einen Bogen selbst zu bauen, man braucht dazu weder eine große Werkstatt noch teures Werkzeug. Es gehört Zeit dazu – und Sorgfalt. Geduld ist eine gute Sache, und warum sich beeilen, etwas unbedingt fertig zu bekommen, wenn man doch den Prozess genießen kann und darüber hinaus sicherer sein kann, das richtige Resultat zu erreichen. Auch Jungen und Mädchen ab etwa 13–14 Jahren, die ihre Hände nur halbwegs gebrauchen können, werden das schaffen. (Also auch als Bogenbau-Projekt für eine Jugendgruppe oder Schulklasse geeignet. A. d. Hrsg.)

WELCHEN BOGEN BAUEN WIR ?

Der Bogen, der im folgenden beschrieben und erklärt wird, ist eine rekonstruierte Kopie eines der bei „Tybrind Vig“ auf West-Fünen gefundenen Bogen.

Es liegen ein ganz eigener Zauber und eine Spannung darin, einen Bogen nachzubauen, der vor 6.000 Jahren richtig in Gebrauch war. Plötzlich geht es nicht mehr nur um Pfeil und Bogen, sondern auch darum, wie die Menschen damals lebten. Welche Tierarten jagten sie? Wo gingen sie auf die Jagd? Wie sah das Land vor so langer Zeit aus?

Darum ein klein wenig „Bogengeschichte“.

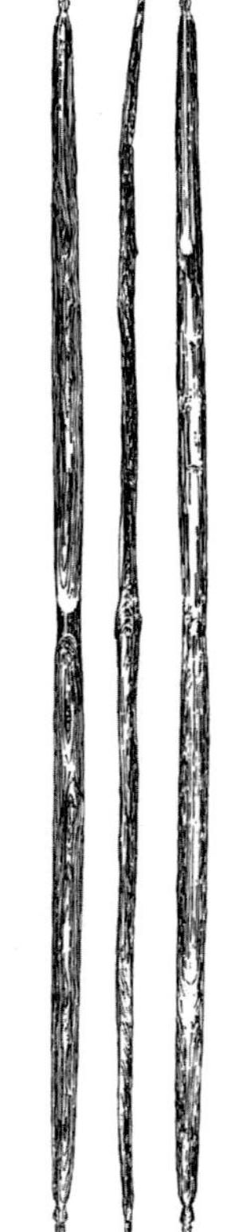

Zeichnung des Tybrind Vig Bogens, Alter ca. 6.000 Jahre, Länge 167 cm, das Modell für den beschriebenen Nachbau.

DER FUND

Amateurtaucher entdeckten in den 70er Jahren ein sehr spannendes Gebiet im Kleinen Belt draußen vor West-Fünen, ungefähr in der Mitte zwischen Fåborg und Middelfart.

Der Ort heißt „Tybrind Vig“, und der Meeresboden da draußen war praktisch übersät mit Hinterlassenschaften und Spuren aus der Jägersteinzeit.

Im Jahr 1978 startete eine fruchtbare Zusammenarbeit zwischen Froschmännern, Archäologen und dem Vorgeschichtlichen Museum „Moesgård“. Es wurde eine genau geplante „Unterwassergrabung“ begonnen, die über 10 Jahre lief. Die Ausgrabungsfläche lag ca. 250 m vor der heutigen Küstenlinie in Tiefen zwischen 2 und 3 m.

Aus einer ungestörten Schlammschicht in 1–2 m Wassertiefe holte man viele wertvolle und gut erhaltene Funde an die Oberfläche. Zwischen diesen das Unglaubliche, nämlich ganze Langbogen und Teile davon, sowie einige Pfeilschäfte.

Die Bogen, alle aus Ulmenholz, waren durchweg ungefähr 160 cm lang. Sie repräsentieren zwei Typen, die sich jedoch nur gering in der Form unterscheiden. Alle sind aus dünnen astfreien Ulmenstämmchen hergestellt.

Die Anzahl der Jahrringe spricht dafür, dass das Holz langsam gewachsen ist, es wird „schattenwüchsig“ genannt und gibt die besten Bögen. Die Pfeilschäfte waren aus Hasel.

Die eher technischen Beschreibungen stehen im Abschnitt über den Bogenbau.

JÄGERSTEINZEIT

In Dänemark unterscheidet man zwischen der „Jägersteinzeit“, der Zeit vom Anbeginn der Menschheit bis zur Einführung von Ackerbau und Viehzucht vor etwa 5000 Jahren, und der „Bauernsteinzeit“, was in etwa unserer Jungsteinzeit entspricht.

Der hier beschriebene Abschnitt heißt bei uns Mittelsteinzeit (Mesolithikum), also die Zeit zwischen dem Ende der Eiszeit vor 10.000 Jahren bis vor etwa 5.000 Jahren; A. d. Ü.

Der „Tybrind Vig“ - Fund wird auf 5.300 – 4.000 Jahre v. Chr. datiert. 1.300 Jahre einer Periode, die „Ertebølle-Zeit“ genannt wird, der letzte Teil der Jägersteinzeit.
Will heißen: hier haben seit 6.000 Jahren Menschen gelebt.
Wie sah ihr Land vor so langer Zeit aus? Unwahrscheinlich schön ist es gewesen.

Eine kleine geschützte Bucht, verbunden mit dem Kleinen Belt durch eine enge Passage.
Das hügelige Land war mit Urwald bedeckt. Dunkel, undurchdringlich stand der Wald rund um den kleinen Wohnplatz.
Eiche, Ulme, Linde waren die großen dominierenden Bäume. Auf Lichtungen und längs des Waldrandes wuchsen Birken, Hasel, Erle, Kiefer und vieles mehr.
Die Leute auf dem Wohnplatz lebten von Fischerei und Jagd, aber meistens hieß das: Fischen gehen, - so oft, dass man diese Periode eigentlich „Fischersteinzeit“ nennen müsste.
Aber auch der Wald gab Essen und Kleider. Hier lebten Wildschwein, Reh, Waldmarder, Fuchs, Wildkatze, Otter und Luchs.
Elch und Auerochse waren selten. Die waren schon auf dem Weg, weg von dort. Der Wald ist nicht ihr Biotop, wenn er zu dicht wird.
An Fischen und Vögeln gab es annähernd die gleichen Arten, die wir auch heute kennen.
Kleinwale und Robben machten einen großen Teil der Ernährung aus.
Wie gerne hätte ich dieses Land einmal gesehen.

Der Tybrind-Vig-Bogen

DER BOGEN

Der Bogen, den ich als Vorbild genommen habe, wurde in einem Stück gefunden und war gut erhalten.

Länge total	167 cm
Größte Breite	38 mm
Größte Dicke am Griff	36 mm
Größte Dicke a. d. Wurfarmen	24 mm

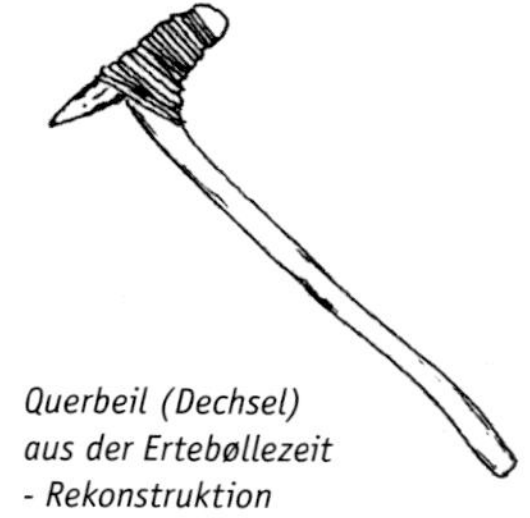
Querbeil (Dechsel) aus der Ertebøllezeit - Rekonstruktion

Das Bäumchen, das für den Nachbau verwendet wurde, war 14–18 Jahre alt und hatte einen Durchmesser von 7–8 cm.

Der Bogen ist vom Typ „Flachbogen", das heißt, er ist recht breit im Verhältnis zu seiner Dicke. Von den Nocken nehmen die Wurfarme sanft an Breite und Dicke zu und erreichen ihr höchstes Maß, kurz bevor sie sich im Griff verschmälern.

Die Bogensehne hat keine Spur hinterlassen. Sie könnte aus Sehne, Rohhaut oder Pflanzenfasern gemacht worden sein.

DER PFEIL

Die Pfeile, die bei „Tybrind Vig" gefunden wurden, hatten Schäfte aus Haselholz und Feuersteinspitzen - sogenannte Querschneider.

Eine ungewöhnlich effektive und kräftige Spitze, die typisch für die „Ertebølle-Zeit" ist. Während der nächsten paar Jahrtausende bis weit in die Bauernsteinzeit benutzte man Pfeile mit Querschneidern. Das sagt einiges über ihre Vollkommenheit aus.

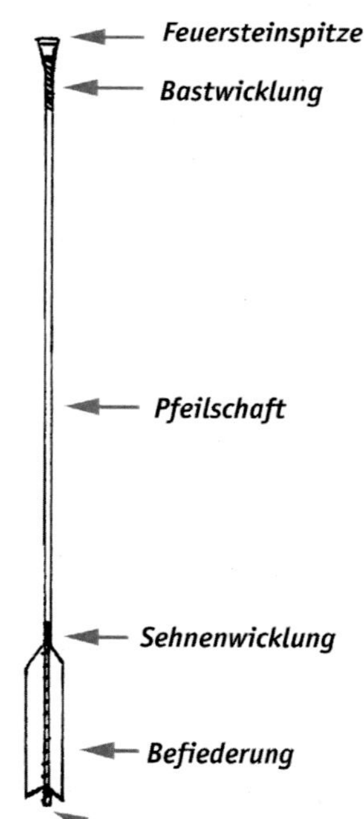

Querschneider aus Feuerstein in Originalgröße

Die Pfeilschäfte maßen 80–100 cm Länge. Sie waren an der dicksten Stelle 9–9,5 mm dick und an den Enden auf ca. 7,5–8 mm verjüngt.

Die Kerbe war so angelegt, das sie einen Winkel von 30° zu den Jahresringen / Markstrahlen bildet. Damit verringert man das Risiko, dass die Sehne den Pfeil spaltet.

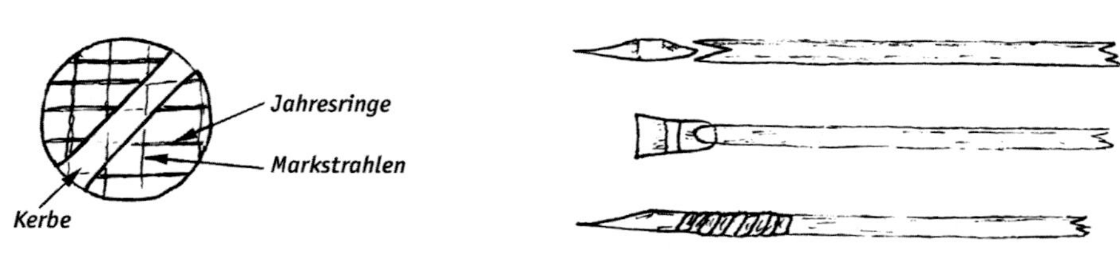

Auf anderen Fundplätzen findet man auf dem Pfeilschaft Reste einer Umwicklung, was darauf hindeutet, dass der Pfeil befiedert war.

Man hat auch Vorderteile von Pfeilen gefunden, in denen noch die Spitze sitzt. Sie wurde mit Bast festgebunden, nachdem sie in den Schaft eingepresst wurde.

DAS WERKZEUG FÜR DEN NACHBAU

Nach der Besprechung des Fundes sind wir nun bereit, wieder 6.000 Jahre vorzurücken – in unsere eigene Zeit.
An Werkzeug braucht man nicht viel, und die Preise hierfür sind erschwinglich. Das meiste findest du schon dort, wo du wohnst.

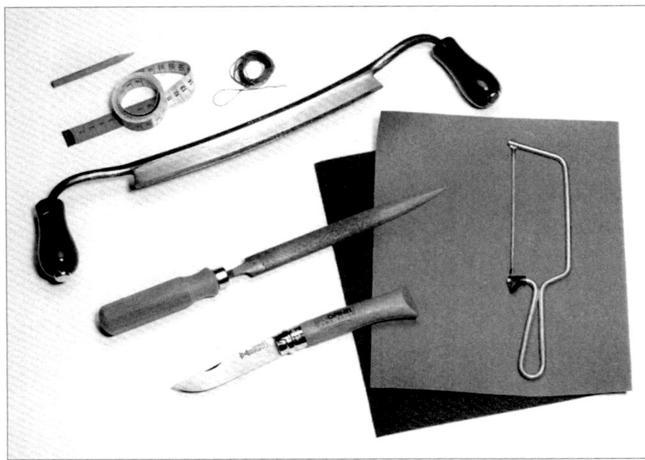

Foto: Volker Alles

Gebraucht werden:

- eine Säge (um Bäume damit zu fällen)
- eine kleine Handaxt
  (oder: Schraubstock u. Ziehmesser)
- ein Messer
- eine Raspel
- 1–2 Feilen mit verschiedenem Hieb
- ein Schabhobel und / oder Ziehklinge
- grobes und feines Sandpapier

Axt, Messer u.s.w. sollten wirklich sehr scharf sein.

Man braucht überhaupt keine große Werkstatt.
Pfeil und Bogen kann man eigentlich in der Küche bauen (wenn man die Erlaubnis dazu bekommt).
Wenn jedoch mit Sandpapier gearbeitet wird, rate ich, nach draußen zu gehen, wegen des Staubes.

Genauigkeit

Von Beginn an möchte ich unterstreichen, dass es nötig ist, sorgfältig und genau zu sein. Mach öfter mal eine Pause und kontrolliere, was du gerade tust – und überlege, wie du weitermachen willst.
Sei kritisch, und nimm dir viel Zeit.
Genieße den Prozess, einen Bogen zu erschaffen – das braucht Zeit; aber Geduld ist eine Eigenschaft, die man lernen kann.

Nicht vergessen!

Bau niemals am Bogen, wenn du in schlechter Stimmung oder gestresst bist – du sollst dich gut fühlen und entspannt sein, um ein gutes Ergebnis zu erzielen.

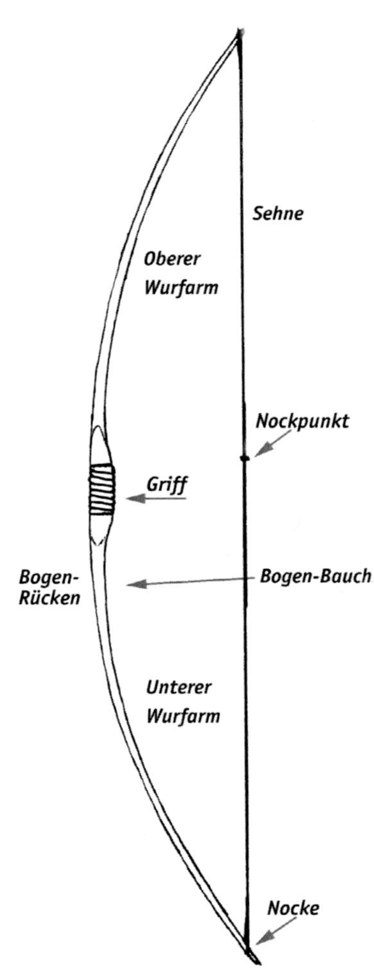

DAS HOLZ

Alle Bogenfunde aus der dänischen Jägersteinzeit sind aus Ulme gemacht, und wir werden selbstverständlich das gleiche Holz benutzen.
Ulmenholz ist ein ausgezeichnetes Bogenholz und leicht zu bearbeiten, außerdem wächst es im ganzen Land. Überall in Gärten, Parks und im Wald, wo es als Unkraut betrachtet wird. Hier findest du sie als wildwüchsige Bäume, und hier werden wir auch unser Holz holen.

Nun ist es aber nicht jeder beliebige Baum brauchbar. Das Holz muss „schattenwüchsig" sein, das heißt, der Baum muss „schlechte" Wachstumsbedingungen haben, so dass er langsam wächst und darum zäh und elastisch wird. Wir werden unsere Ulme auch im Schatten von anderen und höheren Bäumen finden, auf magerer Erde und an nordseitigen Waldrändern. Solche Bäume entwickeln gerade und ranke Stämme ohne viele Seitenäste und dadurch Knäste. Aufgrund des langsamen Wachstums liegen die Jahrringe sehr dicht.
Alles zusammen Eigenschaften, die wir brauchen.

Da **Ulme** in Deutschland wegen der Ulmenkrankheit sehr selten ist und von Förstern nur ungern rausgerückt wird, muss man evt. auf anderes Holz ausweichen. In Frage kommen: natürlich **Eibe**, sie ist aber giftig, schwierig zu bearbeiten und verzeiht keine Fehler.
Dann **Vogelbeere** (Eberesche), **Esche, Robinie** (Scheinakazie), **Hasel, Goldregen** (auch giftig) und **Hartriegel.** A. d. Ü.

Gutes Bogenholz

Wir brauchen ein gerades Stück Holz von 200 cm Länge mit einem Durchmesser von 5–8 cm. Es soll ein Stämmchen sein, kein Ast. Eine gute Idee ist, einen Förster zu fragen, ob er Ulmen hat. Erklär ihm, wofür es benutzt werden soll, dann geht das viel leichter.
Wie vorhin gesagt, soll es schattenwüchsig sein und frei von Seitenästen. Nimm nicht gleich das erste Holz, das du findest, sondern geh herum und untersuche viele – nimm dir Zeit zum Wählen und sei kritisch. Es ist eine gute Idee, so 2–3 Stück zu fällen, so dass du etwas in Reserve hast und vielleicht ein Bogen mehr draus wird.
Der Zeitpunkt zum Fällen ist Januar/Februar, wenn der Saftfluss im Baum am geringsten ist. Benutze eine Säge zum Fällen und sorge für einen glatten Sägeschnitt.

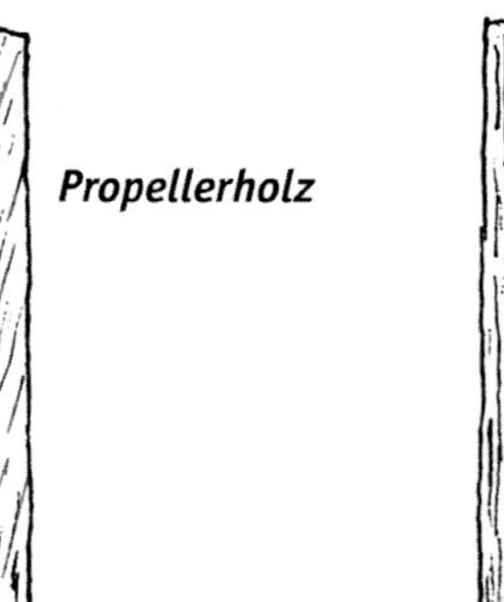

Propellerholz

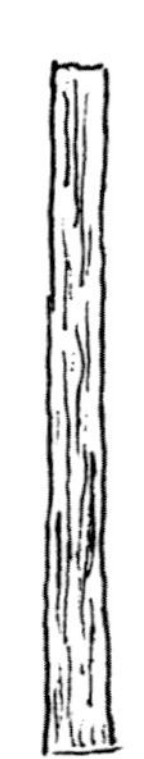

Gerades Holz

Pass auf, dass du kein „Propellerholz" erwischst, d.h. einen Stamm, der sich um seine eigene Längsachse windet. Das kommt vor, wenn die Baumkrone sich nach der Sonne richtet und sich dabei verdreht.

Lagerung

Das Holz muss mindestens 4 Monate gelagert werden. Selbst wenn es im Winter gefällt wird, enthält es zuviel Saft. Es muss trocknen, aber unter bestimmten Bedingungen.
Der Stamm soll draußen im Trockenen liegen, aber im Schatten und mit freier Luftzufuhr rundherum. Ein Carport oder ein Heuboden ist perfekt. Wichtig ist, dass die Trocknung langsam vor sich geht und der Temperatur und Luftfeuchtigkeit draußen folgt.
Später, wenn das Frühjahr voranschreitet, wird die Luft trockener - und damit der Ulmenstamm.

Die endgültige Trocknung findet erst während der Bogenherstellung statt, denn erst dann kommt von allen Seiten Luft an das eigentliche Bogenholz. Also Zeit lassen beim Bogenbau. A. d. Hrsg.

Bevor das Holz gelagert wird, sollten beide Enden mit einer Schicht Lack versiegelt werden. Sonst trocknet es hier zu schnell aus und der Stamm reißt.
Die Rinde wird ebenfalls vorher entfernt. Nimm kein Messer, sondern reiße sie mit den Händen ab und achte darauf, das Holz unter der Rinde nicht zu beschädigen.
Während die Stämme trocknen, hat man Gelegenheit, über die Jägersteinzeit und Robin Hood zu lesen.
Geduld! Das Holz bestimmt den rechten Zeitpunkt!

Kleine Holzkunde

Ulmenholz (und jedes andere Holz auch) besteht aus:
Zuäußerst die Rinde und gleich darunter die Bastschicht. Dann das Holz selbst, das aus zwei Sorten besteht.

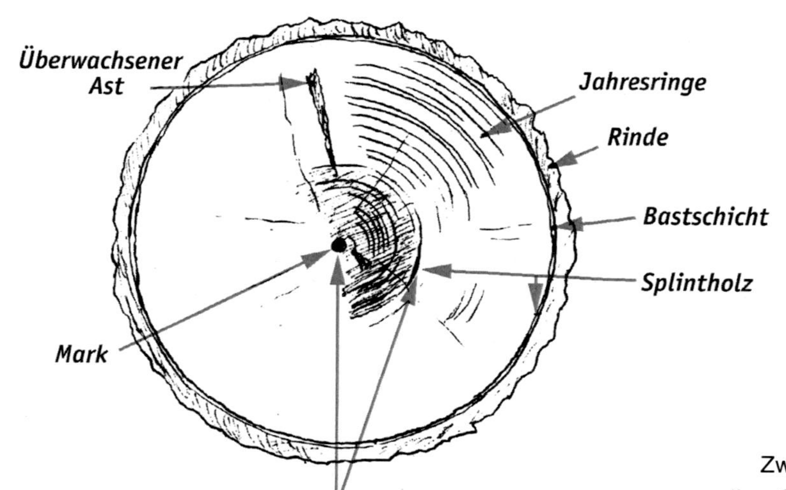

Querschnitt durch einen Stamm

Zuinnerst das ***Kernholz*** mit der Markröhre innendrin. Die Farbe ist dunkelbraun. Das Kernholz ist totes Gewebe, das nicht mehr länger Nahrung und Flüssigkeit im Stamm transportiert.

Kernholz ist steif und verträgt ein Zusammendrücken der Fasern, nicht aber Zug. Es hat eine recht ungleiche Verteilung im Ulmenstamm und kann in dünneren Bäumen ganz fehlen. In dickeren Stämmen kann es schwammig sein oder

Zwischen Kernholz und Bastschicht liegt das gelbe ***Splintholz***. Innen nimmt es nicht mehr am Flüssigkeitstransport teil, außen tut sich aber einiges. Später, wenn ein Baum älter wird, wird der Splint in Kernholz umgewandelt.
Das Splintholz ist jünger als das Kernholz und elastischer. Es verträgt Biegen und Beanspruchung auf Zug, aber nicht auf Druck.

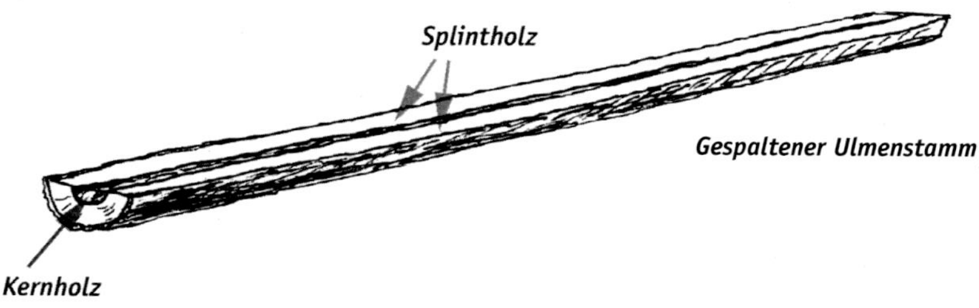

Es sind die verschiedenen Eigenschaften von Kern und Splint, die wir in unserem Bogen ausnützen werden. Der Rücken des Bogens soll im Splintholz liegen, sein Bauch im innersten Teil des Splintes oder im Kernholz.

Die Platzierung des Bogens im Ulmenstamm

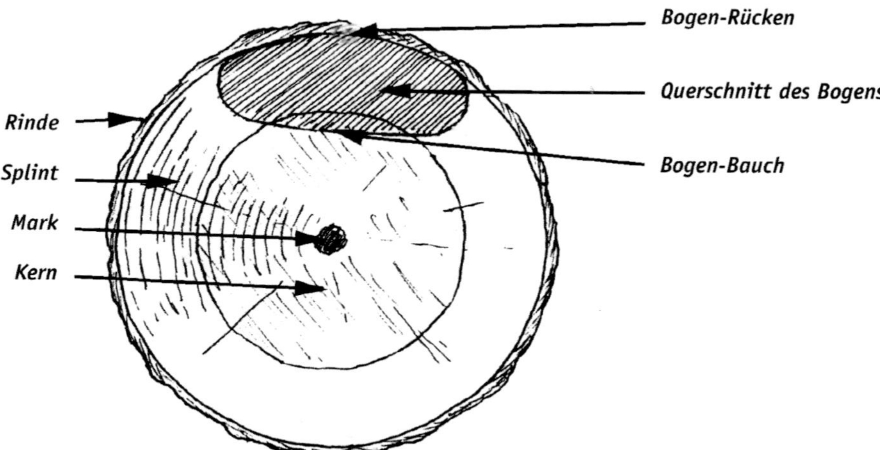

Wie vorhin gesagt, sind es die verschiedenen Eigenschaften der beiden Holztypen, die wir für die Konstruktion des Bogens nutzen werden.

Splint verträgt Biegung, Kernholz verträgt Druck.

Beide Holzarten zusammen werden sich nach einer Krafteinwirkung schnell wieder geradebiegen. Das gibt dem Bogen die „Wurfkraft“, das heißt seine Fähigkeit, sich blitzschnell wieder aufzurichten, nachdem er gespannt wurde.
Je schneller er sich ausrichtet - desto schneller wird der Pfeil fliegen.
Ein guter Bogen sollte eine ordentliche Wurfkraft haben.

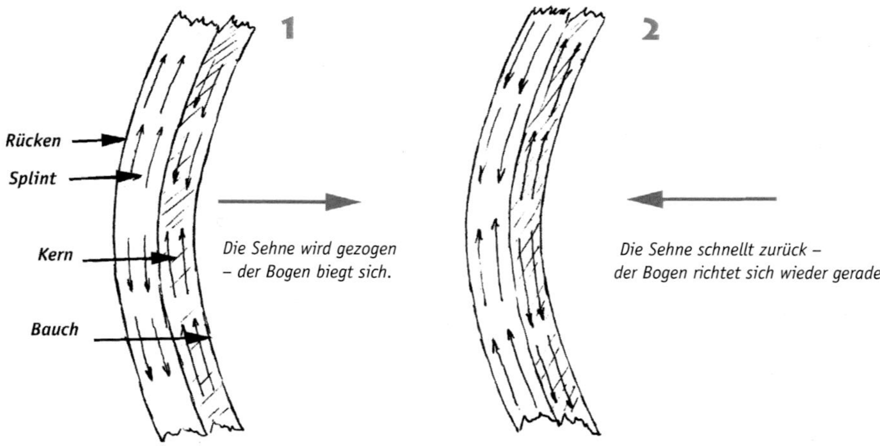

Auf 1 und 2 siehst du, wie die Fasern im Bogen arbeiten.
Das sind in groben Zügen die physikalischen Kräfte, die einem Bogen seine Wurfkraft geben – es ist immer von Vorteil, zu wissen, warum und wie eine Sache funktioniert.
So kann man auch besser verstehen, warum einige Holzarten besser geeignet sind als andere.

DIE FORM

ABMESSUNGEN DES BOGENS

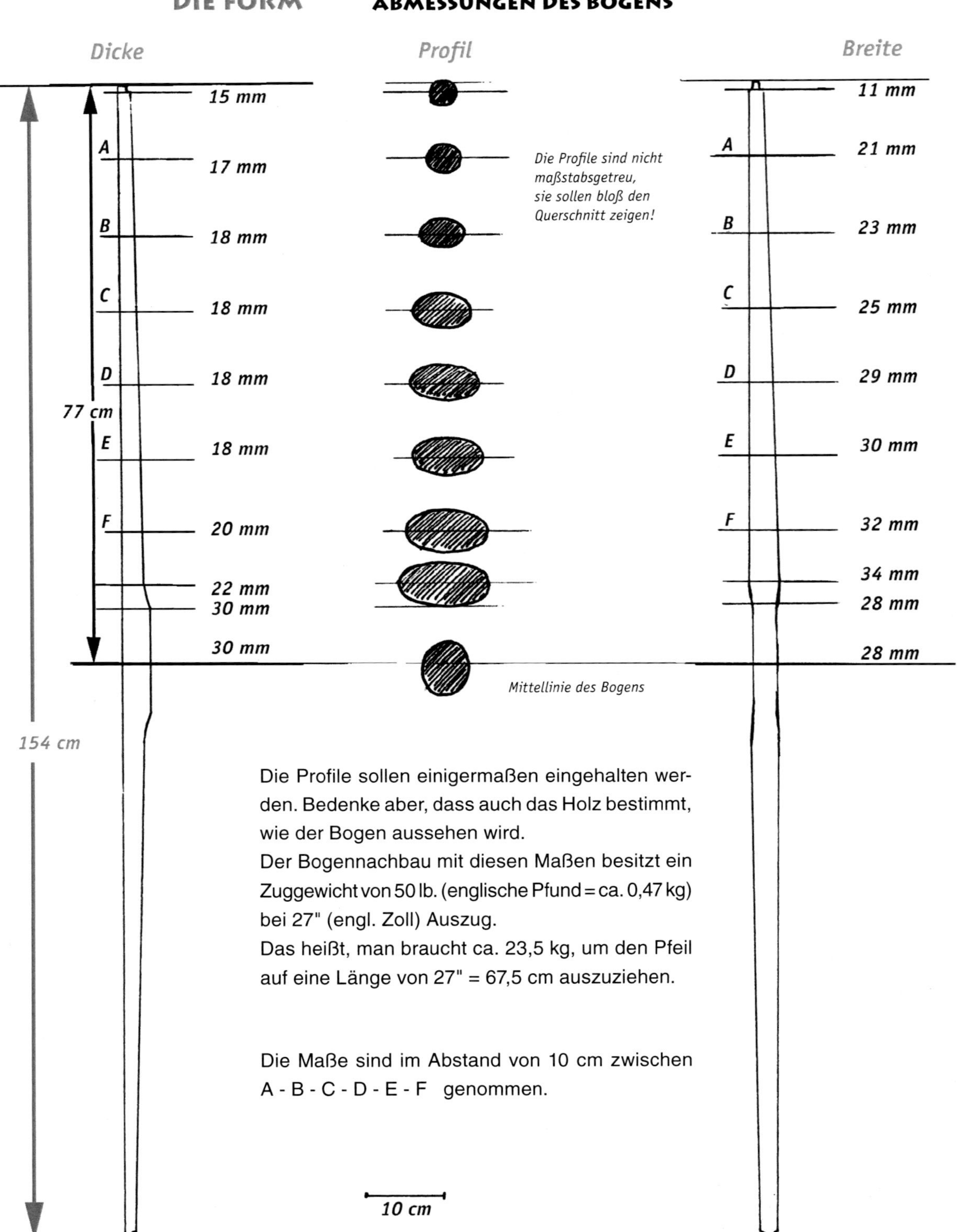

Die Profile sollen einigermaßen eingehalten werden. Bedenke aber, dass auch das Holz bestimmt, wie der Bogen aussehen wird.
Der Bogennachbau mit diesen Maßen besitzt ein Zuggewicht von 50 lb. (englische Pfund = ca. 0,47 kg) bei 27" (engl. Zoll) Auszug.
Das heißt, man braucht ca. 23,5 kg, um den Pfeil auf eine Länge von 27" = 67,5 cm auszuziehen.

Die Maße sind im Abstand von 10 cm zwischen A - B - C - D - E - F genommen.

DAS GROBE BEHAUEN DES STAMMES

Nun können wir also mit dem Bogen beginnen, und der Ausgangspunkt ist:
Ein Ulmenstamm, ca. 180 cm lang, ca. 7–8 cm im Durchmesser, mindestens 4 Monate ohne Rinde gelagert. Für diese Arbeit benutzt du am besten ein kleines, sehr scharfes Handbeil.
Nun stehst du da mit dem Stamm – und sollst aussuchen, wo der Rücken des Bogens hinkommt. Der soll natürlich auf der schönsten Seite liegen, will sagen da, wo keine oder nur wenige (kleine) Äste sind.
Wenn du das Hirnholz anschaust, kannst du von den Jahrringen her gleich sagen, wo das beste Holz sitzt.

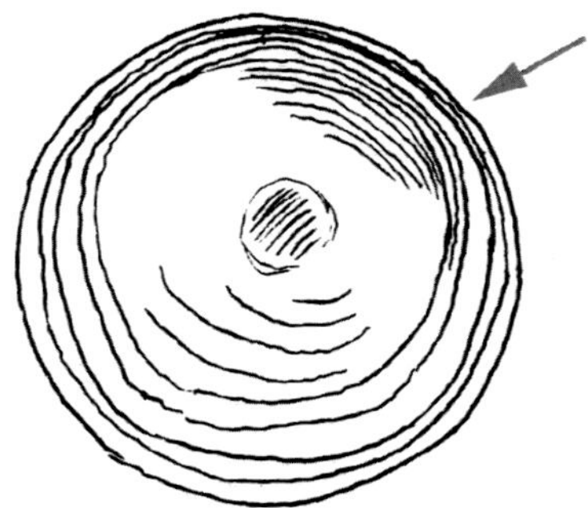

Die Jahresringe liegen dicht beisammen, hier ist das beste Holz.
Aber oft muss man Kompromisse eingehen.
Wo das beste Holz sitzt, gibt es vielleicht Knäste.

Auf der ausgewählten Seite wird der Bogen mit Bleistift angezeichnet.
Fange mit einer Mittellinie durch den Bogen an, dann geht das leichter.

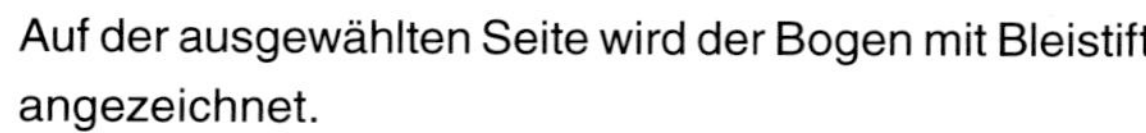

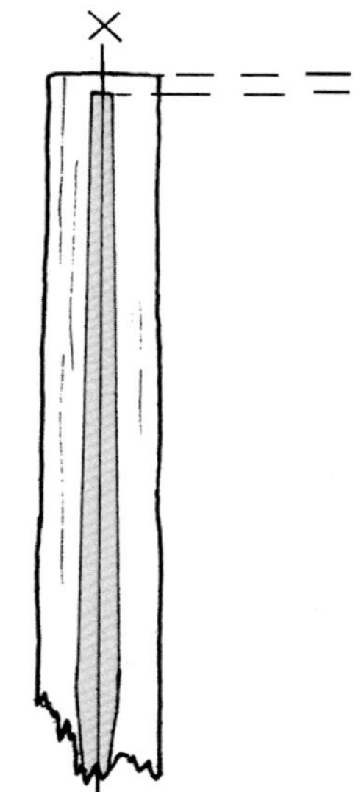

Gib an jedem Ende ein bißchen Holz dazu, damit du den Bogen bei der Arbeit nicht beschädigst. Dieses wird zum Schluss abgesägt.

X –– X = Mittellinie des Bogens

Mit dem Beil schlägst du Holz vom Bauch des Bogens weg. Benutze als Unterlage Hauklötze von verschiedener Höhe, 2 - 3 Stück.

Beginne immer an den Enden und arbeite dich so zur Mitte hin.

Trage nicht zu große Späne auf einmal ab und vermeide es, Späne abzuspalten, es kann leicht sein, dass die größer werden als geplant.

Schlage immer zu den Enden hin, niemals zum Griff.

Das Zurechthauen wird ruhig und gemütlich fortgesetzt. Kontrolliere öfter, ob der Stab gleichmäßig ist und ob die behauene Fläche exakt parallel zum Rücken liegt.

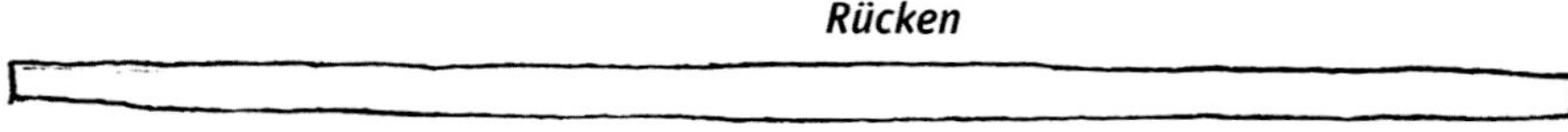

Man hört mit dem Zurechthauen des Bauches auf, wenn die Dicke des Bogens plus 5 mm extra erreicht ist. Danach sind beide Seiten dran, und auch hier wird 5 mm vor dem Strich aufgehört.

Der fertig zugehauene Bogenstab.
Der Bogen ist an allen Kanten noch angezeichnet, und der Stab ist in allen Maßen ca. 5 mm größer als der Bogen.

Der roh zugehauene Stab wird nun mit Schabhobel und Messer bis zu den Strichen weiterbearbeitet. Der Stab ist noch kantig und soll nun gerundet werden, damit die Profile und Querschnitte passen. Während dieser Arbeit ist es nicht zu vermeiden, dass du in schwierige Gebiete kommst, wo der Hobel zu heftig zu Werke geht und das Holz die Tendenz zum Spalten zeigt. Das kann auch um *Knäste* herum vorkommen.

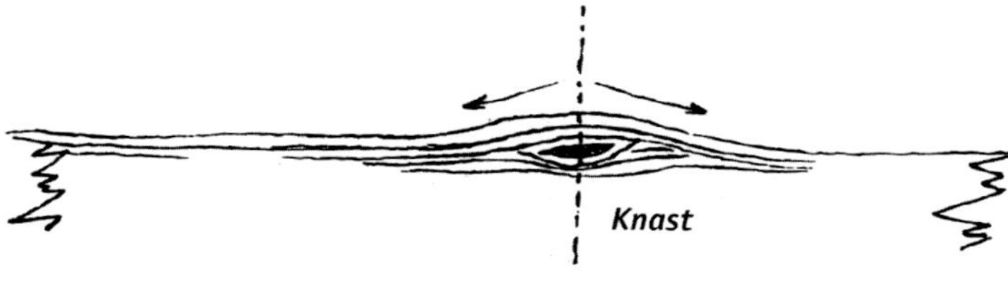

Hier ist es wichtig, immer in **Richtung der Pfeile** zu hauen / hobeln und nicht umgekehrt, da man sonst unweigerlich einen großen Span tief aus dem Bogenstab herausreißt. Wenn das passiert, kann leicht ein ruinierter Bogenstab dabei herauskommen.
Knäste sind keine Katastrophe, wenn sie nicht so trocken sind, dass sie herausfallen.
Aber wenn sie festsitzen, muss man um sie herum etwas vorsichtig sein und hier etwas Holz zusätzlich stehen lassen.

Es ist jetzt sehr wichtig, dass der Rücken nicht beschädigt wird!

Mit dem Schabhobel haben wir jetzt den Bogenstab fertiggestellt, der im Querschnitt jetzt so aussieht: →

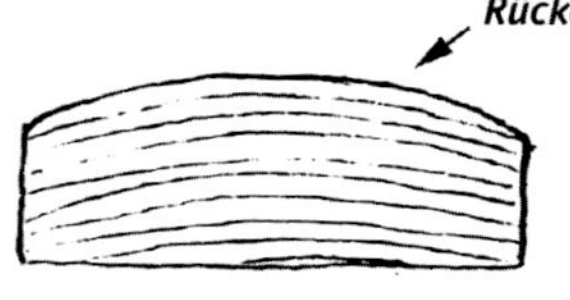

Wir arbeiten mit Schabhobel und Raspel, bis er so aussieht: →

In Längsrichtung des Stabes wird der Schabhobel benutzt. Immer von der Griffsektion zu den Enden hin. Dabei kann man auch leicht Gefahr laufen, dass der Hobel zu tief reingeht und sich festbeißt. Benutze dann den Hobel anders herum, und das Problem ist gelöst.
Sei die ganze Zeit aufmerksam, dass die Maße des Bogens eingehalten werden.
Wo der Hobel rutscht, übernehmen die weitere Arbeit nun Raspel und Feile.

Feile und Raspel werden in Pfeilrichtung bewegt.

Jetzt wird also mit Raspel und Feile gearbeitet, von der Mitte aus zu den Nocken, während man mit dem Werkzeug „wippt“, um die Kanten abzurunden.

Nach der Arbeit mit der Feile wird der ganze Bogenstab längs mit 80er Sandpapier geputzt.
Das Resultat: ein spindelförmiger Stab.
Runder Querschnitt bei den Nocken und in der Mitte.
Ovaler Querschnitt in den Wurfarmen – der Stab soll ganz gerade sein.

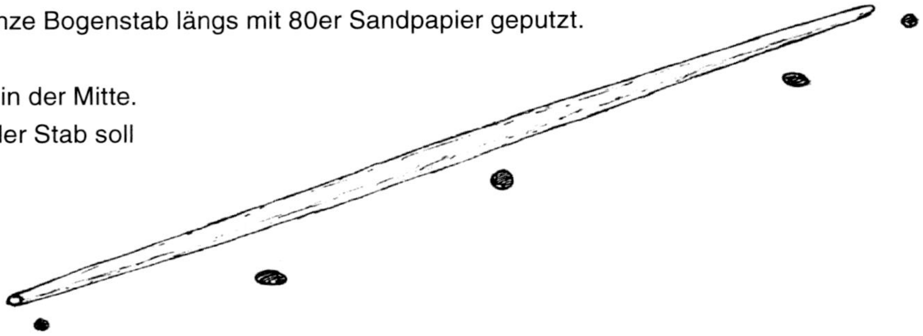

Genieße es !

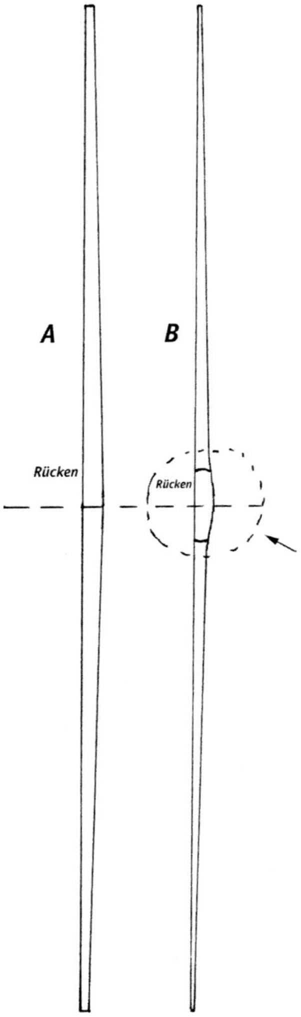

A B

Rücken Rücken

Herstellung der Wurfarme

Der Bogenstab ist jetzt schön gerundet wie in A und spindelförmig.
Jetzt soll auf der Bauchseite abgenommen werden, bis die Maße in den Wurfarmen passen.

Auf den Bereich innerhalb des gestrichelten Kreises wird auf der nächsten Seite genauer eingegangen.

Kontrolliere ständig!

GRIFFBEREICH

Wir arbeiten jetzt den Griff des Bogens heraus. Dazu finde den Mittelpunkt des Stabes und markiere ihn mit einem weichen Bleistift durch einen Strich quer über den Rücken.
Miss sodann 5 cm nach jeder Seite ab und markiere das auf dieselbe Art.

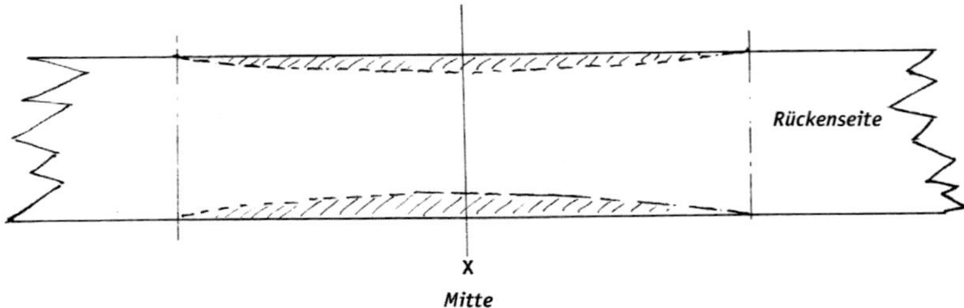

Der schraffierte Teil des Stabes wird jetzt entfernt mit Messer, Feile und Sandpapier.
Alle Übergänge sanft abrunden und mit Sandpapier glätten.

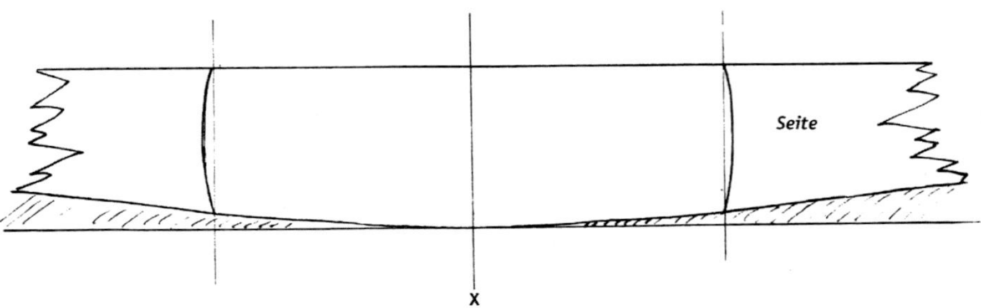

DIE NOCKEN

**Wichtig:
Nockenkerben nur an den Seiten einschneiden, nicht auf dem Bogenrücken!**

Die Nocken, der äußerste Teil des Wurfarms, sollen mit einer Sehnenhalterung versehen werden – einer Kerbe.
Diese soll nur auf den Seiten eingeschnitten werden und niemals auf dem Rücken.
Es ist wichtig, dass in der Kerbe keine scharfen Kanten sind, sonst wird die Sehne durchgescheuert und kann dadurch leichter reißen.
Benutze eine kleine Säge, ein scharfes Messer, runde Schlüsselfeilen und 180er Sandpapier.
Zum Schluss wird alles schön mit einem feinen Sandpapier (240er – 320er) verschliffen.

DAS TILLERN

Der Bogen ist jetzt fast fertig, aber noch fehlt etwas sehr wichtiges, nämlich das Trimmen oder, wie es in der Fachsprache heißt, das „Tillern"
Darunter versteht man, dass die Wurfarme des Bogens richtig zueinander stehen und sich auf die richtige Art an den richtigen Stellen gleichmäßig biegen.

Der Bogen sollte wie in **A** mit sanft gebogenen Wurfarmen dastehen.
Er soll erscheinen wie ein schönes, ausgewogenes Teil, ruhend und ausbalanciert. Harmonie ist das richtige Wort. Aber nicht der Schönheit wegen soll der Bogen so aussehen.

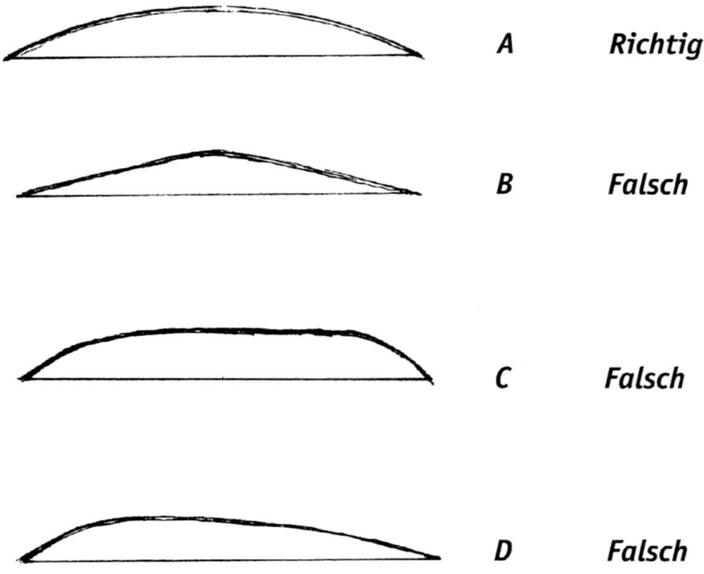

Warum die Wurfarme gleichmäßig stehen und arbeiten sollten
Kurz gesagt funktioniert der Bogen folgendermaßen:
Beim Ziehen an der Sehne biegen sich die Wurfarme des Bogens. Wenn die Sehne gehalten wird, baut sich im Bogen Energie und Kraft auf, die abgegeben wird, wenn die Sehne losschnellt und der Pfeil davon fliegt. Der Pfeil hat die Energie des Bogens in seinen Flug verwandelt.
Bei einem guten Bogen ist es das Ziel, maximale Energie mit so wenig Kraftaufwand wie möglich aufzubauen.
Die Kraft / Energie im Bogen hängt davon ab, wie schwer er zu ziehen ist, also wieviel Pfund man aufwenden muss, um den Bogen zu ziehen. Außerdem auch davon, wie schnell der Bogen sich wieder gerade richtet, wenn die Sehne losschnellt.
Letzteres hat einiges mit Materialien zu tun, aber auch damit, dass der Bogen richtig gebaut und getillert ist, so dass die Wurfarme beide gleich arbeiten – und nicht dass einer von beiden „faulenzt".
Also: Es ist von sehr großer Bedeutung, dass der Bogen richtig getillert ist.
Nimm dir viel Zeit dafür, sei kritisch und geh langsam vor.

Praktischerweise fängt man es so an:
Die Sehne, in diesem Falle eine Probesehne aus einer kräftigen Schnur mit einer Schlaufe an jedem Ende, wird aufgezogen. Den Bogen legst du mit dem Rücken auf einen Tisch oder ähnliches, so dass die Sehne oben ist.
Geh einige Schritte zurück und betrachte das Ergebnis.

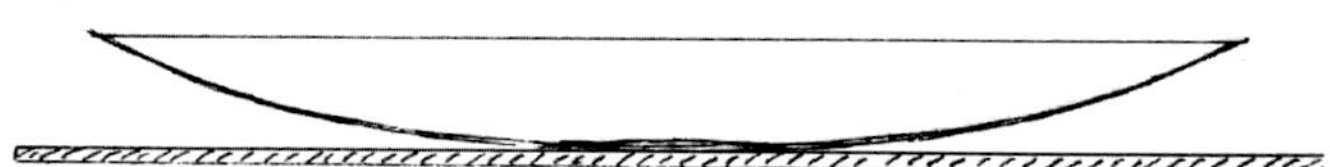

- Liegt die Sehne parallel zur Tischplatte?
- Biegen sich die Wurfarme gleich viel an den gleichen Stellen?
- Ist der Bogen ein schönes Ganzes?

Wenn man häufiger Bogen baut, ist eine Tillerwand oder Tillerstock ein praktisches Hilfsmittel. Siehe auch Seiten 153, bzw. 175

Man kann das leicht mit einem Zollstock (Meterstab) nachmessen, um sicher zu gehen, dass die Wurfarme richtig stehen. Tun sie das nicht, muss an dem Wurfarm, der sich weniger biegt, unten etwas weggenommen werden. Das kann man mit aufgespannter Sehne machen.
Mit einer Feile geht man ganz vorsichtig daran und kontrolliert die ganze Zeit das Resultat.
Geduld – Geduld. Einen Bogen zu tillern ist ein ziemlich spannender und schwieriger Prozess. Man muss sich viel Zeit dafür nehmen, weil davon ein gutes Ergebnis abhängt.

DER FEINSCHLIFF

Jetzt ist nur noch der Feinschliff mit Sandpapier übrig. Das machst du mit 180er Sandpapier in Längsrichtung des Stabes.

Achtung: Selbstentzündungsgefahr, wenn man mit Leinöl getränkte Lappen an der Luft liegen lässt. A. d. Ü.

DAS FINISH

Als Schutzüberzug kann man wählen zwischen Schellack, Leinöl, Wachs oder Lack. Das ist Geschmackssache. Ich selbst benutze Leinöl, es duftet so wundervoll und wirkt gut.

DIE UMWICKLUNG DES HANDGRIFFS

Es ist Geschmackssache, ob man den Griff mit Leder bewickelt oder nicht. Ich mache das immer, weil mir scheint, dass er dann angenehmer anzufassen ist. Und ich finde, dass es den Bogen schmückt.

Oberer Wurfarm

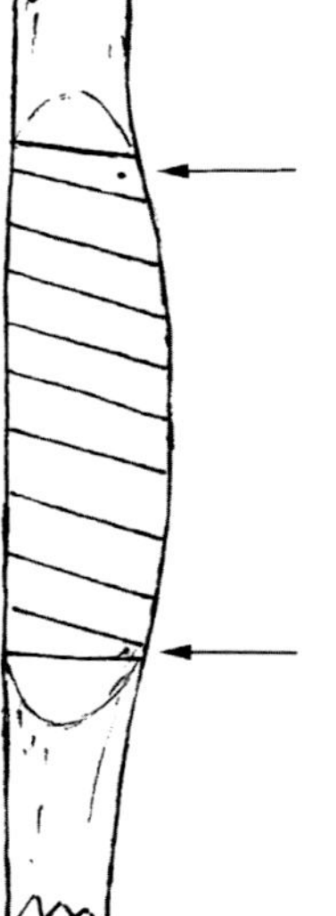

Die Bewicklung wird mit dünnem Leder mit einer Breite von 1–1,5 cm durchgeführt.

Das Leder wird mit einem kleinen Nagel an der Seite des Bogens festgestiftet und die Bewicklung von oben nach unten ausgeführt. Lass das Leder ein paar mm überlappen.
Der Abschluss wird auch mit einem kleinen Nagel gesichert. (Oder man verwendet statt Nagelstiften Klebstoff)
Sorge dafür, dass die Bewicklung stramm sitzt.

Glückwunsch, du hast einen Bogen gebaut !

DIE SEHNE

Bei den Ausgrabungen wurden an den Bogen keine Spuren einer Sehne gefunden. Es ist aber sehr wahrscheinlich, dass sie aus tierischem Material gemacht war.
Sie könnte aus Sehnen, Darm oder Rohhaut hergestellt worden sein.
Wenn die Sehne aus Pflanzenmaterial bestand, könnten dafür Fasern von Brennessel oder Lindenbast verwendet worden sein.
Die Sehne für unseren fertigen Bogen kann entweder eine fertiggekaufte Schnur sein, die sehr kräftig ist, aber nicht aus Nylon oder ähnlichem. Es soll ein Naturmaterial sein. Kunststoffe sind für Schnüre oft zu elastisch und glatt, es ist schwer, damit haltbare Knoten zu machen, und sie sind schwierig zu spleißen.
Ich selbst mache meine Sehnen aus Leinengarn, das zum Ledernähen gedacht ist.
Das bekommt man in Leder- und Pelzgeschäften; achte darauf, das es gewachst ist, es ist dann leichter, damit zu arbeiten und auf Rollen in verschiedenen Farben erhältlich.

Eine Sehne aus gewachstem Leinengarn

Diese Sehne besteht aus 3 Kardeelen mit je 3 (oder mehr) Garnfäden.

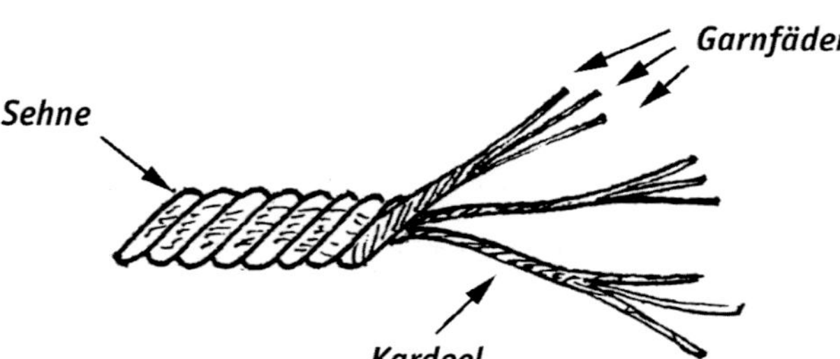

Und so wird sie gemacht:
Die drei Garnfäden (für ein Kardeel) werden an einem Wandhaken festgebunden, auf eine Länge von jeweils 170 cm ausgelegt und am Ende mit einem Knoten zusammengefasst.
Mit Hilfe einer „echt steinzeitlichen" Bohrmaschine werden die drei Garne zu einem Kardeel zusammengedreht. Wenn das getan ist, mache es irgendwo fest, damit es sich nicht wieder aufdreht.
Wenn die 3 Kardeele fertig sind, werden sie zu einer Sehne zusammengedreht. Hat man die Kardeele rechtsherum gedreht, sollte die Sehne linksherum zusammengedreht werden. Das geht eigentlich von ganz allein. Dafür werden die 3 Kardeele zusammengebunden und am Haken festgemacht. Jetzt fängt man vorsichtig an, die Sehne zu drehen. Das kann mitunter nerven, aber mit Geduld geht das.
Die fertige Sehne wird gut und gründlich gestreckt, damit sie sich „setzt".

Beide Enden der Sehne werden mit einer Wicklung aus dem selben Garn gesichert, das auch für die Sehne verwendet wurde. Man fängt mit einem Knoten ca. 3 cm vor dem Sehnenende an und wickelt nun stramm bis 0,5 cm vor dem Ende. Hier schließt man wieder mit einem Knoten ab.

Die Sehne muss, damit sie beständig bleibt, durch Einreiben mit Bienenwachs imprägniert werden. Hab ein wachsames Auge darauf. Jedesmal, wenn du schießt, solltest du hinterher die Sehne kontrollieren.

Die Sehne ist ausgereckt und fertig und soll nun auf den Bogen aufgezogen werden.
Für die Befestigung auf der oberen Nocke benutzen wir einen „Palstek-Knoten", dessen Öhrchen nur so groß ist, dass es bequem auf seinen Platz rutschen kann. Der Palstek wird strammgezogen, bevor die Sehne auf den Bogen gesetzt wird.

Palstek

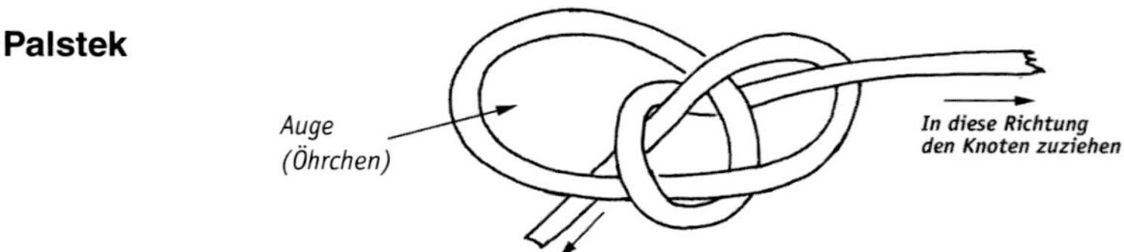

Auf der unteren Nocke wird die Sehne mit einem „Zimmermannsstek" festgemacht.
Der Zimmermannsstek wird am Bogen gekotet und dann stramm gezogen, die Sehne ist nun 5–6 cm kürzer als der Abstand zwischen den beiden Kerben.

Zimmermannsstek

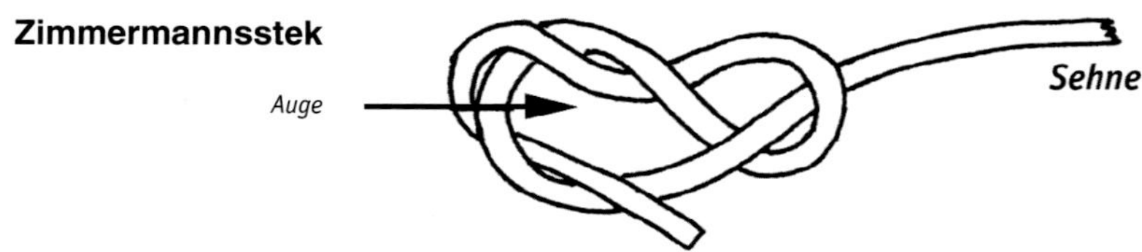

AUFSPANNEN DES BOGENS

Ein Holzbogen sollte nicht gespannt sein, wenn er nicht benutzt wird.
Mach es dir zur Gewohnheit, den Bogen nur aufzuspannen, wenn damit geschossen werden soll. Spann ihn genauso ab, wenn er nicht mehr benutzt wird.

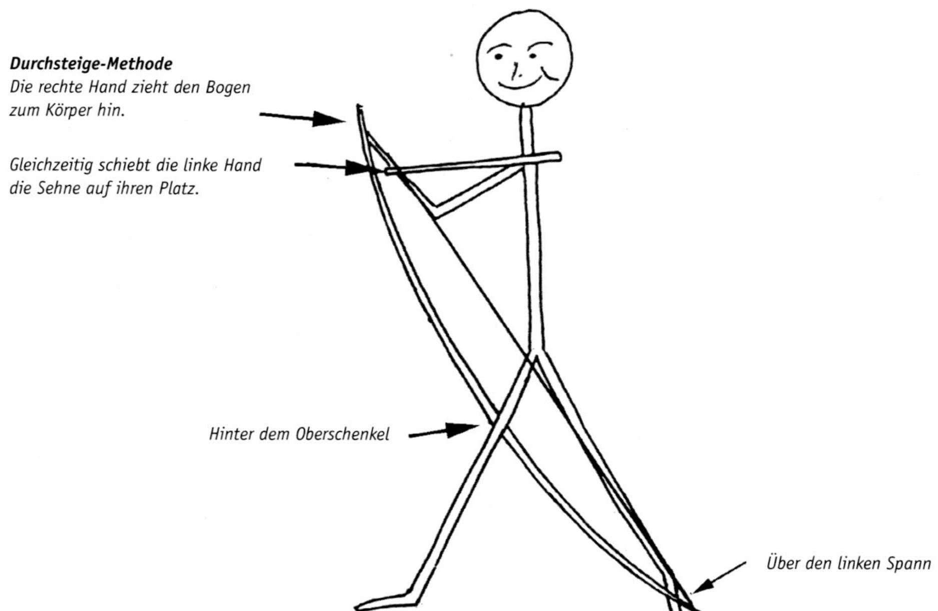

Achtung:
Dies ist zwar eine sehr verbreitete Methode einen Bogen auf zu spannen, leider wird sie häufig falsch angewandt, mit möglicherweise fatalen Folgen für den Bogen.
Achte unbedingt darauf, den Bogen gleichmäßig zu belasten, d.h. auf die obere u. untere Wurfarmspitze wirkt Zug und am Griffstück (und nur dort!) Druck.

DIE SPANNHÖHE

Nachdem du die Sehne aufgezogen hast, überprüfe immer, ob die Sehne richtig in beiden Kerben sitzt. Probiere den Bogen ein wenig zu ziehen und fühle die Stärke.
Ziehe ihn halb aus; aber halte ihn nicht ausgezogen. Halte die Sehne gut fest und führe sie langsam wieder zum Bogen zurück.

Die Sehne hat die richtige Länge, wenn der Abstand zwischen ihr und der Griffmitte mit aufgespannter Sehne 15 cm beträgt.

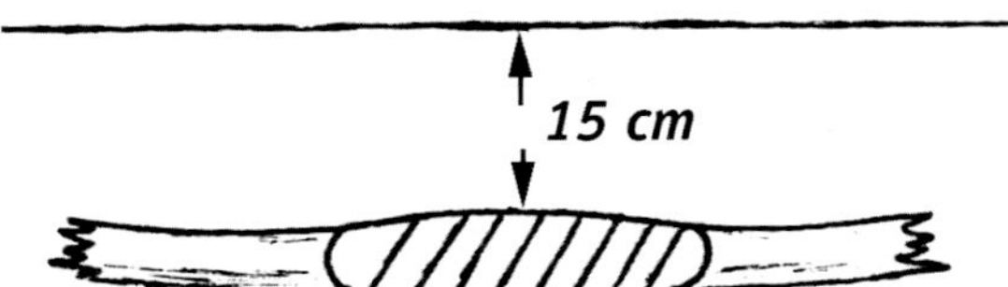

Es ist wichtig, die richtige Spannhöhe einzuhalten, damit der Bogen sein Bestes geben kann. Wenn die Spannhöhe zu niedrig ist, wird die Sehne abgenommen und ein paar mal in der gleichen Richtung gedreht wie die Kardeele, d.h. die Sehne wird eingedreht.
Ist die Spannhöhe zu groß, macht man es umgekehrt. Wenn die gewünschte Wirkung nicht eintritt, kann man auch den Zimmermannsstek ein bisschen weiter stecken.
Vor jedem Schießen sollte die Spannhöhe kontrolliert werden - und ab und zu während des Schießens auch.
Achte gut auf den Zustand der Sehne, denn ein Sehnenriss kann einen Bogen ruinieren.
Ist eine der Garnfäden aufgescheuert oder gerissen, muss die Sehne ersetzt werden.

NOCKPUNKT

Damit der Pfeil immer an derselben Stelle auf der Sehne zu liegen kommt, solltest du hier eine Markierung anbringen. Dazu bringt man einen Knoten (aus dünnem Garn, oder Zahnseide) an der Stelle an, unter welcher der Pfeil immer aufgelegt wird.

Empfehlung:
Bei Holzbogen, bei denen der Handrücken als Pfeilauflage dient, sollte man den Nockpunkt 5-10 mm (oder einfach eine Pfeildicke) über dem 90° Winkel anbringen. A. d. Hrsg.

Nockpunkt = ein stramm gebundener Knoten, mit Leim gesichert

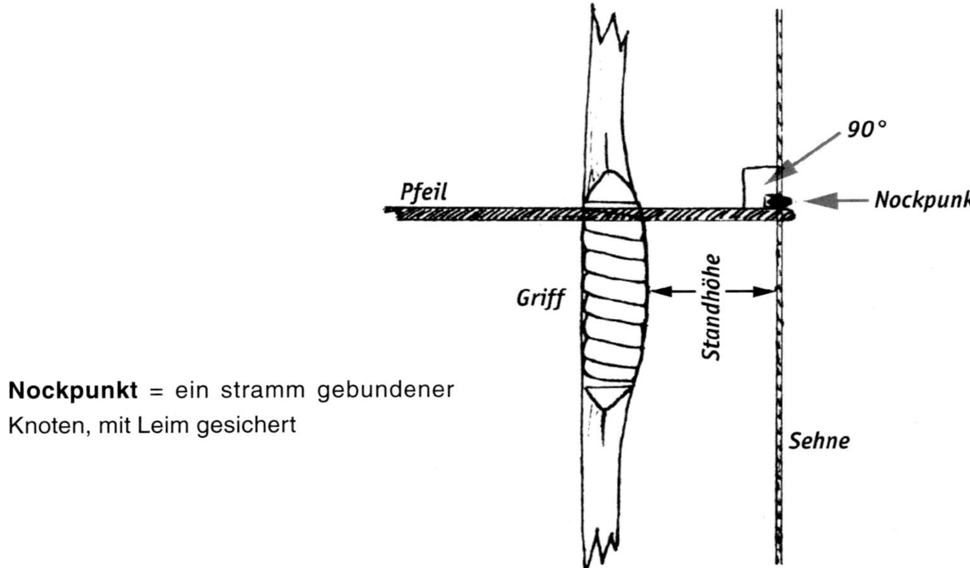

PFEILE

Ein guter Bogen mit einem schlechten Pfeil ist nichts wert, nicht mal der beste Schütze kann etwas damit ausrichten. Ein schlechter Bogen mit einem guten Pfeil ist eine gefährliche Waffe, in kundigen Händen.
Wenn man schon beim Bogenbau Sorgfalt und Akkuratesse walten lassen soll, so gilt dies doppelt für die Herstellung des Pfeils.
Den Bogen zu bauen ist im Grunde die schwerste Arbeit; aber 10–12 Pfeile anzufertigen braucht genausoviel Zeit. Also krempel die Ärmel hoch und freue dich über die schöne Beschäftigung.

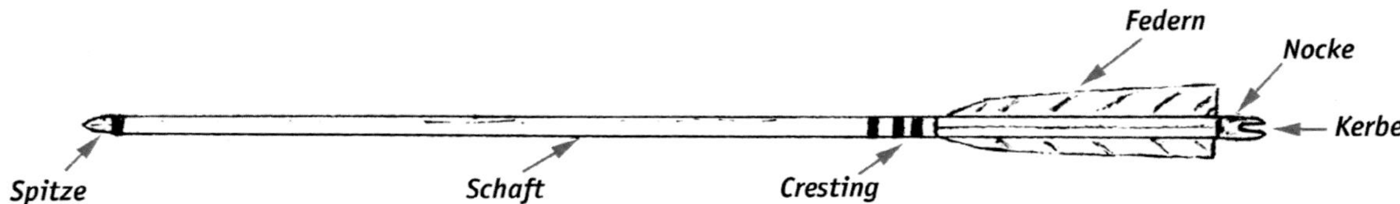

Tipp:
Das ist natürlich nur eine grobe Einteilung. Genauere Beratung und passende Schäfte, sowie geeignete Spitzen und Federn, erhält man beim Bogensportfachhandel. A. d. Hrsg.

Das Material für die Pfeilschäfte gibt es im Baumarkt. Für Bogen unter 50 Pfund nimmt man 8 mm und für Bogen über 50 Pfund 10 mm Rundstäbe aus Kiefer.
Sei bei der Auswahl sehr kritisch. Die Rundstäbe sollen gerade, astfrei und ohne Risse sein, die Jahresringe sollen (so gut es sich machen lässt) im ganzen Stab parallel laufen.
Die Rundstäbe werden auf 28 inch = 72 cm abgelängt.
Kaufe reichlich, denn es gibt immer welche, die bei näherem Hinsehen dann doch noch aussortiert werden müssen. Nach dem Durchsehen der Schäfte werden diejenigen, die bestanden haben, mit feinem Sandpapier geputzt. Kontrolliere, ob sie gleich lang sind.

DIE SEHNENKERBE

Es ist aus Sicherheitsgründen sehr wichtig, dass die Kerben für die Sehne richtig gemacht - und perfekt gemacht ist. Eine schwache Kerbe ist ein Risiko sowohl für den Bogenschützen selbst als auch für seine Umgebung.

Ganz wichtig:
Die Sehnenkerbe muss senkrecht zu den Jahresringen angebracht werden.

Tipp:
Eine *Fliesensäge* aus dem Baumarkt hat die ideale Breite für die Nocke, A. d. Hrsg.

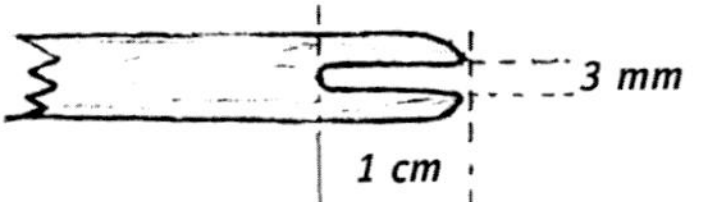

Die Kerbe lässt sich am leichtesten mit einer Rundfeile von 3–3,5 mm oder einer Sägekordel herstellen.

Markiere die Mitte der Kerbe und schneide ein V für die Rundfeile ein, damit du sie richtig ansetzen kannst. Während der Arbeit mit der Rundfeile soll der Pfeilschaft häufig gedreht werden. Kontrolliere die ganze Zeit über das Ergebnis.
Zum Schluss werden die Kanten mit 320er Sandpapier geputzt und gerundet.
Es dürfen keine scharfen Kanten in der Kerbe sein, das beschädigt die Bogensehne.
Die Sehne darf unter keinen Umständen in der Kerbe klemmen. Sie soll leicht und unbehindert bis auf den Grund der Kerbe gleiten können.

MONTAGE DER SPITZE

Die Spitze, die verwendet werden soll, ist eine Trainingsspitze, eine Feldspitze aus Stahl oder Messing, man kann sie in diversen Geschäften kaufen, die mit Ausrüstung für Pfeil und Bogen handeln.

Spitzen bekommt man mit 3 verschiedenen Durchmessern:

5/16 inch = ca. 8 mm | **11/32 inch** = ca. 9 mm | und manchmal auch in **23/64 inch**

Die Pfeilschäfte, mit denen hier gearbeitet wird, sind Rundstäbe mit 10 mm und 8 mm. Das bedeutet, das 5/16 inch-Spitzen unmittelbar benutzt werden können, während man 10 mm Schäfte auf 9 mm herunterarbeiten muss, damit 11/32 inch passen. (Oder man besorgt sich genau passende 11/32 Schäfte im Bogensportfachhandel. A. d. Hrsg.)

Dieses Anspitzen soll über 20 cm gehen. Das kann leicht mit einem kleinen Handhobel und Sandpapier geschehen, aber kontrolliere die ganze Zeit, ob der Schaft gerade bleibt.

Achtung! Kiefernholz kann auch ziemlich knifflig zu bearbeiten sein.

Schließlich wird der Schaft angespitzt, so dass er in die Spitze passt. Denk dran, es soll Platz für den Leim bleiben. Die Spitze wird mit 2-Komponenten-Kleber aufgeklebt. Achte darauf, die Trocknungs/Aushärtezeit einzuhalten. Überschüssigen Leim entfernen und während des Trocknens den Schaft lotrecht auf die Spitze stellen.

Behandlung der Schäfte

Am besten ist es, die Pfeilschäfte zu lackieren, um sie zu erhalten. Überleg mal, wie viele Male sie in Erde, Schmutz oder anderem landen. Benutze einen strapazierfähigen Lack und behandele den Schaft mit max. 2 Anstrichen.

Wenn man ein **Cresting**, das sind aufgemalte Ringe wünscht, so kann man das jetzt machen.

STEUERFEDERN ODER FAHNEN

Die richtige Bezeichnung ist Fahne. In der Frühzeit wurden Federn der verschiedenen Wildvögel, im Mittelalter hautsächlich die Schwungfedern von Graugänsen oder Pfauen benutzt. Heutzutage kommen Federn von folgenden Vögeln in Betracht: Truthahn, Pfau, Schwan und Gans. Die Federn, von denen hier die Rede ist, sind die äußersten 5–6 Schwungfedern von jedem Flügel.

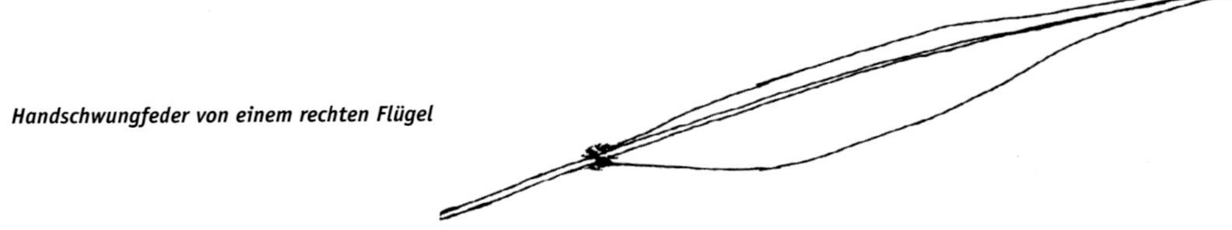

Handschwungfeder von einem rechten Flügel

Achtung! - Für einen Pfeil sollen nur Federn von der gleichen Flügelseite verwendet werden. Es ist dabei egal, ob sie vom linken oder rechten Flügel stammen, aber:
„Ein Pfeil – gleiche Seite".

Fahnen selbst herstellen

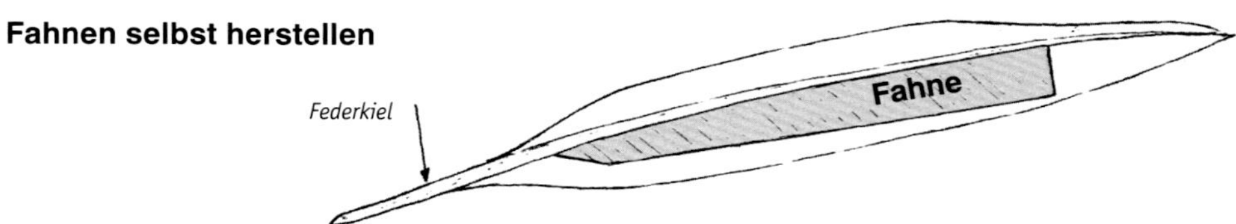

Fertig zugeschnittene Federn in voller Länge oder schon in eine Form geschnitten und in vielen Farben eingefärbt, gibt es beim Fachhandel.

Eine Feder ist eines schon ein richtiges Wunder der Natur. Das schraffierte Feld zeigt den Bereich der Feder, den wir ausnützen werden. Hier sind die einzelnen Federstrahlen verdickt, und die ganze Fläche ist damit steifer als der übrige Teil.

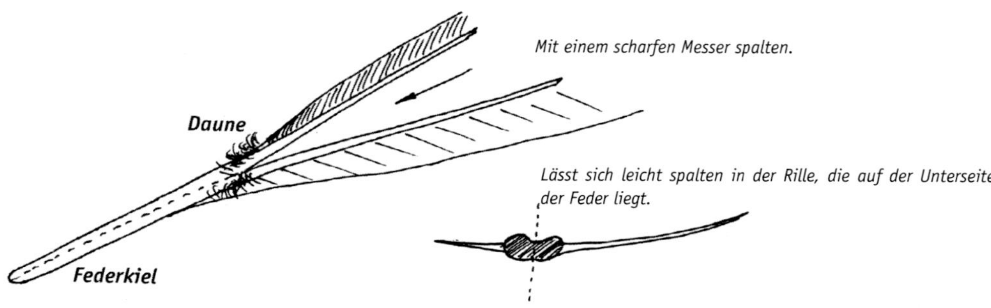

Mit einer Beißzange wird der Kiel auf die gewünschte Länge abgeknipst. Im Kiel ist eine Rille, wie geschaffen zum Hineinschneiden. Mit einem scharfen Messer wird der Kiel in der Rille gespalten.

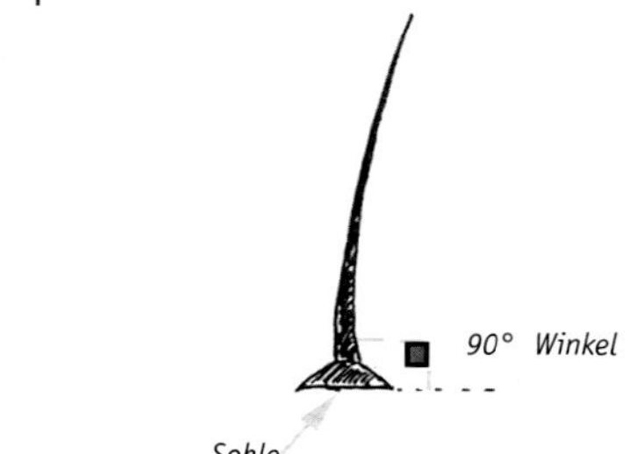

Die Hälfte des Kieles, die gebraucht wird, soll nun so klein wie möglich gemacht werden. Wichtig ist, dass die „Sohle" senkrecht zur Fahne steht.

Form der Fahnen

Das hängt stark ganz vom persönlichen Geschmack ab, aber im folgenden werden einige nützliche Richtlinien gegeben.

Die Länge der „Sohle" soll max. 13 cm und min. 9 cm betragen. Die höchste Stelle der Fahne soll hinter der Mitte ihrer Länge liegen und 2 cm nicht übersteigen.

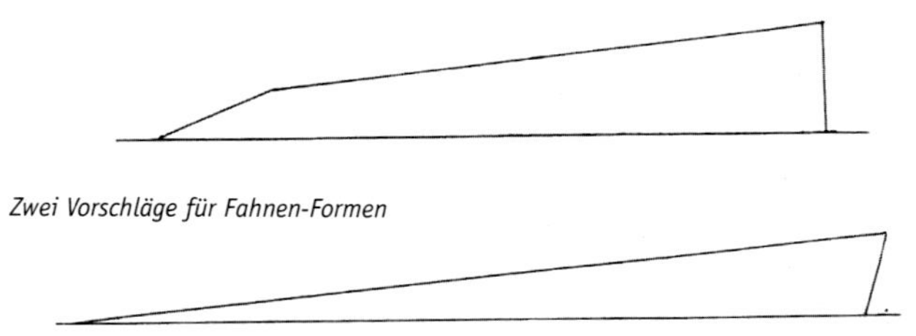

Zwei Vorschläge für Fahnen-Formen

Hole dir Inspiration aus Büchern und Zeitschriften und erschaffe deine ganz eigene Form. Das Ergebnis wird 2 mal auf steifen Karton gezeichnet und ausgeschnitten. Beide Stücke werden jeweils auf eine Seite der Fahne gelegt. Die Unterseite wird auf die Sohle runtergedrückt, und während man gut festhält und die Kartonstücken gegeneinander presst, wird mit einer sehr scharfen Schere/ Messer an den Kanten entlang geschnitten. Es ist sehr wichtig, gegen die Federstrahlen zu schneiden.

Nach dem Zuschneiden ist immer etwas Feinarbeit zu erledigen. Die Unterseite der „Sohle“ wird leicht mit Sandpapier geputzt. Es macht sich immer bezahlt, mehrere Fahnen auf einmal zu schneiden und fertigzumachen. Je schneller man die „Sklavenarbeit“ erledigt hat, desto mehr Zeit und Freude hat man für die wichtigen Sachen.

Befiederung

Der Winkel zwischen den Fahnen soll 120° betragen. Es ist eine etwas knifflige Angelegenheit, die Fahnen anzubringen – und eine sehr zeitraubende. Deshalb ist auch schon längst ein sogenanntes „Befiederungsgerät“ erfunden worden. Das kann man in Geschäften kaufen, die Ausrüstung für´s Bogenschießen anbieten.

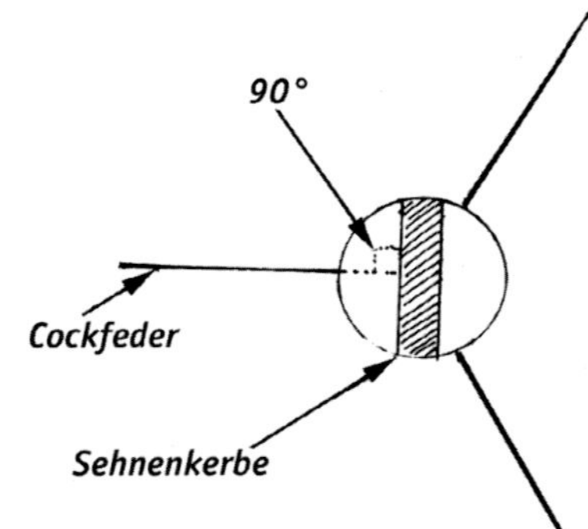

Aber es gibt auch eine Befiederungsmethode aus der guten alten Zeit.

- Benutze einen guten Hobby-Leim (nicht auf Wasserbasis)
- Beginne mit der Cockfeder (Leitfeder), die senkrecht zur Sehnenkerbe stehen soll.
- Streiche Leim unter die „Sohle“ und halte sie beim Trocknen mit Stecknadeln fest.
- Benutze die mit dem großen Plastikkopf, sonst sticht man sich gewaltig in die Finger.

Die 120°, die zwischen den Fahnen sein sollen, kann man per Augenmaß bestimmen. Oder man macht sich eine Schablone aus Karton.

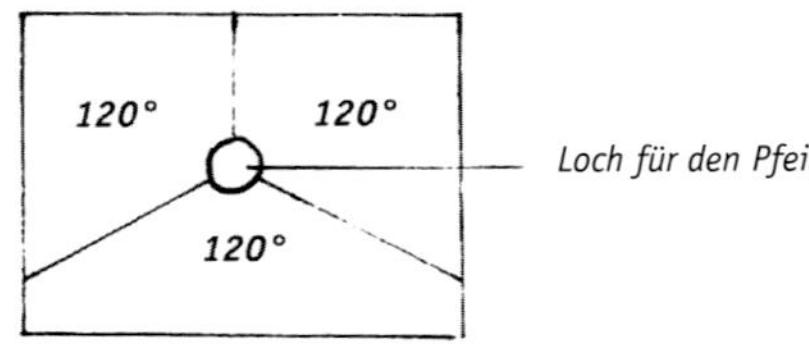

Die Fahnen werden von selbst etwas schräg zu sitzen kommen. Plötzlich wird einem klar, warum man für einen Pfeil Federn vom selben Flügel nehmen soll.

Lass den Leim gut trocknen, bevor die Nadeln entfernt werden. Der Übergang zwischen Fahnen und Schaft soll so glatt wie möglich werden. Die kleinste Rauhheit kann einen blutigen Ritzer im Zeigefinger verursachen. Gib einen Klecks Leim auf den Übergang. Lass ihn trocknen, danach glätte ihn mit scharfem Messer und Sandpapier.

Tipp:
Einen glatten und fingerschonenden Übergang zwischen Kiel und Schaft erhält man durch eine Wicklung mit Garn oder starkem Faden, A. d. Hrsg.

Wenn die Pfeile mit Eigentumsmarken versehen werden sollen, kann das durch ein sogenanntes „Cresting“ geschehen, eine Zusammensetzung aus verschiedenfarbenen Ringen vor den Fahnen. Lege deine Seele in diese Arbeit, denn nichts sieht erbärmlicher aus als Ringe, die bloß schnell und lieblos mit dem Filzstift aufgemalt worden sind. Das wär´s!

ZUBEHÖR

Zum Bogen gehört verschiedene Ausrüstung, die man sich leicht selber machen kann. Einiges davon ist wichtiger als anderes, aber einen Fingerschutz (Tab) kann man nicht entbehren. Ohne einen solchen schießt man nicht mehr als 10 Pfeile – es tut einfach zu weh, um weiterzumachen.

Unten ist ein Modell für einen Fingerschutz in natürlicher Größe abgebildet - jedoch hängt die Größe von Hand und Fingern des Bogenschützen ab. Er wird aus ca. 1,5 mm dickem glatten Leder hergestellt; die glatte Seite zeigt zur Sehne. Mache ein paar davon und bewahre sie in einer kleinen Dose mit Talkum auf. Das macht sie glatt, so gleitet die Sehne besser darüber.

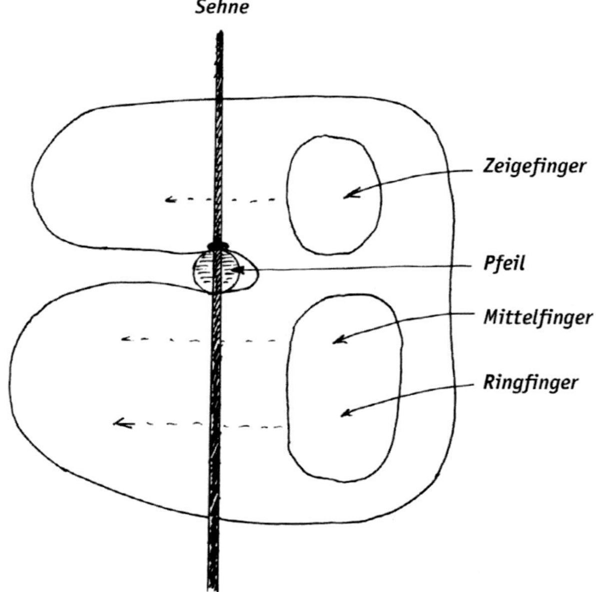

Der **Fingerschutz** soll zwischen den Fingern und der Sehne liegen.Die gestrichelten Linien zeigen, dass die Finger hinter dem Leder liegen.

Der Bogen wird mit 3 Fingern gezogen. Man zieht an der Sehne, während Zeige- und Mittelfinger den Pfeil leicht einklemmen und mit nach hinten ziehen.

Viele Bogenschützen brauchen einen **Armschutz**. Der ist nur nötig, wenn man nicht lernt, den Bogen korrekt zu halten. Ich selbst brauche nie einen Armschutz. Man kann durch den Schlag der Sehne an den Unterarm ordentliche Probleme kriegen, bis man es gelernt hat. Aber ohne Armschutz lernt man die Armstellung schneller – aus bitterer Not. (Über die Armstellung siehe Abschnitt über das Schießen.)

Auch ein **Pfeilköcher** wird beizeiten notwendig. Den kann man kaufen oder auch selbst machen. Der Phantasie sind hier keine Grenzen gesetzt, und es ist eine Sache des persönlichen Geschmacks, was man sich aussucht.

Es kann entweder ein Rücken- oder ein Seitenköcher werden, je nachdem, wo er getragen werden soll.

Ein Köcher soll zuallererst einer Anzahl Pfeile Raum und Schutz bieten und muss daher aus mindestens 2 mm dickem Leder hergestellt werden. Er sollte eine Länge haben, die den Pfeilen entspricht, aber die Fahnen nicht umschließen.

Seitenköcher

Schulter-/Rückenköcher, wird über die rechte Schulter gehängt.

Der Bogen sollte eine **Hülle** haben, um ihn beim Transport zu schützen. Das ist nur ein langer schmaler Schlauch aus Leinwand (Segeltuch), der ganz schnell auf der Nähmaschine gemacht werden kann. Zuhause bewahrst du den Bogen am besten auf ein paar Wandhaltern auf.

Der Bogen wird mit dem Rücken nach oben daran gehängt.

Hänge den Bogen niemals über einer Heizung oder in einem feuchten Raum auf.

Hab immer ein Auge auf Bogen und Pfeile und beobachte genau ihren Zustand.

UMGANG MIT PFEIL UND BOGEN

Jetzt ist die Ausrüstung komplett, dann kann es ja mit dem Schießen losgehen, aber vorher noch einige

SICHERHEITSREGELN

Pfeil und Bogen sind eine Waffe – und damit absolut kein Spielzeug. Sie sollen mit Umsicht und Respekt behandelt werden. Ganz egal, ob der Bogen stark ist oder nicht, die Waffe kann ernstlichen Schaden verursachen. Pfeil und Bogen sind der Eingang zu einer fantastischen Welt voller Erlebnisse, die nur gut werden, wenn man die Sicherheitsregeln befolgt.
Die Sicherheitregeln gelten für den Bogenschützen und seine oder ihre Umgebung.

1. Schieße niemals auf Tiere oder Menschen.
2. Du sollst den Pfeil auf seiner ganzen Bahn sehen können, und es soll ein Pfeilstop da sein, worin die Pfeile gefangen werden. Das kann eine Böschung, ein Hang oder eine Reihe Heu- oder Strohballen sein.
3. Du sollst die ganze Zeit über sicher sein, dass nicht plötzlich Tiere oder Menschen zwischen dich und die Zielscheibe geraten.
4. Dein Pfeilstop soll auch dann sicher sein, wenn Du an der Scheibe vorbeischießt. Benutze niemals die Hecke zum Nachbarn.
5. Schieß niemals senkrecht in die Luft. Denk dran: der Pfeil kommt wieder runter.
6. Leg niemals einen Pfeil auf die Sehne, bevor du selbst und der Bogen in Richtung Scheibe stehen.
7. Lass es sein, mit deiner Waffe rumzualbern und zu prahlen.
8. Jagd und Fischerei mit Pfeil und Bogen sind in Deutschland, Österreich und der Schweiz verboten.
9. Leih deine Waffe nie an jemanden aus, der keine Ahnung vom Bogenschießen hat.
10. Hilf denen, die die Sicherheitsregeln noch nicht begriffen haben.

An die Jungen und Mädchen! Wenn ihr Lust habt, euch Pfeile und Bogen zu machen, redet mit eurem Vater oder eurer Mutter darüber. Gewinnt sie für die Idee – wenn sie sich schwer damit tun, bittet sie, euch bei einem Bogenbaukurs anzumelden. oder vielleicht macht ihr gemeinsam einen. (Solche Kurse werden vielerorts, z. B. auch in Museen, angeboten. A. d. Ü.) Es darf nicht sein, dass ihr euch heimlich, ohne dass die Eltern es wissen, einen Bogen baut, weil es sonst zu gefährlich wird.

DAS SCHIESSEN

Das Bogenschießen kann wie andere „Sportarten" auch über zwei Begriffe beschrieben werden: technisches Können und Konzentration. Es gibt viele Arten, das Bogenschießen zu betreiben, der Stil, der zu unserem Bogen gehört, wird hier kurz erklärt.

Es soll „instinktiv" geschossen werden, was heißen soll, dass man nicht zielt, sondern mit beinhartem Training Körper und Seele dahin bringt, dass sie von sich aus wissen, wohin geschossen werden soll – so etwa wie beim Dosenwerfen. Statt zu zielen konzentriert man sich auf´s Ziel.
Es gibt viele Meinungen darüber, wie ein guter Schießstil aussehen sollte. Es ist eine sehr persönliche Sache, die jeder für sich entwickelt.
Die folgende Anleitung ist für Leute geschrieben, die Rechtshänder sind.
Linkshänder brauchen bloß konsequent rechts und links vertauschen.

BOGENSCHIESSEN - KURZANLEITUNG

- Beginne mit einem großen Ziel und geringem Abstand (ca. 5–15 m).
- Stell dich mit leicht gespreizten Beinen so hin, dass die Füße in einem 45°-Winkel zum Ziel stehen. Den Bogen in die Linke, in den Schultern entspannen und ruhig atmen.
- Selbstverständlich hast du dich vorher zuerst warm gemacht.
- Leg einen Pfeil auf die Sehne und achte darauf, dass die „Cockfeder“ senkrecht zur Sehne steht und vom Bogen wegzeigt.
- Kontrolliere, ob der Pfeil ganz unter dem Nockpunkt liegt.
- Die linke Hand hält den Bogen fest, aber nicht zu fest. Die Oberseite des Zeigefingers ist so plaziert, dass der Pfeil unter dem Nockpunkt im 90°-Winkel zur Sehne steht.
- Damit der Pfeil nicht vom Bogen herunterfällt, wird der Bogen leicht schräg gehalten, das heißt, der obere Wurfarm wird ein bisschen nach rechts geneigt.
- Die rechte Hand, die die Sehne ziehen soll, wird so plaziert:
  Zeigefinger über dem Pfeil, Mittelfinger und Ringfinger unter dem Pfeil
  Nur diese Finger halten die Sehne. Die beiden übrigen hält man so, dass sie nicht im Weg sind.
- Die Sehne wird mit den ersten Fingergliedern gehalten und Zeige- und Mittelfinger klemmen den Pfeil ganz leicht ein. Denk an den Fingerschutz.
- Konzentriere dich auf´s Ziel und nur auf´s Ziel – schau nur auf das Ziel und nicht auf den Pfeil. Das nennt man „instinktives Schießen“, und so sind sehr wahrscheinlich auch unsere Vorfahren mit Pfeil und Bogen umgegangen.
- Gleichzeitig mit dem Konzentrieren auf das Ziel macht man den Rücken gerade. Der linke Arm wird leicht im Uhrzeigersinn gedreht, wobei man die linke Schulter senkt und gleichzeitig das Ellenbogengelenk ein ganz klein wenig anbiegt.
  Damit verhindert man, dass einem die Sehne gegen den Unterarm schlägt, wenn das doch passiert, ist die Ursache eine Fehlhaltung des Armes, und man probiert ein paar mal, bis es funktioniert.
- Schieße niemals mit gestrecktem Ellenbogen, das macht das Gelenk kaputt. Deshalb wird es ein bisschen angebogen.
- Den linken Arm hebt man, während man den Bogen spannt.
- Die Rückenmuskeln zwischen den Schulterblättern ziehen, und wenn der Mittelfinger der rechten Hand den Mundwinkel berührt, entspannt man die Hand.
- Die Sehne zieht die Finger gerade, und der Pfeil ist abgeschossen.
- Schau weiterhin auf das Ziel, bis der Pfeil trifft, bevor du den Bogen senkst.

Dies ist ein kurzer Überblick über das „Schießen mit dem Bogen“, es ist sehr viel über das Bogenschießen geschrieben worden, und für weitere Auskünfte sei auf die Literaturliste am Ende des Buchs hingewiesen.Neben dem Lesen über das Schießen und den Schießstil ist die Entwicklung eines eigenen Stils eine Frage von Training und immer wieder Training.
Mach den Abstand zum Ziel nicht zu groß, es gehen zu viele Pfeile verloren.
Während des Schießens ist es wichtig, festzuhalten, wo die Pfeile bei jedem Schuss sitzen, so werden technische Fehler sofort klar.
Wenn du physisch oder psychisch müde bist, rate ich dir davon ab, mit Pfeil und Bogen zu schießen. Du sollst dafür gut bei Kräften sein. Wenn du müde wirst, hör auf – mach eine Pause und denk nochmal über´s Schießen nach.
Im folgenden habe ich meinen eigenen Schießstil Schritt für Schritt aufgeschrieben.

Vorschlag für einen Schießstil

1. Gute Stellung einnehmen
2. Mit geradem Rücken stehen
3. Entspannen
4. Schultern senken
5. Ruhig atmen
6. Den Bogen „fest" halten
7. Nur die notwendigen Muskeln benutzen
8. Den Bogen ruhig ausziehen
9. Ankerpunkt (wo du ihn am besten findest)
10. Konzentration auf´s Ziel
11. Ruhiger Bogenarm
12. Die Finger von der Sehne gerade ziehen lassen (passiver Ablass)
13. Den Schuss nachverfolgen
14. Den Bogen senken
15. Ruhig atmen
16. Vor dem nächsten Pfeil entspannen

Bogenschießen ist eine ganz persönliche und individuelle Beschäftigung.
Nimm von meiner Anleitung, was du für dich brauchen kannst und denke dran:

„Wenige gute Schüsse sind besser als viele schlechte".

Gut Schuss

Flemming Alrune

ZUM AUTOR

JORGE ZSCHIESCHANG

wurde 1950 in Buenos Aires, Argentinien geboren. Seit den frühen 70er Jahren lebt er in Deutschland, seit zwanzig Jahren beschäftigt er sich mit dem Material Holz. Zuerst als Autodidakt im Bogenbau, später auch als gelernter Drechsler.

„In der Gestaltung von edlen Schalen und Pfeil und Bogen vereinen sich einzigartige Möglichkeiten, das Material Holz in seiner Vielfalt darzustellen. Die Maserung und Färbung des Holzes, der Moment, in dem aus einem Stück rohen Materials ein ‚lebendiger' Bogen wird oder das Geheimnis einer Schale. All dies sinnlich erfahrbar zu machen, in Gegenständen, die nutzbar sind, ist mein Anliegen."

2

JORGE ZSCHIESCHANG

EIN EINFACHER BOGEN

„Man nehme einen Baum und eine Axt,
und schlage alles weg, was nicht wie ein Bogen aussieht.“
Das ist die kürzeste Anleitung aller Zeiten, nur leider nicht sehr hilfreich. Aber nun im Ernst. Diese Anleitung ist für Anfänger gedacht und so werde ich mich auf eine einfache Bauart und einfach zu beschaffendes Holz beschränken. Zu letzterem ist zu sagen, dass ich sehr positive Erfahrungen gemacht habe, wenn ich zu entsprechender Jahreszeit den Förster direkt ansprach.

NOTWENDIGES WERKZEUG:

- Werkbank oder festmontierter Schraubstock
- Ziehmesser
- grobe und mittlere, flachrunde Raspel
- Rundfeile 4 mm Durchmesser
- Ziehklinge oder scharfes Messer,
- Schleifpapier diverser Körnungen
- Stahlwolle
- Handhobel

HOLZAUSWAHL:

Für das „erste Mal“ wäre mein Vorschlag, es mit Esche zu versuchen. Besonders geeignet ist ein Stamm von ca. 15 cm Durchmesser. Esche und auch Ulme sind ringporige Hölzer.
Das heißt, die Poren konzentrieren sich im Frühholzring, dem ein Spätholzring mit wesentlich festerem Material folgt. (Siehe auch Kapitel 7, Seite 96)

Esche, Fraxinus exelsior. L.

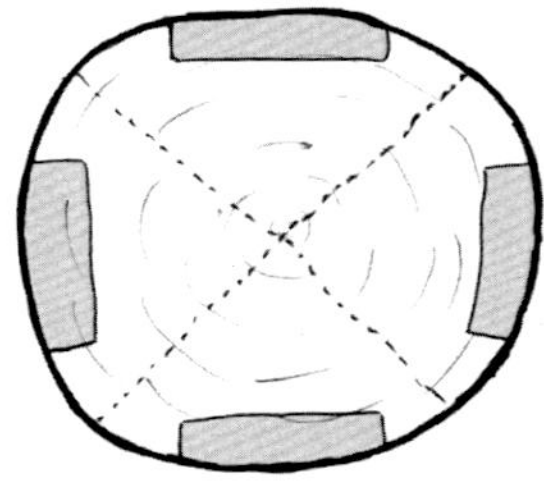

Schnittflächen Stamm und Kernbohle

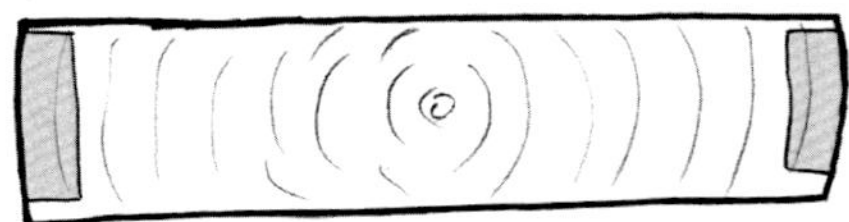

Wichtig bei der Holzauswahl:
Wenn möglich nehme man einen Stamm, mit breiten Spätholzringen. Dies ist leicht an der Schnittfläche zu erkennen. (Skizze links)

Die grauen Flächen zeigen die mögliche Lage des Bogens im Stamm, bzw. in der Bohle.

Die sogenannten **„Gras-Eschen“** (Standort: freies Feld oder Waldrand) bieten die bessere Auswahl als „Wald-Eschen“.
Wenn kein Stammholz zu bekommen ist, besorge man sich im Holzhandel eine Kernbohle, mindestens 50mm stark.

BEHANDLUNG DES STAMMES

Nachdem man einen schönen, geraden, astfreien Stamm von etwa 2 m bekommen hat, sollte man ihn sofort entrinden. Dies sollte recht vorsichtig gemacht werden.
Da die oberste Holzschicht schon den Bogenrücken darstellt, der dann unter Zugbelastung steht, darf sie auf keinen Fall beschädigt werden!
Am besten nimmt man mit dem Ziehmesser nur das Gröbste der Rinde weg und schabt dann mit dem Messer den Rest vorsichtig ab.

Spalten und Lagern

Aus einem Stamm von 15 cm Durchmesser kann man, bei optimalem Wuchs, 4 Bögen machen. Also vierteln wir ihn. Hierzu wird ein möglichst breiter Keil mittig in das Hirnholz (Schnittfläche) getrieben.
In den entstandenen Spalt schlagen wir von der Seite, fortlaufend wechselseitig weitere Keile ein. Da Esche sehr leicht und glatt spaltet, kommt man in der Regel mit 2 Keilen aus.
Auf gleiche Art spaltet man nun die erhaltenen Hälften.
Nun spannt man die Viertel in den Schraubstock. Einzeln, versteht sich. Hierbei lege man immer ein Brettchen Weichholz zwischen Außenseite des Stammes und Schraubstockbacken, um den äußersten Jahresring nicht zu verletzen.

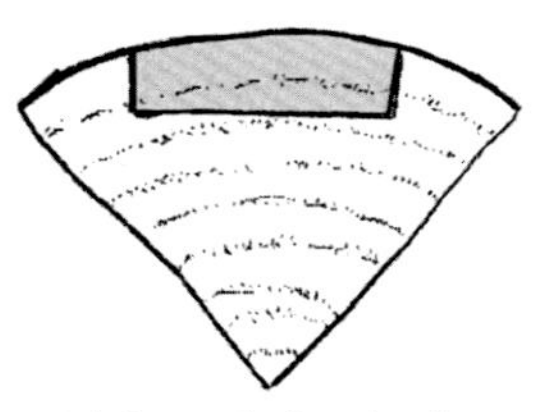

Dunkelgraue Fläche zeigt die Lage des Bogens im Viertel

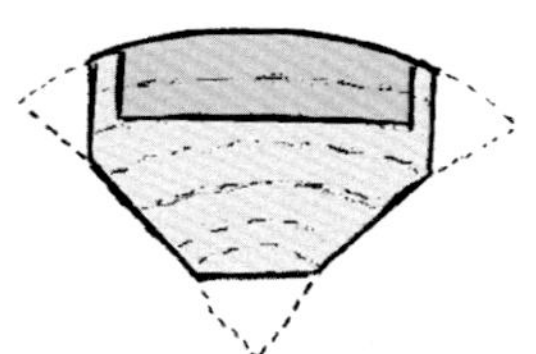

Hellgraue Fläche zeigt den Stab

Wir ziehen nun mit dem Ziehmesser die scharfen Kanten des dreieckigen Viertels ab, und zwar so, dass hier neue Flächen von 2–3 cm Breite entstehen.
Nun werden die Enden und die Hirnfläche mit Holzleim eingestrichen, etwa 5 cm breit.

Wenn man so einen Stab etwa ein halbes Jahr lang in der Wohnung lagert, ist er in der Regel trocken genug. Man kann die Feuchtigkeit auch von einem Tischler messen lassen.
Der Stab sollte 9–11 % Feuchtigkeit haben.

DER BOGEN

Der Einfachheit wegen bauen wir einen flachen, geraden Bogen mit steifem Griff.
Ist der Stab trocken genug, längen wir ihn auf 1,80 m ab. Es ist möglich, einen wesentlich kürzeren Bogen zu bauen, aber zu Anfang ist eine längere Bauart einfacher.

- Mit einem geraden Strich von einem Ende zum Anderen markieren wir nun die Längsmitte des Stabes auf der Außenseite.
- Jetzt zeichnen wir die Umrisse wie auf der Draufsicht-Skizze gezeigt.
  Den Griff platziert man zu ¾ unterhalb der Stabmitte, ¼ über der Mitte.
- Nun wird mit dem Ziehmesser, Hobel und Raspel von den Seiten des Stabes Holz abgenommen, bis zu den aufgezeichneten Linien.

Rohling in der Draufsicht

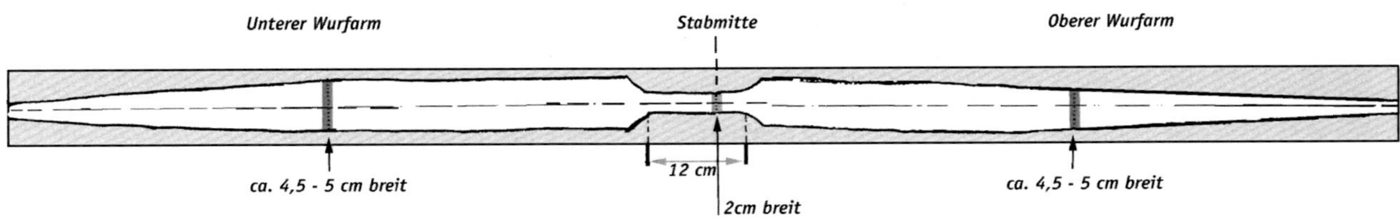

Sorgfältig werden die Seiten mit einem Messer glatt gezogen, zum Bogenrücken hin leicht gerundet und sauber geschliffen.
Man arbeite immer vom Griff zum Ende des Wurfarms, da in entgegengesetzter Richtung schneidendes Werkzeug in den Bogen schneiden würde.
Auf die entstandenen seitlichen Flächen zeichnet man nun die Profilansicht des Bogens, wie auf der Seitenansicht-Skizze.

Rohling in der Seitenansicht

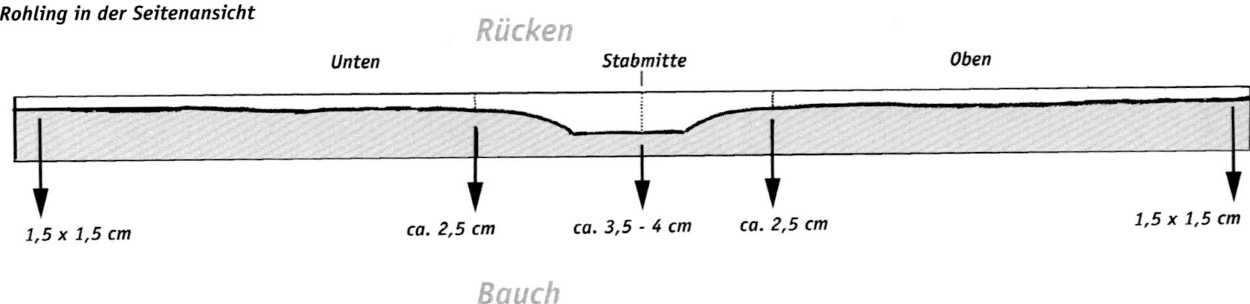

Nun arbeite man auf diese Linie hin, in gleicher weise wie an den Seiten. Wir haben jetzt einen **Bogenrohling** und nun beginnt die eigentliche Arbeit.

Da Holz nicht am Lineal wächst, ist es äußerst wichtig, dass die Bogeninnenfläche, der Bauch, jeder Unregelmäßigkeit auf dem Bogenrücken folgt, sonst entstehen dickere, steifere Zonen. Die Verdünnung zu den Tips (Enden der Wurfarme) muss absolut gleichmäßig sein, um eine ebenmäßige Biegung zu erreichen.

Ist das erreicht, können wir an den Tips mit einer kleinen Rundfeile die Sehnenkerben anbringen.

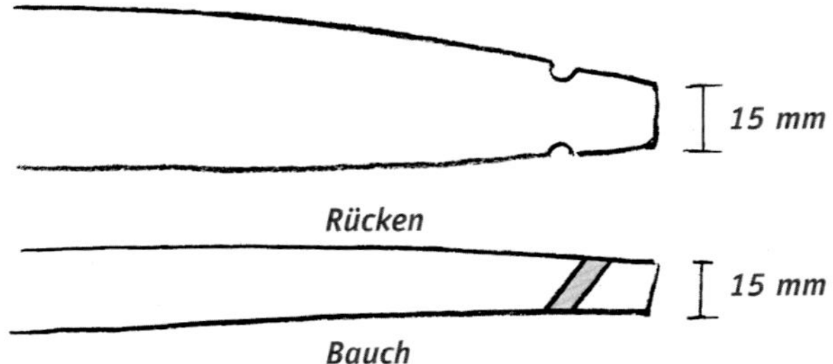

DIE HOHE KUNST DES TILLERNS

So, nun fängt die eigentliche Arbeit an. Blut, Schweiß und Tränen – für Euch, und auch für mich schreibenderweise, da präzise Anweisungen in diesem Bereich sehr schwierig sind.

Die Arbeit, die der Wurfarm leistet, ist nämlich nicht gleichmäßig.
Der Wurfarm soll sich **ebenmäßig** biegen, aber nicht in einem Kreisbogen, sondern in einem elliptischen Bogen.
Das heißt: der Bogen betont sich vom Griff ausgehend zu den Tips, aber die letzten 10 cm sollten nahezu steif sein. Zudem stehen die Wurfarme in einem ganz spezifischen Ungleichgewicht zueinander. Der untere Wurfarm muss nämlich geringfügig steifer sein.

So, das ist was wir wollen. Nur, wie kommen wir dahin ? Der Stab, wie er jetzt ist, wird mit Sicherheit noch zu steif sein.

- Trotzdem, zum **Antesten**, nehmen wir die Mitte eines Wurfarms in die linke Hand und stellen das andere Ende neben den rechten Fuß. Die rechte Hand nimmt den Griff und drückt den Bogen etwas durch. Wahrscheinlich tut sich nicht viel, aber wenn man am Wurfarm entlang peilt, sieht man vielleicht schon eine leichte Biegung.
- Nun den Bogen umdrehen und den anderen Wurfarm beobachten. Möglicherweise fühlt sich einer härter an als der Andere. Wenn dem so ist, fangen wir mit dem härteren Wurfarm an.
- Man nehme mit der Raspel von der Innenseite, dem Bauch, etwas an Stärke ab.
  Immer schön gleichmäßig. Und wieder den Durchdrücktest.

Die Biegung soll sich ebenmäßig über den Wurfarm verteilen, schwächer am Griff, stärker weiter unten, steif am Tip.
Wenn man das Gefühl hat — es ist leider nicht genauer zu sagen —, dass die Wurfarme in einem ungefähren Gleichgewicht sind, kommt der nächste Schritt.

ERSTES AUFSPANNEN

- Man nehme eine Sehne, die gleichlang wie der Bogen ist, oder geringfügig länger, und hänge sie in die Kerben.
- Nun stelle man sich vor einen Spiegel und ziehe etwas an, während man den Bogen im Spiegel, oder zur Not auch direkt, beobachtet.
  Eine weitere Möglichkeit ist es auch, den Bogen waagrecht an den Körper zu nehmen und die Sehne vom Körper weg zu drücken.

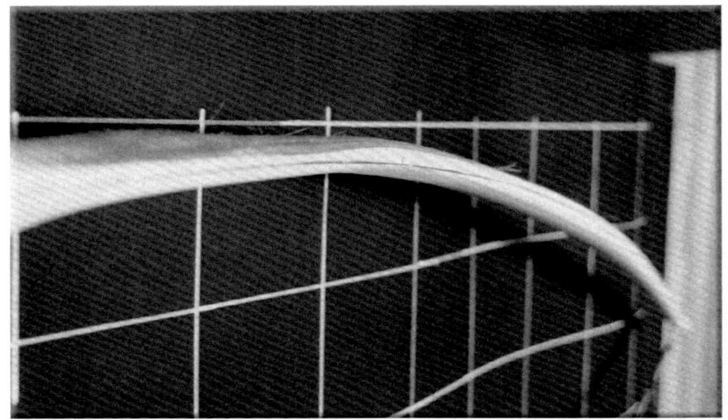

Ein Raster erleichtert es, die Biegung zu beurteilen. (Foto: J. Zschieschang)

In diesem Stadium sollte der Bogen nie über die spätere Standhöhe hinaus gebogen werden.
Sind Unregelmäßigkeiten (schwache Bereiche, ein Knick in der Biegung) zu beobachten, markiere man diese mit Bleistift.
Nun nehme man links und rechts dieser Zonen etwas Holz weg — immer vom Bauch des Bogens. So, dass sich nach mehrmaligem Beobachten die Biegung ebenmäßig verteilt. Anschließend gleicht man den anderen Wurfarm an.

Wenn man meint, der Bogen sei „weich“ genug zum erstmaligen Spannen, so tue man dies mit einer Sehne, die ihn auf etwa ein Drittel bis zur Hälfte der späteren Spannhöhe bringt (entspricht 5–7 cm).
Jetzt die jeweilige Mitte der Wurfarme markieren.
Es gibt jetzt zwei Dinge, die man beachten muss. Zum einen, wie verhalten sich die Biegungen der Wurfarme zueinander, zum anderen, wo steht die Sehne?

Wo steht die Sehne?

Liegt die Sehne nicht mittig hinter dem Griffstück, so muss man feststellen, woran es liegt.
Hierzu peile man über den Bogenrücken, um zu sehen, ob die Wurfarme, oder einer von ihnen, eine Verdrehung aufweist.
Wenn dem so ist, heißt das, dass dieser Wurfarm auf der Seite, zu der er sich neigt, schwächer ist.
Dann muss man ihn auf seiner steiferen Seite schwächen, indem man dort Holz entfernt.
Aber immer nur vom Bauch des Bogens und immer nur wenig!
Bedenke, dass ein Entfernen von Material sich nicht sofort auswirkt, sondern erst nachdem man ein paar Mal gezogen hat - gleich auch in die Richtung, in die die Sehne wandern soll.

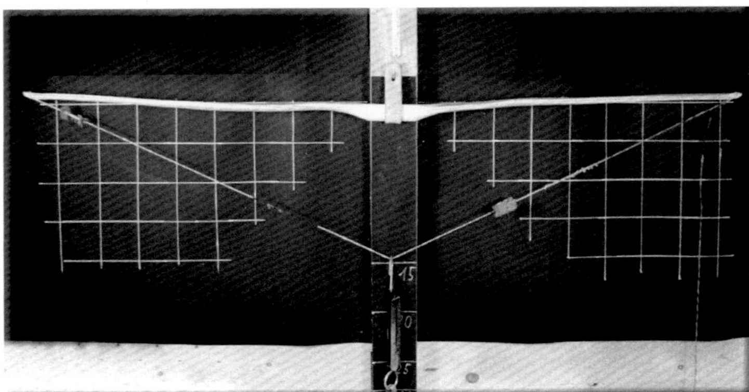

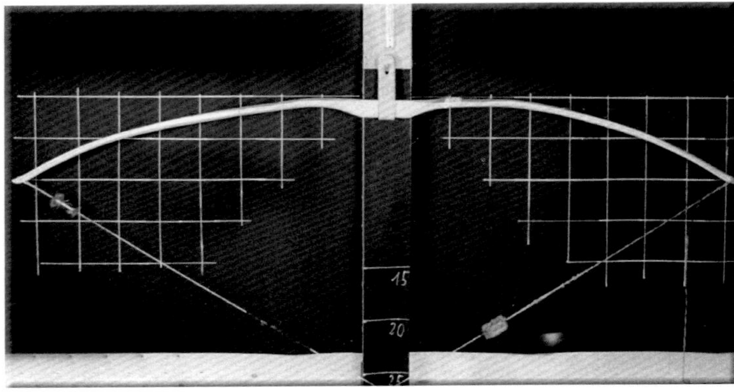

Natürlich auch hier nicht gleich mit vollem Auszug, sondern vielleicht zu einem Drittel höchstens.
Oft reicht es schon aus, die Nockenkerben auf der Seite, zu der sich die Sehne neigt, zu vertiefen.
Die oben beschriebene Methode muss man auch nicht sofort anwenden, sondern in Kombination mit dem folgenden weiteren Tillern.

Wurfarme vergleichen, wegnehmen...

Zu allererst vergleiche man jetzt die beiden Wurfarme. Ist einer wesentlich steifer als der andere, so nimmt man etwas Holz vom Bauch des steiferen Wurfarms weg.
Sind sie in einem ungefähren Gleichgewicht, werden jetzt die Abstände zwischen Sehne und Wurfarmmitte gemessen.
Es muss im weiteren daraufhin gearbeitet werden, dass dieser Abstand beim oberen Wurfarm etwa 5mm größer ist. Man beobachte auch den ebenmäßigen Verlauf der Biegung, und korrigiere Abweichungen in der schon vorher beschriebenen Weise.

Ein Tillerbrett an der Wand ermöglicht das Beurteilen der Wurfarme in der Bewegung. (Foto: A. Hörnig)

Nun wird der Bogen 15–20 Mal etwa zu einem **Drittel** gezogen, wobei die Biegung sehr genau beobachtet werden muss, ob sich eventuell steifere oder schwächere Zonen zeigen.
Wenn solche auftauchen, müssen sie sofort korrigiert werden.
Auch immer wieder die Sehnenabstände kontrollieren.

Schön vorsichtig...

Ab diesem Stadium sollte man mit der Raspel sehr vorsichtig umgehen, nur noch den Bogen „streicheln" . Noch besser, man fängt an, mit einer Ziehklinge oder einem Messer schabenderweise feine Späne abzuziehen. Das dient dann auch dazu, den Bogen von den Raspelspuren zu glätten.
Und immer bedenken, die Abnahme von Material wirkt sich nicht sofort aus, sondern erst, wenn man ein paar Mal gezogen hat.
Also, immer schön vorsichtig abnehmen, ziehen, beobachten, Sehnenstände messen – korrigieren.

ZUGGEWICHT

So langsam können wir auch von Zuggewichten reden. Ich finde es beim ersten Bogen nicht so wichtig, ein bestimmtes zu erreichen, sondern dass der Bogen funktioniert.
Trotzdem sollte man darauf achten, beim Ziehen nie über das angepeilte Gewicht hinaus zu ziehen (mit einer Zugwaage kontrollieren).
Wenn die Biegung ebenmäßig ist, die Sehnenstände stimmen und das Zuggewicht passend erscheint, kann man nun immer weiter ausziehen und immer schön kontrollieren und korrigieren.
Man kann auch jemand anderen ziehen lassen, um besser beobachten zu können. Wenn man es denn über sich bringt, den Bogen aus der Hand zu geben.
Man sollte auch mal die Sehne abnehmen, um den Bogen auf vielleicht punktuell betontes Stringfollow zu kontrollieren, und gegebenenfalls korrigieren, indem man diese Stelle entlastet.
Wenn dann, **bei halbem Sehnenstand** (also etwa 7 cm Spannhöhe), der volle Auszug erreicht ist (ca. 27 bis 28 Zoll = 67–70 cm), und der Bogen soweit stimmt, sollte man einige Pfeile schießen.
Und dann wieder messen, beobachten, Korrekturen vornehmen.

Wahrscheinlich mault mittlerweile der Partner, die Kinder rasen, der Hund wimmert nur noch in leiser Verzweiflung und die Nerven kreischen.
Aber es ist noch nicht vollbracht.
Denn noch muss in der selben qualvollen Allmählichkeit der Sehnenstand auf seine endgültige Höhe gebracht werden.

ZUM SEHNENSTAND

Ich spanne meine Holzbogen in der Regel etwas niedriger als es bei modernen, fiberglasbelegten Bogen üblich ist. Dies erspart dem Bogen Stress, er lässt sich weicher ziehen und er wird durch einen längeren Schubweg schneller.
Nachteil ist, dass man viel genauer auf den Spinewert der Pfeile achten muss, und dass sich Ablassfehler stärker auswirken.
Meine Empfehlung ist, bei diesem Bogen, höchstens 15 cm.

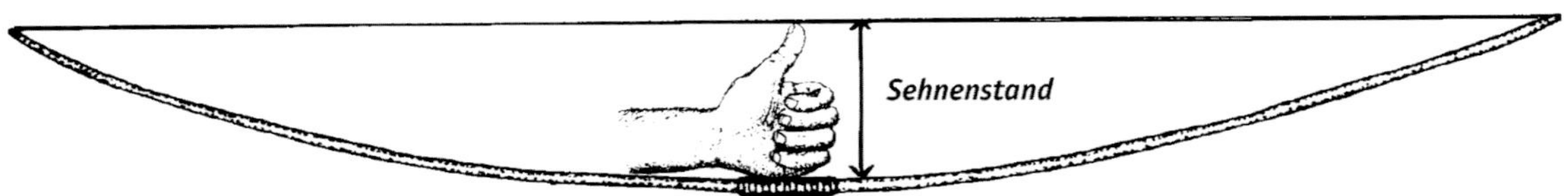

FEINSCHLIFF

Nun kann man daran gehen, das Kunstwerk mit Schleifpapier und Stahlwolle zu glätten.
Es darf keine scharfen Kanten geben, da sich darin Spannungen konzentrieren, zudem sind sie stoßempfindlich, und dies kann zu Beschädigungen führen.
Insbesondere im Bereich der Sehnenkerben muss alles absolut rund und glatt sein.
Eine gerissene Sehne ist fast gleichbedeutend mit einem gebrochenen Bogen.

Zum Finish gibt es eine reiche Auswahl an guten Lacken und Ölen. Ich nehme meistens einfach nur Leinölfirnis in mehreren Anwendungen.
Von Wachsen würde ich abraten, da Wachse doch recht wasserempfindlich sind.

Nun denn, gutes Gelingen!

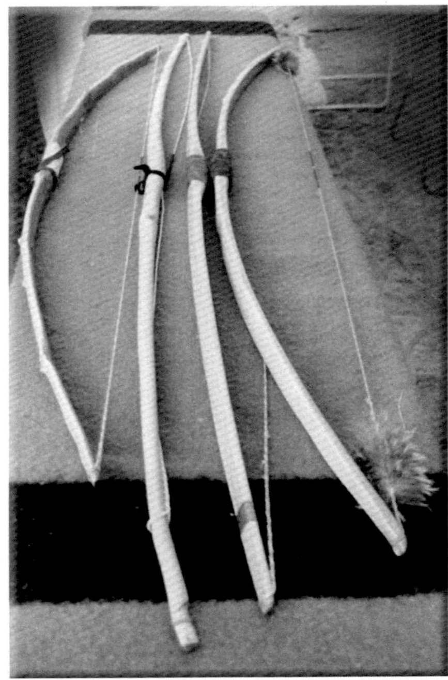

JÜRGEN JUNKMANNS

Jahrgang 1962, Archäologe, kam durch das Studium zum Bogenbau, schreibt zur Zeit eine Dissertation über prähistorische Pfeile und Bogen.
Er ist Experte für vorgeschichtliche und historische Bogen in Europa, baut seit 1985 Holzbogen, sehnenverstärkte Bogen und Kompositbogen, fertigt Rekonstruktionen für archäologische Museen an und gibt Bogenbaukurse.

JÜRGEN JUNKMANNS

JUNGSTEINZEITLICHE BOGEN

DIE FUNDE

Jungsteinzeitliche Bogen wurden hauptsächlich in Uferrandsiedlungen im schweizerischen, französischen und süddeutschen Voralpengebiet (den früher sogenannten Pfahlbauten) gefunden. Einige kamen auch beim Torfstechen in den nordeuropäischen Mooren Großbritanniens, Hollands und Norddeutschlands zutage.

Die ältesten jungsteinzeitlichen Bogenfunde stammen etwa vom Beginn des 5. Jh. v. Chr. Grundsätzlich lassen sich ganz grob zwei unterschiedliche Typen jungsteinzeitlicher Bogen unterscheiden: der Stabförmige Bogen und der „Propellerförmige“ Bogen. Beide Typen existieren nahezu während der gesamten Jungsteinzeit. Von diesen Grundtypen existieren zahlreiche Variationen, bei denen es sich wahrscheinlich um regionale bzw. ethnische Unterschiede handeln dürfte.

Der **Stabförmige Bogen** ist über die ganze Länge mehr oder weniger stabförmig und besitzt keinen ausgearbeiteten Griffteil. Die größte Breite liegt im Griffbereich und von dort zu den Enden verschmälert sich der Bogen nur sehr allmählich.

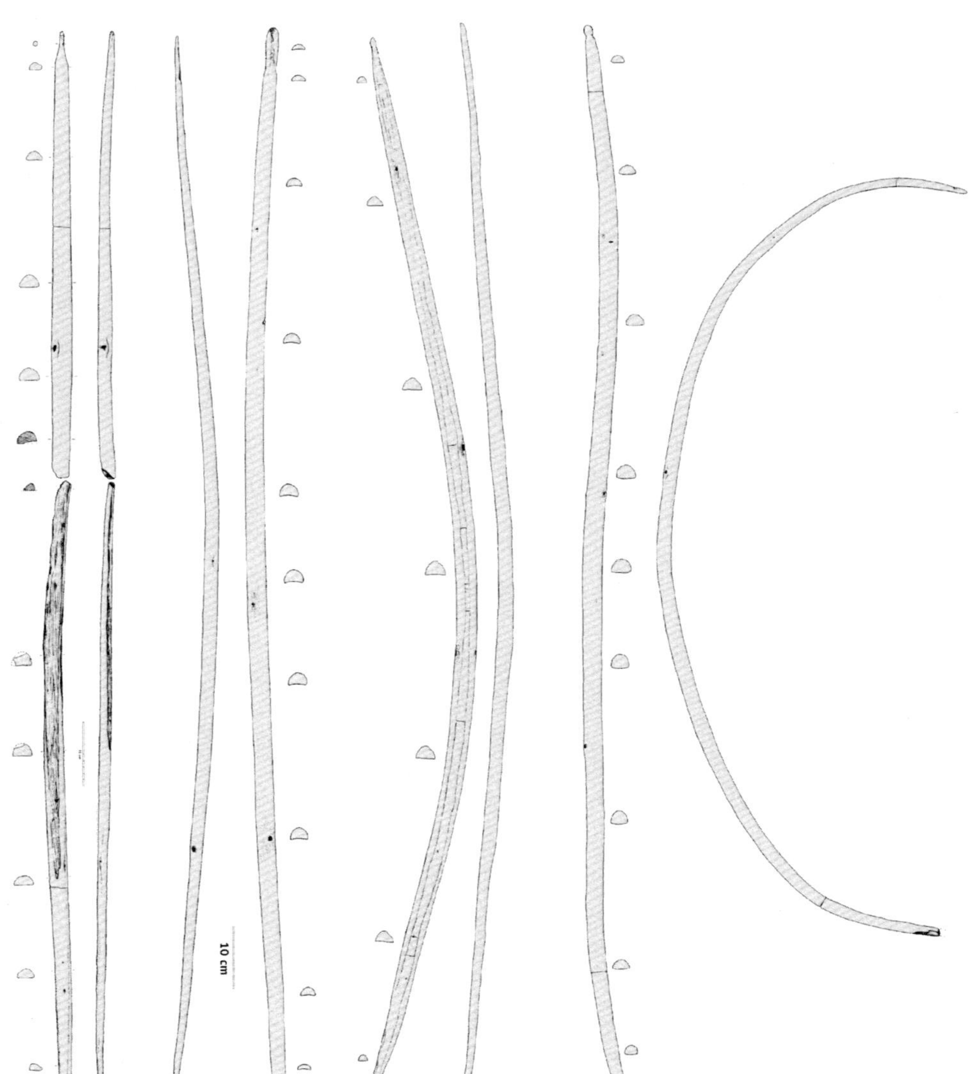

Beispiele für jungsteinzeitliche Bogen des Stabförmigen Typs

Abb. 1
*1. **Egolzwil 4** (CH), ca. 4000–3700 v. Chr. , urspr. L. ca. 170–175 cm, antik gebrochen.*
*2. **Niederwil** (CH), 3660–3585 v.Chr. L. 171 cm.*
*3. **Thayngen-Weier** (CH), 3822–3584 v. Chr., L. 170,5 cm.*
*4. **Robenhausen** (CH), undatiert, 143 cm lang.*

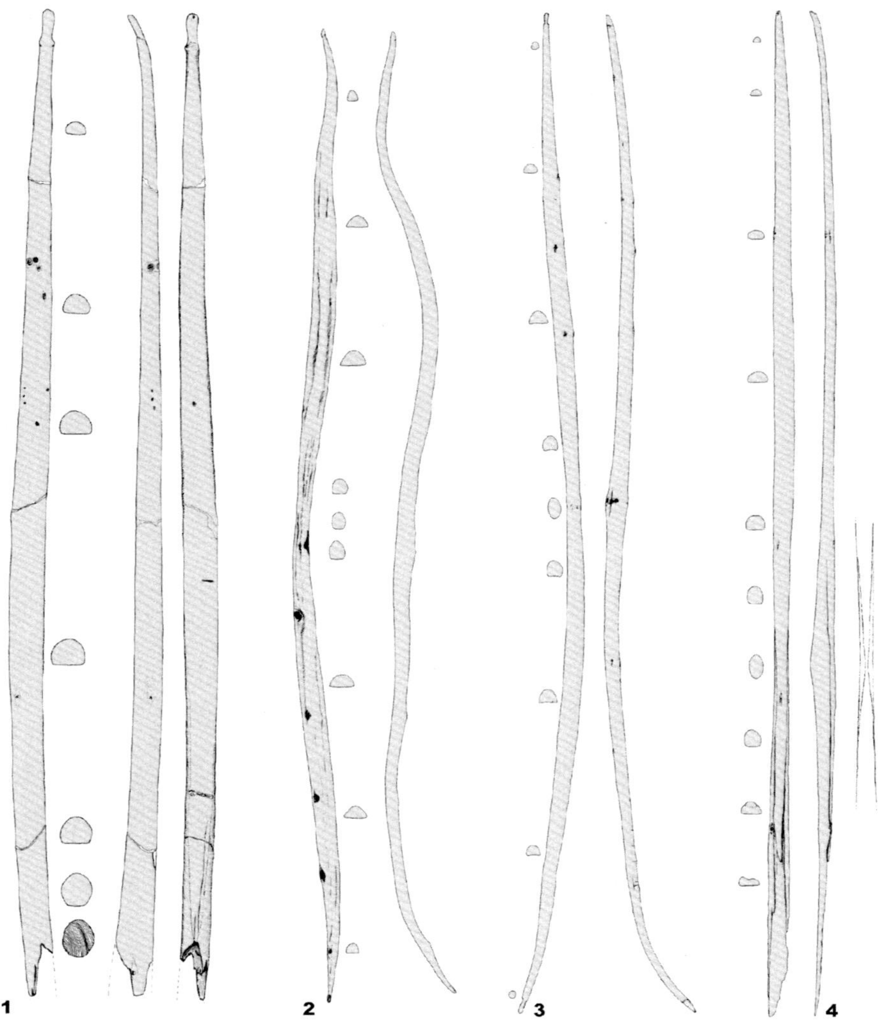

Der **Propellerförmige Bogen** gleicht in der Vorder- oder Rückansicht einem Propeller.
Bei ihm liegt die größte Breite etwa in der Mitte der Wurfarme; von dort verschmälert er sich sowohl zur Bogenmitte als auch zu den Enden hin. Das eingeschnürte Griffteil besitzt meistens auf der Bogeninnenseite eine ausgearbeitete Verdickung, um die Schwäche der dort sehr schmalen Bögen zu kompensieren.
Die Wurfarmenden laufen oft spitz zu; das spart Gewicht an den Bogenenden.

Jungsteinzeitliche Bogen des „Propellerförmigen" Typs.
Abb. 2
***1. Ashcott Heath** (GB), 3650–3100 v. Chr., L. noch 84 cm; urspr. ca. 160 cm, modern gebrochen.*
***2. Bodman** (D), undatiert, L. 149,5 cm.*
***3. Robenhausen** (CH), undatiert, L. 163,5 cm.*
***4. Rotten Bottom** (GB), 3960–3710 v. Chr., L. noch 136,5 cm; urspr. ca. 178 cm, antik gebrochen.*

QUERSCHNITTE

Der Querschnitt jungsteinzeitlicher Bogen unterscheidet sich radikal von dem der mittelalterlichen Langbogen. Während der Langbogen des Mittelalters auf der Bogenvorderseite fast flach ist und auf der Bogeninnenseite (die dem Schützen beim Schuss zugewandt ist) gerundet, und damit ein Höchstmaß an Bruchfestigkeit besitzt, ist der jungsteinzeitliche Querschnitt genau umgekehrt orientiert.
Bis vor kurzem geisterte noch die These von den „rückwärts" gespannten steinzeitlichen Bogen durch die Bogenliteratur (zuletzt P. Comstock: Ancient European Bows. in *The Traditional Bowyer's Bible, Vol. 2*, New York 1993), weil der britische Archäologe J. G. D. Clark 1963, ausgehend vom Langbogenquerschnitt, annahm, dass die prähistorischen Bogen mit der flachen Seite nach vorn orientiert wurden (J. G. D. Clark: *Neolithic Bows from Somerset, England, and the Prehistory of Archery in North-Western Europe.* Proceedings

of the Prehistoric Society, 29, 1963, S.50-98) und dies immer wieder abgeschrieben und geglaubt wurde. Doch die Tatsache des Vorhandenseins von Splintholz auf der gewölbten Seiten der Originalfunde zeigt ganz deutlich, dass dies ein Märchen ist.

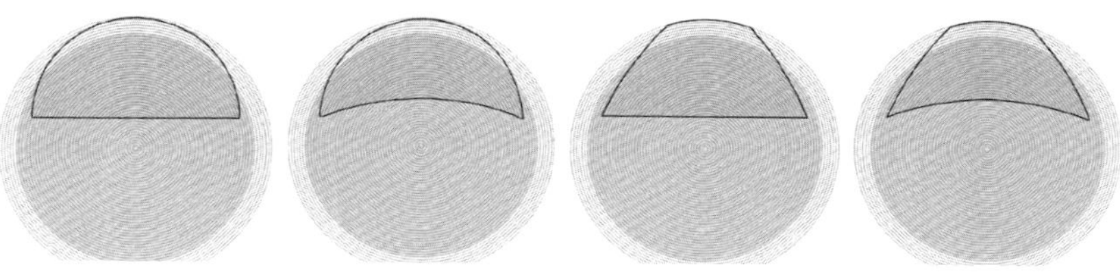

Abb. 3
Idealisierte Querschnitte jungsteinzeitlicher Bögen mit Angabe des Splintholz-/Kernholzverhältnisses. Bogenvorderseite oben, ohne Maßstab.

Mit der gerundeten Vorderseite geht der Bogenbauer ein größeres Bruchrisiko ein und setzt durch die meist flache Bogeninnenseite die Priorität auf maximale Druckfestigkeit, was sich durch weniger Dauerbiegung (Set) äußert. Dies wiederum wirkt sich als höhere Effektivität und Pfeilgeschwindigkeit aus.

Als Variante kommen auch gekehlte, d. h. konkav ausgehöhlte statt flache Bogeninnenseiten vor. Welchen Sinn dies hat, ist umstritten. Es ist klar, dass dadurch die Druckfestigkeit aber auch das Eigengewicht des Bogenstabs verringert wird. Vielleicht handelt es sich nicht um ein aus technischen Erwägungen gewähltes Design, sondern mehr um ein rein dekoratives Element.

Um mehr über die praktischen Auswirkungen zu erfahren, müssten einige Bogen zunächst mit flacher Innenseite gebaut und dann gründlich getestet werden. Danach müssten die Innenseiten gekehlt und die gleichen Bogen nochmals getestet werden, um Performanceunterschiede feststellen zu können.

In der letzten Phase der Jungsteinzeit, ca. zwischen 3000 und 2400 v.Chr., ist bei den schweizerischen Bogen eine Abflachung der Bogenvorderseite auf einem schmalen, zentralen Streifen, der aus der unbearbeiteten Stammoberfläche besteht, zu beobachten. Dies führt zu einer Verbesserung der Bruchfestigkeit gegenüber den vorne gerundeten Querschnitten.

NOCKEN

Eine erstaunliche Vielzahl unterschiedlich gestalteter Bogenenden lässt sich feststellen. Es gibt zapfenförmige, knopfartige, löffelartige und eingekerbte Endstücke. Meist ist der Absatz für die Sehnenbefestigung so schwach ausgeprägt, dass eine Befestigung mittels einer festen Schlaufe, wie heute üblich, nicht möglich war.

Das Ende der Bogensehne musste in der Regel mit Hilfe einer Umwicklung, durch Knoten oder selbstzusammenziehende Schlingen fixiert werden.

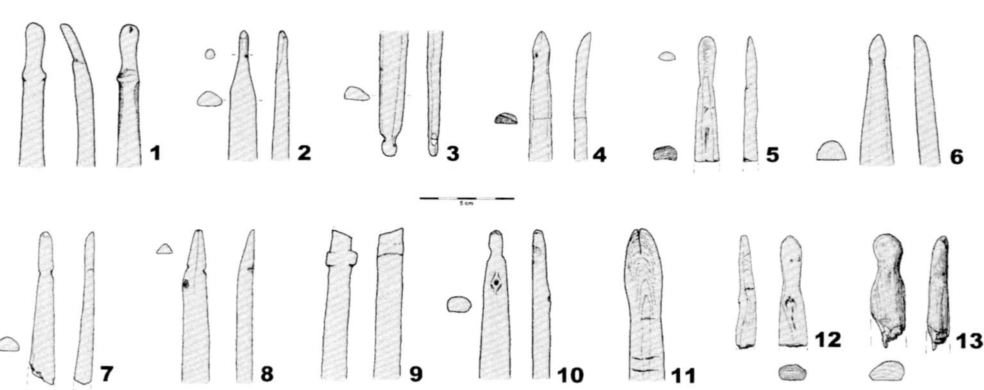

Abb. 4:
Auswahl verschiedener Typen jungsteinzeitlicher Bogenenden.
1. Ashcott Heath (GB),
2–4. Egolzwil 4 (CH),
5. Lüscherz (CH),
6. Thayngen-Weier (CH),
7–8. Robenhausen (CH),
9. Vrees (D),
10. Zürich-Mozartstrasse (CH),
11. Niederwil (CH),
12. Vinelz (CH),
13. Hornstaad (D, Zeichn. M. Kinsky, Landesamt f. Denkmalpflege Hemmenhofen).
Maßstab 1:4

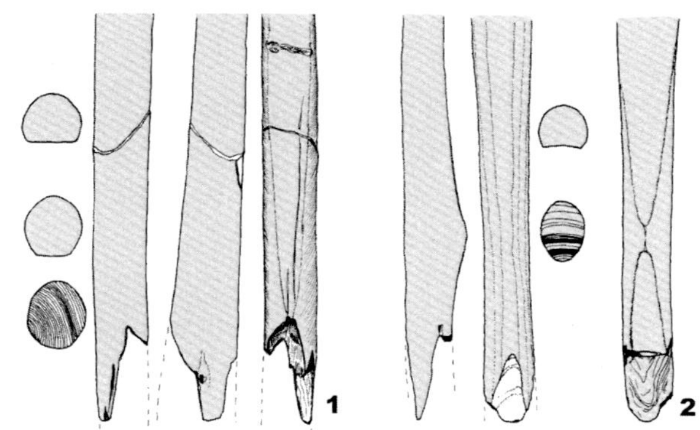

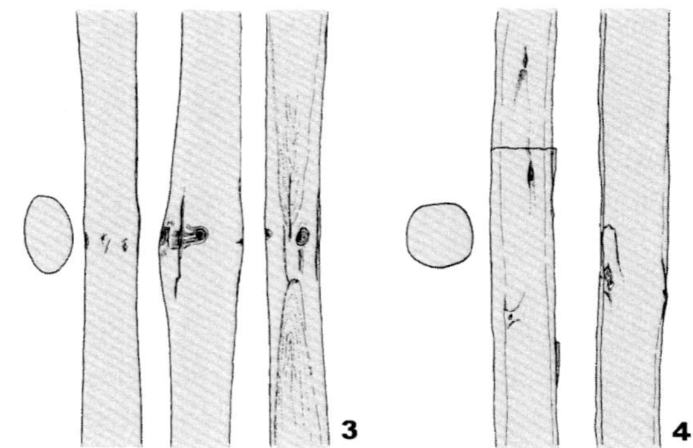

Abb. 5 ***Typische Griffteile einiger jungsteinzeitlicher Bogen***
1. Ashcott Heath (GB) *2. Horgen-Scheller (CH)* *3. Robenhausen (CH)* *4. Sutz (CH). Maßstab 1:4*

GRIFFTEILE

Auch die Griffteile jungsteinzeitlicher Bögen zeigen eine hohe Variationsbreite. Während die Griffe des stabförmigen Bogentyps meist überhaupt nicht herausgearbeitet und daher, außer durch die Lage in der Bogenmitte, nicht als solche erkennbar sind, wurden die Handgriffe des propellerförmigen Typs fast immer speziell zurechtgeformt. Beim letzteren bestand die technische Notwendigkeit, die Schmalheit in der Bogenmitte durch eine Verdickung in diesem Bereich auszugleichen, da der Bogen bei gleichbleibender Dicke an dieser Schmalstelle brechen würde. Diese Verdickung auf der Innenseite konnte mehr rundlich oder eher gratförmig, mit flachem Mittelstreifen oder zwei aneinanderstoßenden Facetten etc. gestaltet werden. Beim stabförmigen Bogen war keine Mittenverdickung erforderlich, also verzichtete man wohl der Einfachheit halber ganz auf eine spezielle Zurichtung des Griffteils.

ROHMATERIAL

Seit der Jungsteinzeit wurde in Mitteleuropa fast ausschließlich das Holz der Eibe (Taxus baccata) für den Bogenbau verwendet. Nur äußerst selten griff man noch zum Ulmenholz, dem Material der mittelsteinzeitlichen Bogen Nordeuropas. Beispiele sind ein jungsteinzeitlicher Bogen aus Nordeuropa und einige bronzezeitliche Bogen der Schweiz.
Bis heute wird Eibe von Bogenbauern als das beste europäische Bogenholz angesehen. Es besteht aus einer randlich außen im Stamm liegenden, gelblich-weißen Splintholzschicht und einem inneren, rötlich-braunen Kern.

Eibe, Taxus Baccata L.

Wie Saxton Pope in den 20er Jahren durch Bruchtests einwandfrei nachweisen konnte, ist Eibensplintholz wesentlich zäher und elastischer als Kernholz; letzteres aber härter und druckstabiler (S. Pope: *Hunting with the Bow and Arrow,* New York 1925). Erst durch die Kombination beider Materialien im Bogenstab ergibt sich die besondere Qualität des Holzes für den Bogenbau.
Seit jeher wird das Splintholz auf derAußenseite des Bogens verwendet, das Kernholz bildet die Innenseite. Das zähe Splintholz wirkt auf der durch Zug belasteten Außenseite wie ein Backing und verbessert die Bruchfestigkeit. Das harte Kernholz auf der Innenseite kann sehr gut der dort auftretenden Druckbelastung standhalten und bewirkt eine geringe Dauerbiegung und hohe Effizienz und Pfeilgeschwindigkeit.

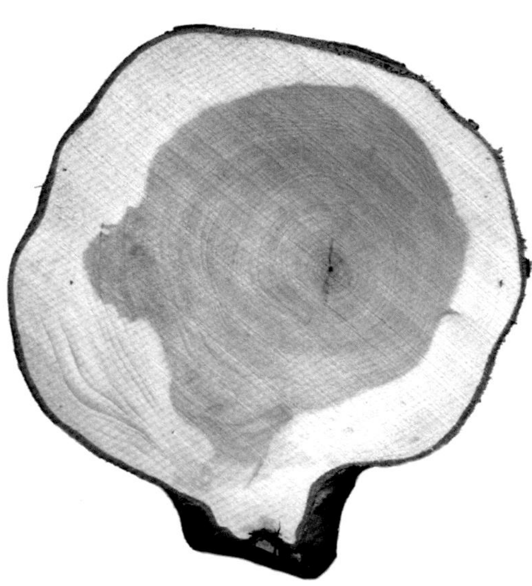

Da die damals verwendeten, ca. 5–15 cm dicken Eibenbäume in sehr schattenreichen Wald wuchsen, waren infolge des langsamen Wachstums extrem schmale Jahrringe von 0,2 mm keine Seltenheit. Der Splintholzanteil der verwendeten Stämme lag meist unter 1 cm. Es war deswegen nicht nötig, die Splintholzschicht zu reduzieren wie bei der Verwendung heutiger, oft mächtige Splintholzschichten bildender Eiben. Der Splintholzanteil jungsteinzeitlicher Eibenbogen liegt meist zwischen 5 und 10 mm.

Irgendwelche Reste von **Griffumwicklungen** bzw. Ledergriffen konnten nie nachgewiesen werden, so dass es naheliegt, dass die jungsteinzeitlichen Bögen wie auch die Langbogen des Mittelalters „nackt", also nur mit Holzgriff geschossen wurden.
Nach langjähriger Praxis kann man sagen, dass dergleichen auch völlig überflüssig ist. Das Holz greift sich beim Schießen sehr gut und fest; irgendwelche Probleme mit rutschigen Griffen traten nie auf. Es scheint jedoch nach Meinung einiger Bogenschützen so zu sein, dass ein Bogen, der beim Abschuss stark schlägt bzw. Handschock verursacht, durch einen Ledergriff im Abschuss gedämpft wird. Es ist wohl unnötig zu erwähnen, dass Vorrichtungen wie Visier und Nockpunkt unbekannt waren.

Querschnitt durch einen Eibenstamm, deutlich sichtbar das dunkle Kernholz im Gegensatz zum hellen Splint

Welches Material für die **Sehne** verwendet wurde, ist bisher mangels Funden nicht geklärt. Obwohl unzählige steinzeitliche Schnüre und Geflechte, zumeist aus Bast, gefunden wurden, war eine eindeutig zu erkennende Bogensehne bisher noch nicht dabei.
Tierische Fasern, also Darm oder Sehnen, kamen hier in Europa wahrscheinlich nicht zum Einsatz, da diese Fasern die unangenehme Eigenschaft haben, sich bei längerem Regen mit Feuchtigkeit vollszuaugen und dann weich und glitschig zu werden. Dies ist der Grund, weshalb bei Indianern der Plains und Prärien Nordamerikas bei Regenwetter die Jagd bzw. der Kriegszug ausfiel. Aber im dort herrschenden Kontinentalklima regnet es selten bzw. fast nie.

Da es bei uns aufgrund des Klimas bekanntermaßen kaum Tage im Jahr gibt, an denen die Regenwahrscheinlichkeit ganz ausgeschlossen werden kann, wäre eine Bogensehne aus Tierfasern äußerst unpraktisch. Unter den geeigneten Pflanzenfasern ist Flachs bzw. Leinen durch seine extreme Reißfestigkeit für die Verwendung als Bogensehne prädestiniert und wurde von den jungsteinzeitlichen Bauern angebaut. Das für die meisten gefundenen steinzeitlichen Schnüre verwendete Bastmaterial, Linden- und andere Baumbaste, ist für eine solche Verwendung zu schwach.
Obwohl der Beweis in Form des Fundes einer erhaltenen Bogensehne noch auf sich warten lässt, kann man davon ausgehen, dass diese meist aus Flachs bzw. Leinen gefertigt wurden. Die alte Technik des Zwirnens, die noch bis heute von den traditionellen Bogenschützen zur Herstellung der Sehnen angewendet wird (beim berühmten „flämischen Spleiß"), ist bereits durch Funde aus der ausgehenden letzten Eiszeit nachgewiesen.

HERSTELLUNGSTECHNIK

Die erhaltenen Bogenrohlinge der Jungsteinzeit zeigen ganz deutlich, dass die Bogen mit dem Querbeil zurechtgeformt wurden, als das Holz noch feucht war. Obwohl nicht nachgewiesen, muss man annehmen, dass die Halbfabrikate einige Zeit trocknen konnten, bevor die Bogen endgültig fertiggestellt wurden. Ein noch feuchter Bogen würde durch vorzeitiges Spannen erheblich an Spannkraft verlieren, weil noch nasses, weiches Holz nachgibt und der Bogenstab nach dem Entspannen für immer gekrümmt bliebe.
Ein Problem beim Trocknen weitgehend vorgeformter Bogenrohlinge ist die Gefahr des Verziehens des Holzes. Wenn eine starke seitliche Biegung eintritt, ist der Rohling in der Regel verloren. Ob und wie die jungsteinzeitlichen Bogenbauer dieses Problem meisterten, ist unbekannt. Eine Möglichkeit wäre vielleicht das Einfetten des Rohlings nach indianischem Vorbild.

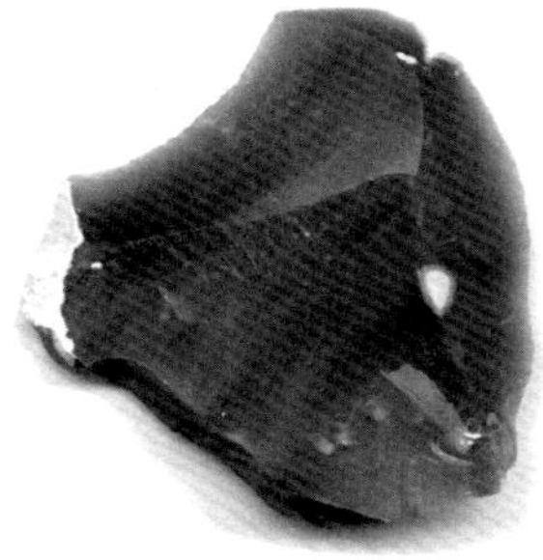

Feuersteinabschlag

Nach dem Spalten des Eibenstamms, was bei sehr dünnen Stämmen auch entfallen konnte, wurde die Bogenform mit dem Querbeil, möglicherweise auch mit einer Art Stechbeitel, also Knochen- oder Steinmeißel, sehr genau herausgearbeitet. Die Glättung des Bogens erfolgte vermutlich mit scharfkantigen Silexabschlägen oder geschliffenen Eberzähnen. Der abschließende Schliff, der bei vielen erhaltenen jungsteinzeitlichen Bogen nicht anders als perfekt bezeichnet werden kann, könnte zunächst mit feinem Sandstein, dann mit Halmabschnitten des Schachtelhalms ausgeführt worden sein, welcher noch heute im Instrumentenbau als Schleifmittel verwendet wird.

BIEGEVERHALTEN

Einige der jungsteinzeitlichen Bogen sind, soweit sich das heute anhand der Breite und Dicke der Funde ablesen lässt, nicht gerade perfekt getillert. Man kann damit rechnen, dass einige Exemplare bei vollem Auszug ziemlich unregelmäßig gebogen waren. Das ist auch kein Wunder, denn soweit wir wissen, war das Tillerbrett der mittelalterlichen und modernen Bogenbauer damals noch unbekannt. Vermutlich wurden die Bogen getillert, indem man darauf achtete, dass sich im bespannten Zustand die Wurfarme symmetrisch bogen. Sicher wird auch ein Helfer den Bogen zur Begutachtung probeweise gespannt haben. Zu steife Stellen konnte man sich dann merken oder mit Holzkohle markieren und dann in der Dicke reduzieren. Auf diese Weise kann man in den meisten Fällen wahrscheinlich eine befriedigende, aber keine nach heutigen Maßstäben perfekte Wurfarmsymmetrie herstellen.

Jungsteinzeitliche Bogen sind durchweg längensymmetrisch, d. h. beide Arme sind etwa gleich lang und der Griff befindet sich in Bogenmitte. Dadurch befindet sich der Pfeil in Abschussposition (auf den Knöcheln der Bogenhand) 2–3 cm über der symmetrischen Bogenmitte.
Ein Unterschied der Schusseigenschaften im Vergleich zu den im Spätmittelalter aufgekommenen asymmetrischen Bogen, deren oberer Wurfarm einige Zentimeter länger als der untere ist, konnte bisher nicht festgestellt werden.

DER NACHBAU DES BOGENS VON BODMAN

1995 wurde eine Nachbildung eines Bogens aus der Seeufersiedlung bei Bodman am Bodensee hergestellt. Da das Original bereits im vorigen Jahrhundert bei unsystematischen Ausgrabungen gefunden wurde, ist leider über Fundschicht und -umstände nichts bekannt und eine genaue Datierung nicht möglich. Wahrscheinlich gehört der Bogen aufgrund der Form seines Querschnitts und der kleinen knopfartigen Nocken in die Zeit um 4000 bis 3000 v. Chr. Das Original, das sich im Rosgarten-Museum in Konstanz befindet, ist durch die Austrocknung des Holzes sehr stark verzogen und sieht einer Schlange ähnlicher als einem Bogen.

Die Länge des komplett erhaltenen Bogens beträgt lediglich 149,5 cm, was damals durchaus Mannslänge gewesen sein kann. Er gehört zum propellerförmigen Typ. Auf der Vorderseite lässt sich über die ganze Länge deutlich ein ca. 0,5–1 cm breiter, heller Splintholzstreifen erkennen. Die Splintholzdicke beträgt nur 5–6 mm.

Verwendet wurde sehr feinjähriges Eibenholz mit etwa 20–30 Jahresringen pro cm; der Stamm war nach der Krümmung der Jahrringe mindestens 5 cm dick.

Der Querschnitt ist auf der Vorderseite aufgewölbt, während die Bogeninnenseite völlig flach ist. Seine maximale Breite von 3,7 cm erreicht der Bogen etwa in der Mitte seiner Arme. Die Dicke nimmt von der Bogenmitte zu den Enden ziemlich unregelmäßig ab.

Astansätze auf der Vorderseite wurden erhaben herausgearbeitet, um diese potentiellen Bruchstellen zu verstärken und so die Bruchgefahr zu vermindern. Der Griffbereich ist auf der Innenseite nicht auffällig verdickt, was bei den propellerförmigen Bogen eine Ausnahme darstellt. Doch kommt es durch das Vorhandensein einiger kräftiger Astansätze im Griffbereich dort zu einer vorderseitigen Verdickung.

BODMAN (ORIGINAL) — *Gesamtlänge:* 149,5 cm, *effektive Länge:* 147,5 cm, *Holzart:* Eibe

cm	Stelle	Breite	Dicke	cm	Stelle	Breite	Dicke
75,0	*Bogenende*	--	--	-74,5	*Bogenende*	--	--
73,0	*unterh. Sehnenkerbe*	0,90	1,00	-72,5	*unterh. Sehnenkerbe*	0,80	0,80
65,0		1,60	1,50	-65,0		1,75	1,45
55,0		2,30	1,40	-55,0	*Ast*	2,90	1,65
45,0		3,00	1,80	-45,0		3,30	1,75
35,0		3,60	2,10	-35,0		3,60	1,70
25,0		3,70	2,25	-25,0		3,40	1,75
15,0	*Ast*	3,20	2,40	-15,0		3,10	2,10
5,0		2,30	2,20	-5,0	*Ast*	2,25	2,85
0,0	*Mitte (Ast)*	2,50	2,45				

Abb. 6
Maße des Originalbogens von Bodman

TYP BODMAN [gebaut 8-95] — *Gesamtlänge:* 151 cm, *effektive Länge:* 149 cm, *Dauerbiegung:* 2,8 %, *Holzart:* Eibe, *Zuggewicht:* 53 lb/70 cm

cm	Stelle	Breite	Dicke	cm	Stelle	Breite	Dicke
76,0	*Bogenende*	--	--	-76,0	*Bogenende*	--	--
74,0	*unterh. Sehnenkerbe*	0,95	0,98	-74,0	*unterh. Sehnenkerbe*	0,95	0,96
70,0		1,37	1,25	-70,0		1,34	1,14
60,0		2,23	1,42	-60,0		2,15	1,40
50,0		2,90	1,53	-50,0		2,93	1,49
40,0		3,50	1,57	-40,0		3,33	1,60
30,0		3,84	1,64	-30,0		3,71	1,62
20,0		3,65	1,78	-20,0		3,47	1,77
10,0		3,00	2,10	-10,0		2,86	2,25
0,0	*Mitte*	2,40	2,70				

Abb. 7
Maße des Nachbaus

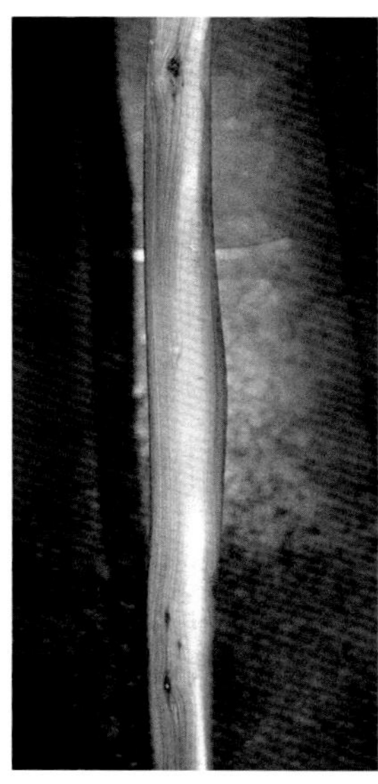

Bodman-Bogen Nachbau,Griffstück unteres Ende innen.
(Fotos: J. Junkmanns, siehe auch Farbtafel 1)

EIGENSCHAFTEN DES NACHBAUS

Für den Nachbau kam ein weniger feinjähriges Eibenholz als beim Original zur Anwendung. Der ca. 7 cm dicke Eibenstamm war bei der Herstellung 1995 drei Jahre abgelagert. Während das Splintholz langsam gewachsen war (ca. 20 Ringe/ cm), weist das Kernholz bis zu 2,5 mm breite Jahrringe auf. Das Splintholz wurde auf etwa 5–10 mm reduziert.
Aufgrund des unterschiedlichen Holzwuchses konnten die Maße des Vorbilds nicht unverändert für den neuen Bogen übernommen werden; vor allem aufgrund der zahlreichen Äste ist der Originalbogen an einigen Stellen sehr dick geraten.
Der Nachbau ist etwas schwächer dimensioniert wie der Wurfarm 2 des Originals. Da die Astverdickungen in diesem Bereich fehlten, wurde der Griff innenseitig verdickt.
Die kleinen knopfartigen Nocken erlauben nicht die Verwendung einer festen Sehnenschlaufe, daher wurde die Bogensehne aus Flachs auf beiden Enden mit einer sich zusammenziehenden Schlinge zur Befestigung versehen. Der sorgfältig getillerte Nachbau erreicht bei einer Auszugslänge von 70 cm (gemessen wurde die Strecke zwischen Bogenvorderkante und Sehne) ein Zuggewicht von 50 lb. bzw. 23 kg.

Der Bogen biegt sich über die ganze Länge und ist nicht steif im Griffbereich. Die Kennlinie verläuft erstaunlicherweise bis 60 cm Auszug linear (2 kg Zuwachs je 5 cm); dann steigert sich das Zuggewicht bis 70 cm alle 5 cm um 3 kg; der Bogen wird also im Endbereich des Pfeilauszugs geringfügig „hart" (in der englischsprachigen Bogenliteratur wird dieses Verhalten als stacking bezeichnet).
Wäre er länger, dann würde die Kurve komplett linear verlaufen und noch etwas „weicher" im Auszug. Für einen so kurzen Bogen ist das Auszugsverhalten aber sehr geradlinig und das stacking sehr gering.
Dies ist auf die positiven Eigenschaften des innenseitig flachen Querschnitts zurückzuführen und darauf, dass sich der Bogen auch im Griffbereich mitbiegt. Die flache Bogeninnenseite ist sehr druckresistent und neigt nur wenig zur Dauerbiegung.
Die Dauerbiegung (string follow) beträgt 2,8 % der effektiven Länge (gemittelt aus der Abweichung beider Bogenenden von der Geraden im entspannten Zustand).

Bodman-Bogen Nachbau, unteres Ende innen.

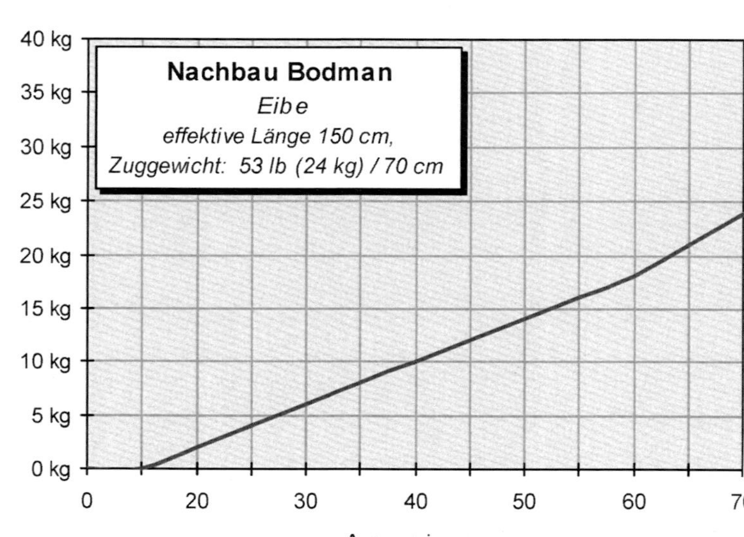

Abb. 8
Auszugskennkurve (Kraft-Weg-Diagramm) und Pfeilgeschwindigkeitsmessungen der Rekonstruktion des Bogens von Bodman.
Bei der Aufnahme der Kennlinie war das Zuggewicht des Bogens 3 lb. höher als bei den Geschwindigkeitsmessungen

Die für den Bogen ermittelten Pfeilgeschwindigkeiten bei Verwendung verschieden schwerer Pfeile zeigen, dass der Bogen für leichte Pfeile besser geeignet ist als für schwerere.
Die erreichte Geschwindigkeit von 182 km/h mit einem 20 Gramm schweren Pfeil zeigt das hohe Leistungspotential, das in diesem prähistorischen Bogentyp steckt.
Durch die großen Unterschiede der Holzfestigkeit (nicht nur innerhalb der Art Taxus baccata) und anderer Unwägbarkeiten (Tiller, Auszugslänge der damaligen Schützen) muss man sich davor hüten, einfach von dem Nachbau auf das Original rückzuschließen.
Lediglich eine Feststellung des in diesem Bogentyp steckenden Leistungspotentials kann auf diese Weise erreicht werden.
Bei vorsichtigen Rückschlüssen muss eine recht hohe Variationsbreite mit einkalkuliert werden: das Original des jungsteinzeitlichen Bogens von Bodman könnte ein Zugewicht zwischen 40 und 60 lb. und entsprechende Leistungsdaten gehabt haben.
Damit war der Bogen auf jeden Fall für die meisten vorkommenden Wildtierarten ausreichend leistungsfähig.

Abb. 9
Der Autor mit dem Bodman Nachbau im Schussversuch

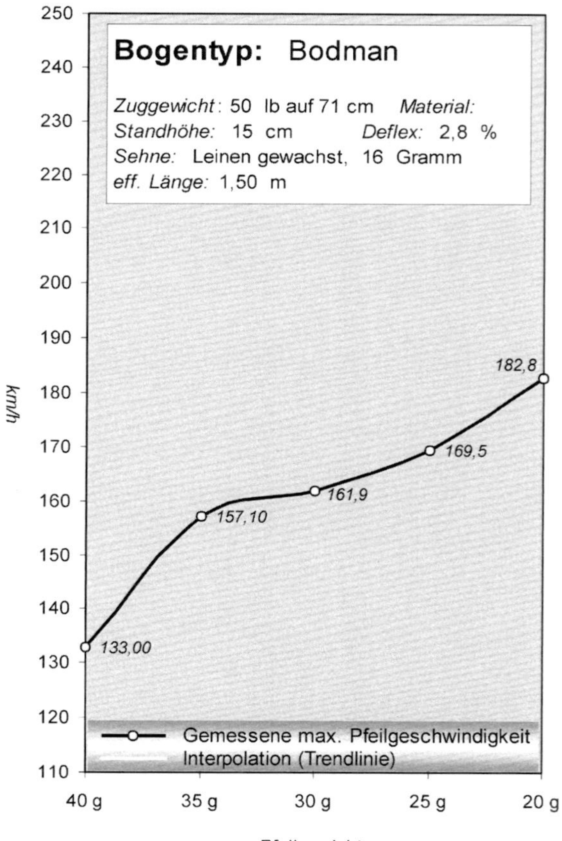

DER NACHBAU DES BOGENS VON BODMAN

Seite 53–55, Fotos: J. Junkmanns

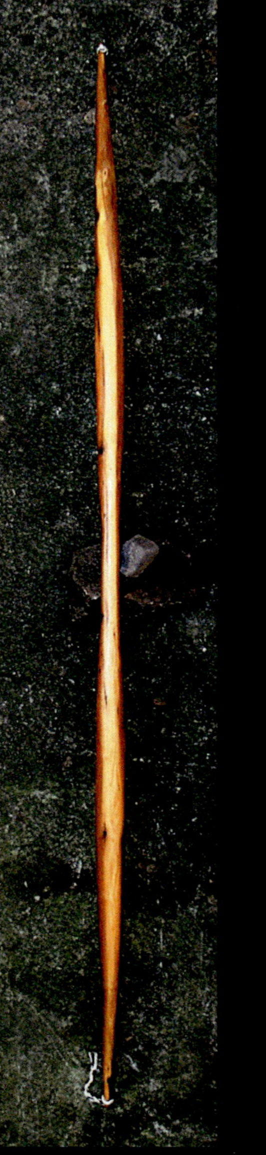

Nachbau Bodman-Bogen
Gesamtansicht von vorne und von der Seite.

Oberes Bogenende von vorne (Bogenrücken) und von innen (Bogenbauch).

Griff in der Seitenansicht

Unteres Bogenende Innenseite

Abb. 1 **Feuersteingeschossspitzen** aus Parpallo, (Museo de Prehistoria, Valencia)

Abb. 10 **Pfeil vom Zugerberg**
Foto: Museum für Urgeschichte(n) Zug

Abb. 15 **Feuersteinmesser**

Abb. 17 **Abschlag**

Abb. 30 **Pfeilspitze**

Abb. 19 **Richten des Schaftes**

Abb. 20 **Glätten**

Abb. 23 **Abziehen der Federfahnen**

Abb. 25 **Glätten des Birkenpechs**

Abb. 33 **Pfeilspitze** mit Birkenpech-ummantelung (Nachbau)

4

JÜRGEN JUNKMANNS

PRÄHISTORISCHE PFEILE

Der Pfeil ist im Prinzip eine Weiterentwicklung des eine sehr lange Zeit nur mit der Hand geworfenen Wurfspeers der Altsteinzeit. Die ältesten bislang gefundenen Speere des Homo Erectus sind ca. 400.000 Jahre alt. Erst im letzten Drittel der letzten Eiszeit, vor etwa 20.–30.000 Jahren, wurde ein Gerät erfunden, mit dem sich die Wurfleistung erheblich steigern ließ, die Speerschleuder. Die Kraftübertragung von der Speerschleuder zum Speer erfolgte meistens über einen Widerhaken, der in einer kleinen Mulde am hinteren Speerende sein Gegenstück hatte. Diese Mulde kann als die Vorgängerform der Sehnenkerbe des Pfeils betrachtet werden. Wann genau Pfeil und Bogen erfunden wurden, ist bisher noch unbekannt. Es war jedoch auf jeden Fall ebenfalls schon in der Altsteinzeit.

Der älteste direkte Nachweis für die Bogenwaffe sind die **Pfeile von Stellmoor** bei Hamburg. Die perfekt gearbeiteten, mit auswechselbaren Vorschäften versehenen Pfeile stammen vom Ende der letzten Eiszeit, datiert auf etwa 8.800 v. Chr. Ihre ausgearbeiteten Sehnenkerben beweisen, dass es sich tatsächlich um Pfeile handelt, die mit dem Bogen geschossen wurden. Es wird vermutet, dass die Bogenwaffe in Wirklichkeit noch wesentlich älter ist als die Pfeile von Stellmoor, obwohl entsprechende Funde bisher noch fehlen.

Abb. 2
Vollständiger Kiefernpfeil aus Stellmoor, links Hauptschaft (Länge 73 cm), rechts oben Vorschaft, daneben das Taschenmesser des Ausgräbers.

Von den riesigen Mengen prähistorischer Pfeilschäfte, die während über 10.000 Jahren im prähistorischen Europa benutzt wurden, existieren heute nur noch eine Handvoll. Das liegt daran, dass sich hölzerne Pfeilschäfte nur unter besonders günstigen Bedingungen über lange Zeiträume erhalten können: organische Materialien wie Holz müssen die ganze Zeit über unter Luftabschluss lagern, z. B. im ständig feuchten Boden der Seeufer oder Moore, manchmal auch im Sediment von Brunnenschächten, sonst werden sie innerhalb kurzer Zeit von Fäulnisbakterien zersetzt.

Der Fund des noch vollständig ausgerüsteten Gletschermannes Ötzi hat gezeigt, dass im Eis der Hochgebirgsgletscher ideale Bedingungen für die Erhaltung organischer Gegenstände herrschen. Wahrscheinlich warten noch einige „Ötzis" dort auf ihre Entdeckung.

In extrem trockenen Gebieten wie z. B. der Atacama-Wüste in Peru können sich organische Materialien zwar sogar ohne Luftabschluss erhalten, aber in Europa gibt es derartige Trockengebiete nicht. Fast alle erhaltenen prähistorischen Pfeilschäfte Europas stammen daher aus Uferrandsiedlungen (z. B. den bekannten Pfahlbauten) oder Dörfern in Torfmooren.

ROHMATERIAL

Pfeilschäfte wurden auf zwei grundsätzlich unterschiedliche Arten hergestellt.

Zum Einen gebrauchte man ein- bis zweijährige Schösslinge von bestimmten Straucharten, zum Anderen herausgespaltene Späne von größeren Baumstämmen. Beide Schaftarten mussten mit Hitze begradigt bzw. gerichtet werden.

Zur Herstellung von Pfeilschäften fanden viele unterschiedliche Holzarten Verwendung. Die wichtigsten Eigenschaften waren Härte und Elastizität, zusätzlich bei Spalthölzern gute

Spaltbarkeit, bei Schösslingen gleichmäßige Wuchsform. Bei Schneeball (Viburnum), Hartriegel (Cornus), Hasel und Pfaffenhütchen (Euonymus) wurden die Schäfte meist aus Schösslingen, bei anderen Hölzern – z. B. Kiefer, Esche oder Birke – aus Spaltholz gefertigt (sogenannte Spanschäftung).
Schäfte aus Schösslingen sind wesentlich zäher als Spaltholzschäfte. Sie brechen nur bei extremer Belastung, verziehen sich aber auch sehr leicht und müssen dann neu begradigt werden. Von Nachteil ist auch das von Schössling zu Schössling stark schwankende Gewicht, selbst bei gleicher Strauchart und gleichem Durchmesser, was mit der unterschiedlichen Dicke des innen hohlen Markkanals zusammenhängt. Schäfte aus gespaltenem Holz brechen leichter, bleiben aber auch bei feuchtem Wetter relativ gerade.
Bei den ältesten Schäften dominiert Kiefernholz; wohl wegen der schlechten Verfügbarkeit wärmeliebender Holzarten kurz nach dem Ende der letzten Eiszeit. Erst durch die allmähliche Wiederausbreitung der wärmeliebenden Gehölze stand nach und nach eine größere Auswahl geeigneter Hölzer zur Verfügung.

KIEFER	SCHNEEBALL	BIRKE	ESCHE	HARTRIEGEL	HASEL	HECKENKIRSCHE	ERLE	LÄRCHE	WEIDE	PFAFFENHÜTCHEN	FUNDORT	DATIERUNG
		◆									Haithabu (D)	um 800 n. Chr.
			◆	◆	◆						Altdorf- St.Martin (CH)	660–680 n. Chr.
	◆	◆									Oberflacht (D)	ca. 450–550 n. Chr.
◆											Nydam (D)	4. Jh. n. Chr.
	◆			◆	◆				◆	◆	Hochdorf (D)	500–550 v. Chr.
	◆										Fiavé (I)	um 1.500 v. Chr.
							◆				Gortrea (Irland)	Jungsteinzeit/Bronzezeit
					◆						Tankardsgarden (Irland)	Jungsteinzeit/Bronzezeit
	◆										Fyvie (Irland)	Jungsteinzeit/Bronzezeit
	◆			◆							Ötzi (I)	um 3.200 v. Chr.
	◆			◆							Arbon-Bleiche 3 (CH)	3.400 v. Chr.
						◆					Zug-Geissboden (CH)	Jungsteinzeit
	◆										Thayngen-Weier (CH)	3.800–3.400 v. Chr.
	◆				◆						Egolzwil 4 (CH)	um 3.800 v. Chr.
	◆										Magleby Long (DK)	Jungsteinzeit
			◆								Muldbjerg (DK)	ca. 4.000–3.000 v. Chr.
				◆							Bregentwedt (D)	ca. 4.500 –3.500 v. Chr.
			◆								Kückhoven (D)	5.090–5.065 v. Chr.
◆	◆	◆									Holmegård (DK)	um 6.500 v. Chr.
◆											Vinkel (DK)	ca. 7.000–6.000 v. Chr.
◆											Fippenborg (DK)	ca. 7.000–6.500 v. Chr.
◆											Lilla Loshult (S)	um 7.500 v. Chr.
											Stellmoor (D)	um 8.800 v. Chr.

Pfeilspitzen wurden hauptsächlich aus Feuerstein oder ähnlich harten und spröden Gesteinsarten oder aus Geweih oder Knochen hergestellt. Oft waren die Spitzen auch lediglich aus dem Holz geschnitzt, sei es als Spitze oder als Kolben. Die steinernen Spitzen waren sehr fragil und mussten im Falle eines Fehlschusses oder eines Knochentreffers fast immer ausgewechselt oder nachgeschärft bzw. repariert werden.
Als Klebstoff kam ein aus Birkenrinde herausdestillierter Teer, das sogenannte Birkenpech zum Einsatz. Mit ihm wurden sowohl die Pfeilspitzen als auch zum Teil die Befiederung befestigt. Birkenpech ist bei normaler Temperatur recht hart, verflüssigt sich aber beim Erhitzen und kann dann sehr leicht aufgebracht und verstrichen werden. Für die Umwicklungen benutzte man aufgefaserte Tiersehnen oder pflanzliche Fasern.

EIGENSCHAFTEN

Prähistorische Pfeile sind sehr lang. In der Regel übersteigt ihre Länge 80 cm und kann, wie der Pfeil von Vinkel (Dänemark) zeigt, sogar über 1 Meter betragen. Ihr Durchmesser lag meist zwischen 8 und 9 mm und kann bei den ganz langen Kiefernpfeilen zuweilen auch bis 1 cm messen. So lange Pfeile konnten mit den damals verwendeten, meist nur 145 bis 165 cm langen einfachen Holzbogen natürlich nicht auf ihre volle Länge ausgezogen werden, da die Bogen sonst unweigerlich gebrochen wären. Die Absicht bei der Verwendung so langer Pfeile war vermutlich eine Erhöhung der Durchschlagskraft durch das größere Gewicht längerer Pfeile. Leichtere Pfeile fliegen zwar schneller und haben dadurch eine flachere Flugbahn, was bedeutet, dass bei einer höheren Schussdistanz der Schütze nicht so weit „drüberhalten“ muss. Beim Scheibenschießen wird daher heute klar dem kürzeren und daher leichteren, schnelleren Pfeil der Vorzug gegeben. Bei Bogenjägern wird dagegen die größere Durchschlagskraft schwererer Pfeile höher bewertet. Auch ihre Eigenschaft, sauberer zu fliegen und Abschussfehler leichter zu verzeihen, führt dazu, dass bei der Jagd schwerere Pfeile verwendet werden.

Länge einiger prähistorischer Pfeile

Fundort	Datierung	Holzart	Erhaltene Länge
Stellmoor (D)	8.800 v. Chr.	Kiefer	ca. 83,5–98 cm
Lilla Loshult (S)	7.500 v. Chr.	Kiefer	92 cm
Holmegård (DK)	6.500 v. Chr.	Kiefer	über 86 cm*
Vinkel (DK)	6.000 v. Chr.	Kiefer	102 cm
Förstermoor (D)	ca. 5.000 v. Chr.	Hartriegel	über 74,5 cm*
Thayngen/Weier (CH)	3.820–3.584 v. Chr.	Schneeball	ca. 68 cm
Ötzi (I)	3.400–3.200 v. Chr.	Schneeball	84–87 cm

* unvollständig

Die Durchschlagskraft eines Pfeils wird in erster Linie durch die ihm innewohnende Bewegungsenergie und die Schneide- oder Schlagwirkung der Pfeilspitze bestimmt. Die kinetische Energie eines Körpers ist abhängig von seiner Geschwindigkeit und seinem Gewicht.
Zur Berechnung dient die Formel $\mathbf{E^{kin}=\frac{1}{2}\,m\cdot v^2}$ (*m* = Masse, *v* = Geschwindigkeit).
Obwohl die Geschwindigkeit nach dieser Formel theoretisch einen weitaus stärkeren Einfluss auf die kinetische Energie eines Pfeils haben sollte, hat in der Praxis das Gewicht die wesentlich größere Bedeutung. Die Gründe dafür sind, dass ein schwererer Pfeil wesentlich

mehr von der im Bogen gespeicherten Energie aufnehmen kann und dass zweitens der Luftwiderstand mit höherer Geschwindigkeit extrem zunimmt und leichte und schnelle Pfeile sehr schnell wieder abgebremst werden.

Die prähistorischen Spitzen waren so effektiv wie heutige Jagdspitzen. Moderne Versuche zeigten, dass z. B. kleinere Tiere wie Ziegen mit einfachen Holzbogen von etwa 50 lb. Zuggewicht und mit Feuersteinspitzen bestückten Nachbildungen prähistorischer Pfeile problemlos durchschossen werden können, solange keine Knochen getroffen werden. Allerdings müssen die Spitzen frisch sein, denn ihre anfangs sehr scharfen Schneiden stumpfen durch Gebrauch recht schnell ab. Größere Tiere mit dicker Haut, wie z. B. Wildschweine können nur mit absolut frischen, rasiermesserscharfen Feuersteinspitzen geschossen werden.

Durchschnittsgewicht von Schäften aus verschiedenen Holzarten

Holzart	Durchschnittsgewicht	Abweichung bis	
Schneeball	47 Gramm	29 %	
Hartriegel	45 Gramm	33 %	
Pfaffenhütchen	37 Gramm	31 %	
Kiefer	28 Gramm	10 %	Rohschäfte ca. 90 cm lang und 8 bis 9 mm dick

Gewicht einiger rekonstruierter Pfeilspitzen

Typ	Datierung	Material	Gewicht
Querschneider	Mesolithikum	Feuerstein	>1 Gramm
Mikrolith	Mesolithikum	Feuerstein	>1 Gramm
Dreiecksspitze	Neolithikum	Feuerstein	4 Gramm
skythische dreiflügelige Spitze*	um 500 v. Chr.	Bronze	4 Gramm
Panzerbrecher	Mittelalter	Eisen	18 Gramm
moderne Feldspitze	heute	Eisen	6,5–8 Gramm

* Original

Bei Verwendung von Stein, Geweih oder Knochen für die Pfeilspitzen bleibt der Einfluss der Spitze auf das Gesamtgewicht eher gering. Eine Pfeilspitze aus Geweih oder Knochen wiegt in der Regel nicht mehr als 2–3 Gramm.

Spitzen aus Feuerstein können zwar etwas schwerer sein, wiegen aber in den meisten Fällen unter 6 Gramm, da das spezifische Gewicht von Feuerstein nicht so hoch wie das von Metall ist und sie sonst so voluminös würden, dass der Luftwiderstand den Pfeilflug empfindlich stören könnte.

Frühe Pfeilspitzenformen wie die mittelsteinzeitlichen Mikrolithen wiegen sogar noch deutlich weniger, meist unter 1 Gramm.

Eine Ausnahme bilden die jungsteinzeitlichen Pfeilköpfe, die mit einer Ummantelung aus Birkenpech versehen sind und so den Schwerpunkt des Pfeils tatsächlich in Richtung Spitze verlagern. Zur Erreichung hoher Pfeilgewichte musste der Schaft selbst schwerer, also länger als eigentlich notwendig gemacht werden. Steinzeitliche Pfeile wogen je nach Länge und verwendetem Holz etwa zwischen 30 und 60 Gramm.

Die Befiederung ist wichtig für die Stabilisierung eines Pfeils, obwohl es auch ohne Befiederung einigermaßen geht, wenn das Hauptgewicht des Pfeils im vorderen Drittel liegt. Ihre Wirkungsweise beruht auf zwei Faktoren: die Bremswirkung der hinten angebrachten Befiederung verhindert, dass sich der Pfeil im Flug seitlich oder gar mit dem Hinterende nach vorne dreht und die gebogene Naturform der Vogelfedern bringt den Pfeil dazu, um seine eigene Längsachse zu rotieren, wodurch der Geradeausflug stabilisiert wird.

Eine Befiederung kann auf verschiedene Arten erfolgen, man unterscheidet z. B. Parallel-, Radial- und Spiralbefiederung. Befiederung kann sich nur unter fast unglaublich günstigen Umständen im Boden erhalten. Der einzige Fall, in dem bei einem prähistorischen Pfeilfund in Europa die Befiederung noch erhalten war, ist der Gletschermann Ötzi, dessen zwei fertiggestellten Pfeile jeweils dreifach radial befiedert waren. Diese Art der Befiederung ist bis heute unverändert die erfolgreichste und beliebteste Befiederungsform.

PRÄHISTORISCHE PFEILFORMEN

Für verschiedenste Einsatzzwecke, z. B. die Jagd auf unterschiedliche Tiere wie Säugetiere, Vögel und Fische, aber auch für den kriegerischen Einsatz benutzte man im Lauf der Zeit viele Pfeilformen. Die hier vorgestellte Auswahl erhebt keinen Anspruch auf Vollständigkeit. Sie erwähnt die wichtigsten und am häufigsten vorkommenden Formen anhand ausgewählter Einzelbeispiele und soll vor allem auf die Vielfalt der verschiedenen Pfeiltypen und ihrer unterschiedlichen Verwendungszwecke deutlich machen.

ALTSTEINZEIT

16.000 v. Chr. **Pfeilspitzen oder Speerspitzen?**

Abb. 1
Geschossspitzen aus Parpalló (Museo de Prehistoria, Valencia, Spanien), siehe auch Frabtafel 2.

Als in den 40er Jahren die Funde aus der Höhle von Parpalló, einem Jagdlager späteiszeitlicher Steinbockjäger in der Nähe von Valencia, veröffentlicht wurden, traten Zweifel auf, ob die hier gefundenen und auf etwa 16.000 v. Chr. datierten, geflügelten und gestielten Silexspitzen tatsächlich so alt sein konnten. Von Form und Größe her erinnern sie frappierend an über 13.000 Jahre jüngere Pfeilspitzen der Kupferzeit.
Mittlerweile sind jedoch ähnliche Funde aus weiteren spanischen und portugiesischen Fundstellen bekannt und ihr hohes Alter ist nicht mehr wegzudiskutieren. Die Stiele der Spitzen von Parpalló sind nur etwa 6–7 mm breit und sind daher viel zu schmal für die direkte Schäftung auf Speeren für die Speerschleuder. Da die Spitzen oft mit Widerhaken versehen sind, kann der Schaftdurchmesser nicht wesentlich größer als die Breite der Stiele gewesen sein, weil sonst die Widerhaken funktionslos gewesen wären.
Auch wenn man einen Einsatz in Vorschäften von Speeren in Betracht nimmt, müssten diese Vorschäfte so dünn gewesen sein, dass sie bei jedem Aufprall hätten abbrechen müssen. Spitzen von Speeren, die nachgewiesenermaßen mit der Speerschleuder abgeworfen wurden, sind deutlich größer und schwerer. Die Funde aus Parpalló sind daher mit hoher Wahrscheinlichkeit ein sehr früher Hinweis auf Pfeil und Bogen speziell auf der Iberischen Halbinsel.

8.800 v. Chr. **Zusammengesetzte Jagdpfeile mit Feuersteinspitzen und einfach zugespitzte Holzpfeile**

105 Fragmente von Pfeilen aus Kiefernholz wurden bei einer ebenfalls in den 40er Jahren dieses Jahrhunderts durchgeführten Ausgrabung in Stellmoor bei Hamburg gefunden.
Es handelt sich um einen Jagdplatz, an dem späteiszeitliche Rentierjäger der sogenannten Ahrensburger Kultur immer wieder den jahreszeitlich wandernden Rentierherden beim Durchqueren eines Wasserlaufs auflauerten. Die Tiere wurden wahrscheinlich beschossen, während sie im Wasser waren, denn es konnten dort Hunderte von Pfeilen gefunden werden, die wahrscheinlich von der Strömung abgetrieben wurden und schließlich versanken.
Mit Hilfe der C-14-Methode auf etwa 8.800 v. Chr. datiert, sind die Schäfte von Stellmoor weltweit der älteste sichere Nachweis von Pfeil und Bogen. Da die Schäfte mit Sehnenkerben versehen sind, ist es sicher, dass sie tatsächlich von Bogen abgeschossen wurden.

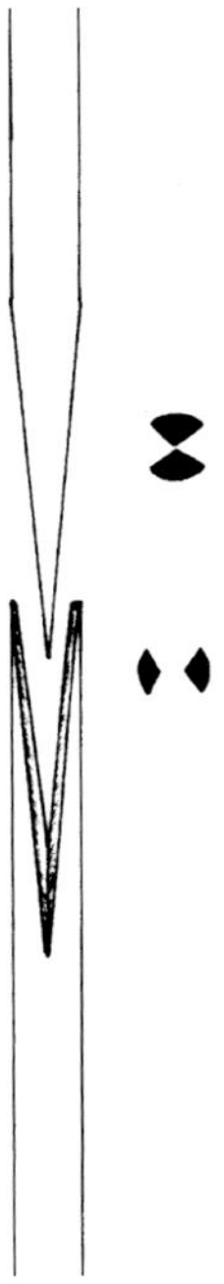

Abb. 3
Die geniale Steckverbindung zwischen Hauptschaft und Vorschaft der Pfeile von Stellmoor. Die Verbindungsstelle musste nicht geklebt, sondern nur noch mit einer Umwicklung aus Sehnen versehen werden und sollte sich wahrscheinlich leicht lösen.

Die sauber verarbeiteten und perfekt geglätteten Pfeile waren auf genial einfache Weise aus zwei Teilen (Hauptschaft und Vorschaft) zusammengesetzt und durchschnittlich um 90 cm lang. Verwendet wurde das aufgespaltete Stammholz großer Kiefern. Von einer Befiederung hat sich leider nichts erhalten. Als Bewehrung wurden einfache, gestielte Feuersteinspitzen verwendet. Zwei Bruchstücke eingeschossener Stielspitzen wurden in Rentierwirbeln steckend aufgefunden.
Manche der Pfeile von Stellmoor waren auch einfach nur zugespitzt. Dass solche Pfeile ebenfalls zur Jagd eingesetzt wurden, zeigt ein Pfeilfragment mit einfach zugespitztem Holzende, dass noch in einem Wolfsknochen steckend gefunden wurde.

MITTELSTEINZEIT

7.500 v. Chr. **Mikrospitzen, Kolbenpfeile und angebliche „Vogelpfeile"**

Nach dem Ende der letzten Eiszeit verwendete man für die Jagd auf größere und gefährliche Tiere wie z. B. Bären oder Auerochsen Pfeile mit sehr kleinen, extrem scharfen Spitzen und Seitenschneiden aus Feuerstein. Mit seiner hohen Schneidwirkung ist dieser Pfeiltyp eine hochwirksame Jagdwaffe, die auch durch dicke Haut sehr leicht in den Tierkörper eindringen kann. Auffallend ist die Kleinheit und Einfachheit der Mikrolithen genannten Spitzen und Schneiden, die mit Birkenpech aufgeklebt waren.
Spuren von Umwicklungen am Hinterende einiger gefundenen Pfeilschäfte zeigen, dass die Befiederung lediglich mit Umwicklungen befestigt und nicht mit Pech aufgeklebt wurde.
Bemerkenswert ist die Tatsache, dass einige der frühen Kiefernpfeile, z. B die Schäfte von Lilla Loshult und Vinkel, tonnenförmig gearbeitete Schäfte besitzen, das heißt, dass ihr Durchmesser in der Mitte am größten ist und in Richtung zur Spitze und zur Nock abnimmt.

Abb. 4
Pfeil von Lilla Loshult (Universitätsmuseum Lund, Schweden)

Ein schönes Beispiel für diesen Pfeiltyp stammt aus dem südschwedischen Lilla Loshult - Moor; zugleich einer der ganz wenigen komplett erhaltenen prähistorischen Pfeile (Abb. 4 links).
Er wird in die frühe Mittelsteinzeit auf etwa 7.500 v. Chr. datiert. Der insgesamt 92 cm lange Pfeil aus gespaltenem Kiefernholz ist perfekt geglättet. Am Vorderende sind zwei Mikrolithen, einer als Spitze und einer als seitliche Schneide, mit einer schwarz glänzenden Masse, bei der es sich wahrscheinlich um Birkenpech handelt, aufgeklebt. Die Tatsache, dass die Klebemasse an der Spitze so vorzüglich erhalten, aber am hinteren Pfeilende davon nichts zu sehen ist, bedeutet, dass die Befiederung nicht mit Birkenpech aufgeklebt war. Die V-förmige Sehnenkerbe ist quer zum Faserverlauf der Jahresringe geschnitten.

Der **Querschneider** ist eine interessante Sonderform der mikrolithischen Pfeilspitzen, obwohl die unscheinbaren, kleinen Artefakte auf den ersten Blick wenig mit einer Pfeilspitze zu tun haben scheinen. Doch die quer zur Längsachse des Schafts stehende, schmale, aber rasiermesserscharfe Schneide eines frischen Querschneiders verfügt über eine außergewöhnliche Schneidwirkung. Die Herstellung ist sehr schnell und unkompliziert: in nur wenigen Sekunden kann ein Querschneider hergestellt werden.

Ein Pfeilfragment von Vissenbjerg (Dänemark) zeigt, dass die querschneidigen Feuersteinspitzen in einen kleinen Schlitz im Schaft eingesetzt, mit einer Klebemasse (Birkenpech?) fixiert und durch eine Umwicklung aus aufgefaserter Tiersehne oder Pflanzenfasern gesichert wurden.

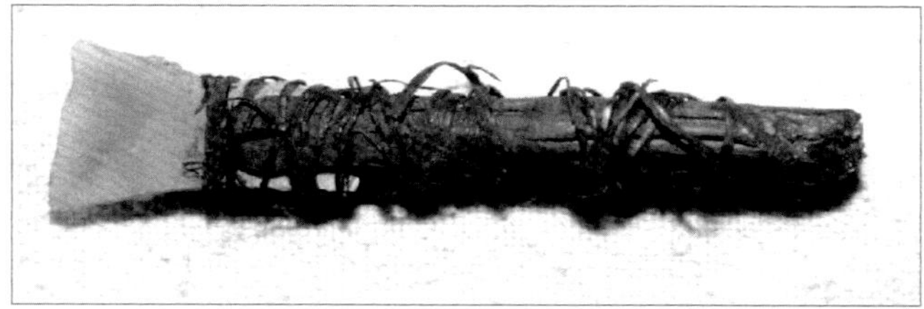

Abb. 5
Querschneidiges Pfeilfragment von Vissenbjerg (Nationalmuseum Kopenhagen, Dänemark)

Kolbenpfeile – Pfeile mit einer aus dem Vollen geschnitzten, keulenartigen Verdickung am Vorderende wurden vermutlich zur Jagd auf kleinere Tiere eingesetzt, deren Fell oder Federkleid möglichst wenig beschädigt werden sollte.
Die Wirkung von Kolbenpfeilen sollte keinesfalls unterschätzt werden. Bogenjäger berichten, dass Kolbenpfeile kleinere Tiere durch den reinen Aufprallschock töten. Auch bei größeren Tieren können schwere Verletzungen, z. B. Knochen- oder Schädelbrüche hervorgerufen werden. Harm Paulsen, ein Experimentalarchäologe aus Schleswig, demonstriert dies gern, indem er mit stumpfen Kolbenpfeilen Löcher in zwei Zentimeter dicke Spanplatten schießt.
Reste von mehreren Pfeilen, darunter Bruchstücke von zwei Kolbenpfeilen fand man 1943/44 neben einem kompletten Bogen und etwa der Hälfte eines weiteren Bogens aus Ulmenholz bei der Ausgrabung eines mittelsteinzeitlichen Siedlungsplatzes im süddänischen Holmegård-Moor. Sie werden auf ca. 6.500 vor Chr. datiert und sind die ältesten gefundenen Pfeile dieser Art. Beide Kolbenpfeile besitzen längliche, zylindrische Verdickungen, die an ihrem Vorderende in stumpfem Winkel konisch zugespitzt sind. Der größere Kolben ist 5,6 cm lang und 1,6 cm dick, bei einem Durchmesser von etwa 9 mm des eigentlichen Schaftes. Der zweite Pfeil hat einen etwas kürzeren Kolben. Beide Pfeile sollen aus Birkenholz bestehen. Zumindest einer von ihnen ist eindeutig aus einem Schössling hergestellt.

Abb. 6
Kolbenpfeil von Holmegård (Nationalmuseum Kopenhagen, Dänemark).
Nach C. J. Becker 1945

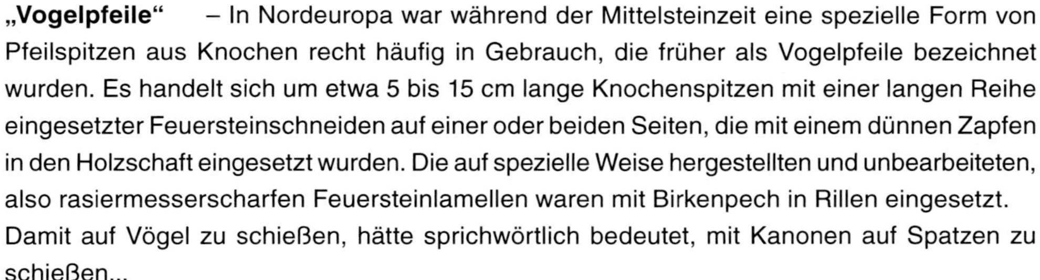

„Vogelpfeile“ – In Nordeuropa war während der Mittelsteinzeit eine spezielle Form von Pfeilspitzen aus Knochen recht häufig in Gebrauch, die früher als Vogelpfeile bezeichnet wurden. Es handelt sich um etwa 5 bis 15 cm lange Knochenspitzen mit einer langen Reihe eingesetzter Feuersteinschneiden auf einer oder beiden Seiten, die mit einem dünnen Zapfen in den Holzschaft eingesetzt wurden. Die auf spezielle Weise hergestellten und unbearbeiteten, also rasiermesserscharfen Feuersteinlamellen waren mit Birkenpech in Rillen eingesetzt. Damit auf Vögel zu schießen, hätte sprichwörtlich bedeutet, mit Kanonen auf Spatzen zu schießen...
Einen Hinweis auf den wirklichen Verwendungszweck dieser Art Spitzen gab der Fund solcher Spitzen zwischen den Knochen von Braunbären in der ostslowakischen Medvedia-Höhle.
Zwei Braunbären wurden in der Nähe sehr wahrscheinlich mit nur je einem Schuss tödlich verletzt und starben in der Höhle.

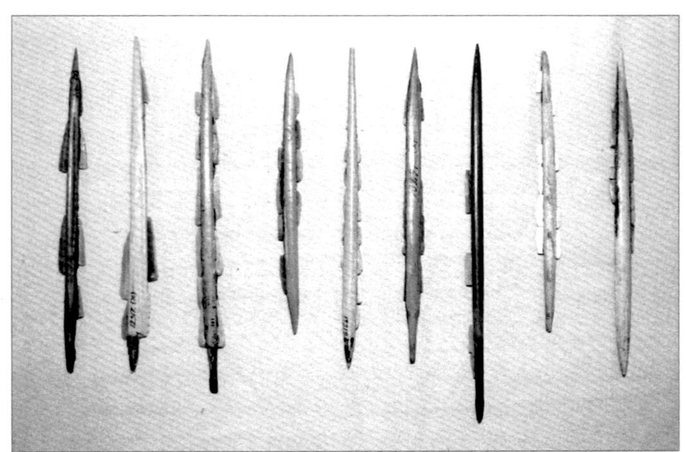

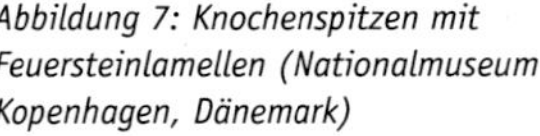

Abbildung 7: Knochenspitzen mit Feuersteinlamellen (Nationalmuseum Kopenhagen, Dänemark)

JUNGSTEINZEIT

3.500 v. Chr. **Pfeilspitzen im Birkenpechmantel**

Abb. 8
Pfeil von Burgäschisee (Historisches Museum Bern, Schweiz). Nach H.-J. Müller-Beck 1965

In der Jungsteinzeit bevorzugte man aufwendig gearbeitete, ästhetische Pfeilspitzen von dreieckiger Grundform, die jeder moderner Mensch ohne Vorkenntnisse sofort als Pfeilspitze zu identifizieren in der Lage ist.

Trotz des aufwendigen, bis zu einer Stunde dauernden Herstellungsprozesses war ihre reine Schneidwirkung nicht besser als die der älteren Typen, eher sogar schlechter. Vielleicht waren diese Pfeilspitzen in gewisser Weise zum Statussymbol geworden. Es ist zumindest auffällig, dass einige Spitzen sehr viel aufwendiger gearbeitet wurden, als es die reine Funktionalität erforderte. Auch gibt es neben sehr „schönen" Prachtstücken immer wieder auch schlecht oder flüchtig gearbeitete Stücke, die entweder in der Eile oder von handwerklich weniger begabten Menschen hergestellt wurden. Hässliche Pfeilspitzen wurden aber wie selbstverständlich neben den schönen gebraucht und waren diesen in der Wirkung genau gleichwertig.

Diese Art Pfeilspitzen wurde in der Jungsteinzeit immer mit Hilfe einer Ummantelung aus dem Universalklebstoff Birkenpech am Schaft befestigt. Die Umhüllung bildete meistens eine stromlinienförmige Verdickung, aus der von der Pfeilspitze lediglich die schneidenden Seitenkanten und die eigentliche Spitze herausragten. Diese Ummantelung diente vermutlich zwei Zwecken: einmal dazu, ein zusätzliches Gewicht am vorderen Pfeilende zu schaffen, und zum anderen als Schutz der sehr zerbrechlichen Feuersteinspitzen.

Abb. 9
Ober- und Unterende zweier Pfeile von „Ötzi". Nach M. Egg & K. Spindler 1993

„Ötzi"

Der etwa 3.200 v. Chr. bei der Überquerung der Alpen gestorbene Mann, der mit seiner gesamten Kleidung und Ausrüstung gefunden wurde, führte neben einem noch nicht fertiggestellten Bogenrohling aus Eibenholz einen gefüllten Lederköcher mit sich.

In ihm befanden sich neben anderen Ausrüstungsgegenständen 12 Rohschäfte aus Schneeballholz (Viburnum) und zwei schussbereite, 85 bzw. 87 cm lange Pfeile aus dem gleichen Holz.

Die Behauptung, die beiden Pfeile seien nicht schussbereit gewesen, weil sie zerbrochen gewesen seien, ist übrigens unzutreffend. Es ist festzustellen, dass die an diesen Pfeilen zu beobachtenden Querbrüche mit völlig glatten Bruchflächen nicht zu Ötzi´s Lebzeiten entstanden sein können, sondern erst, nachdem sie schon lange Zeit im Eis gelagert hatten und die Holzstruktur bereits teilweise zerstört war. Schneeball- und Hartriegelschösslinge mit intakter Holzstruktur zeigen ein völlig anderes Bruchverhalten: sie spalten in Längsrichtung auf und fasern beim Bruch fächerartig auseinander.

Die dreieckigen, gestielten Spitzen aus Silex sind mit Birkenpech befestigt. Einer der Pfeile hat einen 10 cm langen Vorschaft aus Hartriegel (Cornus), der mit einem verdünnten Zapfen in den Hauptschaft eingelassen ist. Die Verbindungsstelle ist umwickelt. Es muss sich um eine Reparatur handeln, denn beide Hölzer sind etwa gleich hart und schwer, so dass keinerlei Vorteil im Vergleich zu einem einteiligen Pfeil entsteht.

Einzigartig ist die Erhaltung der gesamten Befiederung, die vorher bei steinzeitlichen Pfeilen noch nie untersucht werden konnte. Die jeweils drei 14 cm langen Federfahnen wurden auf einen den Schaft auf dieser Länge umhüllenden, hauchdünnen Überzug aus Birkenpech aufgeklebt und mit einer sehr dünnen Schnur aus Pflanzenfasern spiralförmig umwickelt. Die Schäfte wurden vor dem Birkenpechauftrag in diesem Bereich sogar leicht verdünnt, um zu verhindern, dass hier eine Verdickung entsteht. Die knapp zwei Zentimeter langen und etwa 3 mm breiten Sehnenkerben sind scharfkantig und von rechtwinkliger Form. Sie wurden aus dem Schaftende herausgespalten.

Abbildung 10: Pfeil vom Zugerberg (Museum für Urgeschichte(n) Zug, Schweiz). Foto: Museum für Urgeschichte(n)

Ein im Museum für Urgeschichte in Zug (Schweiz) ausgestelltes Pfeilfragment mit erhaltener Silexspitze soll als ergänzendes Beispiel für die Herstellungsweise dieses Pfeiltyps herangezogen werden. Um eine originalgetreue Rekonstruktion des Pfeils herstellen zu können, wurde der Fund einer sorgfältigen Untersuchung unterzogen.
Der etwa 9 mm dicke Schaft besteht aus einem Schössling der Heckenkirsche (Lonicera). Auf den letzten zwei Zentimetern wurde der Schaft von zwei Seiten her abgeflacht. Für das Einsetzen der Spitze sägte man mit einem Feuersteinmesser eine 9 mm tiefe und 4 mm breite V-förmige Kerbe ein. Zunächst wurde von jeder Seite ein länglicher Schlitz eingetieft und diese dann zur Kerbe erweitert. Durch starke Austrocknung ist die Kerbe heute viel tiefer aufgespalten. Direkt unterhalb der Kerbe sind Reste einer Umwicklung erhalten, die das Aufspalten des Schaftes bei einem harten Aufprall verhindern sollte.
Bei einer Untersuchung durch die Kriminalpolizei Zürich wurde festgestellt, dass es sich aufgrund der Struktur nicht um Pflanzenfasern handeln kann. Bei Betrachtung durch ein Vergrößerungsglas erkennt man flache, glänzende, durchscheinende Fasern. Es handelt sich mit hoher Wahrscheinlichkeit um aufgefaserte Tiersehnen. Bei genauerem Hinsehen fanden sich im Bereich der Wicklung unterhalb der Kerbe mehrere schwarze Flecken, die unter der Lupe eine gerunzelte, schwarz glänzende Oberfläche zeigten, wie sie typisch für Birkenpech ist. Es handelt sich um Reste einer ehemaligen Ummantelung aus Birkenpech. Die mit 2,6 cm Länge, 1,2 cm Breite und 5 mm Dicke relativ kleine Pfeilspitze besteht aus weiß patiniertem Silex unbestimmbarer Herkunft.

Kolbenpfeile findet man auch in der Jungsteinzeit, allerdings von anderer Form und meist mit einem aufgesetzten Kolben aus Geweih. Vermutlich griff man zu diesem Material, weil dadurch der Kolben haltbarer wurde. Es handelt sich um Abschnitte von Hirschgeweihstangen entsprechenden Durchmessers, die eine Durchbohrung mit dem gleichen Durchmesser wie der Pfeilschaft bekamen. Manchmal verkeilte man nach dem Aufsetzen des Kolbens den Schaft mit einem kleinen Holzstückchen. In der Seeufersiedlung Arbon-Bleiche am Schweizer Bodenseeufer, die etwa aus der gleichen Zeit stammt wie der Gletschermann Ötzi, wurden hunderte Fragmente dieser Kolbenpfeile gefunden aber auch zahlreiche gewöhnliche, dreieckige Pfeilspitzen.

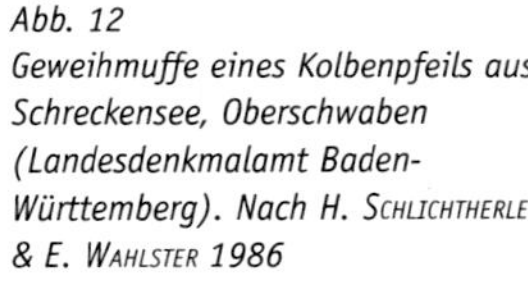

*Abb. 12
Geweihmuffe eines Kolbenpfeils aus Schreckensee, Oberschwaben (Landesdenkmalamt Baden-Württemberg). Nach H. Schlichtherle & E. Wahlster 1986*

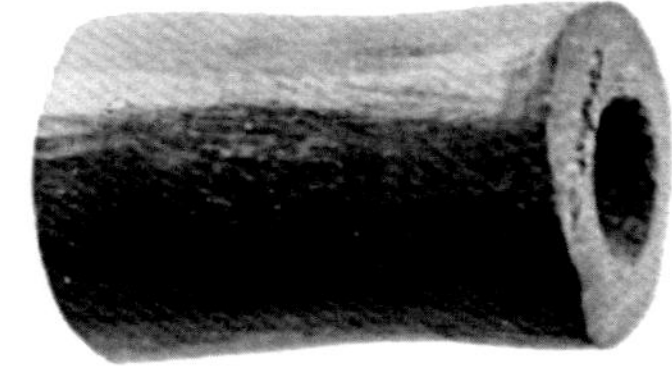

*Abb. 11
Pfeilfunde aus Egolzwil 4. Nach R. Wyss 1983(rechts)*

BRONZEZEIT

1.200 v. Chr. **Widerhaken und Schlehendornen**

Die Pfeilspitzen, wie sie ab der mittleren Bronzezeit vorkommen, sind ganz eindeutig keine einfachen Jagdgeräte mehr. In der Bronzezeit entwickelte man gestielte Formen mit langen, dünnen Widerhaken. Die sowohl aus Silex als auch aus Bronze gefertigten Widerhakenspitzen, die noch zusätzlich mit stachelartigen Dornen, oft mit dünnen, leicht abbrechenden Schlehendornen versehen waren, sollten offensichtlich schmerzvolle Verwundungen zufügen und das Ausheilen der Wunde verlangsamen oder verhindern. Bei der Jagd wären derartige Dornen nutzlos, die ihre Wirkung ja erst dann entfalten, wenn das Tier entkommen kann und die Verletzung überlebt. Es handelt sich wahrscheinlich um Kriegspfeile, die eingesetzt wurden, um die nicht getöteten Gegner durch langwierige Verletzungen für längere Zeit auszuschalten.

In einer auf etwa 1.200 v. Chr. datierten spätbronzezeitlichen Kriegerbestattung aus Behringersdorf bei Nürnberg wurde ein Fragment eines Köchers aus mit Birkenrinde überzogenem Holz gefunden. Darin befanden sich noch sieben Pfeilspitzen mit noch anhaftenden Resten der hölzernen Pfeilschäfte. Fünf Pfeile waren mit je einem Paar feiner Holzdornen versehen, die mit einer Wicklung befestigt wurden. Eine der Bronzespitzen hat stattdessen einen feinen, angegossenen Bronzedorn. Wegen der feinen Dornen und einer schwarzen, pechartigen Masse, mit der die Wicklung überzogen ist, wurde dieser Pfeiltyp als Giftpfeil gedeutet. Doch wären bei Verwendung von Pfeilgift diese aufwendigen Konstruktionen völlig unnötig, weil dann bereits eine winzige Hautritzung ausreicht, um das Gift zu übertragen. Giftpfeile der Buschmänner der Kalahari z. B. sind oft lediglich mit einem angespitztem Stück Federkiel als Spitze ausgestattet.

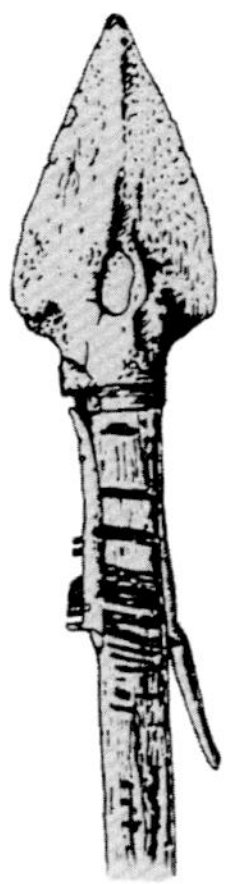

Abb. 13
Bronzezeitlicher Pfeil aus Behringersdorf.
Nach H.J. Hundt 1974/75

NACHBAU EINES JUNGSTEINZEITLICHEN PFEILS

Im Folgenden wird die Herstellungstechnik am Beispiel eines jungsteinzeitlichen Pfeils aus einem Schössling mit einer in einem Birkenpechmantel geschäfteten dreieckigen Feuersteinspitze beschrieben. Die Techniken orientieren sich an Bearbeitungsspuren an Originalfunden und Ergebnissen der experimentellen Archäologie.

Die beschriebenen Methoden lassen sich problemlos auf andere steinzeitliche bzw. prähistorische Pfeiltypen übertragen. Der originalgetreue Nachbau eines jungsteinzeitlichen Pfeils kann, wenn man will, nur aus nachgewiesenen Rohmaterialien und mit steinzeitlichen Werkzeugen und Hilfsmitteln hergestellt werden. Zur Zeitersparnis können aber auch moderne Mittel benutzt werden.

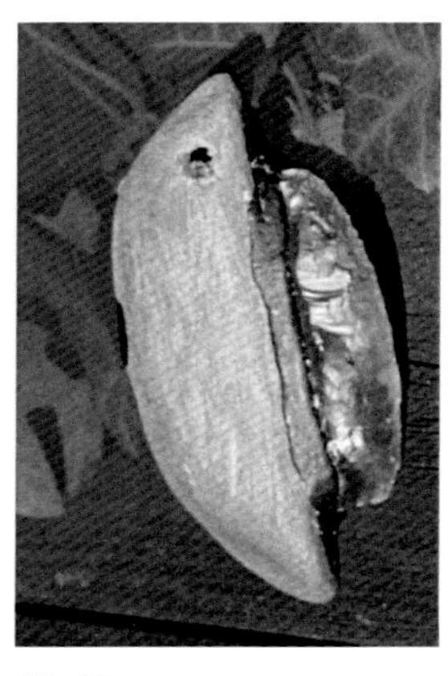

Abb. 15
Jungsteinzeitliches Feuersteinmesser mit Pappelrindengriff

MATERIALIEN UND WERKZEUGE

1. Einen etwa 90 cm langen, mit der Rinde einen Zentimeter dicken, astfreien und möglichst gerade gewachsenen Schössling von Schneeball (Viburnum), Hartriegel (Cornus), Pfaffenhütchen (Euonymus) oder Heckenkirsche (Lonicera). Der Schössling muss bereits trocken sein. Die Ablagerungszeit liegt ohne Rinde bei zwei bis drei Wochen oder mit der Rinde bei 2–3 Monaten.
2. Birkenpech zum Befestigen der Pfeilspitze und der Federfahnen. Birkenpech wird unter Sauerstoffabschluss bei großer Hitze aus der äußeren weißen Birkenrinde herausdestilliert. Es kann relativ einfach sowohl im sogenannten Ein-Topf-Verfahren, bei dem als Rückstand das Pech übrig bleibt, als auch im Zwei-Topf-Verfahren hergestellt werden, bei dem aus einem kleineren Topf innerhalb eines Großen durch ein Loch im Boden das Pech

abfließt und sich im größeren Topf sammelt. Eine dritte Methode besteht darin, die Rinde in Lehm einzugraben, darüber ein Feuer zu entfachen und durch eine Rinne das Pech in einen Behälter in einer danebenliegenden Grube abfließen zu lassen.
Bei den beiden letzten Methoden muss das ziemlich flüssige Endprodukt noch längere Zeit aufgekocht und so eingedickt werden. Als Ersatz kann auch Asphalt oder stark eingedickter Holzteer benutzt werden. Diese Materialien schmieren aber sehr stark und werden nie so fest wie Birkenpech. Echtes Birkenpech kann leicht an seinem sehr feinen, aromatischen Duft, den es beim Erwärmen abgibt, erkannt werden.

3. Drei rechte oder linke Flügelfedern eines größeren Vogels, z.B. von Graugans, Schwan etc.
4. Tiersehne, z. B. Rückensehne oder Beinsehne vom Rind, für die Umwicklung unter halb der Pfeilspitze. Man bekommt sie durch viel gutes Zureden vom Metzger.
5. Dünne Pflanzenfaserschnur für die Umwicklung der Befiederung. Man kann selbst gedrehte Schnur, z. B. aus Brennnesselfasern oder Flachsfasern verwenden, aber auch sehr dünnen, gekauften Flachs- oder Hanfzwirn.
6. Einen Abschlag aus Feuerstein für die Herstellung der Pfeilspitze. **Feuerstein** findet man z. B. an einigen Stellen an der Ostsee. Man sollte auf gute Qualität achten, damit man zuhause nicht feststellt, dass der Feuerstein völlig unbrauchbar, weil innen zerrüttet und geborsten ist.
   Einen Abschlag stellt man durch Abschlagen von einer größeren Knolle her.
   Zur Herstellung des Abschlags benötigt man einen Schlagstein, das kann irgend ein rundlicher Stein von etwa Faustgröße und aus zähem Gestein, z.B. Quarzit oder Granit sein. Zur Herstellung einer Pfeilspitze sollte der Abschlag von regelmäßiger Form, ca. 6 cm lang und nicht dicker als 1 cm sein.

Abb.17
Ein zur Pfeilspitzenherstellung geeigneter, flacher Abschlag aus Feuerstein

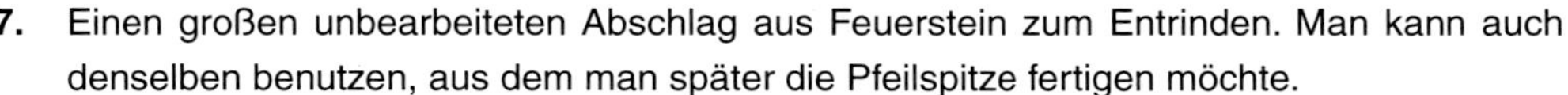

7. Einen großen unbearbeiteten Abschlag aus Feuerstein zum Entrinden. Man kann auch denselben benutzen, aus dem man später die Pfeilspitze fertigen möchte.
8. Ein jungsteinzeitliches Messer mit Schaberretusche, mit einem Hirschgeweihschlägel aus einem Feuersteinabschlag gefertigt, zum Hobeln des Schafts sowie Sägen und Raspeln der Kerben. Solch ein Werkzeug kann nur von einem erfahrenen Feuersteinschläger hergestellt werden. Nicht-Spezialisten verwenden deshalb wahlweise moderne Hobel, Messer oder Feilen.
9. Eine Ziehklinge aus Feuerstein mit rechtwinkliger Arbeitskante (z.B. ein quer durchgeschlagener Abschlag) oder eine scharfe Messerklinge zum Schaben und Glätten.
10. Holzkohlenglut als Hitzequelle zum Begradigen bzw. Richten des Pfeilschafts (alternativ auch eine Kerze oder ein Teelicht).
11. Einige Stängel Schachtelhalm zum Schleifen. Schachtelhalm wird heute noch im Geigenbau verwendet. Falls kein Schachtelhalm zur Verfügung stehen sollte, tut es auch Schleifpapier.
12. Ein Paar Pfeilschaftglätter aus Sandstein. Wer keine hat, nimmt Schleifpapier, Stahlwolle.
13. Eine ausgesucht scharfe Feuersteinklinge zum Zuschneiden der Federn. Oder ein sehr scharfes Messer oder eine Schere.
14. Ein erhitzter Stein zum Glätten des Birkenpechs (alternativ ein alter Kupferlötkolben oder ein moderner elektrisch betriebener Lötkolben).
15. Ein Druckstab zur Pfeilspitzenherstellung. Besteht aus einem etwa handlangen Holzgriff mit eingelassener Arbeitsspitze aus Geweih, Kupfer oder Eisen.

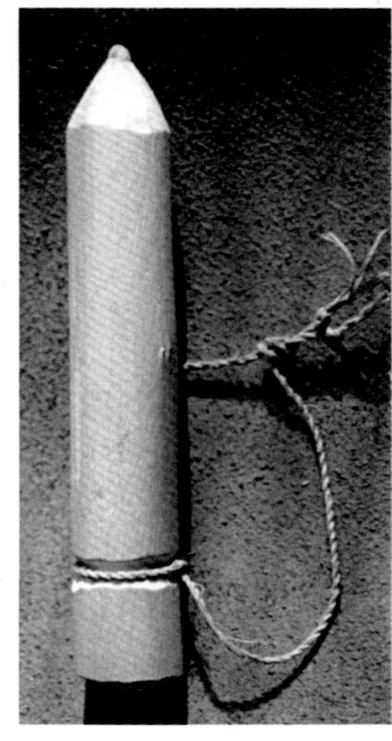

Abb. 16:
Ein Druckstab zur Herstellung von Steingeräten, wie ihn der Gletschermann Ötzi besaß. Lindenholz und Geweihspan.

Abb. 18: Entrinden

ENTRINDEN

Als erstes muss der möglichst gerade gewachsene, von Astansätzen freie Rohschaft entrindet werden. Mit einem Feuersteinabschlag oder einem scharfen Messer lässt sich die trockene Rinde relativ leicht abschaben. Nicht schneiden, sondern schaben, sonst schneidet man in die Holzsubstanz. Das obere, dünne Ende des Schaftes sollte das hintere Pfeilende werden. Wenn der Schaft länger als der fertige Pfeil ist, sollte man ihn erst später auf die endgültige Länge schneiden, weil eventuelle Krümmungen direkt an den Schaftenden schwer zu begradigen sind.
Verdickungen (Knoten) im Schaft können leicht abgeschabt oder -gehobelt werden, sollten aber nicht ganz entfernt werden, da die Holzstruktur sonst an dieser Stelle geschwächt wird.

Abb. 19: Begradigen

RICHTEN

Der entrindete Schaft kann mit Hilfe von Hitze gerichtet werden. Diese Methode beruht auf der Eigenschaft praktisch jeder Holzart, bei einer bestimmten Temperatur weich zu werden.
Nur trockene Rohschäfte lassen sich begradigen; ein noch grüner Schaft geht sofort wieder in seine ursprüngliche Form zurück.

Als Hitzequelle kann alles mögliche verwendet werden. Die Hitze einer Kerze ist völlig ausreichend. Man hält alle gekrümmten Bereiche des Schaftes einzeln über die Hitzequelle und biegt sie in der freien Hand entgegen der Krümmung, sobald das Holz weich zu werden beginnt.

Wenn man mit beiden Händen leicht am Schaft biegt, merkt man sehr gut, wann das Holz beginnt, nachzugeben. Extreme Knicke können begradigt werden, indem man den heißen Schaft von oben gegen ein rundes Holz oder gegen das Knie drückt.
Praktisch ist hierbei auch ein sogenannter Lochstab aus Geweih. Man steckt den Schaft in das am Ende des Lochstabs gebohrte Loch und benutzt ihn als Hebel. Leider entstehen dadurch unschöne Quetschkerben im Holz; der Lochstab sollte daher erst eingesetzt werden, wenn es anders absolut nicht geht.

Um zu erkennen, ob und wo sich noch gekrümmte Stellen im Schaft befinden, kann man ein Ende direkt ans Auge halten und an ihm entlangvisieren, wobei der Schaft langsam gedreht wird. Solche natürlich gewachsenen Schäfte kann man natürlich nie 100 %ig gerade richten, wohl aber annähernd, so dass die noch vorhandenen kleineren Biegungen sich gegenseitig ausgleichen und der Schaft insgesamt gerade wirkt.
Der Richtvorgang muss von Zeit zu Zeit wiederholt werden, da diese Pfeilschäfte sich manchmal wieder zurückkrümmen, besonders, wenn sie nass werden. Nun kann der Schaft auf die vorgesehene Länge geschnitten werden.

GLÄTTEN

Die Glättung der Oberfläche kann mit einer Ziehklinge (traditionelles Tischlerwerkzeug; im gutsortierten Werkzeughandel), einem Taschenmesser oder einem Feuersteinabschlag mit rechtwinkliger Bruchkante sehr gut durchgeführt werden. Mit einer der drei Klingenarten schabt man mit leicht in Arbeitsrichtung geneigter Kante in gleichmäßigem Zug über die Schaftoberfläche. Dabei können sehr feine Späne abgeschabt werden.
Manchmal entstehen waschbrettartige Rillen, die durch häufiges Wechseln der Arbeitsrichtung vermieden werden können. Mit etwas Übung ist man in der Lage, eine sehr glatte Oberfläche zu erzeugen.

Abb. 20: Glätten

SCHLEIFEN

Zum Schleifen eignet sich als authentisches Schleifmittel der Schachtelhalm. Alternativ kann, wer mag, Haifischhaut benutzen. Feines Schleifpapier (Körnung 150–200) tut es selbstverständlich auch.

Abb. 21: Polieren mit Sandstein

POLIEREN

Um den Schaft auf Hochglanz zu bringen, eignen sich ein Paar sogenannte Pfeilschaftglätter aus Sandstein.
Diese in der Steinzeit nachgewiesenen Geräte besitzen jeweils eine etwa dem halben Pfeildurchmesser entsprechende Rille auf einer glatten Fläche. Sie werden so zusammengehalten, dass der Pfeilschaft sich in den beiden gegenüberliegenden Rillen befindet, und am Schaft hin- und hergeschoben. Je härter der Sandstein ist, desto feiner und polierender ist die Wirkung, weicher Sandstein nutzt sich schnell ab und hat eher schleifende Funktion. Ein modernes Pendant wäre etwa feine Stahlwolle.
Eine Zeitlang einigermaßen wirksamen Schutz gegen Feuchtigkeit bietet das Ölen z. B. mit Leinöl. Prinzipiell eignen sich aber alle Öle und Fette. Die Wirkung lässt aber schnell nach und so muss das Ölen, besonders vor dem Schießen in feuchtem Wetter, wiederholt werden.

NOCKE UND SCHÄFTUNGSKERBE SCHNEIDEN

Die Nockkerbe für die Bogensehne kann auf verschiedene Weise hergestellt werden.
Interessant und überraschend einfach ist die Art, die bei den beiden Pfeilen von Ötzi zu sehen ist. Die etwa 1 bis 1,5 cm langen und ca. 3 mm breiten Kerben werden aus dem Schaft herausgespalten, wobei man sich den Umstand zu Nutze macht, dass Schösslinge durch den innenliegenden Markkanal mehr oder weniger hohl sind.
Zunächst muss in 1 bis 1,5 cm vom dünneren Schaftende eine Wicklung angebracht werden, um zu verhindern, dass der Schaft sich weiter als gewollt aufspaltet. Dann spaltet man mit einem scharfen Gegenstand, beispielsweise einer Feuerstein- oder modernen Messerklinge zwei in entsprechendem Abstand nebeneinander liegende Spalten in das Pfeilende.
Die beiden herauszubrechenden Stücke müssen nun direkt oberhalb der Wicklung quer eingekerbt werden. Dies geschieht mit einem Feuersteinabschlag oder Taschenmesser.

Abb. 22:
Sehnenwicklung unterhalb der Schäftungskerbe

Mit einem spitzen Gegenstand kann man nun die überflüssigen Teile vom hohlen Schaftinnern her nach außen abbrechen. Die Innenseiten der Kerbe sollten noch etwas nachgeschliffen werden, damit die Bogensehne später nicht von scharfen Kanten durchgeschnitten wird.

Die Kerbe für die Schäftung der Feuersteinspitze muss nur ca. 5–10 mm tief sein, da die Befestigung der Spitze hauptsächlich Aufgabe des Mantels aus Birkenpech ist. Am einfachsten sägt man sie mit der leicht gezähnten Schneide eines Feuersteinmessers oder schnitzt sie mit einem Taschenmesser ein. Die Kerbe sollte V-förmig sein, da die Feuersteinspitze unten spitz zuläuft. Um zu verhindern, dass die scharfe Unterseite der Pfeilspitze bei einem Aufprall den Pfeilschaft aufspaltet, wird unter der Kerbe wieder eine Umwicklung angebracht. Authentisch ist sowohl eine Wicklung aus Pflanzenfasern (z. B. Flachs) oder auch aus Tiersehnen.
Die Sehne muss getrocknet sein und kann mit der Hand, Beinsehnen eventuell nach ausgiebigen Klopfen mit einem Hammer oder Ähnlichem, sehr fein aufgefasert werden (die Fasern sollten nicht dicker als 1 mm sein). Man nimmt eine solche Faser in den Mund und kaut sie weich, um sie dann um den Schaft zu wickeln.
Beim Trocknen zieht das Sehnenmaterial sich zusammen und wird relativ hart.

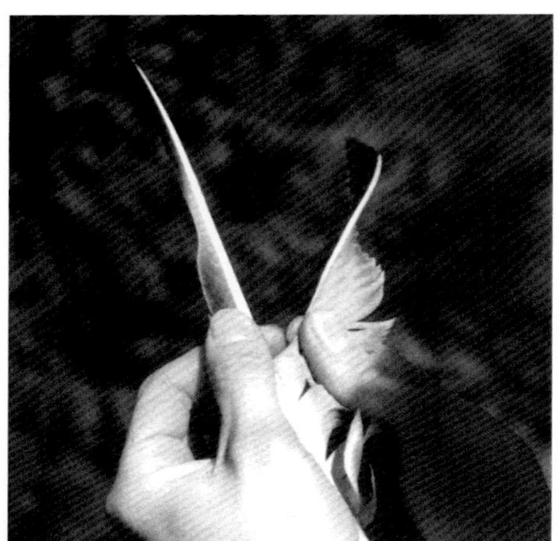

Abb. 23: Abziehen der Federfahnen

BEFIEDERN

Da die Klebkraft des Birkenpechs nicht stark genug ist, um die harten, in sich gebogenen Federkiele genügend zu befestigen, ist es ratsam, die Federfahnen von den harten Kielen abzuziehen. Dies geht nur bei einigermaßen großen und starken Federn, z. B. sehr gut bei Gänse- oder Schwanenfedern. Man greift am Ende der Feder mit den Fingern der rechten Hand das äußerste Ende der Federfahne und beginnt, sie ganz vorsichtig in Richtung nach rechts und unten vom Kiel abzuziehen. Der Kiel wird dabei zwischen Daumen und Zeigefinger der linken Hand eingeklemmt (Linkshänder verfahren selbstverständlich umgekehrt). Es ist wichtig, immer so nah bzw. kurz wie möglich zu fassen, um zu verhindern, dass die Haut, auf der die Federfahne sitzt, dabei einreißt. Nach einiger Übung müsste das Abziehen der Federn kein Problem darstellen. Die einzelnen Fahnen sind nun möglicherweise leicht eingerollt, was aber normal ist und beim Aufkleben unproblematisch ist.

Auch wenn man zum Zurechtschneiden der Federn kein Feuersteinmesser benutzt, sollte man es schon vor dem Aufkleben machen, da dann die Spiralumwicklung der Befiederung viel leichter angebracht werden kann.
Bei Verwendung von Feuerstein können die Federn relativ leicht auf einer Unterlage geschnitten werden.
Die verwendete Klinge muss eine wirklich scharfe Kante haben. Nun müssen die Federfahnen auch auf eine einheitliche Länge geschnitten werden.
Zu empfehlen sind 10 bis 15 cm.

Jetzt erfolgt das Bestreichen des Schafts auf Federlänge mit einer dünnen Schicht Birkenpech, auf die die Federn geklebt werden sollen. Die Schicht sollte lediglich etwa einen halben bis einen Millimeter dick sein.

Zum Aufkleben eignet sich ein relativ weiches Pech besonders gut. Es kann punktweise aufgetragen werden, indem man aus dem Pech durch mehrmaliges Erwärmen ein Röllchen formt, dessen Spitze in der Nähe einer Flamme verflüssigt und nach und nach dicht an dicht Tropfen aufbringt. Wenn das Pech extrem weich ist, eignet sich diese Methode nicht und man kann es besser in einem Topf erwärmen und mit einem Holzstück oder Pinsel auftragen. Ein heißer Stein oder Lötkolben eignet sich sehr gut, um das Pech gleichmäßig zu verstreichen und zu glätten.

Vor dem Aufkleben wird das hintere Schaftende noch einmal erhitzt, bis das Pech fast flüssig wird. Nun kann man nacheinander zügig die drei Federfahnen aufkleben. Die Anordnung der Federn als sogenannte dreifache Radialbefiederung ist genau dieselbe wie im heutigen Bogenschießen.
Die erste Feder klebt man quer zur Sehnenkerbe in Längsrichtung in etwa 4 bis 5 cm Entfernung vom Ende in Längsrichtung auf den Schaft; die beiden anderen Federn in jeweils gleichem Abstand um den Schaft herum. Die Federn werden gerade, also parallel zum Schaft aufgeklebt. Ein schräges Aufsetzen ist nicht notwendig, weil die Federn relativ groß sind und daher eine größere Steuerwirkung haben als die im modernen Bogensport verwendeten winzigen Plastikfahnen.
Wahrscheinlich werden die Federn zunächst nicht sehr gut kleben, dies ist jedoch kein Problem, da sie sofort mit einem sehr dünnen Faden in Spiralform umwickelt werden. Man beginnt am Vorderende der Federn, wickelt einige Male um den Schaft herum, und beginnt, spiralförmig zum Pfeilende hin zu wickeln. Dabei müssen die Federlamellen immer sorgfältig in gleichmäßigem Abstand getrennt werden, um den Faden hindurchzuführen.
Keine Angst, wenn die Federn dabei verrutschen! Eine eventuelle Fehlstellung der Federn kann noch korrigiert werden, bevor das Pech aushärtet, was je nach Pechbeschaffenheit ein paar Minuten oder bis zu mehreren Tagen dauern kann.
Zum Schluss werden alle Wicklungen am hinteren Schaftende noch einmal mit etwas Pech bestrichen und dieses mit dem heißen Stein geglättet. Je glatter die Übergänge werden, desto geringer die Wahrscheinlichkeit, dass später beim Schießen der Handrücken aufgerissen wird.

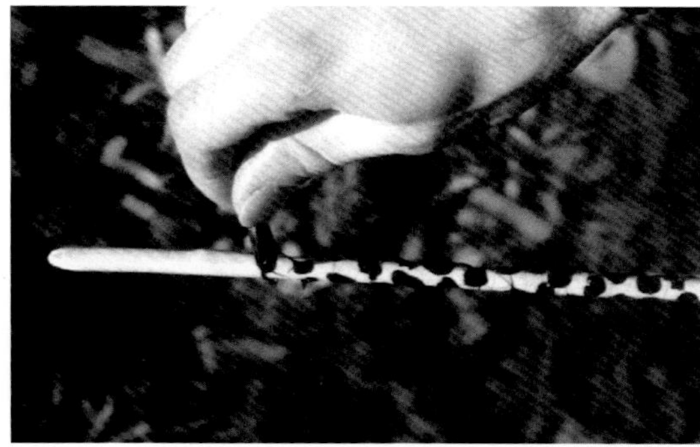
Abb. 24: Aufbringen des Birkenpechüberzugs

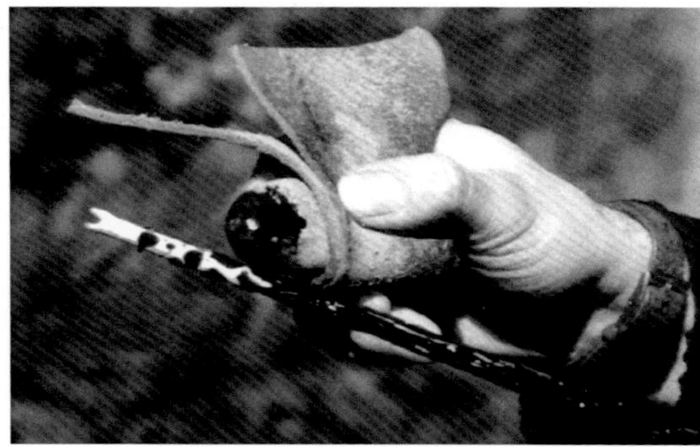
Abb. 25: Glätten des Birkenpechs mit heißem Stein

Abb. 26: Aufkleben der Befiederung

Abb. 27: Umwicklung der Befiederung

FEUERSTEINSPITZE

Pfeilspitzen aus Feuerstein oder ähnlichen, glasartig harten Materialien werden am Besten in der sogenannten Drucktechnik hergestellt. Diese Pfeilspitzen können, abhängig von der Herstellungsqualität und Gesteinsart, sehr scharf sein, besitzen aber gegenüber den Metallspitzen einen gravierenden Nachteil: genauso leicht, wie sie bei der Bearbeitung gewollt splittern, werden sie auch bei jedem Aufprall auf hartes Material ungewollt zersplittern, und meistens ist die Spitze dann zerstört. Da aber die Herstellung recht unkompliziert ist, ist es möglich, immer einen Vorrat von Austauschspitzen zum Auswechseln mit sich zu führen.

Abb. 28
Herstellung der Pfeilspitze mittels Druckretusche

Zur Herstellung einer jungsteinzeitlichen Pfeilspitze benötigt man einen ca. 6 cm langen, gleichmäßig geformten Abschlag. Einen Abschlag kann man mit einem Schlagstein, Geweih- oder Hartholzschlägel von einer Knolle Feuerstein abschlagen.

Dabei sind einige Gesetzmäßigkeiten zu beachten, die wichtigsten sind ein korrekter Schlagwinkel von etwa 70 bis 80 Grad und eine gute Vorbereitung der Schlagfläche.

Um diesen Abschlag in eine Pfeilspitze zu verwandeln, benötigt man ein Instrument zum Abdrücken der Kanten, einen sogenannten Druckstab. Er hat eine Spitze aus Knochen, Geweih oder Metall (z. B. ein weicher Eisennagel oder starker Kupferdraht), die gewöhnlich in einen Holzstab eingesetzt ist (siehe Abb. 16, Seite 67). Der Druckstab kann etwa handlang bis unterarmlang sein.

Ein spitz zulaufendes Ende einer Sprosse Hirschgeweih tut es auch. Die linke Hand, in der das Werkstück aus Feuerstein liegt, muss mit einem Lederstück geschützt werden, denn die abgedrückten Feuersteinsplitter sind sehr scharf.

Der Abschlag wird in der nach oben offenen Handfläche mit den Fingerspitzen fixiert, um die Seitenkanten mit dem Druckstab gleichmäßig abdrücken zu können. Auch hier spielt der richtige Druckwinkel eine wichtige Rolle. Er sollte zwischen 35 und 45 Grad liegen.

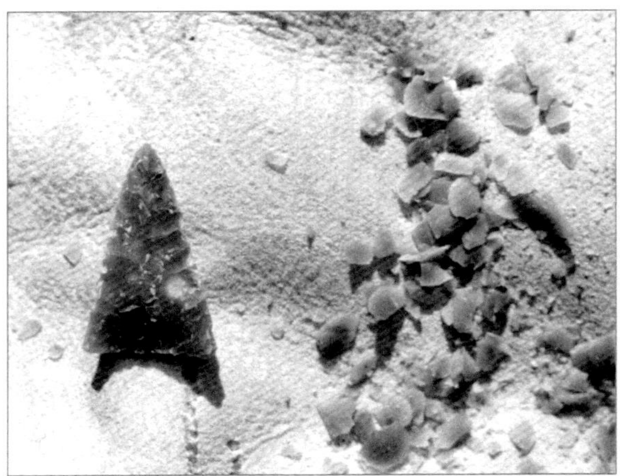

Abb. 30: Die fertige Pfeilspitze

Man bewegt sich mit dem Druckstab an der Kante entlang und drückt in kurzen Abständen nebeneinander kleine Splitter nach unten ab.

Von Zeit zu Zeit dreht man den Rohling um, damit er von allen Seiten oben und unten bearbeitet werden kann. Idealerweise reichen die abgedrückten Splitter etwa bis zur Mitte der Oberfläche des Rohlings und ihre Negative bedecken zum Schluss die Pfeilspitze völlig.

Die Form ist immer mehr oder weniger dreieckig.

Am unteren Ende kann ein Stiel herausgearbeitet sein, aber die meisten jungsteinzeitlichen Pfeilspitzen sind an der Basis einfach gerade oder etwas konkav.

Alle Kanten, also auch die untere, sind scharf.

BEFESTIGEN DER PFEILSPITZE

Um die Spitze auf den Schaft aufzukleben, benötigt man Birkenpech. Die Herstellung von Birkenpech wurde bereits kurz beschrieben.

Als erstes erhitzt man etwas Pech und schmiert es in die Schäftungskerbe am Vorderende des Pfeilschafts. Die Basis der Feuersteinspitze wird in das noch warme Pech gedrückt, bis sie tief in der Kerbe sitzt. Dann muss noch mehr Pech erhitzt und als Ummantelung auf die Spitze und den vorderen Teil des Schafts mit der Umwicklung aufgetragen werden.

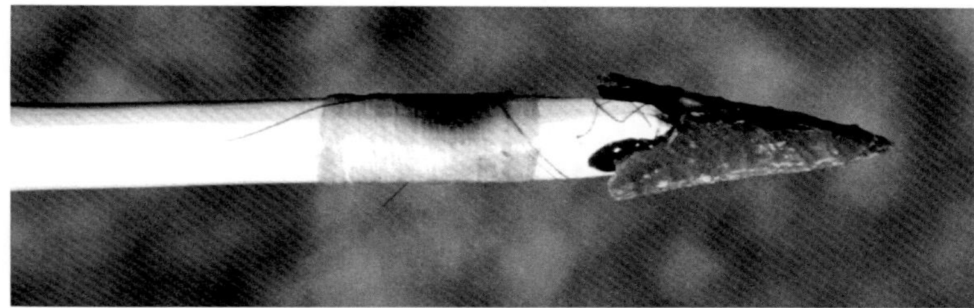

Abb. 32 Einkleben der Pfeilspitze mit Birkenpech

Es geht ganz gut, wenn man zuerst mehrere dünne Röllchen formt, die dann leicht erwärmt und an der Pfeilspitze angedrückt werden. Um das Pech dann endgültig zu formen, erhitzt man vorsichtig die Spitzenpartie des Pfeils und modelliert es mit angefeuchteten Fingern. Vorsicht, das heiße Pech kann unschöne Verbrennungen verursachen, wenn man die Finger vor dem Berühren nicht anfeuchtet. Die Oberfläche des Pechmantels ist völlig glatt und ohne Rillen. Dadurch wird einerseits der Luftwiderstand möglichst gering gehalten, und andererseits beim Eindringen in den Tierkörper kein unnötiger Widerstand verursacht.

Bei den originalen steinzeitlichen Pfeilschäften bildet das Pech eine voluminöse, tropfenförmige Umhüllung, die oft von den Pfeilspitzen lediglich die Spitze selbst und die schneidenden Seitenkanten freilässt.

Abb. 33 Ummantelung des Pfeilkopfes mit Birkenpech

Ein Pfeil dieses Typs hat durch das Gewicht des Birkenpechs an der Pfeilspitze einen nach vorn verlagerten Schwerpunkt, wodurch seine Flugbahn sehr stabil wird.
Das hohe Gesamtgewicht macht ihn auf der anderen Seite relativ langsam und verringert die Reichweite erheblich.

Abb. 34: Der fertige Pfeil

ZUM AUTOR

WULF HEIN

Jahrgang 1959, gelernter Tischler, spezialisierte sich nach der Ausbildung auf die Rekonstruktion prähistorischer Fundstücke von der Knochennadel bis zum 1:1-Hausmodell.
Seit über 20 Jahren tätig in der praxisorientierten Vermittlung archäologischer Inhalte, diverse Projekte im Bereich experimentelle Archäologie, archäologische Freilichtmuseen, Film, Funk und Fernsehen, Ausstellungsgestaltung, Sachbuch, Illustration uvm.

5

WULF HEIN

SCHAFTMATERIAL WOLLIGER SCHNEEBALL

Das Holz des Schneeballstrauches war neben Hasel, Hartriegel, Eschen- und Kiefernspaltholz, Erle, Birke und Eibe ein gern verwendetes Material für die Herstellung von Pfeilschäften in der Urgeschichte (BECKHOFF 1965, FISCHER 1985, PAULSEN 1994, STODIEK U. PAULSEN 1996). Auch der Mann vom Hauslabjoch füllte seinen Köcher mit zwölf Schösslingen, bevor oder während er ein letztes Mal ins Hochgebirge wanderte.
Eignet sich dieses Holz außergewöhnlich gut zum Pfeilbau, und was ist dabei zu beachten? Zur Klärung dieser Fragen wurden mehrere Pfeile aus verschiedenen Hölzern hergestellt und über Jahre geschossen. Die dabei erzielten Resultate werden hier als vorläufiger Erfahrungsbericht wiedergegeben.

Abb. 1 Wolliger Schneeball (April) viburnum lantana

ARTEN

Zunächst einmal: Schneeball ist nicht gleich Schneeball. Es gibt im Ganzen etwa 120 verschiedene Arten, die wichtigsten sollen hier kurz vorgestellt werden:

Wolliger Schneeball, viburnum lantana, ist ein sommergrüner Strauch, der im Frühjahr weiße kugelige Blütenrispen treibt (Abb. 1), daher der Name. Die walzenförmigen Beeren sind zuerst grün, später rötlich (Abb. 2), im Frühherbst dann leuchtend rot, färben sich zuletzt aber blauschwarz.
Die gegenständigen Blätter sind herzförmig-spitz, dick, runzelig-fest und an der helleren Unterseite dicht weißlich behaart, die Ränder fein gezähnt (Abb. 3). Die Rinde ist bei jungen Trieben braun und glatt, an den Knospen hellgrün und wie mit weißem Pulver bedeckt. Bei älteren Zweigen wird sie rissig und schorfig. Der moderig-muffige Geruch kann unangenehm werden.

Der Schneeball liebt sonnige Hanglagen auf kalkreichem Boden, weshalb er eher in Südeuropa und Kleinasien zu finden ist.
In Deutschland kommt er südlich der Mainlinie häufig vor, aber auch im Norden wurden an Straßenböschungen vereinzelte Exemplare gesichtet.
Die Pfeilschäfte in „Ötzis" Köcher stammen von diesem Strauch.

Abb. 2 Wolliger Schneeball (Ende Juni)

Abb. 4 Runzel-Schneeball (Ende Juni) viburnum rhytidiophyllum

Runzel-Schneeball, viburnum rhytidiophyllum, ähnelt dem wolligen Schneeball, jedoch immergrün und mit eher unscheinbaren Blüten, als Zierstrauch in Gärten und Anlagen zu finden.
Fällt damit für die Fertigung prähistorischer Pfeilschäfte aus, da seine Heimat China ist.

Gemeiner Schneeball, viburnum opulus, ebenfalls mit weißen Trugdolden, aber roten Beeren und 3-lappigen Blättern, die Lappen unregelmäßig gezähnt, Rinde leicht silbrig glänzend. Pfeile aus diesem Holz wurden auf den dänischen Fundplätzen Magleby Long und Holmegård IV, letzterer bereits aus dem Mesolithikum stammend, gefunden.
In speziellen Lagen kann der wollige Schneeball bis zu 5 m hoch werden, er treibt dann „pfeilgerade“ dünne Schösslinge, die mitunter 2 m lang werden, bevor sie sich verzweigen. Ihr Holz riecht latexähnlich, ist weiß und, wenn sie ein paar Jahre alt sind, ziemlich hart, aber enorm elastisch.
Es „steht“ sehr gut, das heißt, es verzieht sich wenig und lässt sich vorzüglich richten. Das alles macht es für den Bogenschützen interessant.

Abb. 5 Gemeiner Schneeball, (Ende Mai) viburnum opulus

ERNTE

Die beste Erntezeit ist nach meinen Erfahrungen der Spätherbst/Winter. Die Pflanzen sind dann recht gut zu erkennen, da sie ihre Blätter relativ lang tragen, auch sieht man gerade gewachsene Triebe eher. Der Saft in den Pflanzen steht jetzt, ein Vorteil bei der Trocknung des Holzes. Im Sommer geschnittene Schäfte trocknen viel langsamer und sind beim Richten weitaus bruchanfälliger. Es sollten mit Bedacht nur annähernd gerade Schösslinge mitgenommen werden. „Krumme Hunde“ lassen sich zwar an einem heißen Stein oder über Wasserdampf mit einigem Aufwand in Form zwingen, neigen aber zu nachträglichem Verziehen, besonders, wenn sie nicht lackiert, sondern nur geölt/gefettet wurden.
Man sollte die Rohlinge ein gutes Stück länger lassen als nötig, um sich das Richten zu erleichtern. Kleine Blattansätze an den Knoten stören nicht, trägt der Spross aber schon Seitenzweige, ist er als Schaft meist unbrauchbar. Die Knoten werden dann so dick, dass bei ihrem Abschnitzen zuviel Material entfernt werden muss - erhöhte Bruchgefahr ist die Folge.

Die Rinde sollte durchgehend braun und am besten schon rau und borkig sein, nicht mehr grünlich und glatt. Das ist besonders wichtig bei Schäften für stärkere Bogen, da die Schösslinge, wenn sie noch jung sind, oben bei den Knospen einen Markkanal aufweisen, der bis zur Hälfte des Durchmessers dick sein kann. Das setzt die Stabilität stark herab, vor allem beim Richten.

TROCKNEN

Nach dem Schneiden ist es ratsam, die Schäfte 4 Wochen im Freien unterm Dach in der Rinde zu trocknen, um ein Reißen an den Enden zu vermeiden.
Während des Trocknens sollten die Schäfte jeden Abend gerichtet werden, denn einen völlig geraden Spross findet man sehr selten. Schneeball neigt dazu, an den Astknoten (Nodien) etwas wellig zu wachsen. Diese Wellen kann man jedoch wegen der außerordentlich hohen Elastizität durch wiederholtes Gegenbiegen begradigen, wenn der Knick nicht zu scharf ist. Weist ein Schaft später trotzdem ganz leichte „Schlangenlinien" auf, beeinträchtigt das die Flugeigenschaften nicht, solange der Pfeil sich nicht ganz und gar in der Längsachse krümmt. Wenn der Markkanal relativ dick ist, knickt der Schaft beim Biegen sehr leicht ab, bevor er bricht. Solche Schäfte sind unbrauchbar, ebenso wie solche, die beim Richten knacken.
Den Bruch sieht man oft erst dann, wenn die Rinde nach ca. 4 Wochen vorsichtig abgeschabt wird. Danach werden die Hirnenden des Schaftes (Schnittflächen oben u. unten) in Wachs oder Fett getaucht, um ein zu schnelles Austrocknen und damit Reißen des Holzes zu vermeiden.

RICHTEN

Nach dem Entrinden können die Schäfte am besten gerichtet werden. Jetzt biegen sie sich nicht mehr nach einiger Zeit in ihre alte Form zurück, sondern bleiben stehen.
Nach 4–5 Tagen werden sie jedoch sehr schnell hart und unbiegsam. Was jetzt noch nicht gerade ist, wird es auch nicht mehr! Ähnliche Beobachtungen zur Pfeilherstellung finden sich in R. Bohrs Buch über *Pfeil und Bogen der nordamerikanischen Indianer* (Bohr 1997).
Nun können die Schäfte nach drinnen geholt werden. Gut ist es, sie noch 4–6 Wochen trocknen zu lassen, bevor die Astknoten entfernt werden. Da Schneeballholz so langfaserig ist, lassen sich im frischen Zustand die immer vorhandenen leichten Verdickungen an den Nodien schlecht abschnitzen – die Gefahr ist groß, dass man dem Messer tief ins Holz hineinfährt. Das trockene Holz lässt sich in diesem Falle besser bearbeiten. Man sollte mit der Klinge immer auf den „Ast" zu und nie darüber hinaus schneiden. Man kann die Schäfte nun bündeln und bis zum Erreichen des Holzfeuchtegleichgewichtes ruhen lassen.

ÖTZIS PFEILE

Ob „Ötzi" soviel Zeit auf seine Pfeile verwendete, ist schwer zu beurteilen, aber angesichts der Umstände, unter denen er wohl in die Berge aufsteigen musste, eher unwahrscheinlich. Zuerst schnitt er die Schäftungskerben ein, bevor er die Nodien völlig abschnitzte oder die Schäfte schliff. Das deutet auf einen Schnell-Bau aus einer Notsituation heraus hin.
Das Schlitzen des Schaftes bewirkt aber auch, dass das Holz nicht so schnell reißt, weil die Tangentialspannung unterbrochen wird. Ein von der Holztechnik her nachvollziehbarer erster Arbeitsschritt, wenn der Gletschermann die Rinde sofort entfernte, um die Schäfte schneller zu trocknen.

Vielleicht hätte er als nächstes erst mal den Bogen fertig gebaut, um dann „in aller Ruhe" die Schäfte zu glätten, Spitzen einzusetzen, Nocken zu schneiden und die Pfeile zu befiedern, bei allen zwölf gleichzeitig, weil diese Arbeitsweise vernünftig und wirtschaftlich ist. Man muss das Werkzeug nicht so oft wechseln und erreicht eher gleichmäßige Arbeitsresultate (vgl. auch Spindler 1993, 146)

Zudem werden die Pfeile nach dem Bogen gebaut, weil ihre Elastizität sich nach dem Zuggewicht des Bogens zu richten hat. Von der gewählten Dicke der Schäfte her lässt sich nach meinen Erfahrungen auf einen Bogen von ca. 60 lb. schließen, auf die der (fertige) Bogen ja auch schon geschätzt wurde. Allerdings ist der Spine-Wert stark abhängig von den Wuchsbedingungen des Holzes. Nicht alle dicken Schäfte haben einen hohen Spine, auch dünne Schäfte mit vielen schmalen Jahrringen können sehr steif sein und daher für einen schwereren Bogen passen.

Es gibt ein Verfahren, diesen Wert exakt zu messen (Beckhoff 1965), doch glaube ich nicht, dass ein solches Verfahren in der Steinzeit angewandt worden ist. Wenn man erst mal einige Schäfte geschnitten und anschließend begutachtet und geschossen hat, bekommt man das Gefühl dafür, welcher von der Elastizität und Härte her gut geeignet ist.

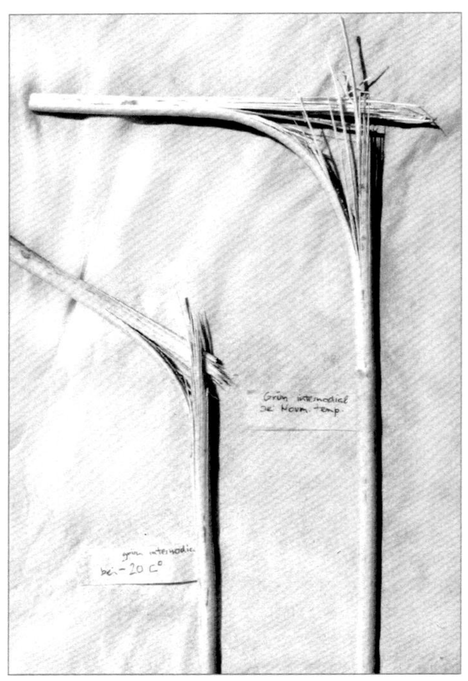

Abb. 7 Typischer Internodialbruch, links bei – 20°C, rechts bei normaler Temperatur (+ 20°C)

Die Beschädigungen an den beiden intakten Pfeilen sind meines Erachtens auf Brüche zurückzuführen, die geschahen, bevor der Mann ins Eis ging. Wären diese „schussbereiten" Pfeile im Köcher gebrochen, so sollten die 12 frischen Schösslinge ebenfalls beschädigt sein (s. Spindler 1993, 146). Eine nachträgliche Läsion bei der Bergung ist aus diesem Grunde auch auszuschließen.

Und selbst bei großer Kälte bricht Schneeball explosionsartig mit typisch ausgefaserter Struktur (Abb. 7), wozu ein erheblicher Kraftaufwand erforderlich ist, wie einige Versuche mit unter anderem tiefgekühlten Hölzern zeigten. Natürlich muss das hohe Alter und die dadurch wahrscheinlich stark herabgesetzte Festigkeit der Originale berücksichtigt werden, aber einen glatten Bruch gibt es nach meinen Erfahrungen hauptsächlich an den abgeschnitzten Nodialpunkten (Abb. 8) oder an den Absätzen, wo die Verjüngung für die Befiederung beginnt .

Für letzteres sind oft Ablassfehler oder zu sehr in der Nocke klemmende Sehnen (oder Kälte?) verantwortlich, für die anderen Brüche kommen vor allem Fehl- und Streifschüsse als Ursache in Betracht.

Ich könnte mir vorstellen, dass der „Ötzi" alle seine Pfeile verschossen hatte, aus welchem Grund auch immer, und dann zwei herumliegende (seine eigenen oder die anderer Bogenschützen?) aufsammelte (vielleicht hauptsächlich der Silexspitzen, aber auch der Federn wegen?) und sich auf seinem Weg in die Berge ein neues Equipment zusammenstellen wollte.

Harm Paulsen weist in diesem Zusammenhang darauf hin, dass die beiden „funktionstüchtigen" Pfeile aufgrund der für Rechts- und Linkshänder spezifischen Machart der Befiederung sehr wahrscheinlich von unterschiedlichen Herstellern gebaut worden sind, denn der eine weist eine Z-, der andere eine S-gedrehte Wicklung auf.

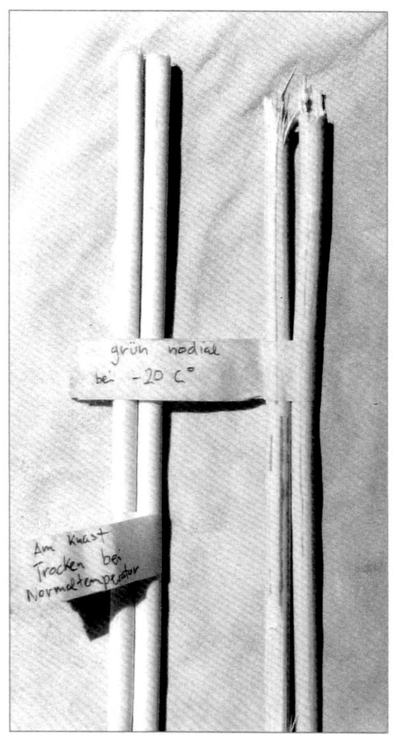

Abb. 8 Nodialbrüche, links bei Normaltemperatur, rechts bei – 20°C

Die fleckigen Verfärbungen, gelegentlich als „camouflage“ bezeichnet, also zum Zweck der Tarnung angebracht, könnten auch entweder durch Verwendung eines bereits am Stamm getrockneten Schösslings oder durch zu langes Trocknen in der Rinde herrühren.
Beides ruft solche Farbänderungen hervor, die beim wolligen Schneeball aber auch sonst sehr häufig sind, besonders bei Rindenverletzungen durch die so ausgelösten chemischen Prozesse.

Im Vergleich mit anderen Pflanzen schneidet der **wollige Schneebal**l in der praktischen Erprobung als Pfeilholz am besten ab. Annähernd gleiche Eigenschaften **weisen Hartriegel**, cornus sanguinea und **Hasel**, corylus avellana auf, wobei Hartriegelschösslinge die geradesten sind. Allerdings sind sie lange nicht so gut zu richten, weil weniger elastisch und neigen dazu, mit der Zeit spröde zu werden.
Ein Schneeball-Pfeil ist auch nach Jahren immer noch extrem biegsam, während ein Hartriegel- oder erst recht Haselschaft bei gleicher Belastung brechen würde. Das Holz des wolligen Schneeballs ist jedoch auch das schwerste.
Ebenfalls gut geeignet ist der **gemeine Schneeball**, der jedoch eine geringere Biegefestigkeit besitzt. Für Bogen mit höheren Zuggewichten müssten Schäfte aus diesem Holz erheblich größere Durchmesser aufweisen, was die Flugeigenschaften des Pfeils verschlechtern würde. Allerdings ist das spezifische Gewicht von viburnum opulus geringer als das von viburnum lantana, so dass ein dickerer Pfeil nicht unbedingt schwerer sein muss.
Für wenig praktikabel halte ich das bei BECKHOFF (1965) erwähnte Verfahren, Schneeballschäfte aus Spaltholz herzustellen. Stämmchen mit dem angegeben Durchmesser, auf 1 m Länge astfrei und gerade, sind nach meiner Erfahrung sehr schwer zu finden, sowohl beim wolligen als auch beim gemeinen Schneeball. Da im prähistorischen Norden jedoch nur der gemeine Schneeball vorhanden war, macht es Sinn, aus einem solchen Stück Holz, wenn man es denn einmal gefunden hatte, durch Spalten 4 oder mehr gute Pfeile zu machen. Aber mit den damaligen Werkzeugen bedeutet es meiner Erfahrung nach einen wesentlich größeren Zeitaufwand, einen Spaltling herzustellen und zu bearbeiten, als einen Schössling in einen Pfeilschaft zu verwandeln.
Doch wer weiß, welche Rolle Zeit damals spielte? Es ist jedenfalls technologisch einfacher und keineswegs primitiv, die durch vergrößerte Oberfläche höhere Stabilität eines Rohres mit der damit verbundenen Gewichtsersparnis (durch den Markkanal) zu koppeln. Dass dieses Verfahren unzweckmäßig sein soll, weil man Kern- und Splintholz mit ihren unterschiedlichen Eigenschaften nicht voneinander trennen kann (MERTENS 1993), ist ebenfalls nicht nachvollziehbar, da es sich bei allen als Schössling verwendeten Holzarten um Reif- oder Splintholzgewächse handelt.
Außerdem wird die Schwerpunktlage verbessert, weil bei einem Schössling das dickere, untere Ende die Spitze des Pfeiles bildet, das tapern kann man sich also sparen. Nach hinten hin wird der Pfeil wegen der Markröhre immer leichter, ein Vorteil bei den im Meso- und Neolithikum verwendeten, meist sehr leichtgewichtigen Steinspitzen.
Allerdings wird diese hintere Partie auch immer instabiler, je dünner die Seitenwände werden, auch das ein Grund, die Rohschäfte am unteren Ende zu schlitzen, um ein Einreißen zu verhindern und so die volle stabile Länge nutzen zu können.

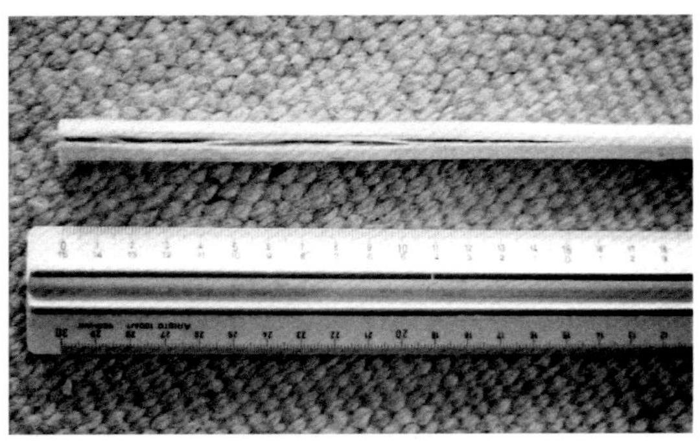

Abb. 11 Trockenriss

Die Schäfte müssen später sowieso eingekerbt werden, um die Spitzen aufzunehmen. Die Versuche zeigten, dass frisch geschnittene und sofort entrindete Triebe an sonnigen trockenen Herbsttagen, obwohl draußen gelagert, am unteren Ende manchmal über 10 cm weit einrissen (Abb. 11), bereits geschlitzte wie die vom „Ötzi" jedoch nicht. Dazu kommt, dass sich m.E. Schäftungskerben und Nocken mit Silexwerkzeugen in einen hohlen Schössling leichter einschneiden lassen als in Vollholz.

Spaltholz wurde wohl verwendet, wenn nichts anderes zur Hand war, wie z. B. Kiefer bei den Pfeilen von Stellmoor.

Denkbar wäre auch, dass später nicht extra Holz gespalten wurde, um Pfeile daraus zu machen, sondern dass natürlich gespaltenes Holz Verwendung fand, etwa von einem durch Wind oder Schneelast geborstenen Baum. Von so einem Baumstumpf ragen oft meterlange dünne Faserbündel in die Luft, die sich recht einfach schneiden und rundhobeln/schaben lassen.

Erst mit dem Aufkommen der Metallurgie und der dadurch verbesserten Holzbearbeitung wurde es einfacher, Pfeilschäfte mit gleichen Eigenschaften in Serie herzustellen, indem man Bäume in passende Längen zerlegte und spaltete.

Nachdem dann für lange Zeit Pfeile überwiegend aus Vollholz gefertigt wurden, ermöglichen es heute neue Werkstoffe wie Carbonfasern, Fiberglas und Aluminium, Pfeile wieder aus leichten, stabilen, dünnen Rohren zu bauen.

Literatur

Aichele/Schwegler 1976: Welcher Baum ist das? Bäume, Sträucher, Ziergehölze. Kosmos-Naturführer, Stuttgart 1976

Beckhoff, K. 1965: Eignung und Verwendung einheimischer Holzarten für prähistorische Pfeilschäfte. Die Kunde NF 16, 51–61

Bohr, R. 1997: Pfeil und Bogen der Plains- und Prärieindianer Nordamerikas. Wyk auf Föhr 1997, 73–76

Egg, M. e.a. 1993: Die Gletschermumie vom Ende der Steinzeit aus den Ötztaler Alpen. Jahrbuch des Römisch-Germanischen Zentralmuseums 39, Mainz 1993, 38–49

Fischer, A. 1985: På jagt med stenalder-våben. Forsøg med fortiden 3, Historisk-Arkæologisk Forsøgcenter Leijre 1985, 6

Mertens, E.-M. 1993: Pflanzliche Ressourcen des Mesolithikums in Dänemark und Schleswig-Holstein. Dipl.-Arbeit Universität Kiel 1993, 62-68

Paulsen, H. 1994 Der querschneidige Pfeil vom Petersfehner Moor. Archäologische Mitteilungen aus Nordwestdeutschland 17, 1994, Oldenburg 1994, 5–14

Spindler, K. 1993: Der Mann im Eis. München 1993, 142–151

Stodiek, U., Paulsen, H. 1996: „Mit dem Pfeil, dem Bogen..." Technik der steinzeitlichen Jagd. Oldenburg 1996, 37–52

Abb. 1 **Wolliger Schneeball im April,** viburnum lantana

Abb. 2 **Wolliger Schneeball,** Ende Juni

Wolliger Schneeball im Spätsommer, Foto: J. Junkmanns

Abb. 5 **Gemeiner Schnneball**, Ende Mai viburnum opulus
Fotos Abb.1, 2, 5 Wulf Hein

Rekonstruierte jungsteinzeitliche Pfeilspitzen von Wulf Hein

Ahrensburger Spitze von Wulf Hein

Variationen von Feuerstein (Foto: W. Hein)

„Moderne" Pfeilspitzen aus verschiedenen Materialien von Frank Stevens, USA (Foto: V. Alles)

6

WULF HEIN

PFEILSPITZEN AUS FEUERSTEIN

Welche/r Bogenschütze/in hat sie nicht schon einmal bei einem zufälligen oder geplanten Museumsbesuch bewundert: Feuerstein-Pfeilspitzen aus der Steinzeit. Ihre Form wurde oft durch die Jahrtausende bis in unsere Zeit nahezu unverändert beibehalten, selbst in den aufkommenden Metallzeiten hielt man dem Werkstoff Flint die Treue, bis unsere Vorfahren dazu übergingen, Bronze in Formen zu gießen, Eisen zu schmieden und dadurch den Fertigungsvorgang zu vereinfachen und zu normieren.

So formvollendet diese Pfeilspitzen auch manchmal aussehen, z.B. Oberflächenretuschen aus der Jungsteinzeit, so einfach scheint doch ihre Herstellung: es besteht allgemein die Neigung, prähistorische (schon das Wort hat es in sich: *vor*-geschichtlich, als gehörten die Jahrmillionen vor Erfindung der Schrift nicht zur menschlichen Geschichte) Geräte und Waffen als primitiv abzutun. Wer jedoch einmal versucht hat, eine solche Pfeilspitze „mal eben" selbst anzufertigen, wird schon beim Schlagen einer guten Feuersteinklinge, die Ausgangsprodukt nahezu jedes urgeschichtlichen Projektils ist, sehr schnell „mit seinem Latein am Ende sein". Und wer einem/r geübtem/n Steinschläger/in bei der Arbeit zugesehen hat, wird begreifen, dass, obwohl dies so leicht aussieht, eine Menge Erfahrung und Übung dazu gehört und steinzeitliche „Flintner" mitunter echte Meister ihres Faches waren.
So soll dieser Artikel beileibe nicht eine Schnellanleitung nach dem Motto „Steinschlagen - leicht gemacht" sein, sondern einen kurzen, informativen Überblick über Geschichte, Material und Herstellung geben, die eigenen Erfahrungen beschreiben und denen, die es schon mal versucht haben und nicht weiterkommen, vielleicht ein wenig aufzuhelfen.
Außerdem ist die Bearbeitung von Feuerstein (und das nicht nur für Ungeübte) mitunter recht gefährlich, wie wir im folgenden noch sehen werden.

GESCHICHTE

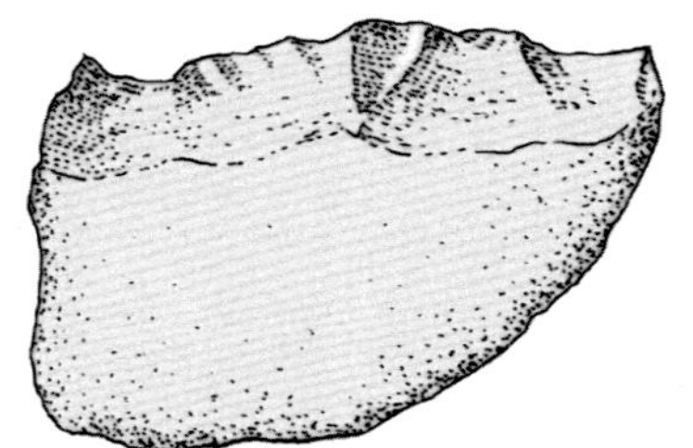

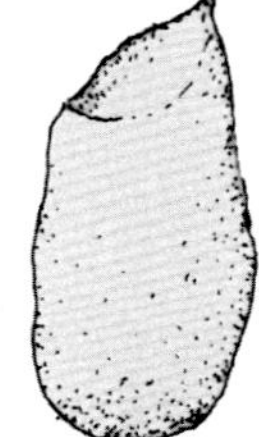

Chopper

Die ca. 4,5 Mio. Jahre der menschlichen Entwicklungsgeschichte von ihren Ursprüngen in Ostafrika bis zu den Anfängen der Metallverarbeitung vor ca. 5000 Jahren (in Nordeuropa) werden nach dem bevorzugtem Werkstoff **Steinzeit** genannt. Daneben haben unsere Vorfahren im Alltag unzählige andere Materialien benutzt, wie beispielsweise Holz, Geweih oder Knochen, doch für schneidende oder schabende Werkzeuge, Projektile usw. war Stein am geeignetsten.
Die allerersten Geräte waren die „chopper" (Abb.), Gerölle, an die mit wenigen kräftigen Schlägen mit einem anderen Stein eine scharfe Kante angebracht wurde. Mit diesen war es möglich, z.B. ein Tier zu zerlegen oder einen Stock anzuspitzen, der als Grabstock oder als Lanze Verwendung finden konnte.
Sicher wurden auch die beim Zurechtschlagen „abfallenden" Abschläge zum Schneiden benutzt, da sie oft schärfere Kanten als das große Gerät aufweisen.

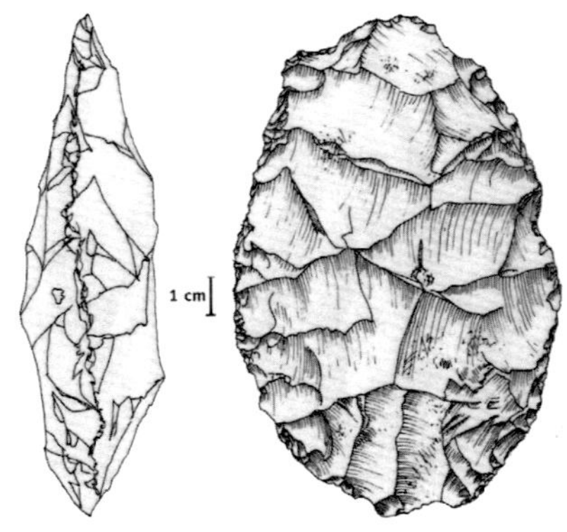

Faustkeil

Mit der Zeit lernten die frühen Menschen, die Kerngeräte, also aus einem Steinkern durch gezieltes Abheben von Material geformte Werkzeuge zu perfektionieren, eine Entwicklung, die über den Faustkeil (links) zur dünnen, scharfen „Blattspitze" (rechts) führte.

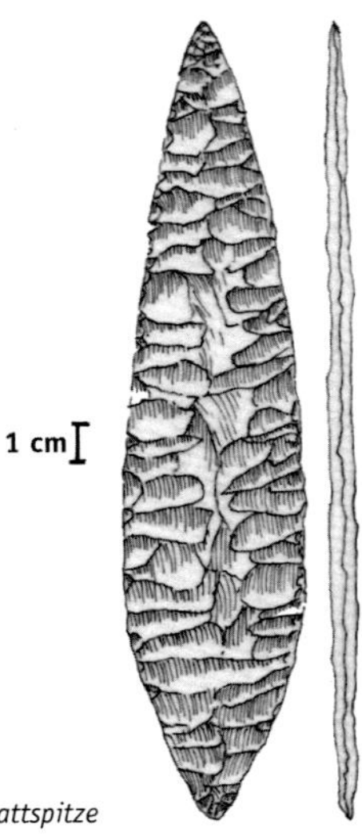

Blattspitze

Diese vermutlichen Lanzenspitzen konnten nur aus Feuerstein hergestellt werden, einem Rohstoff, den die steinzeitlichen Werkzeugmacher wegen seiner guten Spaltbarkeit und außerordentlichen Härte sehr bald zu schätzen wussten.
Wo er nicht erhältlich war, verarbeitete man örtliche Gesteine mit ähnlichen Eigenschaften wie z.B. Quarzit oder beschaffte ihn sich anderswo, auf Wanderungen oder durch Tausch. Flint oder ähnliches gibt es zwar in so ziemlich allen Weltgegenden, oft jedoch in räumlich eng begrenzten Vorkommen.

EIGENSCHAFTEN

Feuerstein oder Flint, lat. *silex*, wie ihn viele vom Urlaub an der Ostsee kennen, entstand vor ca. 80 Mio. Jahren in den Ablagerungen eines damals Nordeuropa bedeckenden warmen Meeres, in dem es von unzähligen kleinen und großen Lebewesen wimmelte.
Nach dem Absterben sanken die Organismen auf den Grund, ihre Skelette bildeten Kalk- und Kreidegesteine. Nach der z. Zt. gängigsten Theorie flockte das auch in diesen Skeletten enthaltene Silizium-Dioxid – Si O_2 – Kieselsäureanhydrid – am Meeresboden als Gel aus und wurde unter dem Druck der oben immer mächtiger werdenden Ablagerungen und der Hitze aus dem Erdinnern schließlich zu festem Stein, der in kleinen und großen Knollen oder Bänken in dem umgebenden „Muttergestein" sitzt. Daher hat Flint fast immer eine äußere mehr oder minder dicke „Rinde" oder lat. cortex, und im Inneren sieht man oft kleine und große Versteinerungen (Abb.), z. B. ganze Seeigel, die dem/r Flintner/in beim Arbeiten das Leben sauer machen können, da sie die Spaltbarkeit des Steins vermindern und sich oft auch gezielten Schlägen heftig widersetzen.

Versteinerungen im Feuerstein

Feuerstein ist fast so hart wie Diamant (Härte 7 auf der Mohs´schen Skala), jedoch außerordentlich spröde und in alle Richtungen nicht völlig gleich, aber sehr leicht spaltbar, ähnlich wie Glas.
Mineralien mit ähnlichen Eigenschaften sind Hornstein, Jaspis, Chalcedon, Opal, Kieselschiefer, Quarzit, Radiolarit und Obsidian. Feuerstein gibt es in vielen verschiedenen Farben und Strukturen, jedoch sind nicht alle Variationen für die verschiedenen Zwecke gleich gut geeignet.
Von unterschiedlicher Körnung, enthalten sie neben Kalk auch Wasser-Moleküle, die zwischen die einzelnen, also nicht sichtbaren (kryptokristallinen) Kristalle eingelagert sind und mitunter dafür sorgen, dass der Flint

seine gute Spaltbarkeit verliert – bei Frost- oder Hitzeeinwirkung dehnen sie sich aus und sprengen den Stein von innen her auf, in vielen kleinsten Haarrissen, die man oft erst nach dem Aufschlagen bemerkt.
Ein Qualitätsmerkmal ist der gute Klang beim leichten Anschlagen einer Knolle, ein Hinweis darauf, dass der Flint homogen und von ungestörter Struktur ist. (Das Mitnehmen von Strandsteinen in größeren Mengen ist übrigens zumindest in Schleswig-Holstein verboten, das „Hol Stein" also bitte nicht zu wörtlich nehmen, obwohl der Überfluss lockt - während der Eiszeiten haben gewaltige Gletscher die Deckgesteine Skandinaviens abgeschürft und uns unzählige Feuersteinbrocken vor die Tür gelegt).

Mit dem Verschwinden der Neandertaler vor etwa 30.000 Jahren traten auch die bisher verwendeten Kerngeräte in den Hintergrund - der homo sapiens sapiens, der von nun an die Erde „beherrschen" sollte, hatte die Geräte-Herstellung durch Erfinden neuer Bearbeitungstechniken erheblich verfeinert und verbessert. Durch das kontrollierte Abschlagen langer dünner „Klingen" von wohlpräparierten Kernsteinen wurde die Ausbeute an scharfen Kanten aus einer Flintknolle um ein vielfaches gesteigert. Diese Klingen dienten als Rohlinge für die Fertigung der verschiedenen Werkzeuge, die man damals benötigte.

Jetzt waren die Menschen in der Lage, relativ kleine, leichte, aber scharfschneidige Projektile anzufertigen. Im **Aurignacien**, vor ca. 35.000 Jahren, erscheinen die ersten, aus Klingen hergestellten Spitzen, die sehr gut als Bewehrung eines Speeres denkbar wären. Die im Gravettien und Magdalénien verbreiteten Rückenmesser bildeten wohl eher Ein- oder Aufsätze an Geschossspitzen aus Holz, Knochen oder Geweih. Mit Schaftzungen versehene Feuerstein-Projektile finden sich erst am Ende des Jungpaläolithikums, so z.B. die Hamburger Kerbspitzen, die aus Klingen mittels Retusche, seitlichem Einkerben und in-der-Kerbe-Brechen gefertigt wurden.

Die etwas jüngeren Ahrensburger Spitzen (Abb. unten) entstanden aus dünnen Spitz-Klingen, denen einfach an einem Ende ein Stiel anretuschiert wurde.
In diese Zeit vor ca. 11.000 Jahren datieren auch erste Belege für den Gebrauch des Bogens in Form von etwa 100 Pfeilschäften und wenigen Bogenfragmenten, die aus den Randzonen eines heute vermoorten eiszeitlichen Sees bei Hamburg geborgen werden konnten.
Die Zeit der großen, über die offene Tundra ziehenden Rentierherden war vorbei, auch Nordeuropa begann sich, dem zurückweichenden Eis folgend, wieder zu bewalden.
Und damit hatte die Speerschleuder ausgedient, gefragt war eine lautlose, schnelle Waffe für die Jagd auf vereinzelte Tiere aus der Deckung heraus, und Material zum Bogenbau stand nun in immer reicherem Maße zur Verfügung.

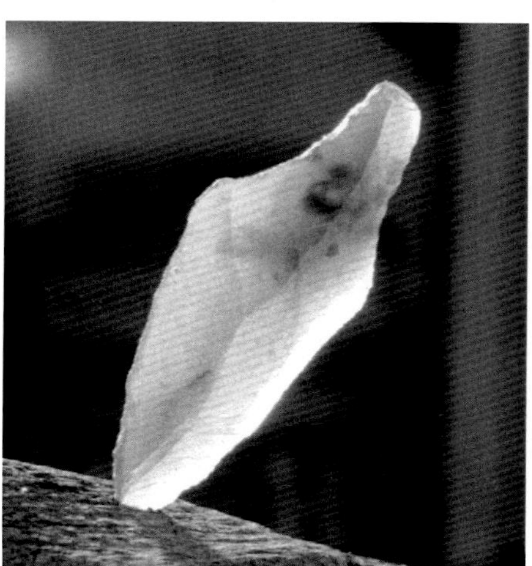

Jahre v.Chr.
bronzezeit
kupferzeit
jungsteinzeit – ackerbau und viehzucht – ca. 3 000 – ca. 5 000
mittelsteinzeit – sammeln und jagen – ca. 8 000
jungpaläolithikum – aurignacien, gravettien, magdalénien, hamburg, federmesser, ahrensburg – ca. 16 000 – ca. 40 000
mittelpaläol. – ca. 100 000
altsteinzeit – altpaläolith. – 4,5 Mio
warm- u. kaltzeiten – würm/weichsel-eiszeit → hocheiszeit – tundra – 1.wiederbewald. – eiszeitende – kiefern-birken-hasel – laubwälder
u.v.a. – homo erectus – neandertaler – homo sapiens sapiens in mitteleuropa

Zeittafel (vereinfacht)

Mikrolithen

In der darauffolgenden **Mittelsteinzeit** ist der Bogen nun die maßgebliche Jagdwaffe, allerdings ändert sich das Aussehen der Pfeilspitzen, es ist eine Tendenz zur Verkleinerung zu beobachten, die Zeit der Mikrolithen (von griech. mikros = klein u. lithos = Stein) beginnt. Vielleicht stand brauchbarer Flint wegen der zunehmenden Bodenbedeckung nach der Eiszeit nicht mehr im Überfluss zur Verfügung oder wurde für andere Geräte gebraucht wie z.B. die in dieser Zeit auftauchenden Beile, evtl. spielt Gewichtsersparnis eine Rolle, so dass man dazu überging, von kleinen Kernen winzige Klingen abzutrennen.

Als Projektile wurden zunächst einfache Dreiecke verwendet, später dann geometrische Formen wie langschmales Dreieck, Trapez oder Segment.

Durch das ganze Mesolithikum hindurch bis in die Bronzezeit finden wir die sog. Querschneider, die durch Ankerben und Zerbrechen von Klingen in einzelne Stücke hergestellt wurden.

In der **Jungsteinzeit** schließlich erinnern sich die Menschen einer Technik, die bereits in der Altsteinzeit bekannt war und zwischendurch wohl verloren ging - der Oberflächen-Retusche, d.h. Herstellen eines stabilen, dünnen scharfen Projektils durch Abdrücken winziger Späne von der Oberfläche eines Rohstücks/einer Klinge mittels eines spitzen Geweihgerätes. So war es möglich, speziell geformte Pfeilspitzen anzufertigen, z.B. mit Widerhaken oder Schäftungszungen.

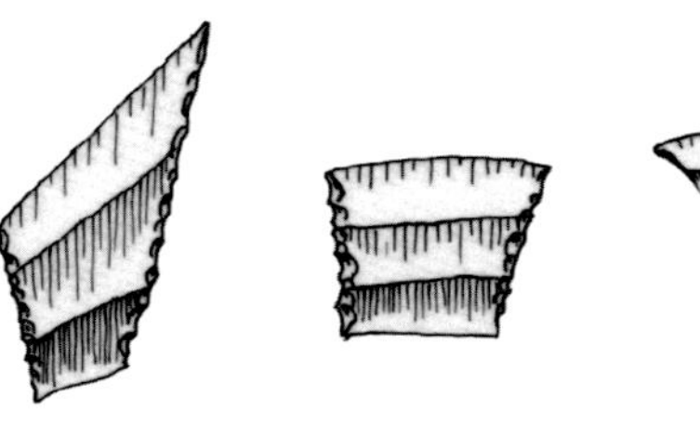

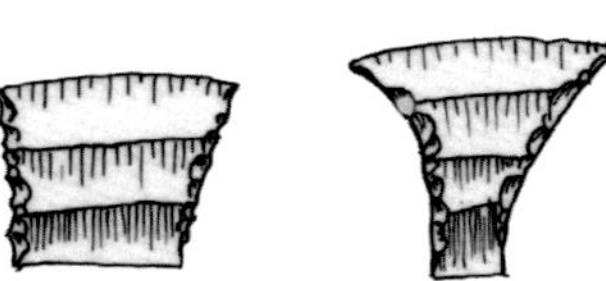

Querschneider

TECHNIKEN

Wenn ich mit einem Stein senkrecht auf eine Feuersteinknolle schlage, so entsteht unter der Oberfläche ein sog. Hertzscher Kegelbruch (Abb. A).

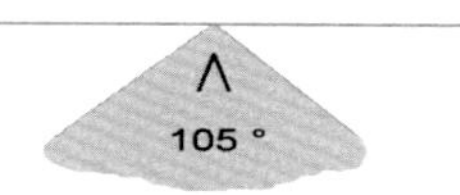

Abb. A Hertzscher Kegelbruch

Schlage ich dagegen auf eine Kante, deren Winkel etwa 70° beträgt (Abb. B), so trenne ich nun einen Teil des Kegels ab: es entsteht ein Abschlag, der auf der Rückseite einen Rest dieses Kegels trägt, den sog. Schlagbuckel oder lat. *bulbus.*

Die Bruchfläche ist muschelig und weist oft (auf dem Bulbus) eine sog. Schlagnarbe, ferner Strahlrisse und Wallner-Linien auf (Abb. C).

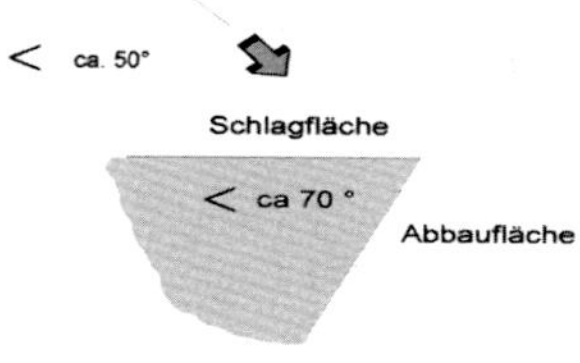

Abb. B Winkel am Werkstück

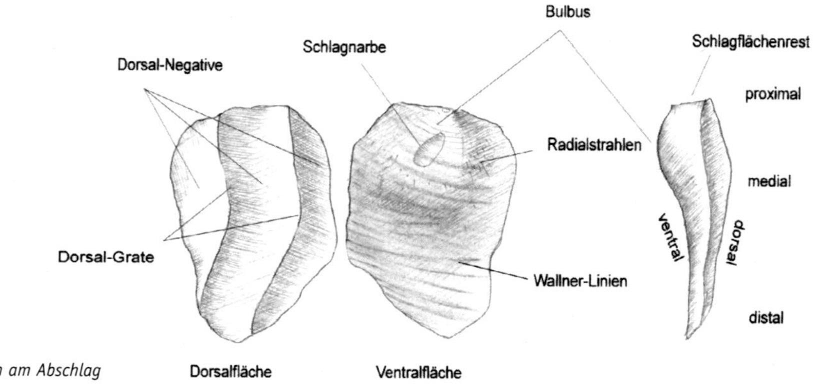

Abb. C Bezeichnungen am Abschlag

Die Schlagenergie durcheilt den Stein mit etwa 2 km/sec, der Abtrennvorgang findet in millionstel Bruchteilen einer Sekunde statt. Die Kanten dieses Abschlags sind oftmals außerordentlich scharf, Feuerstein bricht auf Kristall-, Obsidian sogar auf Molekül-Ebene, weshalb neuerdings in der medizinischen Operationstechnik wieder Messer aus diesem Stein zum Einsatz kommen. Feine, lange Klingen (die im Unterschied zum Abschlag mehr als doppelt so lang wie breit sind) werde ich mit dieser sog. „direkten harten" Technik jedoch kaum erzeugen können. Die wichtigsten Feuerstein-Bearbeitungsmethoden seien hier einmal kurz dargestellt:

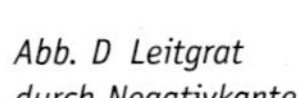

Abb. D Leitgrat durch Negativkante

1. DIREKTE HARTE TECHNIK

Mit einem Schlagstein von je nach Bedarf kleinem oder großem Gewicht wird in eher flachem Winkel direkt auf das Werkstück geschlagen (Abb. rechts).
Je nachdem ob viel oder wenig Material abgenommen werden soll, sitzt der Schlagpunkt entsprechend weit von der Kante der Schlagfläche entfernt.
Diese Technik wird angewendet, um große Knollen grob zuzuschlagen oder aufzutrennen.

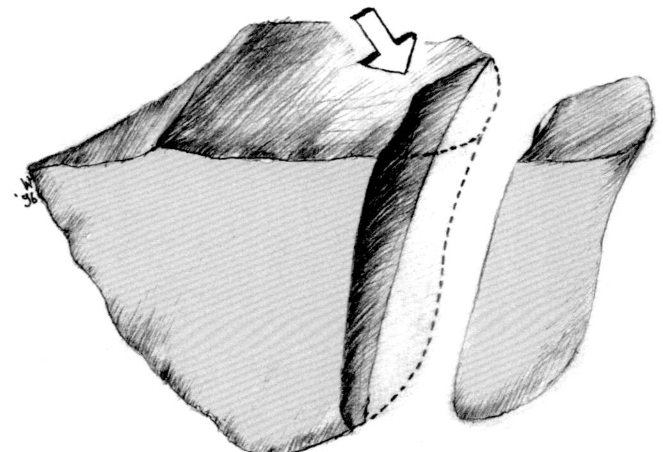

2. DIREKTE WEICHE TECHNIK

Funktioniert wie oben, nur dass statt eines Steines ein Stück Geweih, Knochen oder Hartholz als Schlaginstrument eingesetzt wird (Abb. rechts).
Diese Technik hat den Vorteil, dass die Schlagenergie „weicher", d. h. kontrollierter und dosierter an den Stein abgegeben wird.
Die Abschläge werden dünner und gerader, der Bulbus ist meist nicht so ausgeprägt wie beim harten Schlag.

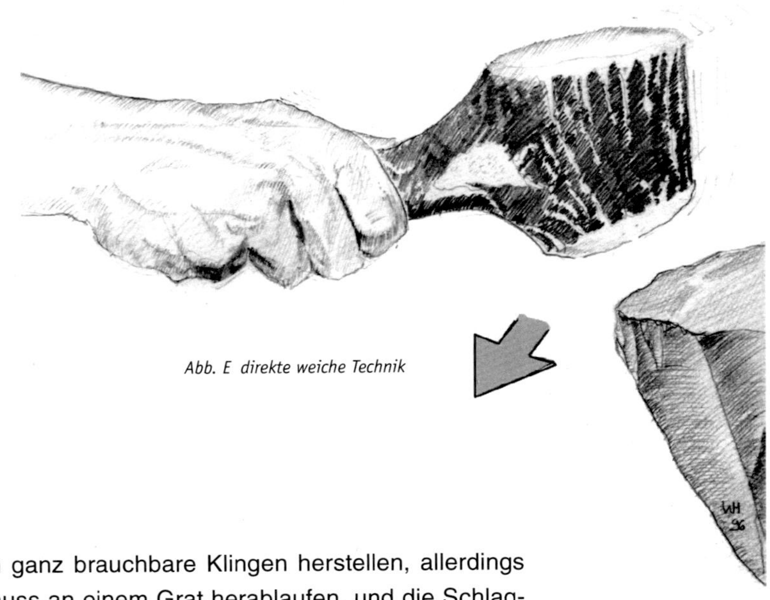

Abb. E direkte weiche Technik

Es lassen sich so mit etwas Übung auch ganz brauchbare Klingen herstellen, allerdings unter zwei Voraussetzungen: die Klinge muss an einem Grat herablaufen, und die Schlagflächenkante muss reduziert werden.

EXKURS: LEITGRAT UND KANTENREDUKTION

Um eine Feuersteinknolle in scharfe Klingen zu zerlegen, muss sie zunächst einmal aufgeschlagen werden. Dies geschieht durch einen kräftigen Schlag mit einem großen schweren Stein, also direkt hart, am besten auf einer weichen Unterlage, z. B. Grasboden, auch ein mit Sand gefüllter Ledersack ist sehr geeignet.

Für die direkte weiche Technik brauchen wir einen Winkel zwischen Schlagfläche und Abbaufläche von ca. 70°; ist dieser auch nach Drehen und Wenden an unserem Kernstein nicht zu erkennen, sind evtl. mehrere Schläge nötig, bis zwei Flächen diesen Winkel zueinander aufweisen.

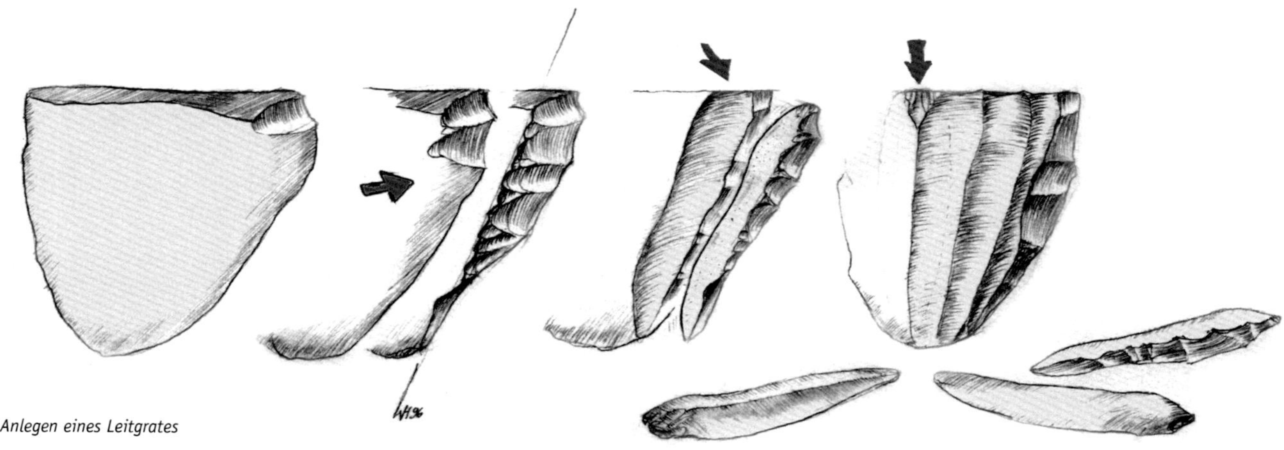

Anlegen eines Leitgrates

Eine gerade Klinge kann nur an einem Grat (der Name sagt´s) entstehen: wenn auf der Abbaufläche ein solcher Grat vom Zuschlagen nicht schon vorhanden ist, muss er angelegt werden. Dies kann durch einen direkt harten Schlag auf die Schlagfläche geschehen: ein großer Abschlag entsteht und die Kante seines Negativs bildet den gewünschten Grat (Abb. D), oder die Abbaufläche wird quer in ganz flachem Winkel mit einem großen Schlagstein bearbeitet: es springen Abschläge ab und die Negative ihrer proximalen Enden untereinander bilden nun die Kernkante (Abb. oben).

Würde ich nun mit dem Geweihhammer über dem Grat direkt außen auf die Schlagflächenkante schlagen, erhielte ich bestenfalls einen kleinen Abschlag: am Ende des Schlagbuckels wäre wieder die Abbaufläche erreicht, es entstünde eine unsichere Zone, die Energie könnte sich nicht weiter nach unten im Stein ausbreiten (Abb. rechts).

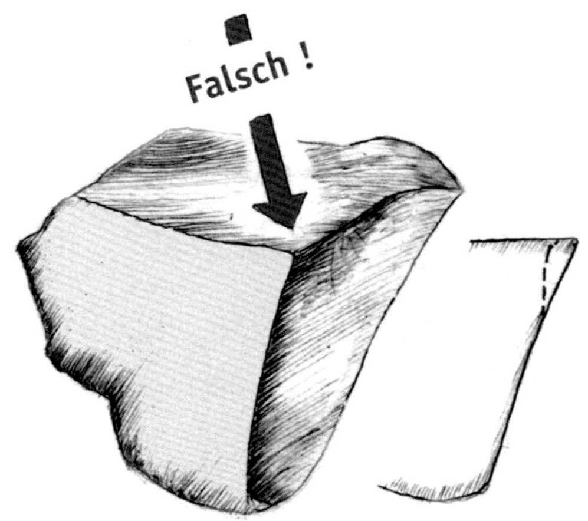

Um ihr dies zu ermöglichen, muss ich den Bulbus weiter nach innen in den Stein hineinverlegen, und dazu reduziere ich die Schlagflächenkante, indem ich zunächst mit einem kleinen Schlagstein ganz vorsichtig um den Leitgrad herum winzige Abschläge oder schon fast Klingen entferne und auf diese Weise einen kleinen Vorsprung herausarbeite (Abb.). Anschließend überschleife ich mit einem rauhen Kiesel die Kante und die Schlagfläche, um sie griffiger für den Geweihhammer zu machen. Jetzt den Kern locker am linken Oberschenkel anlegen, die linke Hand umfasst die Knolle...
ABER HALT!

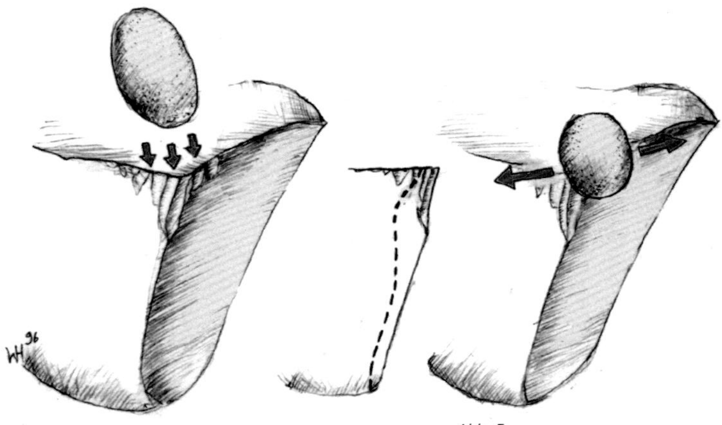

Abb. E

Spätestens jetzt wird es Zeit für einen **Sicherheitshinweis**:
Für jeden, der mit Feuerstein experimentiert, zumindest aber für Anfänger halte ich folgende Ausrüstung für unerlässlich!

- Schutzbrille
- großer Schurz aus ordentlich dickem weichem Leder, sehr geeignet sind aufgetrennte alte Krachlederne, wie sie manche/r unter uns früher anhatte
- Handschuhe, zumindest für gröbere Arbeiten sind Festmacherhandschuhe sehr geeignet, da ganz aus dickem Leder (erhältlich bei Schiffsausrüstern)
- den ganzen Körper bedeckt halten, also keine bloßen Füße oder Beine etc.
- niemals in geschlossenen Räumen arbeiten!

Wenn dies unumgänglich ist

- für gute Belüftung sorgen, Maske tragen und anschließend Kleidung wechseln
- möglichst nicht allein arbeiten. Zuschauer sollten jedoch einenSicherheitsabstand von mindestens 3 Meter einhalten.

Diese guten Ratschläge haben Ursachen, die ich und andere am eigenen Leibe erfahren mussten: Die Schutzbrille ist zumindest beim Zerlegen großer Teile wichtig, weil Abschläge nicht zwingend in die Richtung fliegen, in die sie sollen, – wenn´s gut läuft, jaulen die Querschläger nur am Ohr vorbei, und wenn´s dumm läuft... Handschuh und Kleidung aus demselben Grund, es sei denn, jemand findet Narbenschmuck schön.
Der letzte Punkt ist besonders wichtig: bei der Flintbearbeitung entstehen feinste Staubpartikel, die besonders aggressiv sind, weil mit scharfen Schneiden versehen (!), und sich in der Lunge festsetzen. Die Folge ist die **SILIKOSE** oder Bergmannskrankheit, sicher nichts schönes.
Die Flintknapper, die in den vergangenen Jahrhunderten professionell „Flintensteine“, also Einsätze für Gewehrzündschlösser herstellten, sind nicht besonders alt geworden!

Solchermaßen ausgerüstet umfasst man jetzt den Kernstein mit der linken, so dass die Klinge, wenn sie denn springt, einem direkt in die Hand fällt, und schlägt mit dem Geweihhammer von sich weg in eher flachem Winkel (ca. 50°) auf den herausgearbeiteten Vorsprung an der Schlagfläche, kurz und trocken und mit mittlerer Kraft (Abb. E).

Funktioniert? Wenn nicht, warum nicht? Wenn nur ein kleines Stück ausgebrochen ist, war der Winkel zu flach oder hat der Schlag nicht genau getroffen (Abb. F.1).

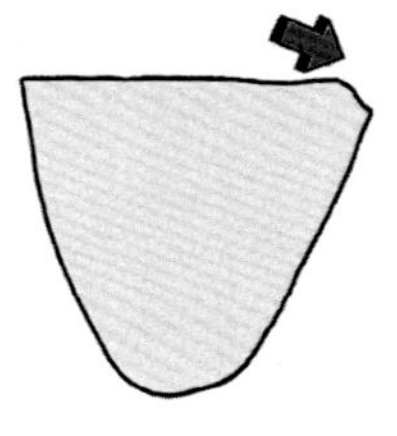
F. 1 Fehlschlag

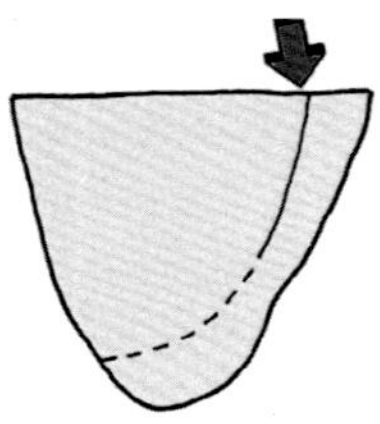
F. 2 übersteuert

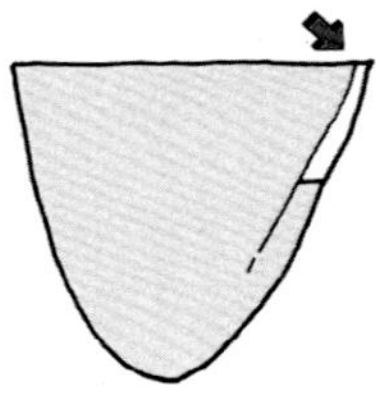
F. 3 Treppenbruch

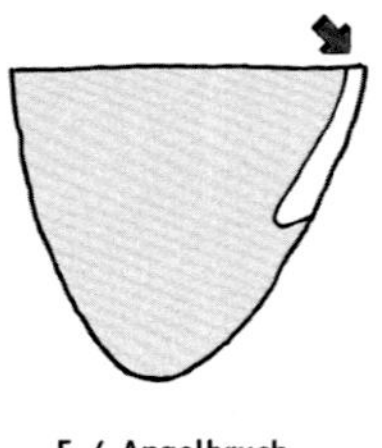
F. 4 Angelbruch

Fehlschläge und ihre Ursachen

Wenn ein zu großes Stück abgespalten wurde, war der Schlag zu hart oder hat zu weit innen getroffen, ist der Schlag auf halber Strecke steckengeblieben, war der Winkel zu steil oder der Schlag zu weich, bei Treppenbrüchen ebenfalls.

Auch ein versteckter Riss kann hier die Ursache sein; Angelbrüche entstehen oft auf zu flachen Abbauflächen, diese sollte möglichst konvex sein, evtl. war der Abbauwinkel zu steil (Abb. F.2 –4).

Wichtig ist, dass die Schlagfläche des Geweihhammers immer schön rund ist, damit die Schlagenergie punktuell weitergegeben werden kann, ansonsten bringt man unter lautem Scheppern einen Haufen Scherben zusammen.

Das hört sich alles ziemlich theoretisch an, und nur beim Ausprobieren bekommt man mit der Zeit Übung und ein Gefühl für den Stein, für den richtigen Winkel, den richtigen Schlag, oder man lässt sich unterweisen. Vor allem, selbst wenn einem mal ein richtiges „Prachtstück" gelungen ist, sitzt man nicht unbedingt eine viertel Stunde später in einem Haufen von Meister-Klingen. Gerade die Beseitigung fehlgegangener Schläge und ähnliche Fiesheiten erfordern Geduld, Erfahrung und Können, denn „Flint verzeiht wenig".

Im Idealfall habe ich nun einen Kern mit zwei Graten, die ich für die nächsten beiden Klingen verwenden kann und so den Kern umlaufend abarbeite. Die Schlagfläche muss aber jedes Mal wieder sorgfältig vorbereitet werden.

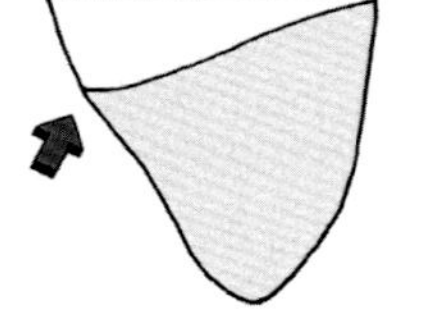
G. 1 Entfernen einer Kerntablette

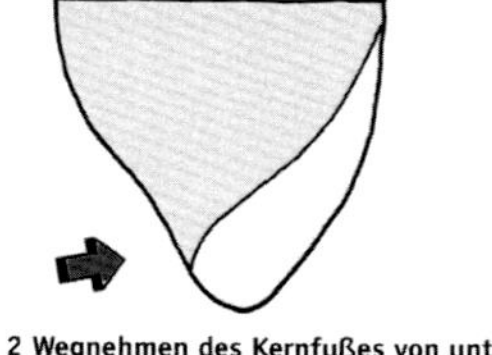
G. 2 Wegnehmen des Kernfußes von unten

Trimmen des Kerns

Irgendwann taucht dann die nächste Schwierigkeit auf: weil nicht alle Klingen bis zum Kernfuß durchlaufen und oben ja immer durch den Bulbus etwas mehr Material weggenommen wird, verstumpft der Winkel zwischen Schlagfläche und Abbaufläche zusehends, bis das weitere Abtrennen von Klingen unmöglich wird. Hier nun wieder „Grund reinzubringen" gibt es mehrere Möglichkeiten.

Entweder nimmt man durch einen Schlag mit dem großen Schlagstein seitlich (oder von hinten) oben am Kern eine sog. Kerntablette ab (Abb. G.1), oder versucht, mit einem kräftigen, absichtlich etwas übersteilten Schlag mit Geweihhammer oder Schlagstein den überstehenden Kernfuß zu entfernen (Abb. F.2).
Manchmal ist es auch möglich, diesen von unten (Abb. G.2) oder von der Seite her wegzunehmen und so die 70° annähernd wieder herzustellen.
Aber auch mit der direkt weichen Technik geschlagene Klingen werden nur sehr selten gleichmäßig kantenparallel, weil sie zur *feathered termination* (Abb. links) neigen, d.h. die Klingenkanten flattern am Ende unregelmäßig aus, und so wird es zunehmend immer schwieriger, für den nächsten Schlagvorgang einen guten Grat zu erwischen.
Um dünne, regelmäßige kantenparallele Klingen in Serie zu produzieren, brauchen wir ein anderes Verfahren:

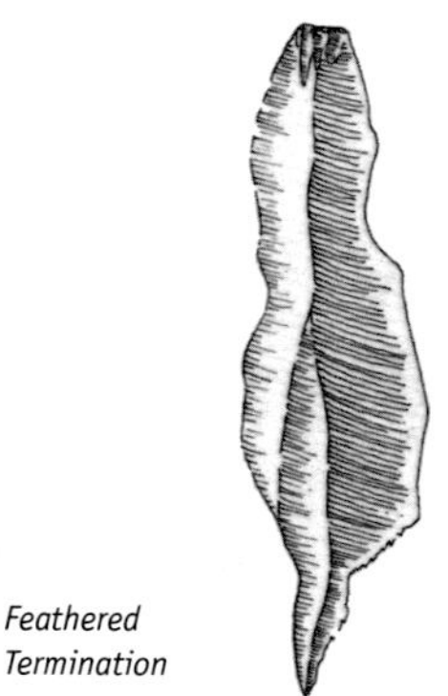
Feathered Termination

3. INDIREKT WEICHE TECHNIK

oder *Punchen*. Der englische Ausdruck hat seinen Ursprung in dem hier verwendeten Werkzeug: im Gegensatz zu den anderen Verfahren, wo mit einem Schlaginstrument direkt auf den Werkstein geschlagen wird, benutzt man hier den punch, ein meißelartiges Gerät aus Knochen, Geweih oder Hartholz, das beim Schlagen als Zwischenstück eingesetzt wird.

Das hat mehrere Vorteile: der Winkel zwischen Schlag- und Abbaufläche kann bis zu 90° betragen, der Schlagwinkel ist aufs Grad genau steuerbar, die Schläge fallen präzise auf die Stelle, wo die Klinge abgetrennt werden soll, und die Schlagenergie wird durch das elastische Zwischenstück wohldosiert abgegeben, d.h. die durch den Schlag erzeugte Spannung im Stein, die schließlich zum Abtrennen der Klinge führt, wird punktgenau, kontrolliert und langsam aufgebaut.

Abb. H

So sind geübte SteinschlägerInnen in der Lage, Klingen mit gewünschten, vorhersagbaren Maßen und Eigenschaften herzustellen, da es wie bei keinem anderen Verfahren möglich ist, die einzelnen Parameter sehr genau zu steuern. Diese Klingen sind sehr dünn, gerade, kantenparallel und haben meist einen sehr kleinen, flachen Bulbus.

Der Punch sollte ca. 15–20 cm lang und spitzkonisch sein. Als Material kommt aufgrund seiner Elastizität und Schlagzähheit in erster Linie Geweih in Frage, sehr geeignet sind gerade Spießer von Rehböcken, da sie sehr dauerhaft sind. Geweihsprossen sind aus zwei Schichten aufgebaut, außen sitzt die harte Kompakta, innen ähnlich wie bei Röhrenknochen ein schwammartiges weiches Gewebe, die Spongiosa.
Reh-Spießer oder -Krickel bestehen fast ausschließlich aus Kompakta und können daher durchgängig verwendet werden, während man bei Ren- oder Hirschgeweih die Sprossen, wenn die kompakte ursprüngliche Spitze abgearbeitet ist, schräg anspitzen muss, damit die Meißelspitze in der Kompakta bleibt.
Man kann auch Hartholz als Punch nehmen, in Betracht kommen z.B. Buchsbaum, Pfaffenhütchen oder Flieder, deren Vorkommen während der Eiszeit aber unwahrscheinlich ist.

Nun muss zunächst wieder ein Kernstein präpariert und getrimmt werden, wobei hier aber wie gesagt der Winkel zwischen Schlag- und Abbaufläche bis 90° betragen kann.
Wichtig ist ein schöner Grat und eine sorgfältige Schlagflächenkantenreduktion mit kräftigem Überschleifen der Kante und Aufrauen der Schlagfläche, damit der Punch besser greift und nicht verrutscht. Dieser wird nun in direkter Verlängerung des Grates auf die Schlagfläche direkt über dem Grat möglichst weit an der Kante aufgesetzt, dann um ca. 10° in Richtung Schlagfläche geneigt und erhält mit einem Hammer einen kurzen trockenen Schlag, wodurch eine Klinge abgetrennt wird.

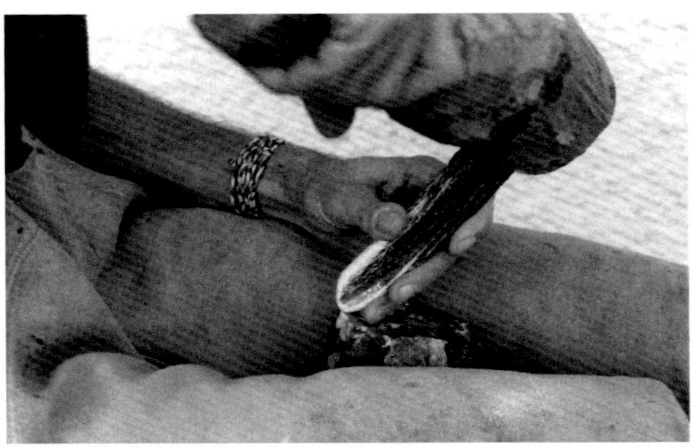

Abb. I

Ich benutze einen „Klüpfel", d.h. einen Holzhammer aus Weißbuche von ca. 900 g Gewicht, den ich nach Gefühl aus 30–40 cm Höhe mehr oder weniger nur auf den Punch fallen lasse.
Man kann als Hammer auch einen Stein benutzen, das Schlaggerät darf aber nicht zu leicht sein, da man sonst eine bestimmte Kraft anwenden muss, die man nicht immer so genau dosieren kann wie dann, wenn man einfach das Gewicht wirken lässt.

Die Körperhaltung beim Punchen ist bei allen mir bekannten SteinschlägerInnen verschieden. Man kann

a) im Schneidersitz den Kernstein mit den Füßen halten und „auf sich zu" schlagen (H)
b) im Knien oder Sitzen den Kernstein zwischen die Knie klemmen und „auf sich zu" schlagen (Abb. I)
c) den Kern wie in a) oder b) halten, aber „von sich weg" schlagen oder
d) die Abbaufläche an einen Oberschenkel anlegen, die abgetrennten Klingen werden dann zwischen Kern und Bein eingeklemmt (Abb. J)
e) auf einem Bein knien und den Kern unter dem anderen Fuß halten
f) sich eine Vorrichtung bauen, in die der Kern „eingespannt" werden kann.

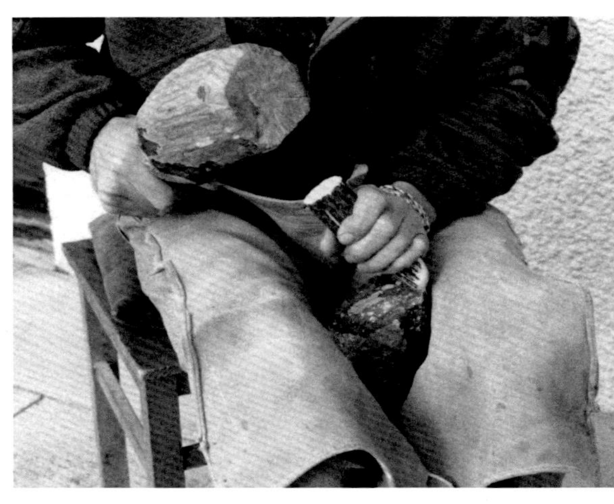

Abb. J

Wichtig ist in jedem Falle ein ausreichender Schutz der Beine, ich benutze einen großen Schurz aus sehr dickem weichem Leder, der vom Bauchnabel bis zu den Knien reicht. Grundsätzlich sollten Zuschauer einen Sicherheitsabstand von mind. 3 m einhalten, vor allem aber dann, wenn man auf sich zu oder von sich weg schlägt, darf dort überhaupt niemand stehen. Normalerweise werden die Klingen zwar vom Lederschurz aufgefangen, es kann aber vorkommen, dass sie meterweit wegspringen.
Außerdem muss man darauf achten, wenn man den Kernstein beim Schlagen auf dem Boden liegen hat, dass der Untergrund weich ist und den Schlag absorbiert, also z. B. Rasen oder ein sandgefüllter Ledersack.
Auch sollte man den Schlagplatz mit Bedacht wählen, denn wenn dann im Sommer das Kinderplanschbecken auf einem Feuersteinpflaster steht oder die Kids barfuß drüberrennen, ist das Geschrei groß! Und wer, was nahe liegt, mit den ersten Versuchen am Strand beginnt, mache es bitte wie die Profis: zuerst wird eine ca. 40–50 cm tiefe Grube ausgehoben, in der man den ganzen Abfall verschwinden lässt, anschließend einen großen Stein drüberlegt und alles wieder mit Sand auffüllt. Die Badegäste werden es Euch danken!

Hält man den Kernstein zwischen den Knien, muss man ihn fest einklemmen, damit er beim Schlagen nicht verkippen kann und die Schlaggeometrie durcheinander gerät. Zum Punchen eignet sich weniger der durchsichtige, glasige schwarze Feuerstein, weil die Klingen beim Abtrennvorgang stark schwingen, dann kollabieren und in Einzelteile zerbrechen. Besser ist körniger, schlieriger, undurchsichtiger Flint, auch mit vielen kleinen Einschlüssen.

4. RETUSCHE

Haben wir nun nach einigem Üben mit vielen Pflastern und Eisbeuteln die erste schöne Klinge fabriziert, können wir daran gehen, sie in eine einfache Pfeilspitze zu verwandeln. Dieser Vorgang der Formgebung wird in der Fachsprache als Retusche bezeichnet. Retuschieren kann man mit einem Quarzitkiesel oder einem Geweih- oder Knochengerät, und es wird meistens von der Ventralseite der Klinge her ausgeführt, zum Teil allerdings auch beidseitig auf einem Amboss aus Holz oder Geweih.

Wollen wir eine sog. „Hamburger Kerbspitze" herstellen (Die Leute der „Hamburger Kultur" waren Ren-Jäger und lebten vor ca. 14.000 Jahren im norddeutschen Raum), so brauchen wir nur in flachem Winkel vorn auf die Klingenkante drücken: es werden viele kleine Feuersteinsplitter abgetrennt, so lange, bis die Spitze schräg zuläuft. Dann wird die Klinge weiter hinten einseitig angekerbt und in der Kerbe gebrochen – die Spitze ist fertig.

Abb. K Herstellung einer Kerbspitze

Allerdings ist nicht klar, ob diese Projektile zu Bogenpfeilen oder Schleuderspeeren gehört haben, denkbar wäre beides.

Die bis jetzt ersten sicheren Pfeilspitzen, belegt durch Pfeilschaft-Fragmente, gehören zur sog. „Ahrensburger Kultur", deren TrägerInnen vor ca. 11. 000 Jahren dieselbe Gegend durchstreiften. Diese „Stielspitzen" werden ähnlich wie Kerbspitzen hergestellt: als Rohling dient eine kleine Klinge, wenn sie nicht schon am distalen Ende spitz zuläuft, wird sie hier ein- oder beidseitig abgeschrägt, am proximalen Ende wird ein Stiel anretuschiert - fertig. Sie kann nun mittels Birkenpech oder Harz-Wachs-Kleber in einen (Vor)Schaft eingesetzt werden.

Die seit der Mittelsteinzeit bekannten aber auch in späteren Zeiten noch verwendeten und in ihrer Wirkung fürchterlichen „Querschneider" sind ebenfalls recht einfach und schnell anzufertigen. Ausgangsmaterial sind sehr regelmäßige kantenparallele Klingen, möglichst mit 2 oder mehr Dorsalgraten. Diese werden (durch Ankerben) in mehrere Abschnitte zerbrochen, die wiederum seitlich retuschiert werden; anfangs, im Mesolithikum, waren diese sehr schief und asymmetrisch geformt, später dann trapezförmig.

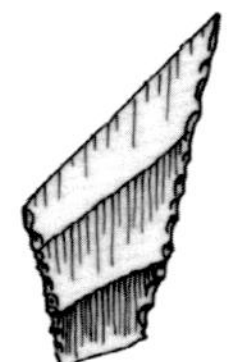

Mikrolithen

Zur Herstellung von Mikrolithen, die vorzugsweise in der Mittelsteinzeit verwendet wurden, braucht man ebensolche Klingen, jedoch von viel kleineren Maßen, etwa B=5–8 mm, L=3–5 cm. Aus diesen Rohlingen wurden mittels Kerbtechnik diese sehr kleinen, oft geometrischen „Steinchen" gefertigt, die hintereinander als Schneiden in einen (Pfeil)Schaft eingesetzt wurden, wiederum mit Pech oder Kleber.

Und nun zu den **Pfeilspitzen der Jungsteinzeit**, und dafür müssen wir uns etwas mehr Zeit nehmen. Denn nun werden nicht mehr nur die Kanten der Klingen geformt, sondern die ganze Oberfläche wird retuschiert, und das ist ein bisschen komplizierter.

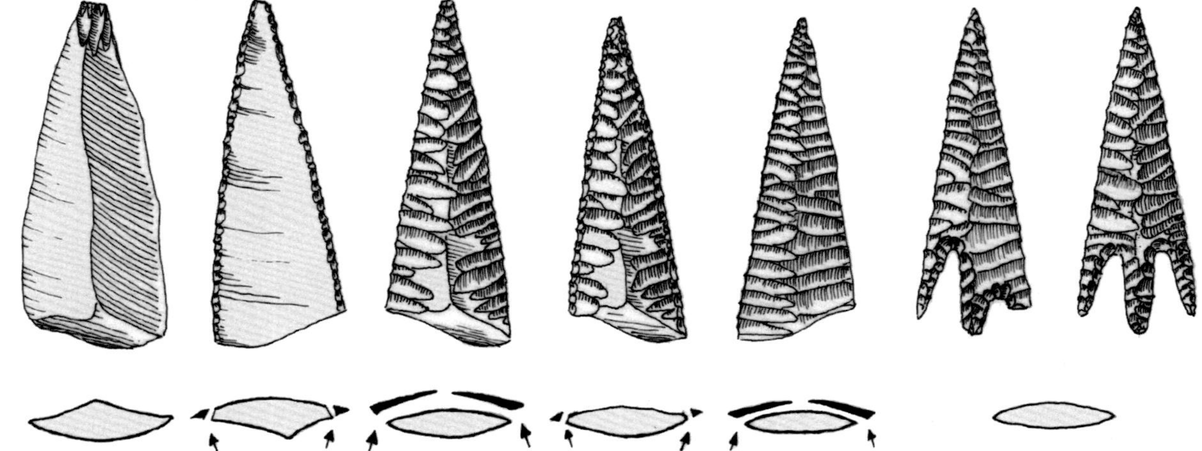
Abb. L Idealablauf der Herstellung einer Pfeilspitze

Zunächst mal schlagen wir uns mal einen passenden Rohling; in Frage kommen proximale Bruchstücke von mitteldicken breiten Klingen oder spitzovale Angelbrüche. Das proximale Ende mit dem Bulbus und dem Schlagflächenrest bildet die Spitze, die Widerhaken (ich sage Flunken) kommen ans distale Ende, und hier fangen wir auch an zu retuschieren.

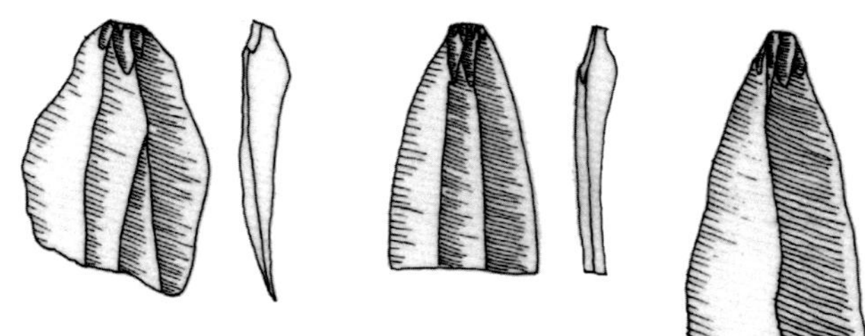
Rohlinge für Oberflächenretuschen

Zunächst werden die Kanten mit einer ganz kleinen, nicht zu steilen Retusche versehen und zwar von der Seite aus, wo wir anschließend oberflächlich Material abheben wollen.
Die Kante und die Retusche wird auf einem feinen Sandstein überschliffen, und nun kann der Druckstab zum Einsatz kommen.

Ich benutze meistens eine schön lange leicht gebogene Geweihsprosse, die gut in der Hand liegt und nicht zu rau ist (gibt Blasen) sowie ein Stück dickes hartes Leder mit Daumenloch als Unterlage und Handschutz (Siehe Foto rechte Seite).
Als „Drücker" gehen auch Knochen und Hartholz, einen ausgeklügelten Retuscheur hatte der „Ötzi" dabei: ein Geweihspan war in einen Holzstab eingesetzt worden wie eine Bleistiftmine

(Siehe Seite 67, Abb. 16). Wenn man schlecht an Geweih rankommt, kann man so auch einen dicken Kupferdraht von 5–6 mm in ein Holz schlagen, geht prima.

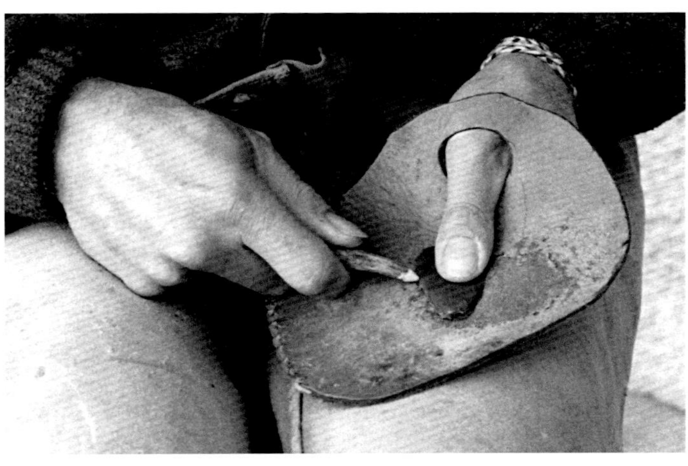

Oberflächenretusche mit dem Drücker

Die Oberflächenretusche erfolgt am besten zur Spitze hin, d.h. wir legen den Rohling ins Pad, halten ihn mit dem Daumen fest, setzen den Drücker auf die Kante und bauen langsam und stetig einen kräftigen Druck auf, bis ein trockenes Knacken zu hören ist – von der Oberfläche hat sich eine „Mikroklinge" gelöst (Foto).

Nun den Drücker direkt auf den Grat setzen, den die Kante des Negativs der eben gelösten Klinge bildet, Vorgang wiederholen usw. bis zur Spitze, dann die andere Kante bearbeiten – die eine Seite ist fertig. Die andere Seite wird ebenso behandelt: zuerst die feine schräge Retusche, überschleifen, von hinten beginnend abdrücken, usw.

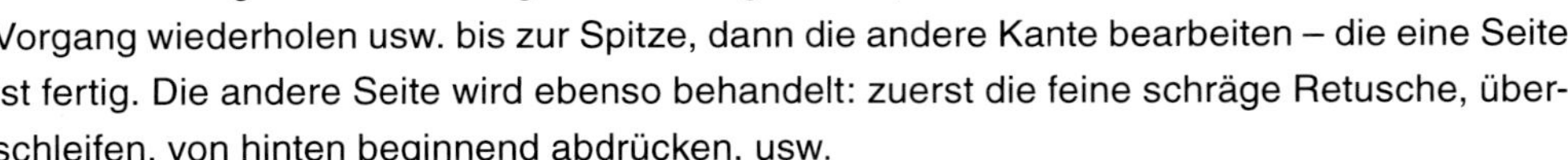

Das Überschleifen ist enorm wichtig, denn es gewährleistet, dass die abgedrückten Späne bis über die Mitte hinauslaufen, der Rohling so in der Dicke reduziert wird und einen flachovalen Querschnitt erhält (Abb. L). Ansonsten würde der Kantenwinkel immer größer, und das Resultat wäre ein plumpes Teil mit rhombischem Querschnitt.

FEHLER UND IHRE URSACHEN

Auch hier gilt: es ist noch kein Meister vom Himmel gefallen, sondern dauernde Übung macht denselben. Die ersten Versuche sind fast immer von plötzlichen Unmutsäußerungen und schlimmerem begleitet. Also: was kann schief gehen und woran liegts?

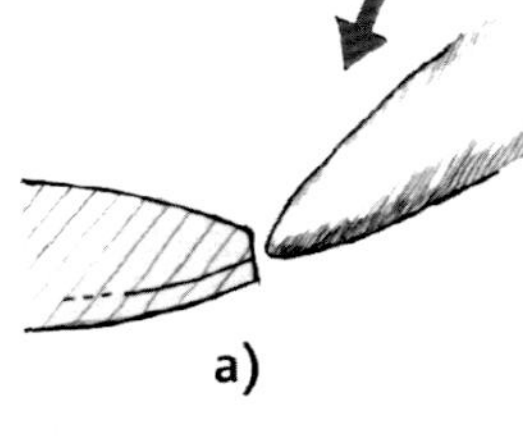

a) Beim Drücken passiert gar nichts, oder die abzudrückenden Späne bleiben stecken:
Die Kantenretusche ist zu steil. ▸ Schräger und sauberer retuschieren. Versuchen, die Sackung durch einen langen Span von der gegen überliegenden Seite zu entfernen.

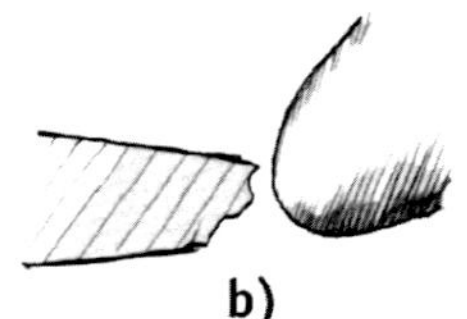

b) Beim Drücken bricht die Kante großflächig aus, es werden keine Späne abgebaut:
Der Drücker ist nicht spitz genug. ▸ Drücker anspitzen.

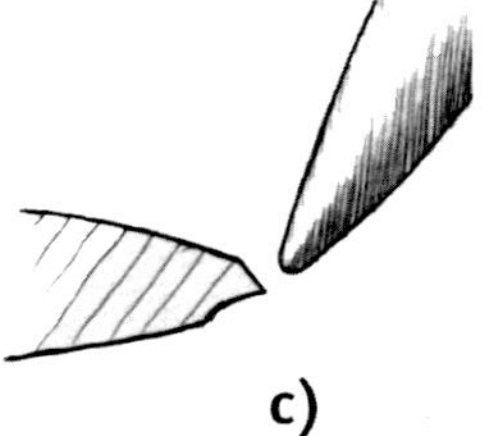

c) Es werden nur kleine Schnipsel abgedrückt, oder die Späne bleiben stecken:
Der Arbeitswinkel zwischen Drücker und Abbaufläche stimmt nicht.
▸ Drücker steiler aufsetzen, sauberer zielen, auf Grat achten, Druck langsam aufbauen.

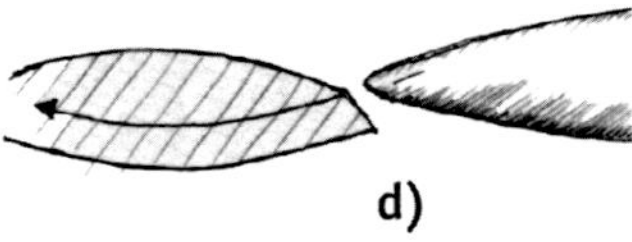
d)

d) Die halbe Pfeilspitze wird auf einmal entfernt:
Der Arbeitswinkel war zu steil, Druckpunkt lag zu weit innen, so dass die Bruchfläche durch den ganzen Rohling verläuft.

▸ Drücker weniger steil aufsetzen, sauberer zielen.

e) Pfeilspitze zerbricht:
Wo rohe Kräfte sinnlos walten....

▸ Aufpassen, dass die zu bearbeitende Fläche nicht hohl liegt, vorsichtig zu Werke gehen.

Vielleicht war der Rohling zu dünn, oder hatte schwache Zonen.

Feuerstein ist ebenso hart wie spröde und reagiert auf Druckbelastung sehr empfindlich. Das gilt es besonders zu beachten bei der Arbeit an den Flunken. Wenn die Pfeilspitze nur mit Widerhaken versehen werden soll, beginnt man mit dem Drücken hinten in der Mitte und arbeitet sich gleichmäßig nach vorn und nach den Seiten vor.
Dabei geht man wechselseitig vor: die eben abgedrückte Fläche bildet die Kante, von der aus die andere Seite retuschiert wird, und man muss sehr sorgfältig darauf achten, dass der Winkel dieser Kante nicht zu steil wird. Ist der Rohling hier sehr dick, kann man mit der Retusche auf einer Unterlage aus Holz oder Geweih beginnen, dann tut man sich leichter: aber Vorsicht, den Rohling ganz auflegen, sonst Bruchgefahr!
Wenn die Spitze eine Schäftungszunge erhalten soll, beginnt man rechts und links mit einer Einbuchtung, von der aus man dann alternierend vorgeht.
Für diesen Arbeitsgang muss der Drücker sehr spitz und eventuell sogar ein wenig gebogen sein. Äußerste Vorsicht ist geboten, um den Stein nicht überzustrapazieren.

Abschliessende Gedanken zum „Steineklopfen“ und Hinweise aus eigener Erfahrung
Pfeilspitzen aus Feuerstein eignen sich im Grunde nicht für den täglichen Gebrauch, da sie meist bei der geringsten Belastung zerbrechen, z.B. bei einem Fehlschuss auf einen Baum oder gar Stein. Wäre doch schade drum!
Wichtig (und darauf kann gar nicht oft genug hingewiesen werden) für AnfängerInnen ist die Einhaltung der Sicherheitshinweise.
Verletzungen beim Bearbeiten von Feuerstein sind auch bei Fortgeschrittenen an der Tagesordnung und können sehr gefährlich sein, Splitter im Auge, durchtrennte Sehnen etc., alles schon da gewesen!
Und deshalb ganz wichtig: **Finger weg vom Stein**, wenn der Kopf nicht frei ist.
Beruflicher oder persönlicher Stress, Zeitdruck, falscher Ehrgeiz und vor allem Ungeduld sind Faktoren, die einen von der Arbeit ablenken. Das Resultat sind mit viel Mühe beschaffte und dann sinnlos zerkloppte Feuersteine.
Natürlich hat man als AnfängerIn einen erhöhten Materialverbrauch, aber auch dem kann man begegnen, indem man mit Ruhe, Überlegung und vor allem entspannt an die Arbeit geht.

Im Übrigen gilt für die Steinbearbeitung: präzise Anweisungen für bestimmte Arbeitsvorgänge sind schriftlich und theoretisch nur schwer zu geben, weil wir zum größten Teil mit Erfahrungswerten operieren, und die bekommt man nur – beim Ausprobieren.

Dabei viel Spaß und gutes Gelingen wünscht

Wulf Hein

Literatur

BOKELMANN, K. U. PAULSEN, H. (1973): Die Steinzeit in Schleswig-Holstein. 1. Teil: Flintbearbeitungstechnik, in: Die Heimat 80, S. 110–116, Neumünster

BOKELMANN, K. U. PAULSEN, H. (1974): Die Steinzeit in Schleswig Holstein. 2. Teil: Die Weiterverarbeitung der Klingen und Abschläge, in: Die Heimat 81, N. 4, S. 81–84, Neumünster

DEUTSCHES BERGBAU-MUSEUM BOCHUM (1999:) 5 000 Jahre Feuersteinbergbau. Die Suche nach dem Stahl der Steinzeit, Bochum

HAHN, J. (1993): Erkennen und Bestimmen von Stein- und Knochenartefakten - Einführung in die Artefaktmorphologie, Tübingen

MÜLLER-BECK, H. (Hrsg.) (1983): Urgeschichte in Baden-Württemberg, Stuttgart

PAULSEN, H. (1991): Die Herstellung von oberflächenretuschierten Dolchen und Pfeilspitzen, in: Fansa, M. (Hrsg.) Experimentelle Archäologie in Deutschland, Archäologische Mitteilungen aus Nordwestdeutschland, Beiheft 4, S. 279–282, Oldenburg

PAULSEN, H. (1991): Schussversuche mit einem Nachbau des Bogens von Koldingen, Ldkr. Hannover, in: Fansa, M. (Hrsg.) Experimentelle Archäologie in Deutschland, Archäologische Mitteilungen aus Nordwestdeutschland, Beiheft 4, S. 279–282, Oldenburg

PETERSEN, P.V. (1993): Flint fra Danmarks oldtid, København

RIND, M. (1987): Feuerstein: Rohstoff der Steinzeit - Bergbau und Bearbeitungstechnik, in: Museumsheft 3, Arch. Museum der Stadt Kehlheim, Buch am Erlbach

SPINDLER, K. (1993): Der Mann im Eis, S. 119–122, München

WALDORF, D.C. (1984): The art of flintknapping, 3rd edition, Branson, Mo.

WEINER, J. (1987): Techniken und Methoden der intentionellen Herstellung von Steingeräten (mit Bibliographie), in: Museumsheft 3, Arch. Museum der Stadt Kehlheim, Buch am Erlbach

WETZEL, O. (1987): Feuerstein - der Stein der Steine, Neumünster

Eine kurze, sehr anschauliche Beschreibung der Pfeilspitzenherstellung findet sich im GEO 10/1996 im Artikel "Gletschermumie".

ZUM AUTOR

KONRAD VÖGELE

Geb. im Januar 59 in Ummendorf/Oberschwaben.
Seit 1994 bin ich dem Holzbogen verfallen.
Dabei faszinieren mich besonders die Einfachheit des Bogens und das Arbeiten mit dem organischen Material Holz mit seinen vielen wuchstypischen Eigenheiten. Bei dieser Art des Bogenbaus geht es darum, die angebotene Kraft zu Nutzen, ohne gegen das Holz zu arbeiten. Mein bevorzugter Bogen ist ein Flachbogen mit leichten Recurves und extrem schmalen Enden aus Osage Orange.

Da viele ihren eigenen Bogen bauen möchten, gebe ich mein Wissen und meine Erfahrung in Bogenbaukursen weiter. Neben fertigen Bogen biete ich auch ausgesuchte Hölzer, Zubehör und Werkzeug für den Bogenbau an.

KONRAD VÖGELE

HÖLZER FÜR DEN BOGENBAU

Als das Bogenschiessen in Amerika zu Beginn des 20. Jahrhunderts wieder einen Aufschwung erlebte, herrschte unter den Bogenschützen, die damals ihre Bogen größtenteils selbst herstellten, die Meinung, dass es nur zwei geeignete Hölzer gäbe.
Nämlich die uns historisch gut bekannte Eibe und Osage Orange, ein amerikanisches Holz. Zu dieser Zeit wurde eine etwas abgewandelte Form des Englischen Langbogens verwendet.
Erst später, vor allem in den 80er Jahren, experimentierten verschiedene Bogenbauer mit verschiedenen Hölzern und Bogenformen. Vor allem dem kalifornischen Bogenbauer Tim Baker mit seiner fast wissenschaftlichen akribischen Arbeit sind die erstaunlichen Ergebnisse zu verdanken, von denen wir heute profitieren.
Diese Bogenbauer stellten fest, dass sich mit einer geänderten Bogenform auch aus sogenannten ‚minderwertigen' Hölzern leistungsfähige Bogen herstellen lassen. Sobald die Wurfarme breiter und dafür flacher gestaltet werden, kommen auch diese Hölzer mit den im Bogen vorkommenden Kräften zurecht und man erhält einen leistungsfähigen und komfortablen Bogen. Wie Sie feststellen werden, steht Ihnen eine breite Palette an verschiedenen Hölzern zu Verfügung.

GEEIGNETE HÖLZER

Ich möchte hier einige der geeigneten Hölzer vorstellen. Grundsätzlich halte ich persönlich nichts von vorhandenen Belastungstabellen der verschiedenen Hölzer. Diese Tabellen geben entweder Durchschnittswerte der jeweiligen Holzart oder den Wert eines einzelnen getesteten Stück Holzes an. Erfahrungsgemäß schwankt die Qualität in den einzelnen Holzarten von ungeeignet bis sehr gut.
Da beim reinen Holzbogen das Material bis kurz vor seine Bruchgrenze belastet wird, kann nur bestes Holz verwendet werden. Es kommt also mehr auf die Beschaffenheit des jeweiligen Rohlings als auf die Holzart an.
Das bedeutet: *Eine gute Esche ist besser als eine schlechte Eibe.*
Ausschlaggebend ist hier der Aufbau des Holzes, den ich später noch besprechen werde.
Bei der Vorstellung der verschiedenen Holzarten verzichte ich deshalb bewusst auf Belastungswerte und Wertungen.
Aus Gründen der Übersichtlichkeit erfolgt die Aufstellung nach Familien geordnet:

Nadelbäume:

Eibengewächse (Toxaceae): Eibe (Taxus baccata)

Zypressengewächse (Capressaceae): Wacholder (Juniperus communis)

Hickory (carya)

Laubbäume:

Walnussgewächse (Juglandaceae):	Walnuss (Juglans regia) Hickory (Carya)
Birken- und Haselgewächse (Betulaceae):	Hainbuche (Carpinus betulus) Weißbirke (Betula pendula) Moorbirke (Betula pubescens) Haselnuss (Corylus avellana)
Buchengewächse (Fagaceae):	Rotbuche (Fagus silvatica) Stieleiche (Quercus robur)
Ulmengewächse (Ulmaceae):	Bergulme (Ulmus scabra) Feldulme (Ulmus campestris)
Hülsenfrüchte (Leguminosae):	Robinie (Robinia pseudoacacia)
Geißblattgewächse (Caprifoliaceae):	Schwarzer Holunder (Sambucus nigra)
Rosengewächse (Rosaceae):	Vogelbeere (Sorbus aucuparia) Elsbeere (Sorbus torminalis) Mehlbeere (Sorbus aria) Weißdorn (Cartaegus oxyacantha) Apfel (Malus) Birne (Pirus) Kirsche (Prunus avium) Pflaume (Prunus)
Ahorngewächse (Aceraceae):	Bergahorn (Acer pseudo-platanus) Spitzahorn (Acer platanoides) Feldahorn (Acer campestre)
Hartriegelgewächse (Cornaceae):	Hartriegel (Cornus sanguinea) Kornelkirsche (Cornus mas)
Ölbaumgewächse (Oleaceae):	Esche (Fraxinus excelsior)
Maulbeergewächse (Moraceae):	Osage Orange (Maclura pomifera)

Rotbuche

Robinie

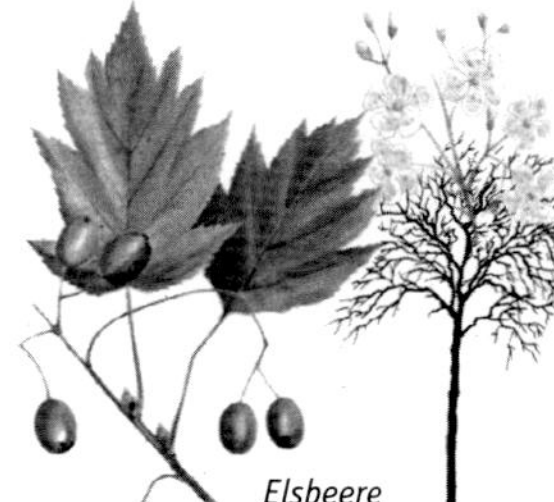
Elsbeere

Osagedorn

Bis auf Hickory und Osage Orange, beide wichtige Bogenhölzer, habe ich bewusst nur heimische Hölzer genannt. Außer diesen bewährten Arten eignen sich sicher noch eine Vielzahl anderer Holzarten für den Bogenbau. Ich kann deshalb nur zum Experimentieren raten.
Für einen leistungsfähigen Bogen ist die Biegsamkeit des verwendeten Holzes nur insofern wichtig, dass der Bogen nicht bricht, ausschlaggebend ist jedoch die Kraft, mit der der Wurfarm in seine Ausgangslage zurückschnellt.
Daher bevorzuge ich harte, schwere Hölzer, da diese erfahrungsgemäß eine höhere Rückschnellkraft aufweisen als weiche, biegsame Hölzer wie z. B. Weide.

KRITERIEN FÜR DIE HOLZAUSWAHL

1. WUCHSFORM

Hilfreich ist vor allem eine symmetrische Form des Rohlings.

Gerade Wuchsform

Diese Form ist am einfachsten zu bearbeiten, da z.B. das Aufzeichnen des Bogenprofils kein Problem ist. Auch ist später die Biegung leicht zu beurteilen.

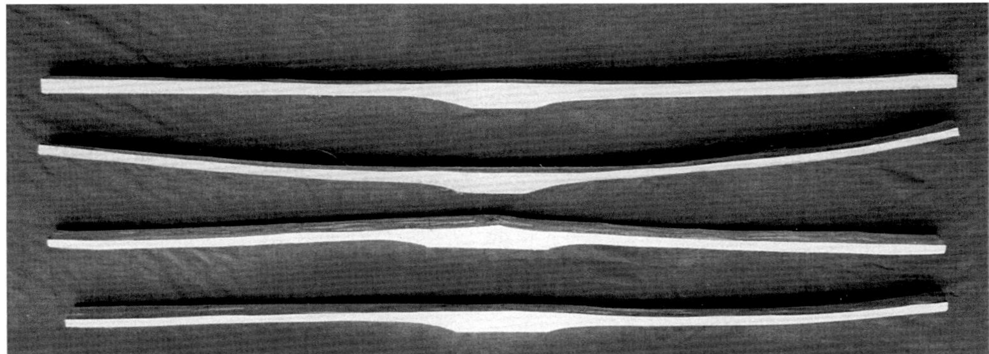

Verschiedene Wuchsformen

gerade

reflex

deflex

ungleich (links gerade/rechts reflex)

Nach vorne gebogene Form (reflex)

Durch Verwendung eines reflexen Rohlings kann man die bleibende Verformung („stringfollow") verringern und damit die Leistung des Bogens erhöhen. Problematisch ist aber das genaue Aufzeichnen und Ausarbeiten der Bogenform. Häufig legt sich der Bogen beim Aufspannen auf eine Seite, d.h. die Sehne läuft nicht mittig. Die Belastung des Holzes ist hier viel größer, da der Wurfarm stärker gebogen wird. Deshalb können kleine Bearbeitungsfehler zu einer Überdehnung des Holzes führen. Ein Reflex bis 5 cm ist relativ sicher zu verarbeiten.

Nach hinten gebogene Form (deflex)

Durch die natürliche Krümmung in die Biegerichtung ist die Belastung der Wurfarme nicht so groß, d.h. der Bogen ist zwar nicht so leistungsfähig aber weniger bruchgefährdet. Das gerade Aufzeichnen der Bogenform ist auch etwas problematisch.
Diese symmetrischen Formen sind trotz ihrer jeweiligen Schwierigkeiten sicher zu verarbeiten, da die Gleichmäßigkeit der Biegung der Wurfarme gut verglichen werden kann. Schwieriger wird die Bearbeitung bei einem unsymmetrischen Stück, z.B. ein Wurfarm gerade, einer reflex. Hier erfordert das Ausbalancieren (Tillern) des Bogens mehr Fingerspitzengefühl.

Drehwuchs

Drehwuchs

Der Bogenrohling sollte möglichst wenig Drehung in sich haben. Bei starken Drehungen biegt sich der Wurfarm nicht genau nach hinten, sondern etwas nach außen. Dadurch läuft die Sehne nicht durch die Bogenmitte. Lässt sich der Bogen trotzdem gleichmäßig ziehen, ist dies kein Problem. Solche Bogen neigen aber dazu, sich während des Auszugs zu verdrehen. Starke Drehungen sollten deshalb z. B. über Dampf gerade gebogen werden.

EIBE

2. HOLZAUFBAU

Betrachtet man die Querschnitte verschiedener Stämme, so weisen die meisten Hölzer eine Zweifarbigkeit auf. Diese Baumarten werden **Kernholzbäume** genannt.
Einige Beispiele: Eibe, Robinie, Esche, Ulme, Hickory.
Das innere dunkle Kernholz besitzt eine größere Härte als das außen liegende hellere Splintholz. Diese Differenz in der Härte ist unterschiedlich groß.
Während bei der Robinie ein großer Unterschied besteht, fällt die Differenz bei der Esche z.B. kaum ins Gewicht.

Reifholzbäume sind im Holz nur splintfarbig, obwohl sie Kern und Splint besitzen, welche sich also nur in der Härte unterscheiden. Beispiele: Feldahorn, Buche, Birne.

Die dritte Gruppe, die **Splintholzbäume**, besitzen nur Splintholz. Sie sind also einfarbig und weisen eine gleichmäßige Härte auf. Dazu gehören u.a. Berg- und Spitzahorn, Hainbuche und Birke.

ULME

Spätholzanteil

Wenden wir uns nun einem sehr wichtigen Kriterium für die Eignung als Bogenholz zu.
Betrachtet man die Jahresringe z.B. einer Esche, so entdeckt man, dass ein Ring aus zwei Schichten besteht: Die dünne, dunkle Linie entspricht dem abgeschlossenen Wachstumsjahr, der Winterruhe.
Bei dem im Frühjahr herrschenden triebigen Wachstum bildet sich mit großen Poren durchsetztes helles Holz, das sogenannte Frühholz. Diese Poren dienen hauptsächlich dem Nährstofftransport. Während des Sommers setzt der Reifeprozess ein, das Holz verdichtet sich und baut unter anderem Lignin ein, ein Stoff der dem Holz Härte gibt. Dieses dichte Holz hat eine dunklere Farbe und wird Spätholz genannt.
Für die Eignung als Bogenholz ist das dichte, stabile Spätholz ausschlaggebend.
Das verwendete Holz sollte deshalb einen möglichst großen Spätholzanteil aufweisen.

OSAGE ORANGE
Breite Jahresringe mit wenig hellem Frühholz

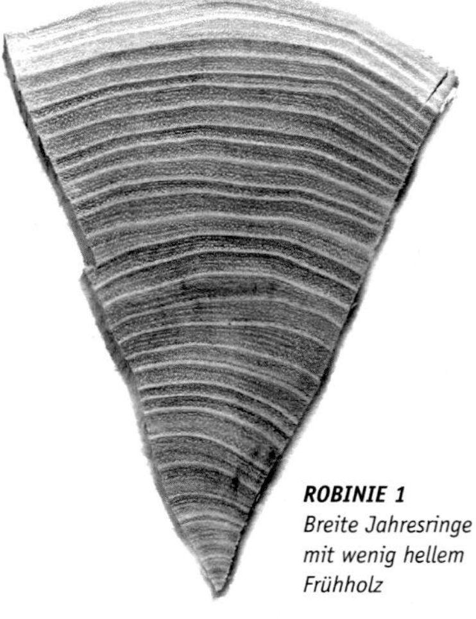

ROBINIE 1
Breite Jahresringe mit wenig hellem Frühholz

***ROBINIE 2** mit unterschiedlichem Holzaufbau -> unterschiedliche Eignungen*

Eibe taxus bacata

Esche fraxinus exelsior

Robinie robinia pseudoacacia

Osage Orange madura pomifera

Spitzahorn acer platanoides

Ulme ulmus campestris

An diesen Querschnitten kann man die Unterschiede in der Eignung der Bogenhölzer sehen.

ESCHE

<– Sehr breite Jahresringe mit wenig Frühholz, ➤ ***sehr gut geeignet***

<– Enggewachsenes Holz mit hohem Anteil an hellem Frühholz, ➤ ***ungeeignet***

<– Mäßig breite Jahresringe mit massig Frühholz, ➤ ***geeignet***

ROBINIE

Außen:
<– Sehr eng gewachsenes Holz mit hohem Anteil an Frühholz, ➤ ***ungeeignet***

Mitte:
<– Mäßig breite Jahresringe mit wenig Frühholz, ➤ ***gut geeignet***

Innen:
<– Extrem breite Jahresringe mit sehr wenig Frühholz, ➤ ***exzellentes Bogenholz***

Aus den Anfängen des Bogenbauens und Bogenschießens hält sich immer noch die These, dass möglichst feingemasertes Holz verwendet werden soll.
Es gibt natürlich auch engjährige Stämme mit gutem Spätholzanteil, jedoch sind diese selten, und schwer zu erkennen. Bei fast allen Hölzern haben Stücke mit breiten Jahresringen einen höheren Anteil an Spätholz, als solche mit eng gewachsenen Jahresringen.
Auch bei Eibe weisen oft Hölzer mit weiten Jahresringen eine höhere Wurfleistung auf als eng gewachsene. Diese Holzarten werden als ringporig bezeichnet, da das poröse Frühholz als klar erkennbarer Ring auftritt.

***SPITZAHORN** – Splintholzbaum*
Streuporiges Holz mit schwer erkennbaren Jahresringen

Andere Holzarten zeigen die Jahresringe nur undeutlich. Bei diesen Hölzern sind die Poren fast gleich groß, sie sind also über den ganzen Querschnitt verteilt. Diese Hölzer werden als zerstreutporig bezeichnet (Foto rechts).
Sie sind schwer zu beurteilen. Erfahrungsgemäß gibt es aber auch keine so großen Unterschiede in der Eignung als Bogenholz, da diese Hölzer gleichmäßiger aufgebaut sind.

SCHLAGEN DES HOLZES

Jeder Bogenbauer möchte über kurz oder lang seinen Bogen von Grund auf bauen. Sprich, vom Baum zum fertigen Bogen. In diesem Fall empfehle ich, mit dem nächsten Revierförster zu reden. Meist findet man ein offenes Ohr und kann einen geeigneten Baum bekommen.
Zum Fällen des Baumes eignet sich besonders die Zeit von Ende November bis Mitte Februar, da uns dann ein voll ausgebildeter Jahresring als Bogenrücken zu Verfügung steht. Zudem ist das Holz auf Grund der Wachstumspause trockener. Das Schlagen des Holzes in der Wachstumsperiode würde ich vermeiden und wenn, dann nur bei Hölzern bei denen der äußere Jahresring nicht verwendet wird.
Es lohnt sich auch, den Mondstand und andere Gestirnkonstellationen zu berücksichtigen. In verschiedenen Büchern (z.B. *„Vom richtigen Zeitpunkt“*) werden Tage genannt, an denen das Holz ganz spezielle Eigenschaften aufweist, z.B. es brennt nicht, oder es bricht nicht. Ich nutze die Phase des absteigenden Mondes zum Fällen, das Holz ist dann trockener und widerstandsfähiger. Die Berücksichtigung der Gestirne ist sehr interessant, aber man sollte kein Dogma daraus machen.

Foto 2

AUFARBEITEN

Nach dem Fällen säge ich die geeigneten Partien des Stammes auf 1,80 m bis max. 2 m Länge. Danach muss der Stamm unabhängig vom Durchmesser mindestens einmal aufgetrennt werden. Dünne Stämme, die sich nicht zuverlässig spalten lassen, säge ich mit der Bandsäge auf. Üblicherweise werden die Stämme mit Hilfe von Keilen aufgespaltet.
Um das Stück kontrolliert zu spalten, setzt man die Axt an der Stirnseite des Stammes durch die Markröhre an und schlägt mit einem großen Hammer auf die Axt, bis der Stamm anfängt zu reißen. (Foto 1).
Dann treibt man einen Eisen-, Aluminium- oder Holzkeil in den entstandenen Riss. Durch das Einschlagen weiterer Keile spaltet des Stück der Länge nach auf. (Foto 2). Setzt man aber beim Aufspalten die Keile an der Außenseite an und treibt sie dort hinein, reißt der Stamm meist nicht mittig, sondern der Riss verläuft auf die Seite hinaus.

Foto 3

Die meisten Holzarten sollten möglichst bald entrindet werden. Durch das Entrinden verhindert man den Befall von Schädlingen und das Trocknen wird erleichtert. (Foto 3)
Da die Kapillaren im Holz in Längsrichtung liegen, trocknet es an den Stirnseiten verstärkt aus; dadurch bilden sich meist tiefe Risse. Dies kann man durch Versiegeln der Stirnseiten verhindern. Dazu eignet sich jeder abschließende Belag, z.B. Farbe, Leim oder Wachs.
Eibe, Osage Orange und Robinie lagert man am Besten in der Rinde.

Da sich Holz beim Trocknen oft verzieht, ist es empfehlenswert, die Spaltlinge möglichst dick zu lassen. Durch die große Masse hält sich das Holz besser in der Form. Zum Trocknen und Lagern eignet sich am besten ein luftiger und schattiger Platz.

TROCKNEN UND LAGERN

Foto 4
Ein luftiger, überdachter Platz eignet sich am besten zum Trocknen.

Als beginnender Bogenbauer fällt es natürlich sehr schwer, zwei bis drei Jahre Geduld aufzubringen, bis der Spaltling trocknen ist.

Für Ungeduldige lässt sich die Sache beschleunigen: Man arbeitet aus dem frischen Holz einen Rohling heraus der etwas breiter ist als der spätere Bogen. Das Ende möglichst noch nicht verjüngen, um eventuelles seitliches Verziehen ausgleichen zu können. Dann an den Wurfarmen die Dicke so weit reduzieren, dass sich das Holz schon etwas biegen lässt. Der Rohling hat dann eine Breite von 5 bis 6 cm und an den Wurfarmen eine Stärke von ca. 1,5 cm. Diese geringe Holzmasse trocknet natürlich sehr schnell, wobei eine stufenweise Erhöhung der Trocknungstemperatur vorteilhaft ist, z.B. je eine Woche im Flur, im Wohnzimmer und dann im Heizraum. Durch diese Methode hat man in 4 bis 5 Wochen einen gut getrockneten Rohling.

Bei Robinie und Osage Orange wird üblicherweise nur das dunkle Kernholz zum Bogenbau verwendet. Soll eines dieser Hölzer getrocknet werden, so empfiehlt es sich, zuerst den entsprechenden Jahresring, der als Bogenrücken verwendet wird, freizulegen. Diese Hölzer neigen aber dazu, bei schneller Trocknung Längsrisse (Trocknungsrisse) zu bilden. Man kann dies vermeiden, indem man den freigelegten Jahresring mit Klarlack versiegelt. Das Holz trocknet dann nur an der Bauchseite und an den Seiten aus.

Eibe trockne ich vorsichtig und langsam in der Rinde. Wenn das Holz trocken ist, entferne ich die Rinde und, falls nötig, einen Teil des Splintholzes auf eine Splintholzdicke von ca. 5 mm. Die Trockenheit des Holzes ist sehr ausschlaggebend für die Leistungsfähigkeit des Bogens. Feuchtes Holz ist zwar elastisch, hat aber wenig Rückschnellkraft und verformt sich stark (großes stringfollow).

Foto 5 Holzfeuchtemeßgerät

Je trockener das Holz wird, desto weniger verformt es sich und stellt dadurch mehr Schnellkraft zu Verfügung. Es wird aber auch immer spröder. Bei einer Holzfeuchtigkeit von 10 % ist die Brüchigkeit noch nicht sehr groß, das Holz hat aber genügend Kraft für einen leistungsfähigen Bogen.

Holz, das in einem luftigen, ungeheizten Raum getrocknet wurde, weist je nach Wetter eine Holzfeuchte von 14% bis 18% Wasser auf. Wird solches Holz zum Bogenbau verwendet, so erhält man kein befriedigendes Ergebnis. Es zeigt sich also, dass man jedes Holz noch künstlich nachtrocknen soll. Wenn man einen herausgearbeiteten, lufttrockenen Rohling vor dem Tillern noch ein bis zwei Wochen an einem warmen Ort aufbewahrt, hat das Holz meist die richtige Trockenheit.

Fotos 1, 3, 4: K. Vögele
Fotos 2 und 5: V. Alles
Baumabbildungen aus: Bäume, 4. Auflage 1970, Delphin Verlag, Stuttgart

Werden diese verschiedenen Punkte bei der Auswahl des Rohlings berücksichtigt, ist schon ein großer Schritt zu einem leistungsfähigen und haltbaren Holzbogen gemacht.

ZUM AUTOR

HOLGER RIESCH

Die Merowingerzeit bildet einen wesentlichen Interessenschwerpunkt von Holger Riesch, der sich mit der theoretischen und praktischen Quellenaufarbeitung zum Thema „Pfeil und Bogen" dieser Epoche beschäftigt.
Veröffentlichungen hierzu in den Zeitschriften *„Technikgeschichte"*, *„Journal of the SAA"*, und *„Archäologisches Korrespondenzblatt"*. Beiträge u. a. für *„Instinctive Archer Magazine"*, *„TRADITIONELL BOGENSCHIESSEN"*.
Im Jahr 1997 Rekonstruktion von Pfeil und Bogen aus Oberflacht für die Ausstellung „Die Alamannen" des Landes Baden-Württemberg.

8

HOLGER RIESCH

ALAMANNISCHE PFEILE UND BOGEN

Das Gräberfeld von Oberflacht *Ein Vorwort von D. Quast*

Einblicke in die Alltagskultur der Alamannen sind nur durch archäologische Ausgrabungen und deren Auswertungen zu erhalten, denn die schriftliche Überlieferung ist für die Merowingerzeit (ca. 450–751 n. Chr.) ungenügend. Den Hauptbestand im archäologischen Quellenmaterial machen die Friedhöfe aus, die aufgrund der regelmäßigen Anordnung der Bestattungen als Reihengräberfelder bezeichnet werden. Die Toten wurden mit Beigaben bestattet. Neben Gefäßen und unterschiedlichen Geräten (z.B. Kämme, Messer, Scheren) finden sich in Männergräbern oft Waffen, in Frauengräbern Schmuck.

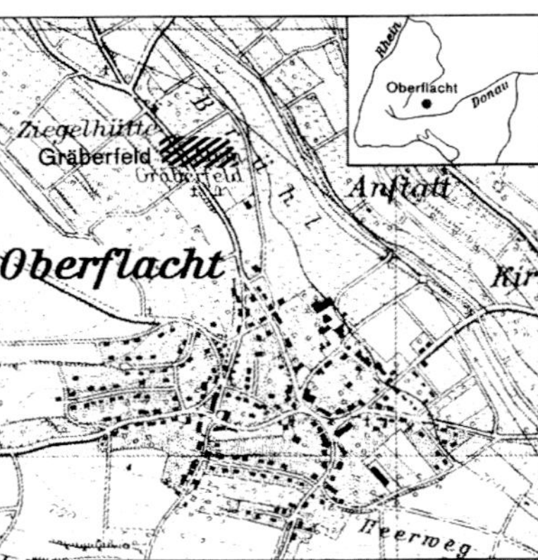

Im Normalfall vergehen die organischen Materialien innerhalb kurzer Zeit im Boden. Bei den Ausgrabungen können daher zumeist nur Metall, Keramik, Glas und Knochen geborgen werden. Wurden dem Toten beispielsweise Pfeil und Bogen beigegeben, zeugen davon nur die erhaltenen Pfeilspitzen.

Vor diesem Hintergrund wird die Einzigartigkeit des Gräberfeldes von Oberflacht (Gem. Seitingen, Kr. Tuttlingen) deutlich. Durch die geologischen Besonderheiten des Fundortes ergaben sich für organische Materialien besonders günstige Erhaltungsbedingungen. Das Gräberfeld liegt im Braunjura alpha, dessen Böden (Opalinustone) als nasskalt, schlecht durchlüftet und sauer gelten. Die Gräber waren dadurch stets gut durchfeuchtet, so dass sich Holz, Leder, Textilien und Lebensmittel erhalten haben. Andererseits reagierte der saure Boden anscheinend aggressiv auf Metall. Seit 1809 wurden in Oberflacht wiederholt beim Lehmabstechen für eine Ziegelei merowingerzeitliche Gräber aufgedeckt. Von besonderer Bedeutung sind die 1846 unter der Leitung von Ferdinand von Dürrich und Wolfgang Menzel durchgeführten Untersuchungen. Eine für die damalige Zeit mustergültige Publikation dieser ersten wissenschaftlichen Ausgrabung eines alamannischen Gräberfeldes in Württemberg legten sie bereits im darauffolgenden Jahr vor. Bis zu den letzten Untersuchungen im Jahre 1933/34 wurde der Ort immer wieder Ziel „privater" Ausgrabungen, denn er war mittlerweile in der Fachwelt weit über die Grenzen Württembergs hinaus bekannt geworden.

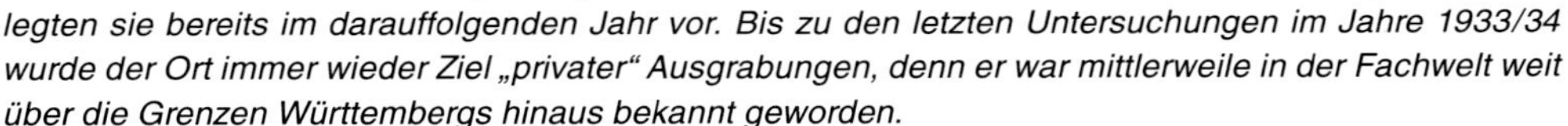

Der 1893 im ersten Band der „Fundberichte aus Schwaben" veröffentlichte Ausgrabungsbericht des Freiherren von Ow-Wachendorf gibt einen guten Eindruck von den aussergewöhnlichen Erhaltungsbedingungen: „Der Totenbaum des ersten Grabes enthielt ein weibliches Skelett noch vollständig in seiner ursprünglichen Lage, bekleidet mit einem langen, in dem feuchten Schlamm wohl erhaltenen Gewand, an dem die ganze Textur des feinen Leinengewebes und der Faltenwurf zu erkennen war. Das Gewand hielt um die Lenden ein Ledergürtel zusammen, an welchem eine fein ornamentierte bronzene, wohl vergoldete Schnalle gefunden wurde. Aussen am Totenbaum war eine grosse, gedrehte Holzschüssel und ein dreibeiniger Schemel angelehnt, auch fehlten die üblichen Haselruten nicht, die wohl eine symbolische Bedeutung hatten. Zu den Füssen der Frau fand sich ein zierliches kleines Kübelchen, eine große Holzschale und eine ganz feine kleine Holzschale, gefüllt mit Früchten aller Art: Haselnüssen, Walnüssen, Zirbelnüssen, Kirschen und noch vollständig erhaltenen Aepfeln." „...die zierlichen, sandalenähnlichen Lederschuhe (...) waren besonders gut erhalten".

Der Friedhof umfasste ungefähr 220 Gräber und wurde von ca. 530 bis 650 n. Chr. als Bestattungsplatz genutzt. Daraus lässt sich eine gleichzeitig lebende Siedlergemeinschaft von ca. 55 Personen errechnen. Sehr viel schwieriger ist zu beurteilen, ob es sich um besonders reich ausgestattete Gräber gehandelt hat, denn dies wird im Normalfall anhand der Metall- und Glasfunde beurteilt.

In Oberflacht sind aber – vermutlich bedingt durch die sauren Böden – nur relativ wenige Metallobjekte erhalten. Dafür sind insbesondere Holzfunde in großer Zahl überliefert. Zahlreiche Möbel (Betten, Truhen, Stühle, Tische) fanden sich in den Gräbern, ebenso Leiern, Sättel, Spielbretter, Gefäße aller Art und sogar Leuchter und Kerzen. Die Objekte bezeugen das hohe Niveau der alamannischen Holzhandwerker und deren genaue Kenntnis der unterschiedlichen Holzarten. Zahlreiche der Grabbeigaben, die bereits im letzten Jahrhundert ausgegraben wurden, sind heute verfallen oder durch den Trocknungsprozess bis zur Unkenntlichkeit verformt. Erst seit Ende des letzten Jahrhunderts ist es möglich, Holz erfolgreich zu konservieren. Drei Bögen sind aber trotzdem in hervorragendem Zustand erhalten geblieben.

Die experimentelle Archäologie kann bei ihrer Auswertung wichtige Ergebnisse liefern.

1. ALAMANNISCHES BOGENSCHIESSEN

In dieser Arbeit werden die am Fuße des Berges Lupfen beim württembergischen Ort Oberflacht entdeckten Vollholzbogen dokumentiert und die bei den Ausgrabungen im 19. Jh. dort ebenfalls geborgenen Pfeile rekonstruiert.
Dabei werden in Museen noch vorhandene Fundstücke wie auch 1846 erfasste, heute aber nicht mehr erhaltene Objekte besprochen. Aspekte der handwerklichen Bearbeitung und experimentelle Ergebnisse fließen in die Darstellung mit ein und ermöglichen traditionellen Bogenbauern (und Bogenbauerinnen) zukünftig das Anfertigen funktionstüchtiger Nachbildungen. Einschlägige archäologische Realien weiterer merowingerzeitlicher Fundorte erfahren zur Bereicherung der Oberflachter Situation eine grundlegende Beschreibung.
So entsteht ein facettenreiches Bild des Bogenschießens im Frühen Mittelalter.

2. DIE LANGBOGEN VON OBERFLACHT

Die drei aus den Gräbern Nr. 7, 8 und 21 von Oberflacht stammenden, im wesentlichen vollständig erhaltenen Eibenbogen stellen die einzigen in dieser Qualität überkommenen Fernwaffen der merowingischen Epoche dar. (Abb. 1, Farbtafel 7) Trotz ihrer Einmaligkeit sind die Objekte, die heute im Magazin des Württembergischen Landesmuseums (WLM) Stuttgart lagern, bislang nur in Grundzügen im Rahmen übergreifender archäologischer Fachliteratur publiziert worden. [6.1–3, 6.5–6, 6.10] Eine spezielle bogenkundliche Diskussion stand noch aus und wird, nachdem der Verfasser Dank freundlicher Genehmigung des Landesmuseums die Originale vor Ort untersuchen durfte, hiermit vorgelegt.
Zunächst werden Materialbeschaffenheit und Design ausführlich erörtert, danach authentische Nachbauten des Bogens aus Grab Nr. 21 praktisch erprobt und im Anhang durch die detaillierte Wiedergabe der Abmessungen ergänzt.

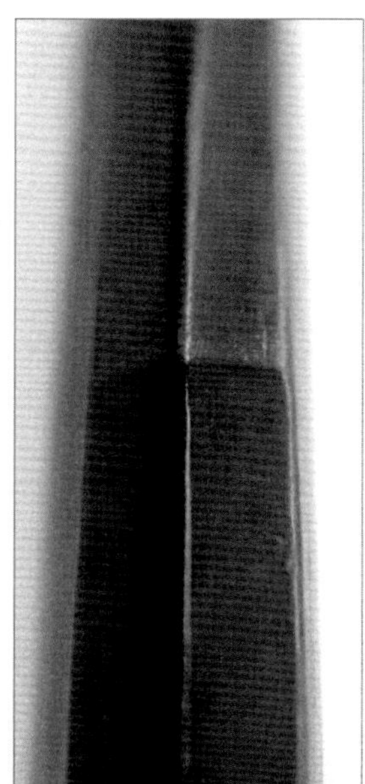

Abb. 2: Griffende u. Wurfarm am Grab-21-Bogen (Foto: H. Riesch)

2.1 WERKSTOFFLICHE BESCHREIBUNG

Die Bogenaußenseiten sind überwiegend von einheitlich brauner Farbe, so dass in der Profilansicht nicht eindeutig zwischen dem für die Eibe charakteristischen hellen Splint- vom dunkleren Kernbereich unterschieden werden kann. Dass es sich tatsächlich um das Holz der „*taxus baccata*“ handelt, beweist neben dem Vorhandensein von prominenten Schraubenverdickungen und dem Fehlen von Harzkanälen der exzellente Erhaltungszustand. Das Material zeigt weder Aufquellungen noch nennenswerte Schrumpfungen. Auffällig ist ferner die handwerklich gute Bearbeitungsqualität der Stücke, welche sich mit akurat ausgebildeten Kanten und Rundungen sowie geglätteten Oberflächen präsentieren und das Bild einer sorgfältigen Herstellungsweise vermitteln. (Abb. 2)
Eine nach der Bergung aufgetragene Klarlackschicht an den Exemplaren aus Grab Nr. 7 und 21 verstärkt den positiven Eindruck von Zustand und Fertigungstechnik. In jüngerer Vergangenheit kamen deshalb von archäologischer Seite sogar Zweifel an der Echtheit auf, welche jedoch anfang der 1990er Jahre durch holzfachliche Analysen zerstreut wurden. [6.6, a]
Die im Splintholz der Bogen vorhandenen kleinen Schwundrisse stellen sich nur bei langandauerndem mikrobakteriellen Abbau in feuchtem Milieu ein und schließen das Vorhandensein neuzeitlicher Repliken aus.

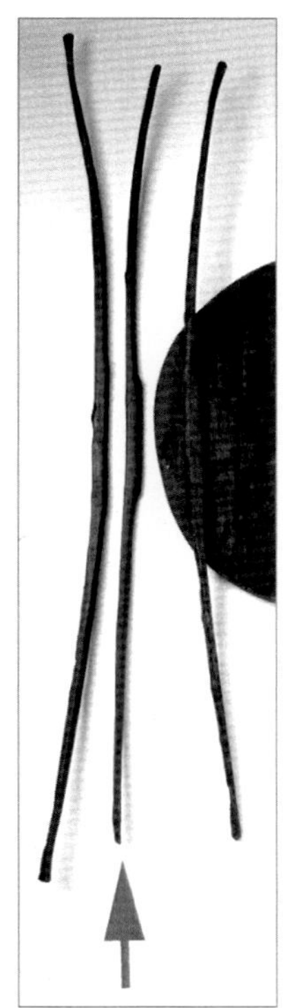

Der Grab-7-Bogen

Beim Exemplar aus Grab Nr. 7 handelt es sich um einen geraden Langbogen, in dessen Zentrum man einen leichten, sicherlich mit Absicht dort platzierten Reflex antrifft.

Der Eibenstab ist insgesamt 1691 mm und zwischen den Nockkerben 1592 mm lang. Das Maß wird dabei oberseitig jeweils in der Mitte der Sehnenkerbungen angesetzt. Pro Millimeter tritt innerhalb eines im letzten Drittel des oberen Wurfarms (s.u. 2.2.) rezent angelegten Anschnittes zur Probenentnahme ein Wachstumsring auf, parallel liegend zur Wölbung der Oberseite und rechtwinklig zur Schussrichtung. Die äußeren Radienwinkel lassen auf ein zum Bau verwendetes Eibenstämmchen von etwa 90 mm Durchmesser schließen. Der Splintanteil beträgt innerhalb der Aussparung mit hellerer Färbung des oberen Bereichs 3,5 bis 4 mm.

Mehrere kleine Totäste, die nicht den Bogenrücken durchstoßen, befinden sich in der Griffzone. Ein besonders breiter Ast liegt im oberen Wurfarm und bewirkte zwangsläufige eine stärkere Biegebeanspruchung der unmittelbar anschließenden Partie. Dieser Umstand dürfte zwei dort befindliche Querrisse im Splint erklären, die wahrscheinlich erst nach der Grablegung auftraten. Ein zuvor stattgefundener Bruch, d.h. die Beigabe einer offensichtlich funktionsuntüchtigen Waffe, entspräche nicht dem sonst üblichen Zustand der Oberflachter Beigaben. Vermutlich wurde der Bogen also bespannt niedergelegt, so dass schließlich eine Kompensation in Form der Rissbildungen eintrat. Eine vorherige Nutzung ist nicht nachzuweisen. Sehnenabdrücke, die beim Schießen normalerweise im Bereich der Nocken auftreten, oder Pfeilgleitriefen, wie sie am Griff bei intensiver praktischer Verwendung hinterlassen worden wären, fehlen.

Der Grab-8-Bogen

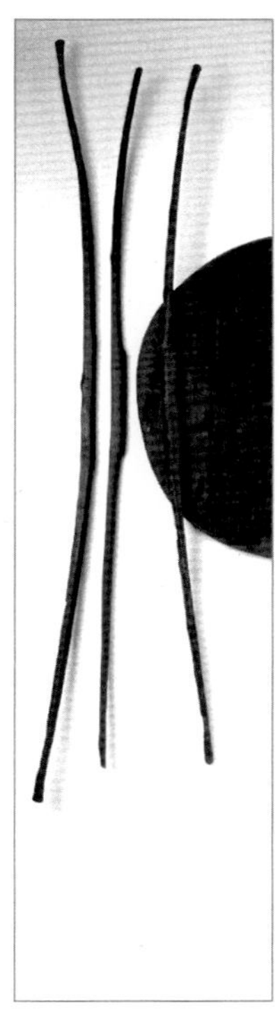

Das im Vergleich zu den anderen beiden Fundstücken schlechter erhaltene Exemplar aus Grab Nr. 8 misst über der Oberseite effektiv 1584 mm und zwischen den Enden 1701 mm. Der Eibenstab besitzt noch seine ursprüngliche Länge, zeigt aber oberseitig starke Verluste an Holzsubstanz. Diese Abwitterungen legen einen Splintanteil von insgesamt 2,6 bis 3,4 mm nahe. Mit dreieinhalb bis zu fünf Jahrringen pro Millimeter, gemessen an den Bogenenden, kann das Holz als feinjährig bezeichnet werden. Wiederum liegen die Jahrringe im Profil parallel zum gewölbten Rücken und rechtwinklig zur Schussrichtung. Da an den Unterseiten der Wurfarme stellenweise noch der Markkanal hervortritt und oben lediglich die Rinde abgezogen, d.h. bei der Herstellung kein Wuchsholz weggenommen wurde, betrug der entrindete Durchmesser des verwendeten Eibenstämmchens nur etwa 60 mm. Darauf weist auch die starke Wölbung des Profils hin, die weit zur Mitte hinunterreicht.

Man findet über die ganze Länge verteilt rund ein Duzend 3 bis 5 mm breite, herauswachsende Äste, die das äußere Erscheinungsbild des Bogens zwar beeinträchtigen aber bei stehengelassenem Wuchsholz für das Schussverhalten unkritisch sind. Hohe Jahrringdichte und ein geringer Splintanteil ergaben vielmehr eine vorzügliche Fernwaffe, die mit vergleichsweise flach gehaltenen Wurfarmen auf geringe Materialbelastung hin gearbeitet war.

Unmittelbar bei den oval ausgearbeiteten Sehnenkerben befindlich deuten schmale Eindrücke auf die Existenz einer Sehnenschnur hin. Leider sind am beschädigten Griff keine Pfeilgleitspuren mehr auszumachen, welche eine tatsächliche Nutzung zweifelsfrei belegen würden. Insgesamt vermittelt das Exemplar aus Grab Nr. 8 aufgrund der genannten Merkmale von allen drei untersuchten Bogen den praxistauglichsten Eindruck.

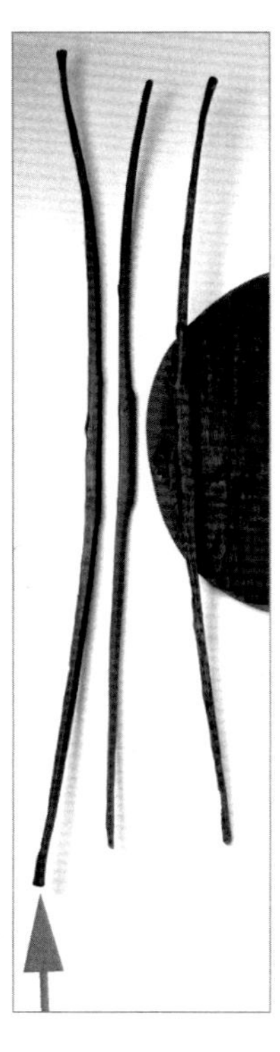

Der Grab 21-Bogen

Der ehemals sicherlich gerade Eibenstab aus Grab Nr. 21 von 1842 mm gesamter und 1712 mm effektiver Länge hat heute eine reflexe Form. Dieser an Eibenbogenfunden gelegentlich auftretende Zustand geht auf stärkere Abbauprozesse im weichen Wuchsholz als im harten Kernholz zurück, welche die Wurfarme über deren Oberseiten verzogen. Der einzige größere Ast wurde bei der Herstellung handwerklich geschickt in die Zone der geringsten Biegebelastung, den Griff, gelegt. Im übrigen sind nur wenige, unproblematische Totäste vorhanden. Ein Anschnitt zur Probenentnahme liegt etwa mittig im unteren Wurfarm. Hier verrät hellere Färbung einen 3 bis 4 mm starken Splint. Aufgrund des Winkels der äußeren Jahrringradien, deren Lage im Bogenstab den oben beschriebenen entspricht, dürfte der zum Bau verwendete Eibenstamm etwa 200 mm stark gewesen sein. Dass ein vergleichsweise massives Werkstück zugrunde lag, zeigt auch die flache Wölbung der Oberseite. Pro Millimeter treten am Ende des unteren Wurfarms in der Draufsicht drei bis vier, am oberen fünf Wachstumsringe auf. Die unten spitzwinklig zugearbeiteten Sehnenkerben sind angerissenen - ein Indiz dafür, dass der Bogen bespannt wurde. Häufiges Schießen kann jedoch ausgeschlossen werden. Der Sehnendruck hätte sonst die Kerben gänzlich aufgespalten.

Entsprechend finden sich auch im Griffbereich keine Pfeilgleitspuren, die eine Verwendung als Schusswaffe nahelegen würden. Dieser Befund korrespondiert mit den durch experimentellen Nachbau des Grab-21-Bogens gewonnenen Resultaten (s.u. 3.2).

2.2 DAS OBERFLACHT-DESIGN - KONSTRUKTIONSMERKMALE

Die Fernwaffen aus Oberflacht besitzen eine in der Entwicklungsgeschichte von Pfeil und Bogen einzigartige Bauweise, auf die in diesem Abschnitt näher eingegangen wird.

Im Vordergrund steht dabei die Darstellung der allen Bogen gemeinsamen, funktionalen Aspekte. Spezielle Abmessungen finden sich im Anhang tabellarisch dokumentiert. Eine Ergänzung stellt für traditionelle Bogenbauer, soweit sie authentische Repliken herstellen wollen, die Einsicht ausgewählter fotographischer sowie zeichnerischer Dokumentationen der Oberflacht-Bogen in den Publikationen von W. Veek und S. Schiek aus den Jahren 1932 bzw. 1991 dar. [6.3, b; 6.6 a, f]

Griffbereiche

Jeder der Oberflacht-Bögen besitzt eine verstärkte Griffzone. Zentral gelegen können dabei leichte Asymmetrien der Wurfarmlängen auftreten, die jedoch keine schusspraktische Funktion besitzen. Die Griffstärken sind gleichbleibend und der Holzstruktur angepasst; die Breite verringert sich jeweils zur Bogenmitte hin kontinuierlich. Handergonomisch zur Unterseite hin schmaler werdend endet das Profil bei den Exemplaren aus Grab Nr. 7 und 8 in ovaler, beim Grab-21-Bogen in flach-dreieckiger Form. (Abb. 4)

Von den Wurfarmen setzen sich die Griffe stufig ab. Dabei ist die Distanz zur anstehenden Unterseite beim Grab-7-Bogen am stärksten und beim Grab-21-Bogen am schwächsten ausgeprägt. Bei letztgenanntem, d.h. einer sehr niedrigen Stufe, sind die Enden querlaufend eng von den Armen abgegrenzt. (Abb. 2) Dagegen wurden die Exemplare aus Grab Nr. 8 und insbesondere aus Grab 7, deren Wurfarmprofile im Anschluss an die Griffe deutlich geringer sind, mit geschwungenen und leicht einziehenden Übergängen ausgestattet. (Abb. 3)

Hervorzuheben ist, dass die verstärkte Mitte 15,8% der effektiven Länge des Grab-7-Bogens, 14,9% des Grab-8-Bogens und 18,5% des Grab-21-Bogens vereinnahmt. Bisher sind von keinem anderen prä-/historischen Vollholzbogentyp solch lange Griffausprägungen bekannt. Sie werden beim Auszug stärker in die Krümmung einbezogen, als eine kurze, lediglich der Handhabe dienende Partie, was die Steifigkeit der „Feder", die jeder Bogen mecha-nisch darstellt, erhöht.

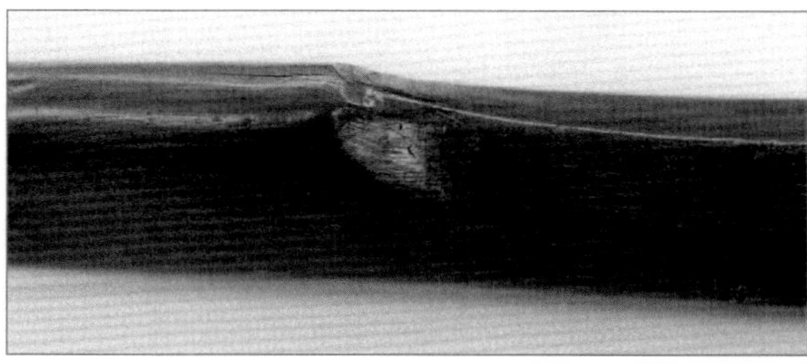

Abb. 3: Griffende und Wurfarm am Grab-7-Bogen (Foto: H. Riesch)

Außerdem verkürzt ein ausgedehntes Zentrum die aktive Wurfarmlänge. Kurze Wurfarme benötigen verglichen mit längeren und schwereren weniger Energie zur eigenen Beschleunigung. Die Waffe erhält dadurch einen höheren Wirkungsgrad. Gleichzeitig beugen die langen Griffausprägungen als den mittleren Bogenbereich schwingungsarm haltende Abschnitte störendem „Handschock" vor.

Wurfarme

Von den gewölbten Oberseiten sind die Ränder der Bogenarme in der Regel leicht inwendig abgewinkelt. Sie biegen frühestens bei halber Wurfarmstärke, zumeist jedoch innerhalb des letzten Drittels zur Mitte hin ab und laufen an der Unterseite zu einem Dreieck zusammen. Diese Formgebung beginnt (mit Ausnahme des Grab-21-Bogens) an den Griffenden und bleibt bis hinter die Sehnenkerben erhalten. (Abb. 4)

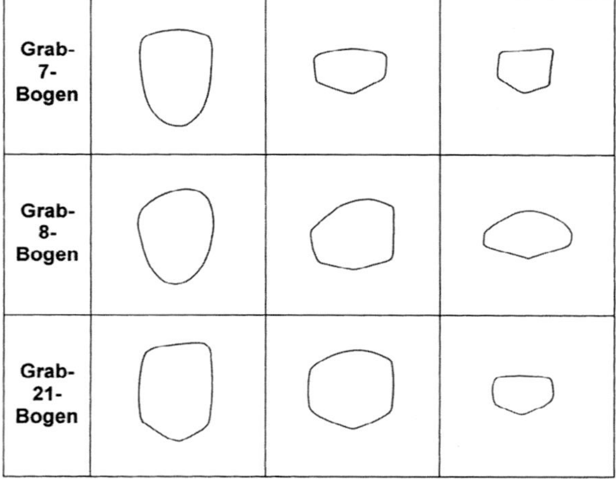

Abb. 4: Grab-7-Bogen: Griffmitte, unterer Wurfarm, Endpartie
Grab-8-Bogen: Griffmitte, oberer Wurfarm, unterer Wurfarm
Grab-21-Bogen: Griffmitte, oberer Wurfarm, Endpartie (6.6,a)

Worin liegen die Vorteile einer solch arbeitsaufwendigen Gestaltung? Zur Beantwortung dieser Frage wurden im Rahmen einer vom Verfasser initiierten Diplomarbeit an der Fachhochschule Bingen, Fachbereich Maschinenbau, statische und dynamische Berechnungen unterschiedlicher Typen archäologisch dokumentierter Vollholzbögen angestellt. [6.10]

Dabei zeigte sich, dass der fünfeckige Querschnitt beim Schuss mehr Energie abzugeben in der Lage ist, als es runde, ovale oder D-förmige können.

Ferner verursachen die zumeist hochprofilierten Arme im Vergleich zu Flachbögen niedrigere Amplituden unerwünschten Schwingungsverhaltens. Allerdings gehen diese Vorteile mit größerer mechanischer Belastung während des Sehnenauszuges einher. Zusammen mit den ausgedehnten Griffzonen nahm man also beim Oberflachter Bogendesign stärkere Werkstoffbeanspruchung zugunsten einer optimierten Energieabgabe sowie ruhigerer Schusseigen-schaften in Kauf.

Potentieller Bruchgefahr wurde insofern begegnet, als die Arme hinter den Griffen bereits nach rund einem Drittel ihrer effektiven Länge zur größten Breite ausgebildet sind und diese in der arbeitenden Zone nur langsam abnimmt. Näher zu den Sehnenkerben hin tritt dann wieder eine deutlichere Verjüngung ein.

Die auch zum Zentrum hin schmaler werdenden Bögen erhalten so in der Draufsicht ein leicht „paddelförmiges" Aussehen, wobei die kürzeren Exemplare aus Grab Nr. 7 und 8 mit etwas breiteren Wurfarmen versehen wurden als das längere aus Grab Nr. 21.

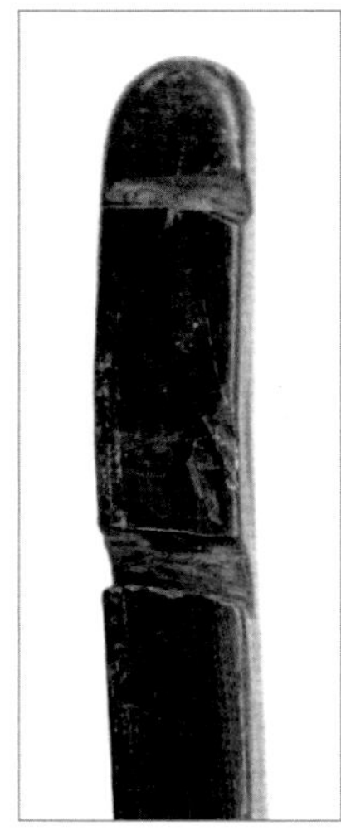

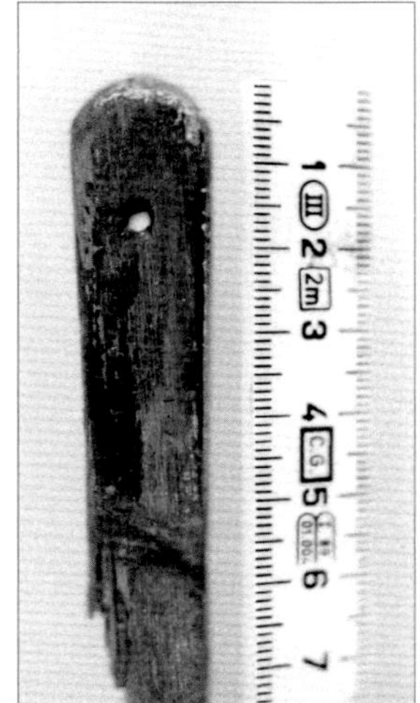

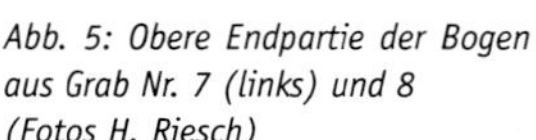

Abb. 5: Obere Endpartie der Bogen aus Grab Nr. 7 (links) und 8 (Fotos H. Riesch)

Sehnenkerben und Endpartien

Die Sehnenbefestigungen setzen bei allen Bogen etwa 50 mm vor dem Wurfarmende an. Kennzeichnend sind dabei einseitige und sich diagonal gegenüberliegende Nocken. Einseitige Kerbung bewirkt grundsätzlich bessere Aufnahmefähigkeit des Zuggewichtes als zweifache, welche die Masse des Holzkörpers um das Doppelte verringert.

Die an den Kerben abnehmbaren Maße legen eine Stärke der Sehnen, von denen in Oberflacht leider keine Reste erhalten sind, von 3 bis 4 mm nahe. Als Material bietet sich Leinengarn an, wenngleich neben Flachs auch andere faserbildende Ausgangsstoffe, z.B. Bast, in Frage kommen. Zur Rekonstruktion kann auf einen Vergleichsfund aus dem schweizerischen Altdorf zurückgegriffen werden, wo eine dreifach gezwirnte Bogenschnur in S-Zwirn (nicht näher untersuchter Materialbeschaffenheit) geborgen wurde. [6.8]

Die Wurfarmprofile der Oberflacht-Bogen erhöhen sich in der Regel noch einmal geringfügig vor den Nocken. Beim Exemplar aus Grab Nr. 7 laufen sie anschließend in sachter Verjüngung aus; bei den übrigen ist das Bogenende hochrechteckig. (Abb. 5) Profilvergrößerung oder -stagnation im Bereich der Kerben dient wiederum dazu, dem Sehnenzug an dieser kritischen Stelle ausreichend Material entgegenzusetzen. Lange und ausgreifende Enden haben dagegen keinen schusstechnischen Nutzen. Sie sollten sogar eher vermieden werden, um den Arm in seiner inaktiven Zone nicht schwerer zu machen und unerwünschten „Handschock" zu begünstigen. Die jenseits der Kerben liegenden Partien bzw. deren Formgebungen besitzen also reine Zierfunktion. Dies lässt auch die Kürze der effektiven Wurfarme als bogenbauerisch gewollt erkennen, andernfalls hätte man die potentiell zur Verfügung stehende aktive Länge nicht „verschwendet".

Abb. 6: Obere Endpartie der Bogen aus Grab Nr. 21 (rechts) und 7 (Fotos: H. Riesch)

Sehnenhalter

Ein weiteres Unterscheidungsmerkmal zwischen den Fundstücken aus Grab Nr. 8 und 21 im Vergleich zu dem aus Grab Nr. 7 ist ein kleines Löchlein, welches nur bei erstgenannten jeweils oberhalb einer der Sehnenkerben gelegen von oben oder seitlich durch die Bogenlängsachse gebohrt wurde. (Abb. 5 / Abb. 6)

Da dessen Durchmesser beim Grab-8-Exemplar so gering ist, dass sich unmöglich eine Sehnenschnur einfädeln lässt, dürfte der Zweck jeweils in der Aufnahme eines Sehnenhalters (engl. *„string-keeper"*) gelegen haben. Hierbei handelt es sich um einen Faden, der einerseits mit dem Öhrchen der Sehne verknotet sowie andererseits oberhalb einer der Nocken fixiert wird, um bei nicht bespanntem Bogen ein unerwünscht weites Hinunterrutschen der Schlaufe am oberen (!) Wurfarm zu verhindern.

Die Waffe kann dann bei Bedarf schnell wieder schussbereit gemacht werden. Folglich wurde die Schnur am gegenüberliegenden, unteren Ende mittels eines Knotens dauerhaft fixiert.

Eine Befestigung der Sehne am nach unten gehaltenen Ende des entspannten Bogens ist für das Frühe Mittelalter übrigens auch ikonographisch belegbar. (Abb. 7)

Das Exemplar aus Grab Nr. 7 besitzt im Gegensatz zu einem durchbohrten Holzkörper zwei sich gegenüberliegende Kerben, die ebenfalls der Aufnahme eines Halte-Fadens gedient haben dürften. (Abb. 5 / Abb. 6)

Interessant ist in diesem Zusammenhang die alte Fundzeichnung von 1846, welche den Grab-7-Bogen mit einem Löchlein am gegenüberliegenden Wurfarmende zeigt. (Abb. 11, 1) Die entsprechende Partie ist heute leider abgebrochen und verschollen. Da zwei „string-keeper" aber ebensowenig sinnvoll wären wie eine Befestigung der Sehne in den schmalen Doppelkerben, liegt hier wohl eine zeichnerische Ergänzung des bereits beschädigten Bogens vor, der ursprünglich keine Durchbohrung besaß.

Abb. 7: Sehnenfixierung an der unteren Bogenhälfte („Stuttgarter Bilderpsalter, fol. 146 r)

2.3. WEITERE BOGENFRAGMENTE AUS OBERFLACHT

Es existieren, teilweise ohne Grabzuordnung, noch einige andere als Reste von Schusswaffen ansprechbare Artefakte aus Oberflacht, die im folgenden kurz aufgeführt werden.
Eine im WLM Stuttgart magazinierte, stark verwitterte und geschrumpfte Holzleiste mit dreieckigem Profil von 1170 mm Länge wird in der Literatur [6.6, d] als Bogen bezeichnet - wahrscheinlich deshalb, weil an einem Ende ein stufig herausgearbeiteter Sporn auftritt, der (für die Oberflachter Bauweise ganz ungewöhnlich) zur Sehnenbefestigung gedient haben könnte. Aus Sicht des Verfassers ist die Interpretation des recht unkenntlichen Fundstückes nicht mehr exakt bestimmbarer Holzart als Fernwaffe zweifelhaft.
Mit größerer Sicherheit kann wohl eine 1120 mm lange, fünfeckige, dabei jedoch stark zusammengepresste Ulmenholzleiste als ehemaliger Bogen bezeichnet werden, an dem zwar die Enden fehlen, jedoch eine ausgedehnte „Griffzone" mit abgesetzten Kanten erkennbar ist. [6.6, e] Im Gegensatz zu diesen eher vage bestimmbaren Objekten wird im Landesmuseum auch ein 204 mm langes Eibenholzbruchstück aufbewahrt, das sich aufgrund des deutlich ausgearbeiteten, fünfeckigen Querschnitts eindeutig als Wurfarmbestandteil eines Oberflacht-Bogens identifizieren lässt. [6.6, f]
Schließlich besitzt noch das Museum für Vor- und Frühgeschichte in Berlin-Charlottenburg eine derzeit leider unzugängliche und hinsichtlich ihrer Authentizität wohl auch nicht unproblematische Kopie eines rund 1500 mm langen Eibenbogens aus der wegen der dort zusätzlich beigegebenen 6-saitigen Leier als „Sängergrab" bezeichneten Bestattung Nr. 84. [6.6, g]

3. DER PRAKTISCHE NACHBAU

Will man Informationen über die Schusseigenschaften der Oberflacht-Bogen gewinnen, besteht neben der optischen Begutachtung sowie mechanischen Berechnungen der Originale auch die Möglichkeit zur Erprobung funktionstüchtiger Nachbildungen. (Abb. 8)
Bogenbauerische Authentizität beruht dabei auf der Wiedergabe kennzeichnender Konstruktionsmerkmale, die im folgenden noch einmal unter handwerklichen Aspekten zusammengefaßt werden. Im Rahmen praktischer Tests zur Ermittlung der maximalen Leistungsfähigkeit wurden vom Verfasser mehrere Repliken des größten der erhaltenen drei Exemplare, aus Grab Nr. 21, experimentalarchäologisch untersucht. Die daraus resultierenden Ergebnisse ermöglichen einen interessanten Einblick in das ursprüngliche Nutzungsspektrum des Bogens sowohl als Grabbeigabe wie auch als leistungsfähige Fernwaffe.

3.1 VORGABEN FÜR BOGENBAUER

Langbögen vom Typ Oberflacht müssen, um authentisch zu sein,

- erstens eine verstärkte und langgestreckte Griffzone aufweisen,
- zweitens über fünfeckige Wurfarme verfügen und
- drittens eine leicht „paddelförmige“ Form des Eibenstabes in der Draufsicht zeigen.

Die Griffausdehnungen varriieren im Verhältnis zur effektiven Länge zwischen etwa 15 % bei rund 1600 mm kurzen bis zu 19 % bei rund 1800 mm langen Bogen. Erstgenannte besitzen ferner in der maximalen Ausdehnung etwas breitere Wurfarme, was beim Schießen ebenfalls der Bruchsicherheit zugute kommt. Kerbungen zur Sehnenbefestigung werden stets einseitig, etwa 50 mm vom Wurfarmende entfernt angebracht und sollten unten oval ausgeformt sein, damit die Sehnenschnur nicht ins Holz einschneiden kann.
Alternativen bestehen für das Anbringen eines „string-keepers“ sowie bei der Gestaltung der Endpartien. Keulenförmig ausgreifende Bogenenden treten auf, wenn zur Fixierung des Halte-Fadens ein Löchlein oberhalb einer der Sehnenkerben durch die Längsachse des Stabes gebohrt wird. Schmale Doppelkerbung geht mit sich verjüngenden Endpartien einher.
Das materialbelastende Bogendesign erfordert stets sehr gute werkstoffliche Beschaffenheit. Auch Stämmchen von lediglich etwa 60 bis 90 mm Durchmesser können in diesem Fall als Werkstücke dienen. Orientiert man die Qualität modernen Eibenholzes am antiken, beträgt bei durchschnittlich 2 bis 4 Jahrringen pro Millimeter das Verhältnis Splint- zu Kernholz auf ganzer Länge insgesamt 1:3. Hinsichtlich der handwerklichen Bearbeitung ist darauf zu achten, dass die Kanten des fünfeckigen Profils wie bei den Vorbildern deutlich und ohne Abrundungen ausgeformt werden. (Abb. 9)

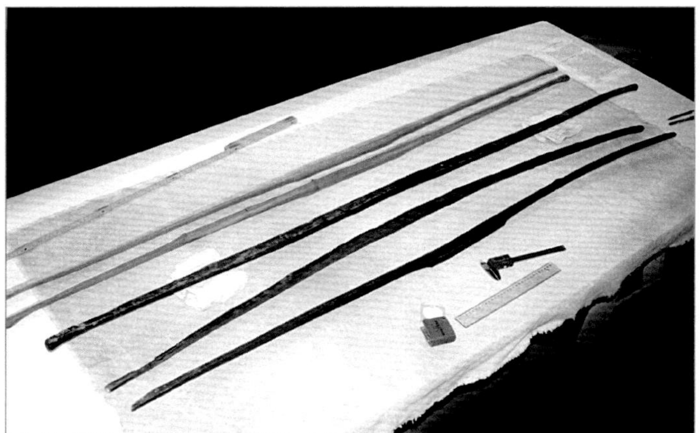

Abb. 8: Grab-21-Repliken (oben) und Originale im WLM Stuttgart (Foto: H. Riesch)

3.2 ERPROBUNG DES BOGENS AUS GRAB-21

Originalgetreue Repliken

Nachdem adäquate Eibenstäbe ausgewählt, den Abmessungen der Vorlage angepasst und „getillert“ worden waren, standen für praktische Tests drei Nachbildungen des Grab-21-Bogens zur Verfügung. (Abb. 9, Farbtafeln 7 und 8)

Gleich zu Beginn fiel deren extreme Steifigkeit auf, die es nur unter erheblichem manuellen Kraftaufwand möglich machte, eine Sehnenschnur aufzuziehen. Zur Messung der Zuggewichte kamen die Bögen dann erneut auf den „Tillerstab“. Die jeweils in 135 mm Standhöhe über den Griffen befindlichen Leinensehnen wurden zunächst 200 mm weit ausgezogen. Die hierfür einzusetzende Kraft betrug mit ansteigender Tendenz rund 5 kg pro 50 mm bis zu einem Haltegewicht von 22 kg.

Jenseits dieses Wertes begann bereits der kritische Belastungsbereich; ab etwa 250 bis 300 mm Auszug trat unvermeidlich werkstoffliche Überbeanspruchung und Bogenbruch ein. Die geringe Biegsamkeit resultierte dabei weniger aus der langen Griffzone als vielmehr aus den zu hoch profilierten Wurfarmen innerhalb der ersten beiden Viertel nach den Griffkanten.

Dieses experimentelle Ergebnis stellt den praktischen Nutzwert des originalen Stückes stark in Frage, denn rekonstruierbare Pfeilschäfte aus Oberflacht (s.u. 4.1) benötigen eine Auszugslänge von mindestens 400 mm. Mit den Nachbildungen ließen sich entsprechende Pfeile bei nur 200 mm Spannstrecke nicht effektiv verschießen. Das Grab-21-Exemplar in der vorliegenden Dimensionierung war somit als Fernwaffe unbrauchbar.

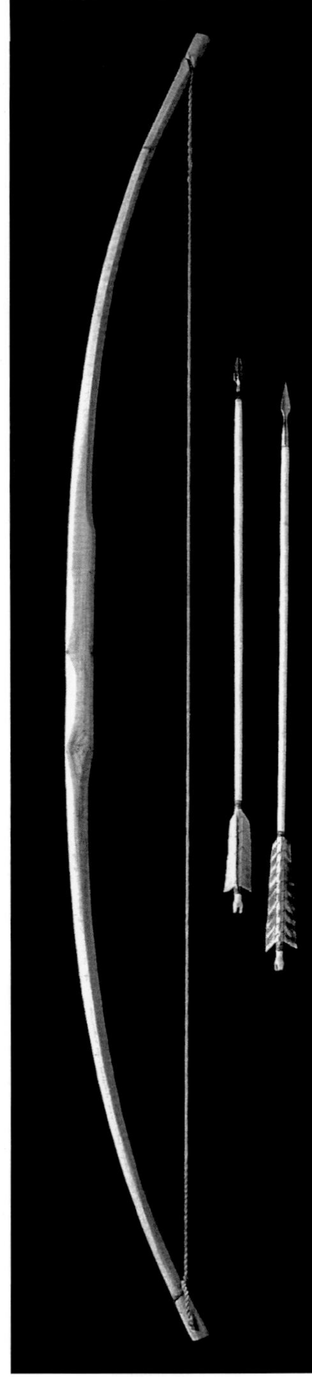

Abb. 9: Alamannische Pfeile und Bogen (Foto H. Zwietasch/ P. Frankenstein, WLM Stuttgart, Rekonstruktion: H. Riesch)

Überlegungen zum Fertigungsgrad

Wurde der Bogen aus Grab Nr. 21 mangelhaft ausgearbeitet oder handelt es sich gar um ein fehlerhaftes Konstruktionsmuster? Zur Klärung dieser Fragen könnte der Umstand beitragen, dass am doch schussuntauglichen Original überhaupt eine Sehne aufgezogen wurde. Angerissene Nocken wie hier (Abb. 6) traten auch bei einigen Repliken aufgrund des enormen Sehnenzuges schon im bespannten Zustand auf. Praktikablere Gewichte wären bogenbauerisch ohne weiteres durch Wegnahme einer adäquaten Kernholzmenge an den oberen Wurfarmpartien zu erzielen gewesen. Da die für das Schießen notwendige Biegsamkeit aber nicht erreicht wurde, sondern man die Waffe nur soweit fertigstellte, um eine Sehnenschnur aufzuspannen, fehlten für einen abschließenden Arbeitsgang im Rahmen des „tillering“ wohl auch Anlass und Notwendigkeit.

Vielleicht lag eine ausschließliche Verwendung als Grabbeigabe vor, bei der keine wirkliche Funktionsfähigkeit bestehen musste. Denkbar wäre bspw. eine Spezialanfertigung, die ein im Rahmen des Bestattungsritus notwendiges Beigabenensemble vervollständigen sollte, wobei sich der Bogenbauer nicht mehr der Mühe einer endgültigen Fertigstellung unterzog. Wir hätten also einen Funeralbogen vor uns.

Falls die Oberflachter Langbögen generell mit auf Standhöhe gebrachter Sehne deponiert wurden, hätte der Bearbeitungsgrad immerhin dazu ausgereicht, eine augenscheinlich intakte Waffe zu repräsentieren. Verglichen mit der zumeist guten Gebrauchsqualität der übrigen Funde aus dem Gräberfeld beschreibt diese Hypothese zwar eine seltene Ausnahme, die hohe handwerkliche Qualität, die man bei der Formung des Holzkörpers aufbrachte und der gleichzeitig unfertige Zustand des Bogens könnten somit aber erklärt werden.

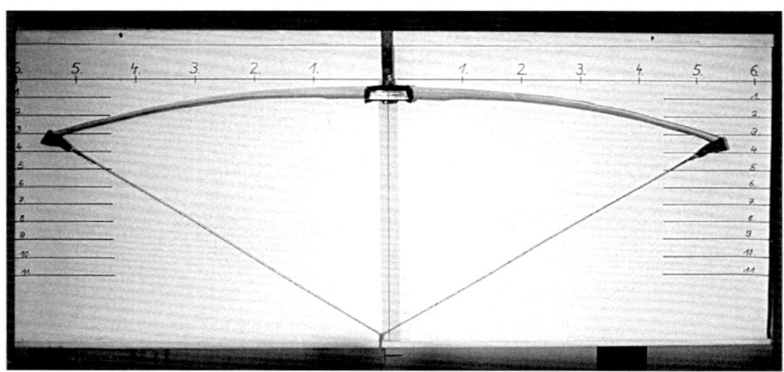

Abb. 10: Bogen-Nachbildung während des „Tillerns" (Foto und Rekonstruktion H. Riesch)

Rekonstruierbare Schusseigenschaften

Eine Verringerung der oberen Wurfarmprofile um ca. 3 bis 4 mm versetzte die Repliken in gebrauchsfähigen Zustand. Anders als beim Original erfordert dabei der größere Abstand zwischen Griff und anschließenden Armen die Gestaltung geschwungener Stufen (wie bei den Bogen aus Grab Nr. 7 und 8) anstelle querlaufender Kanten, um eine materialentlastende Verbindung zwischen Handhabe und arbeitendem Bogenbereich herzustellen. (Abb. 10)

Unter ansonsten kompletter Beibehaltung der ursprünglichen Längen- und Breitenmaße erlauben die Eibenstäbe einen Pfeilauszug von rund 400 mm und besitzen maximale Zuggewichte zwischen 30–35 Kg. Sie sind aufgrund ihrer verstärkten Griffausprägung angenehm, d.h. ohne störendes Nachschwingen zu Schießen, erfordern aber wegen der geringen Auszugslänge sowie des materialbelastenden Designs einen angepasst dynamischen Schussstil mit kurzer „Ankerzeit". Charakteristisch ist ferner eine hohe Anfangsgeschwindigkeit des Pfeils mit optimaler Wirkungsentfaltung im Kernschussbereich.

Auf weitere Distanzen besitzen dagegen von leistungsmäßig vergleichbaren, herkömmlichen Langbogen (engl. „longbows") verschossene Projektile mehr Wucht. Mit runden oder D-förmigen Profilen und ohne verlängerte Griffzone sind sie zwar langsamer, bieten aber mehr Auszugsweg und geringere Bruchgefahr. Unter Berücksichtigung dieses alternativen Konstruktionsmodells, das alamannische Bogenbauer der Merowingerzeit ebenfalls verwendeten (s.u. 5.1.), könnte man die Oberflachter Exemplare pointiert als „Fernwaffen für den Nahbereich" bezeichnen. Wahrscheinlich gründete ihr ungewöhnliches Design in besonderen Nutzungsanforderungen.

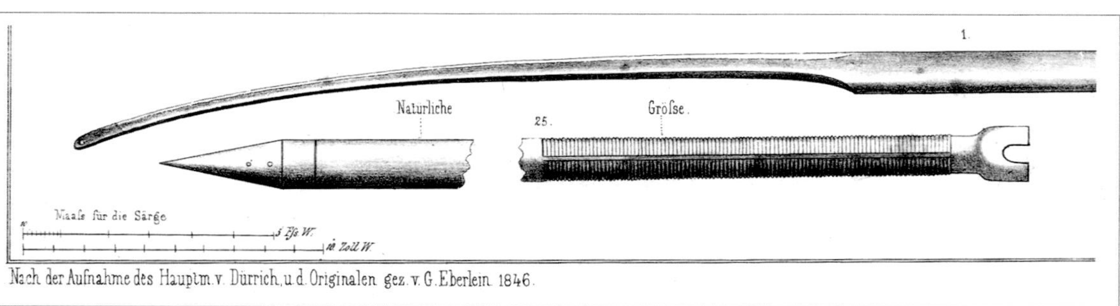

Abb. 11: Oberflacht-Pfeil u. Bogen aus Grab Nr. 7 in der Dokumentation von 1846 (6.1, a/c)

4. DIE OBERFLACHT-PFEILE

„Die Pfeile waren in allen Särgen gleich, zwei Fuß lang, oben dicker als unten, auf den Schwung berechnet. Unten sah man noch Reste des Kitts, womit die Befiederung befestigt war. Oben fand sich keine Metallspitze, nur einigemale die kleinen Nägelchen, womit die verlorne Spitze befestigt war. Der stumpfe Theil, auf dem die Spitze aufgesessen, war bei einigen Spitzen zinnoberroth." So beschreibt Wolfgang Menzel im 1847 veröffentlichten Grabungsbericht die angetroffenen Pfeile. [6.2, b] Dieser Text wird durch Fundzeichnungen ergänzt. (Abb. 11, 25) Heute noch erhalten sind außerdem zwei rund 190 mm lange und 9 mm starke Schaftfragmente aus Grab Nr. 71–72, aufbewahrt im Museum Spaichingen. (Abb. 12)

4.1 HOLZSCHÄFTE

Abb. 12: Schneeball- und Birkenholz-schaftrest (unten) aus Grab Nr. 70-71 (6.6, b)

Die Schaftreste bestehen aus den Hölzern des Wolligen Schneeballs und der Birke. Beides sind gut geeignete und in Europa archäologisch vielfach nachgewiesene Pfeilwerkstoffe. Der zitierte Fundbericht verwendet für Maßangaben das „Württembergische Fußmaß".
Bei umgerechnet 287 mm wären die Schäfte damit in situ etwa 574 mm lang gewesen. An einem solchen Pfeil verbleiben unter Berücksichtigung von 135 mm Sehnenstandhöhe und 25 bis 30 mm überragender Pfeilspitzentülle noch rund 400 mm für den Auszug. Hier korrespondieren also die Angaben der Sekundärquellen mit den rekonstruierbaren Bogeneigenschaften.
In der Zeichnung von 1846 beträgt die Schaftstärke vorne 11 mm, danach erfolgte gleichmäßiges „tapering" bis auf 8 mm kurz vor einer abgesetzten Nock von 12 mm Durchmesser.
Im 1:1-Nachbau sind solche mit Eisenspitzen zwischen 40 bis 50 g schweren Pfeile aufgrund der Zähigkeit des Schaftmaterials und der geringen Gesamtlänge allerdings wenig biegsam.
Die Flugeigenschaften gestalten sich deutlich besser, wenn man den Gesamtdurchmesser etwa einen Millimeter nach unten korrigiert und sich dadurch messbare „spine"-Werte ergeben. Hinzuweisen ist ferner auf die Fragmente aus Grab Nr. 71–72, welche abweichend von der Beschreibung der Ausgräber auf ganzer Länge keine durchgängige Verjüngung aufweisen. (Abb. 12)
Offenbar wurden in Oberflacht sowohl gerade wie auch nach vorne hin sich verstärkende Schäfte verwendet. Deren Trimmung muss dem jeweiligen Bogengewicht anpasst gewesen sein. Pfeile einheitlicher Profilstärke (wie im Fundbericht) kann es aufgrund variierender Bogengewichte realistischerweise nicht gegeben haben.

4.2 PFEILBEFIEDERUNG

Abb. 13: Pfeile mit Trapezbefiederung und kelchförmigen Nocken („Stuttgarter Bilderpsalter", fol. 74 r)

Die Detailillustration von 1846 weist im Gegensatz zum Fundbereicht, der nur „Reste des Kitts" – in Frage kommt beispielsweise Birkenpech – erwähnt, auch auf eine etwa 90 mm kurze, außergewöhnlich enge und dicht hinter der Pfeilnock beginnende Schaftumwicklung hin. Mittig gelegen wird dabei eine Federkiellinie angedeutet, deren Position beim Schuss mit einer Zweifachbefiederung keine, mit einer drei- oder vierfachen jedoch eine der Federn den Bogenstab im Vorbeigleiten seitlich bzw. frontal berühren ließe. Letzteres stellt eine vermeidbare Störung dar, die freilich auch an germanischen Pfeilen der Römischen Kaiserzeit aus Nydam auftritt. [6.13, b]
Weitere Details sind für Oberflacht nicht dokumentiert, lassen sich jedoch aus Alternativquellen erschließen, um in der Rekonstruktion zumindest potentielle Authentizität zu gewährleisten. Schaftumwicklung aus schwach versponnenem Wollfaden in S-Zwirn kommt an einem alamannischen Pfeil aus Fundort Altdorf, Martinskirche, Kanton Uri, vor. [6.8] Hier zur ergänzenden Sicherung einer Tüllenspitze verwendet, können damit am anderen Pfeilende auch Federkiele auf einer Leimschicht gehalten werden.
Hinsichtlich der Formgebung stehen zeitgenössische Psalterillustrationen zur Verfügung, die des öfteren Pfeile mit trapezförmig geschnittenen Flugstabilisatoren zeigen. (Abb. 13)
Gänsefedern wurden wiederum an Schäften aus Nydam verwendet und kamen aufgrund ihrer positiven Flugeigenschaften auch im Mittelalter zum Einsatz, was die detailreichen Empfehlungen Roger Aschams in dessen Lehrbuch des Bogenschießens „Toxophilus" (London 1545) nahelegen.

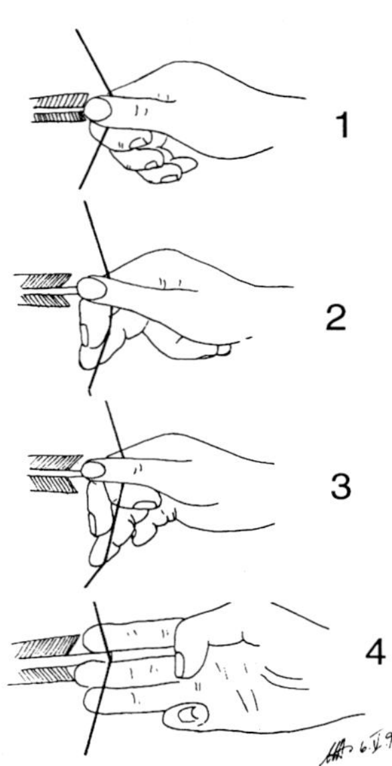

Abb. 14: *Traditionelle Spanntechniken (A. Webb, Archeology of Archery, Tornworth 1991)*

4.3 PFEILNOCKEN

Die Nocken der Oberflacht-Pfeile wurden aus den sich verjüngenden Schäften kelchförmig herausgearbeitet. Ähnliche Formen begegnen auch an germanischen Schäften aus Nydam, Haithabu (Wikingerzeit) und in der karolingerzeitlichen Ikonographie. (Abb. 13) Mit einem solchermaßen verbreiterten Pfeilende stand ausreichend Material für die Aufnahme der Sehnenkerbe zur Verfügung. Außerdem wurde einer Spaltung des Holzes durch den Druck der Bogensehen vorgebeugt. Für die sogenannte „Sekundäre" oder „Tertiäre Spannweise", d.h. für das Zustandekommen eines von Daumen und Zeigefinger sowie bei hohen Zuggewichten unterstützend von Mittel- bzw. Mittel- und Ringfinger ausgeführten Griffes (Abb. 14, 2-3), wären abgesetzte Nocken ebenfalls äußerst hilfreich gewesen. Ein diesen Spannmethoden gemäßes, rasches Anreißen sowie sofortiges Lösen der Sehne entspräche dabei gut dem auf geringen Auszug und hohe Geschwindigkeit hin ausgelegten Charakter der Oberflacht-Bögen. Verglichen mit dem auf der „Mittelmeerspannung" (Abb. 14, 4) basierenden, heutigen Langbogenschießen scheinen die daumenunterstützten Techniken zwar gewöhnungsbedürftig, da jedoch auch die Konstruktion der alamannischen Fernwaffen von derjenigen hergebrachter „longbows" stark abweicht, sollten unkonventionell anmutende Schussstile, welche sich bei entsprechendem Training als durchaus effektiv erweisen mögen, für die merowingerzeitliche Situation ebenfalls in Betracht gezogen werden.

4.4 PFEILBEWEHRUNG

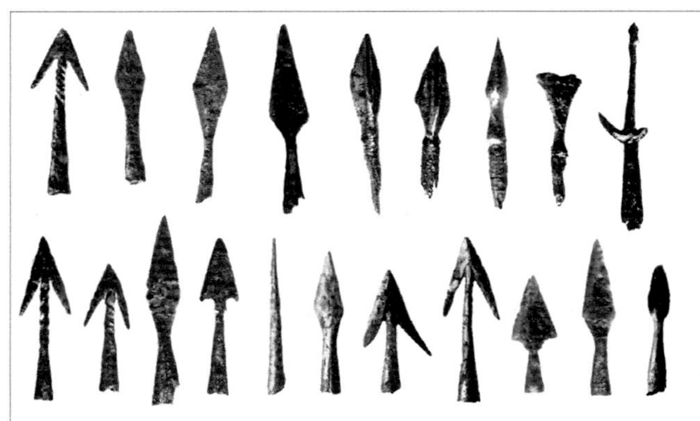

Abb. 15: *Alamannische Projektiltypen des späten 6. u. 7. Jh. (J. Werner, Das alamann. Gräberfeld von Bülach, Basel 1953)*

Alamannische Pfeilspitzen

Aus dem Oberflachter Gräberfeld sind nur zwei eiserne Flachspitzen zusammen mit Schaftbruchstücken aus Grab Nr. 84 dokumentiert, jedoch nicht erhalten. [6.6, c]
Es handelt sich um ein Exemplar mit rautenförmigem Blatt und eine dreieckige Spitze mit Widerhaken. Solche Formen sind im merowingischen Kulturraum, d.h. bei Franken, Alamannen und Bajuwaren, zeittypisch. Daneben treten mitunter bolzen- oder nadelförmige Tüllenspitzen auf. Querschneider oder gar Dreizacke, wie sie aus einem Gräberfeld im schweizerischen Bülach, Kanton Zürich, geborgen wurden, gehören zu den Ausnahmestücken.

Interessant sind auch die gelegentlich anzutreffenden dreiflügeligen Typen mit Schaftdorn, die man aus dem mediterranen Raum importierte. (Abb. 15) Die Formgebung der Projektile orientierte sich neben stilistischen Aspekten (Oval, Raute, Dreieck) primär an deren Verwendungsweck. Schmale Blattspitzen von rund 15 bis 20 mm Durchmesser wurden in erster Linie für kriegerische Zwecke eingesetzt. Ergänzend standen die konisch zulaufenden runden oder vierkantigen Typen zu Verfügung, um metallene Schutzrüstung zu durchschlagen.

Jagdlichem Schießen auf Rotwild als der im Frühmittelalter bevorzugten Beutetierart, dienten zwischen 30 bis 40 mm breite, oftmals mit tordiertem Schaft verzierte Widerhakenspitzen. Wahrscheinlich gehörten auch die querschneidigen und dreizinkigen Projektile in den Bereich der Jagd. [6.14]

Abb. 1

LANGBOGEN UND RUNDSCHILD AUS OBERFLACHT

(Foto: H. Zwietasch / P. Frankenstein, WLM Stuttgart)

Abb. 9

ALAMANNISCHE PFEILE UND BOGEN

(Foto H. Zwietasch / P. Frankenstein, WLM Stuttgart, Rekonstruktion: H. Riesch)

Alamannische Pfeilspitzen (Foto H. Riesch, Rekonstruktion U. Stehli)

Oberflacht-Pfeile u. -Bogen (Foto u. Rekonstruktion U. Stehli)

Abb. 17 **Köcherrekonstruktion** nach Altdorfer Vorbild (Foto u. Rekonstruktion H. Riesch)

Abb. 23 **Bogenschütze mit Jagdpfeil** („Stuttgarter Bilderpsalter“, fol. 69 r)

Schmiedetechnik und Schäftung

Metallurgische Analysen zeigten exemplarisch für eine originale alamannische Pfeilspitze einen dreilagigen Gefügeaufbau, wobei ein ferritischer Kern mit 182 HV 1 (Vickershärte) von ferritisch-perlitischen Schichten mit 192 HV 1 umschlossen war. (Abb. 16) Diese modern wirkende „Sandwichbauweise" sorgte prinzipiell mit ihren härteren Zonen beim Auftreffen für Formstabilität während der weichere, mittlere Gefügeanteil aufgrund seiner Rißstoppeigenschaften sprödes Brechen verhinderte. In der praktischen Rekonstruktion (Abb. 9, Farbtafel 8) wurden vergleichbare Werkstoffeigenschaften durch manuelles Nachschmieden unter Auswahl von unlegiertem Baustahl (S235JR, früher St 37) erziehlt. [6.12]

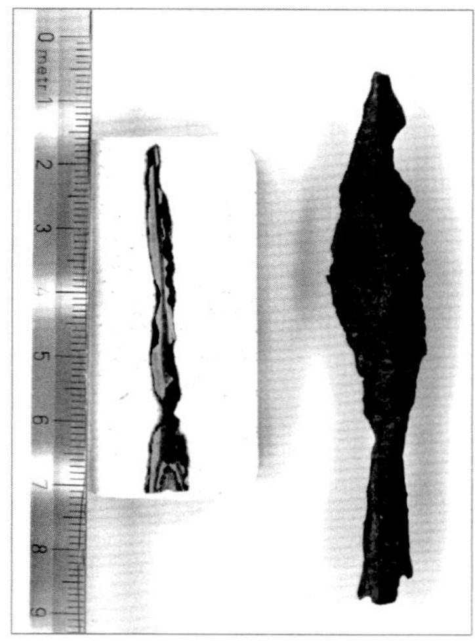

Abb. 16: Dreischichtiges Pfeilspitzengefüge (Foto: K. Becker / H. Riesch, FH Bingen)

Zur Verbindung der Tüllen mit dem Schaft dienten in Oberflacht anscheinend zweierlei Methoden. Stiftung tritt beim erhaltenen Schaftrest aus Birkenholz auf, der am Beginn der auf 270 mm zugespitzten Vorderpartie ein Nagellöchlein besitzt. (Abb. 12, u.) Auch im experimentellen Nachbau erbringt ein solches Verbindungselement ausreichend Kraftschlüssigkeit.

Die Dokumentation aus dem Jahr 1846, die in Text und Bild (Abb. 11, 25) zwei bis drei Nägelchen aufführt, übertreibt daher sicherlich. Falls es sich bei der „zinnoberrothen" Färbung einiger vorderer Schaftbereiche nicht um Korrosions- oder gar Reste einer Schaftbemalung sondern um Spuren von Leim handeln sollte, wäre damit die im Gegensatz zur Stiftung an merowingerzeitlichen Pfeilen übliche Praxis der geklebten Befestigung von Tüllen auch in Oberflacht praktiziert worden.

4.5 PFEILKÖCHER

Pfeile wurden in den Oberflacht-Gräbern meistens in der Dreizahl und ohne Köcher deponiert. Zu Lebzeiten müssen die Bogenschützen aber über Behälter zur Aufbewahrung und zum Transport größerer Pfeilmengen verfügt haben.

Der bislang vollständigste merowingerzeitliche Köcherfund stammt aus dem Altdorfer Grabinventar. Der dort bestattete wohlhabende Alamanne besaß einen lederverkleideten sowie mit einem Deckel verschließbaren Lindenholzköcher gefüllt mit acht Jagdpfeilen aus Geissblatt-, Hasel- und Eschenholz. Dessen im Querschnitt längsovaler und sich zum Boden hin verbreiternder Korpus enthielt die Projektile mit der Befiederung nach unten; oben konnten sie aus einer vorderseitigen, U-förmigen Öffnung entnommen werden. [6.8] Dieses Köcherdesign wurde zwischen dem 5. bis 8. Jh. n. Chr. durch die asiatischen Reitervölker der Hunnen und Awaren in den byzantinischen und (ost-/) germanischen Raum vermittelt.

Abb. 17: Köcherrekonstruktion nach Altdorfer Vorbild (Foto u. Rekonstruktion H. Riesch)

Für das Merowingerreich stellt der Altdorfer Fund einen modifizierten – flechtbanddekorierter Holzkorpus und separater Deckel sind bei awarischen Pfeilbehältern unbekannt – Nachweis dar.

In der Rekonstruktion (Abb. 17, siehe auch Farbtafel 8) erlaubt die Tragweise in rechter Oberschenkelhöhe das Greifen eines Schaftes kurz unterhalb der Tülle, so dass sich der Pfeil sicher an den Bogen bringen lässt. Offenbar von Norditalien aus ins alamannische Siedlungsgebiet kommend, gelangte die Methode der Pfeilaufbewahrung mit nach oben gerichteten Spitzen vielleicht auch zu den Oberflachter Bogenschützen.

Abb. 18: Jagdköcher des Hochmittelalters („Krumauer Bilderkodex", vol. 97 v)

Wie der von den Awaren nach Westen gebrachte Steigbügel erfolgreich rezipiert wurde, scheint nach Ausweis mittelalterlicher Quellen auch der östliche Köchertyp im Frankenreich dauerhaft weitergenutzt worden zu sein. (Abb. 18)
Etymologisch konnte bislang lediglich vermutet werden, dass unsere heutige Bezeichnung „Köcher" (engl. „*quiver*, franz. „*carquois*") als Lehnwort turko-mongolischer Sprachen (hunn./awar. „*kukur*") des Frühen Mittelalters ins Althochdeutsche Eingang fand (Kluges Etym. Lexikon, Berlin 1975). Der herausragende Altdorfer Fund unterstützt nun diese Hypothese aufgrund der gegenständlichen Adaption.

5. ALAMANNISCHE BOGENBAUER UND BOGENSCHÜTZEN

Die drei Fernwaffen aus Oberflacht besitzen in werkstofflichen, funktionalen und stilistischen Details eine gewisse Inhomogenität, die vielleicht darauf zurückzuführen ist, dass der Bau von Holzbogen in der damaligen Siedlungsgemeinschaft kein spezialisiertes Handwerk mit stark vereinheitlichter Gestaltung darstellte. Wahrscheinlich war jeder Schütze, bzw. Personen aus dessen unmittelbarem sozialen Umfeld, selbst für die Herstellung verantwortlich.
Ein optimiertes Design wie das vorliegende setzt aber in jedem Fall ein hohes schusstechnisches Verständnis voraus, dem wohl eine lange praktische Erfahrung im Einsatz als Jagd- bzw. Kriegswaffen vorausging. Einer älteren Tradition scheint auch der einzige weitere merowingerzeitliche Vollholzbogen aus Altdorf anzugehören, der im folgenden abrißhaft beschrieben wird. Außerdem kannte das „Alamannischen Bogenschießen" technisch völlig andere Konstruktionen, was sich in der vereinzelten Nutzung von zusammengesetzten Reflexbogen zeigt, die ebenfalls kurz vorgestellt werden.

5.1 BOGENTYPEN DER MEROWINGERZEIT

Abb. 19: Altdorfer Grabinventar in Fundsituation (Aufnahme: Schweizerisches Landesmuseum Zürich)

Langbogen aus Altdorf und Oberflacht

Im Jahr 1969 wurden aus dem Alamannengrab in der Altdorfer Martinskirche neben dem Köcher auch die Fragmente eines Eibenholzbogens geborgen, den man wegen der beigegebenen breiten Widerhakenspitzen als Jagdwaffe ansprechen kann. (Abb. 19)
Er war mit ursprünglich etwa 1800 mm mannshoch, besitzt ein annähernd rundes Profil ohne speziell verstärkte Griffpartie und weist als Besonderheit an einem Ende eine mit einem dünnem Eisennagel fixierte Spitztülle aus Eisenblech von 880 mm Länge auf. [6.8] Die um 670 n.Chr. deponierte Schusswaffe ist damit solchen Langbogen vergleichbar, wie sie mit runden Querschnitten und teilweise auch mit Spitztüllen aus dem Nydam-Moor [6.13, a] erhalten sind.
Möglicherweise greift das merowingische Exemplar hier auf ein bis ins Frühmittelalter tradierendes (nord-)germanisches Design zurück, wie es von alemannischen Stammesgruppen, deren Heimat vor den im 2.–3. Jh. n.Chr. einsetzenden Südwanderungen in der unteren und mittleren Elbregion vermutet wird, verwendet wurde.

Beachtlich ist der große konstruktive Unterschied des Altdorf-Bogens zum viel komplexeren Design der Oberflachter Stücke. Offenbar waren in der „Alamannia“ zeitgleich unterschiedliche Bogentypen in Gebrauch.
Für die Objekte aus Oberflacht sind bislang weder Vorbilder bekannt, noch kennen hoch- und spätmittelalterliche Bögen eine vergleichbare Form, dies allerdings bei insgesamt äußerst spärlicher Fundsituation in Europa. Der chronologisch nächstliegende Vollholzbogen (aus Eibenholz) mit abgesetzter, jedoch kurzer Griffpartie und fünfeckigen, schmalen Wurfarmen erscheint erst zur Renaissancezeit - wiederum mit Fundort im süddeutschen Raum. [6.9]

Zusammengesetzte Reflexbogen

Die handwerklich anspruchsvollen, aus Klebeverbindungen eines Holzkerns mit Hornstreifen, Sehnenauflagen und beinernen Versteifungselementen bestehenden Reflexbogen (engl. „composite-bows“) gehen während des 6.–8. Jh. in Mitteleuropa auf awarische Vorbilder zurück. Einen veritablen Eindruck vom Aussehen dieser Fernwaffen mit sichelförmig abgewinkelten Hebelarmen und leicht zurückgesetzten Griffpartien liefern bisweilen Zeichnungen in fränkischen Bilderhandschriften. (Abb. 20)

Abb. 20: Karolingerzeitliche Reflexbogendarstellung („Utrecht-Psalter,“ Ill. zu Ps. 90)

Bei Bodenfunden sind in der Regel nur noch die flachen Platten aus Tierknochen erhalten, mit denen die Griffzone und die rekurven Wurfarmenden verstärkt waren.
So enthielt eine alamannischen Bestattung des 7. Jh. in Bad Cannstadt [6.4] einen Kompositbogen spätawarischen Typs mit rund 200 mm langen, sich im Bereich den Sehnenkerben stark verbreiternden Endstücken. (Abb. 21)
Aufgrund der Seltenheit entsprechender Funde und der aufwendigen Herstellungsweise von Reflexbogen darf man annehmen, dass ihre Existenz im heutigen Südwestdeutschland auf einer spezialisierten (einheimischen?) Handwerkerschaft beruhte bzw. Import aus dem vom awarischen Bogenschießen stark beeinflußten Langobardenreich vorbehalten blieb.
Als handliche Reiterwaffen kam ihre Verwendung – ganz im Gegensatz zu den unkomplizierter anzufertigenden Vollholzbogen - wohl nur für eine alamannische Kriegerelite in Frage.
Zur praktischen Rekonstruktion sei auf einschlägige Literatur verwiesen. [6.7]

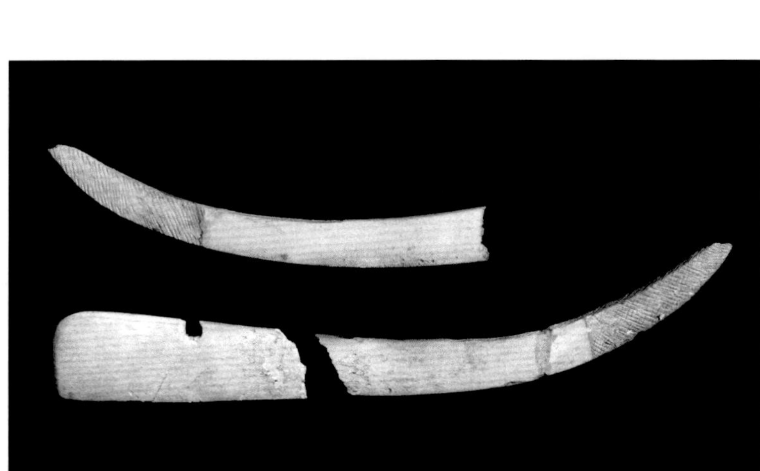
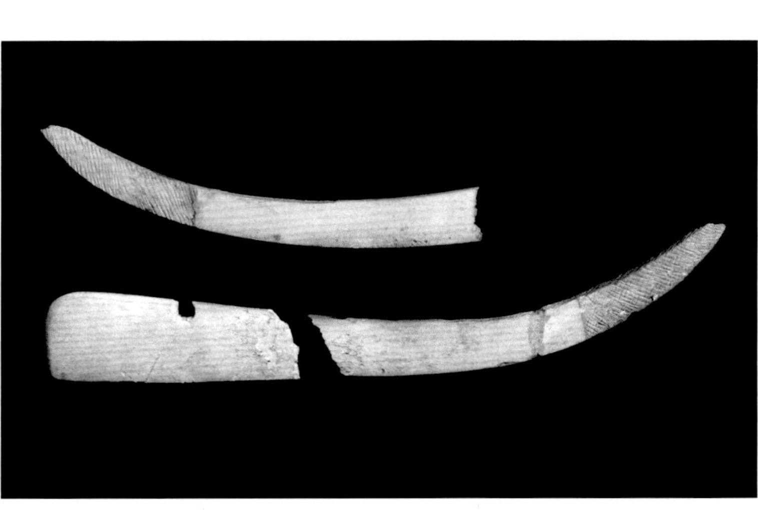

Abb. 21: Beinerne Bogenenden aus Bad Cannstadt (Foto: WLM Stuttgart, Inv.-Nr. A 624)

5.2 PFEIL UND BOGEN ALS WERKZEUGE DES ALLTAGS

Kinder, Jugendliche, reiche oder arme Leute?

Bei den Alamannen tritt generell ein hoher Anteil von Pfeil-und-Bogen-Funden in den Bestattungen von Kindern und Jugendlichen sowie in einfacher ausgestatteten Erwachsenengräbern auf. Letztgenannten wurde zur Römischen Kaiserzeit des öfteren eine Streitaxt und während der merowingischen Epoche das einschneidige Hiebschwert (Sax) beigegeben.

Im Oberflachter Gräberfeld enthielten von rund drei Dutzend gesicherten männlichen Bestattungen (noch) etwa ein Drittel Reste von Pfeilen und Bogen. Die Bogenwaffe war damals also recht häufig vertreten. Ihr Gebrauch dürfte von frühester Jugend an gelernt und danach ständig geübt worden sein.

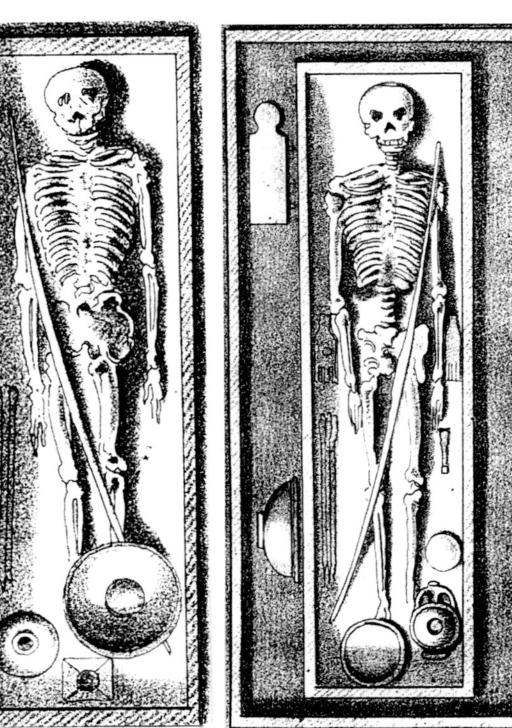

Abb. 22: Bestattungen Nr. 14 (l.) u. 15 von Oberflacht „in situ" im Jahr 1846 (6.1, b)

Die weitgehende Zersetzung metallischer Objekte macht eine Einordnung in mehr oder weniger wohlhabende Inventare, die Hinweise auf die soziale Stellung der Schützen geben könnten, schwierig. Aufgrund der ungünstigen Erhaltungssituation in Oberflacht lassen sich auch keine exakten anthropologischen Aussagen treffen.

Es existieren jedoch aus dem Jahr 1846 als zugleich einzige Illustrationen von Bogenschützen-Gräbern zwei maßstäbliche Zeichnungen der Bestattungen Nr. 14 und 15. (Abb. 22)

Die darin befindlichen Individuen waren etwa 1650 mm groß, die Bogen mannshoch. [6.6, h] Wenn analog auch die Eibenstäbe aus Grab Nr. 7, 8 und 21 der Statur ihrer Besitzer entsprachen, dürfte es sich – eine für die Merowingerzeit ermittelte Durchschnittsgröße erwachsener Männer von rund 1720 mm vorausgesetzt – bei den vormaligen Schützen nicht um Kinder gehandelt haben. In diesem Fall stellt sich die Frage, welchem Nutzungsbereich die Bogen angehörten?

Beigaben für Jäger und (Bauern-)Krieger

Ein mehr auf hohe Abschussgeschwindigkeit denn auf weites und wuchtiges Fortschnellen von Projektilen hin ausgelegtes Bogendesign wie das vorliegende entfaltet seine Vorteile in erster Linie auf für das Erlegen von Fluchttieren in bewaldetem Terrain typischen Entfernungen von etwa 10 bis 40 Metern. Dies spräche eher für eine jagdliche Verwendung (Abb. 23).

Tatsächlich war die Jagdausübung zu Beginn der Merowingerzeit noch allgemein üblich, tendierte im Laufe des Frühen Mittelalters jedoch zu einem Vorrecht privilegierter Bevölkerungsgruppen. Außerdem besaß sie, wie man aus Siedlungsfunden weiß, zur kontinuierlichen Versorgung bäuerlicher Dorfgemeinschaften mit tierischem Eiweiß eine nur untergeordnete Bedeutung.

Die alleinige Ansprache des Oberflachter Bogentyps als Jagdwaffe wäre daher wohl zu kurz gegriffen. In bewaffneten Konflikten wurden Pfeil und Bogen bei westgermanischen Stämmen zumeist von sozialen Schichten geführt, für die eine kostspieligere Ausrüstung mit zweischneidigem Langschwert (Spatha), Lanze und Schild nicht in Frage kam.

Alamannische Leichtbewaffnete des 4. Jh. gelangten dabei im Kampf mit römischen Truppen unmittelbar vor Beginn des Handgemenges, also auf relativ kurze Distanz, gegen die feindliche Schlachtreihe zum Einsatz (Ammianus Marcellinus, Römische Geschichte, Buch 16/-12 u. 27/-1). In einem vergleichbaren Geschehen könnten „schwere" Oberflacht-Bögen auch zur Merowingerzeit wirkungsvoll eingesetzt worden sein. Mithin steht für den vorliegenden Langbogentyp eine breite Nutzung offen.

Die erhaltenen Exemplare aus Grab Nr. 7 und 8 möchte man allerdings aufgrund ihrer geringeren Dimensionen und damit verbunden schwächeren Schussleistung eher in den jagdlichen Kontext stellen, während ein Exemplar wie das aus Grab Nr. 21 (in fertiggestelltem Zustand) eine universelle Fernwaffe repräsentiert.

Abb. 23: Bogenschütze mit Jagdpfeil (Stuttgarter Bilderpsalter, fol. 69 r)

5.3 OFFENE FRAGEN UND ZUKÜNFTIGE AUFGABEN

Die Resultate der geschilderten experimentalarchäologischen Versuche könnten auf der Basis der hier vorgelegten Daten und Beschreibungen in Zukunft um weitere Informationen zu den praktischen Eigenschaften der Oberflacht-Bogen, insbesondere derjenigen aus Grab Nr. 7 und 8, ergänzt werden.

Ergänzend wäre das als Material in Frage kommende Holz der Ulme experimentell zu erproben und mit entsprechenden Leistungsdaten festzuhalten.

In der praktischen Anwendung sollte ferner die Frage beantwortet werden, ob sich für die alamannischen Pfeile und Bogen eine ideale Schusstechnik ermitteln lässt, bei der eventuell sogar daumenunterstütze Spannmethoden zum Tragen kommen.

Das Ergebnis sollte in einer auf der Basis zahlreicher Erfahrungswerte traditioneller Bogenschützen beruhenden und damit empirisch gesicherten Zusammenfassung bestehen, welche sowohl schusstechnische Charakteristika als auch Grenzbereiche der vorliegenden Konstruktionsweise aufzeigt. Diesem Ziel dient neben der bis dahin noch nicht erfolgten Dokumentation die vorliegende Veröffentlichung im „Bogenbauer-Buch".

Der Verfasser hofft auf viele Rückmeldungen interessierter Leserinnen und Lesern, die den bisherigen Kenntnisstand erweitern helfen.

Dank!

Frau Dr. Rotraut Wolf vom WLM Stuttgart sei für die langjährige Zusammenarbeit herzlich gedankt. Vielen Dank Herrn Dr. Dieter Quast für die archäologisch-fachliche Beratung und das Vorwort. Zu nennen sind die Bogenbauer Ulli Stehli (Kierspe) und Alan C. Rogers (Stapleton, GB) für ihre freundschaftliche Unterstützung. Dank geht auch an Frau Dr. Heidi Amrein vom Schweizerischen Landesmuseum in Zürich für das bereitgestellte Bildmaterial und natürlich an Frau Angelika Hörnig für die Anstiftung zu dieser Arbeit.

Langbogen aus Grab Nr. 7

GRIFFZONE	Obere Bogenhälfte	Untere Bogenhälfte
Länge der Griffpartie	251 mm (zwischen den Griffkanten)	
Mittlere Stärke der Griffpartie	35,0 mm	
Stärke / Breite im Griffzentrum	34,7 mm / 23,0 mm	
Stärke / Breite 70 mm vor Zentrum	35,9 mm / 23,4 mm (Ast)	34,9 mm / 23,9 mm
Stärke / Breite an den Griffkanten	34,7 mm / 24,6 mm	35,1 mm / 25,2 mm (Ast)

WURFARME	Obere Hälfte	Untere Hälfte
Distanz bis zur Griffkante	Stärke / Breite	Stärke / Breite
10 mm	28,9 mm / 24,9 mm	31,9 mm / 25,7 mm
20 mm	26,5 mm / 25,0 mm	28,1 mm / 26,0 mm
50 mm	24,5 mm / 25,9 mm	24,6 mm / 28,0 mm
100 mm	22,2 mm / 28,5 mm	23,0 mm / 28,7 mm
150 mm	21,1 mm / 30,1 mm	22,5 mm / 31,0 mm
200 mm	21,5 mm / 31,2 mm	22,0 mm / 31,8 mm
250 mm	22,2 mm / 31,7 mm (Ast)	22,0 mm / 31,9 mm
300 mm	20,8 mm / 29,9 mm	21,8 mm / 31,0 mm
350 mm	20,3 mm / 28,7 mm	20,0 mm / 30,0 mm
400 mm	19,2 mm / 27,8 mm	19,0 mm / 28,9 mm
450 mm	18,8 mm / 26,2 mm	18,0 mm / 27,3 mm
500 mm	16,2 mm / 24,6 mm	17,0 mm / 24,9 mm
550 mm	15,0 mm / 22,5 mm	15,8 mm / 22,9 mm
600 mm	15,2 mm / 20,2 mm	15,2 mm / 20,0 mm
663 mm | 671 mm (Kerbenrand)	16,3 mm / 17,2 mm	16,5 mm / 16,1 mm
669 mm | 677 mm (Kerbenrand)	16,3 mm / 17,0 mm	16,3 mm / 15,8 mm
700 mm | 700 mm	16,4 mm / 15,7 mm	13,8 mm / 14,1 mm
716 mm | 724 mm (= Bogenende)	16,0 mm / 13,0 mm	13,4 mm / 12,8 mm (Beschädigung)

SEHNENKERBEN- UND ENDPARTIE	Obere Bogenhälfte	Untere Bogenhälfte
Lichte Breite der Sehnenkerben	6,0 mm (am Rand des Bogenarms)	6,0 mm (am Rand des Bogenarms)
Maximale Tiefe der Sehnenkerben	3,7 mm	3,7 mm
Lichte Breite der Doppelkerben	6–2 mm (oben – unten)	—
Tiefe der Doppelkerben	1,5 mm	—
Distanz Doppelkerbe – Bogenende	13,5 mm (vom Kerbenrand)	—

Langbogen aus Grab Nr. 8 [aufgrund von Beschädigungen hier nur grundlegende Daten]

	Obere Bogenhälfte	Untere Bogenhälfte
Länge der Griffpartie	237 mm (zwischen den Griffkanten)	
Mittlere Stärke der Griffpartie	34,0 mm	
Breite im Griffzentrum	26,0 mm	
Breite an den Griffkanten	25,2 mm 28,5 mm (Ast)	
Effektive Wurfarmlänge	679 mm 668 mm	
Stärke / Breite 1/3 Wurfarmlänge	18,9 mm / 30,2 mm	19,2 mm / 31,0 mm
Stärke / Breite 2/3 Wurfarmlänge	16,5 mm / 29,6 mm	16,7 mm / 30,6 mm
Stärke / Breite Sehnenkerben (3/3)	14,6 mm / 17,7 mm	16,5 mm / 18,2 mm
Lichte Breite der Sehnenkerben	6,5 mm (am Rand des Bogenarms)	7 mm (am Rand des Bogenarms)
Maximale Tiefe der Sehnenkerben	2,8 mm	3,5 mm
Distanz Nock zum Bogenende	54,0 mm (vom Kerbenrand)	56,0 mm (vom Kerbenrand)
Bohrung quer im Bogenarm	3,2 mm (Durchmesser)	—
Distanz Bohrung zum Bogenende	18,0 mm	—
Stärke / Breite Bogenende	16,6 mm / 14,3 mm	20,8 mm / 14,0 mm

Langbogen aus Grab Nr. 21

GRIFFZONE	Obere Bogenhälfte	Untere Bogenhälfte
Länge der Griffpartie	317 mm (zwischen den Griffkanten)	
Mittlere Stärke der Griffpartie	33,9 mm	
Stärke / Breite im Griffzentrum	34,9 mm / 24,8 mm	
Stärke / Breite 80 mm vor Zentrum	33,4 mm / 25,1 mm	33,7 mm / 26,7 mm (Ast)
Stärke / Breite an den Griffkanten	32,0 mm / 27,6 mm	33,9 mm / 27,8 mm

WURFARME	Obere Hälfte	Untere Hälfte
Distanz bis zur Griffkante	Stärke / Breite	Stärke / Breite
10 mm	29,1 mm / 27,8 mm	32,0 mm / 28,0 mm
20 mm	28,0 mm / 28,0 mm	31,0 mm / 28,1 mm
50 mm	26,3 mm / 28,5 mm	29,2 mm / 28,1 mm
100 mm	25,5 mm / 30,4 mm	27,2 mm / 28,4 mm
150 mm	23,5 mm / 30,8 mm	26,1 mm / 29,2 mm
200 mm	23,0 mm / 30,7 mm	24,0 mm / 30,2 mm
250 mm	22,0 mm / 30,9 mm	23,7 mm / 30,5 mm
300 mm	21,0 mm / 30,1 mm	22,0 mm / 30,0 mm
350 mm	20,9 mm / 28,9 mm	21,3 mm / 28,3 mm
400 mm	21,5 mm / 28,8 mm (Ast)	19,1 mm / 27,5 mm
450 mm	17,2 mm / 27,2 mm	19,0 mm / 26,9 mm
500 mm	18,4 mm / 26,3 mm	18,4 mm / 24,4 mm
550 mm	17,1 mm / 24,3 mm	18,1 mm / 23,0 mm
600 mm	15,4 mm / 21,8 mm	16,5 mm / 22,0 mm
650 mm	14,0 mm / 19,4 mm	14,8 mm / 20,8 mm
694 mm (Kerbenrand)	16,? mm / 18,8 mm (Beschädigung)	14,7 mm / 19,2 mm
702 mm | 701 mm (Kerbenrand)	16,? mm / 18,9 mm (Beschädigung)	15,0 mm / 18,8 mm
722 mm | 721 mm	18,9 mm / 18,7 mm	16,1 mm / 18,0 mm
740 mm | 740 mm	20,0 mm / 16,7 mm	18,9 mm / 16,2 mm
765 mm | 760 mm (= Bogenende)	23,5 mm / 15,0 mm	23,1 mm / 14,7 mm

SEHNENKERBEN- UND ENDPARTIE	Obere Bogenhälfte	Untere Bogenhälfte
Lichte Breite der Sehnenkerben	8,0 mm (am Rand des Bogenarms)	7,0 mm (am Rand des Bogenarms)
Maximale Tiefe der Sehnenkerben	2,5 mm	3,0 mm
Bohrung senkrecht im Bogenarm	4,4 mm (Durchmesser)	—
Distanz Bohrung zum Bogenende	14,2 mm	—

6. KOMMENTIERTE LITERATURÜBERSICHT

6.1 Jahreshefte des Württembergischen Altertumsvereins, 1 (1846) 3
a) auf Taf. X, 1 Profilzeichnung des Bogens aus Grab Nr. 7 von Oberflacht;
b auf Taf. X, 18-19 Zeichnungen der Holzkammer u. des Totenbaums aus Grab Nr. 14 u. 15;
c) auf Taf. X, 25 Pfeilillustrationen aus (ehem.) Grab Nr. 8.

6.2 Dürrich, Ferdinand u. Menzel, Wolfgang: Die Heidengräber am Lupfen bei Oberflacht, Stuttgart 1847
a) auf S. 8-10, 13 sporadische Angaben zu den jeweiligen Pfeil- u. Bogenfunden;
b) auf S. 9 ausführliche Beschreibung der Pfeile aus Grab Nr. 6;
c) auf S. 18 Zusammenstellung aller im Gräberfeld angetroffenen Pfeile u. Bogen.

6.3 Veeck, Walter: Die Alamannen in Württemberg, 1, 2, Berlin 1931
a) auf S. 20-21 (Textbd. 1) knappe Angaben zu Pfeilen und Bögen aus Oberflacht nach Dürrich u. Menzel;
b) auf Taf. 6 (Tafelbd. 2.) S/W-Fotos (Gesamtansichten, Griff- u. Endpartien) der Oberflacht-Bögen.

6.4 Paret, Oskar: Die frühschwäbischen Gräberfelder von Groß-Stuttgart und ihre Zeit, Stuttgart 1937
Angaben zum Reflexbogenfund aus dem alamannischen Gräberfeld von Bad Cannstadt auf S. 24 u. 69.

6.5 Leier - Leuchter – Totenbaum : Holzhandwerk der Alamannen. Texte der Sonderausstellung vom 29.05.-10.11.1991 im Württembergischen Landesmuseum Stuttgart, Stuttgart 1991.
Basisdaten zu den Oberflacht-Bogen auf S. 34, auf S. 39-40 weiterführende Literatur.

6.6 Schiek, Siegwalt: Das Gräberfeld der Merowingerzeit bei Oberflacht, 1, Stuttgart 1992
a) auf S. 26-28 u. 97-98 Beschreibungen u. Detailzeichnungen der drei Eibenbogen; auf S. 127 Holzanalyse;
b) auf S. 45 u. 127, Proben 204, 206 u. Taf. 41, B, 3-4 Pfeilschaftreste aus Birken- und Schneeballholz;
c) auf S. 56 Angabe einer Rauten- u. Widerhakenspitze, zuletzt im Mus. für Vor-/Frühgeschichte, Berlin;
d) auf S. 101, Nr. 31 u. Taf. 103, 4 ein Bogen[?]fragment unbekannter Holzart (WLM Iv.-Nr. F 83,96);
e) auf S. 26 u. Taf. 10, C, 3 u. S. 125, Probe 93 ein Bogenfragment aus Ulmenholz (WLM In.-Nr. ?);
f) auf S. 101, Nr. 30 u. Taf. 101,11 Wurfarmbruchstück eines Eibenbogens (WLM Iv.-Nr. 83,101);
g) auf S. 56 Angabe eines Eibenbogen aus Grab 84, zuletzt im Mus. für Vor-/Frühgeschichte, Berlin;
h) auf S. 31, 32 Beschreibung der Grabkammer bzw. des Totenbaumes der Bestattungen Nr. 14 u. 15.

6.7 Szöllösy, Gabor: Neuere Beiträge zum Fragenkreis der völkerwanderungszeitlichen Bogentypen. In: Evkönyve 1987-89, A Nyiregyhazi Josa Andras Muzeum, Nyiregyhaza 1992, S. 349-374.
Rekonstruktionsmodelle zum Wirkungsgrad awarischer und magyarischer Reflexbogen (mit dt. Zsfassung).

6.8 Marti, Reto: Das Grab eines wohlhabenden Alamannen in Altdorf UR-St. Martin. In: Jahrbuch der schweizerischen Gesellschaft für Ur- und Frühgeschichte, 78 (1995)
Beschreibung u. Abbildungen des Eibenbogens, der Pfeile u. des Köchers auf S. 95-99.

6.9 Riesch, Holger: Archery in Renaissance Germany. In: Journal of the Society of Archer Antiquaries, 38 (1995)
S/W-Fotos u. Maße eines Bogens des späten 15. Jhrs. aus Schloß-Hohenaschau im Germanischen Nationalmuseum Nürnberg (Inv.-Nr. W 741) auf S. 66-67.

6.10 Schmand, Rudolf: Untersuchungen zum statischen und dynamischen Verhalten von historischen Langbögen mit der Methode der finiten Elemente, Fachhochschule Bingen, Fachbereich Maschinenbau, Dipl.-Arbeit, 1996 [unveröffentlichtes Korrekturexemplar]
Statische u. dynamische Berechnungen zu den Bogen aus Oberflacht u. Altdorf auf S. 43-45 u. 52 bzw. S. 31-34.

6.11 Wolf, Rotraud: Schreiner, Drechsler, Böttcher, Instrumentenbauer - Holzhandwerk im Frühen Mittelalter. In: Die Alamannen, Hrsg.: Archäologisches Landesmuseum Baden-Württemberg, Stuttgart 1997(zugl. Ausstellungskatalog) Farbfotos der Oberflacht-Bögen u. rekonstruierter Grab-21-Bogen des Verfassers auf S. 385-386.

6.12 Becker, Klaus u. Riesch, Holger: Untersuchungen zur Metallurgie alamannischer Pfeilspitzen in Original und Reproduktion. In: Archäologisches Korrespondenzblatt. RGZ Mainz, 28 (1998) 2, S. 305-310
Metallurgische Pfeilspitzenanalysen.

6.13 Paulsen, Harm: Bögen und Pfeile. In: Der Opferplatz von Nydam, 1, Neumünster 1998
a) auf S. 387-399 Beschreibung der Nydam-Bögen; b) auf S. 404-421 Dokumentation der Nydam-Pfeile.

6.14 Riesch, Holger: Untersuchungen zu Effizienz und Verwendung alamannischer Pfeilspitzen.
In: Archäologisches Korrespondenzblatt. RGZ Mainz, 29 (1999) 4, S. 567-582
Experimentelle Versuche zur Funktion merowingerzeitlicher Projektiltypen.

JÜRGEN JUNKMANNS

DIE BOGEN DER WIKINGER

Wikingische Bogen kennt man aus der Wikingerstadt Haithabu an der Schlei beim heutigen Schleswig und dem irischen Ballinderry. Sie stammen aus dem 9. bis 11. Jh. nach Christus. Ein vermutliches Kinderbogenfragment fand sich noch in der neufundländischen Ansiedlung bei L'Anse aux Meadows.
Die Bogenfragmente aus Haithabu, die von Harm Paulsen, Schleswig-Holsteinisches Landesmuseum für Vor- und Frühgeschichte, Schloss Gottorf, Schleswig, eingehend untersucht und reproduziert wurden, sind die wichtigste Informationsquelle zum Wikingerbogen (Harm Paulsen: Pfeil und Bogen in Haithabu. in: Berichte über die Ausgrabungen in Haithabu. Bericht 33. Wachholtz Verlag Neumünster 1999). Aus dieser Publikation stammen zum Großteil die hier verwendeten Informationen. Nur gelegentlich wurde die Waffe zeitgenössisch abgebildet, wie in der frühmittelalterlichen Handschrift aus der Pierpont-Morgan-Gallery in New York (Abb. rechts).

Abb. 1
Bogenschützen mit Langbogen des Wikingertyps in der Handschrift der Pierpont-Morgan Library, New York. 11. Jahrhundert.

DIE FUNDE

Insgesamt zwei komplett erhaltene Bogen, einer aus **Haithabu** und einer aus **Ballinderry**, können zur Typdefinition herangezogen werden. Es handelt sich um eine Variante des während des gesamten Mittelalters in Nord- und Westeuropa verwendeten sogenannten Langbogens.
Der Unterschied zum gewöhnlichen Langbogen besteht hauptsächlich darin, dass beide Bogenenden nach hinten gebogen sind.
Als Material wurde fast durchgängig Eibenholz verarbeitet. Nur ausnahmsweise wurde, wie ein Beispiel aus Haithabu zeigt, ein Bogen aus dem qualitativ weniger geeigneten Ulmenholz gefertigt. Die ungewöhnlichen Bogenenden waren für die Funktion des Bogens ohne Bedeutung, da die abgewinkelte Partie jenseits der Sehnenkerben liegt. Ihr Sinn wird in dekorativer und/oder ethnischer Bedeutung zu finden sein. Da diese geknickten Enden nur bei Wikingerbogen vorkommen, können sie als Erkennungsmerkmal, sozusagen zur Verleihung einer wikingischen „Identität" für die Bogen interpretiert werden.
Bei zweien der Bogen aus Haithabu wurde auf der Vorderseite 10 cm unterhalb der oberen Sehnenkerbe je ein Eisennagel mit rundem, vorstehenden Kopf eingeschlagen, der bei der Bestimmung der Sehnenlänge und als Vorrichtung gegen das Herunterrutschen der Schlaufe beim entspannten Bogen gedient haben könnte. Die Einschlagtiefe von wenigen mm gefährdet die Stabilität des Bogens nicht.
Die weiteren technischen Merkmale wie die einseitige Sehnenkerbe, der in etwa D-förmige Querschnitt und das stabförmige Aussehen des Bogens ohne erkennbare Griffpartie entsprechen den normalen frühmittelalterlichen Langbogen.
Die Sehne wurde anscheinend nur am oberen Ende mit Hilfe einer Kerbe befestigt. Da das untere Bogenende keinerlei Vorrichtung zur Sehnenfixierung aufweist, muss die Bogensehne dort durch eine permanente Unwicklung befestigt worden sein.

Länge

Die beiden komplett erhaltenen Wikingerbogen sind mit 191 cm (Haithabu) bzw. 185 cm (Ballinderry) Gesamtlänge und kräftigen Wurfarmen als kräftige Kriegsbogen zu bezeichnen. Der Haithabu-Bogen misst in Bogenmitte 4,0 x 3,3 cm, der Ballinderry-Bogen 3,8 x 2,86 cm. Die effektive Länge, d. h. die nutzbare Länge zwischen den Befestigungspunkten der Sehne ohne die überstehenden Bogenenden beträgt beim Haithabu-Bogen lediglich 178 cm; beim Bogen von Ballinderry etwa 169 cm.

Die übrigen Bogenfragmente aus Haithabu gehörten zu deutlich dünneren und schwächeren Bogen, die wahrscheinlich nur zur Jagd eingesetzt wurden. Vielleicht befinden sich auch Jugendbogen darunter.

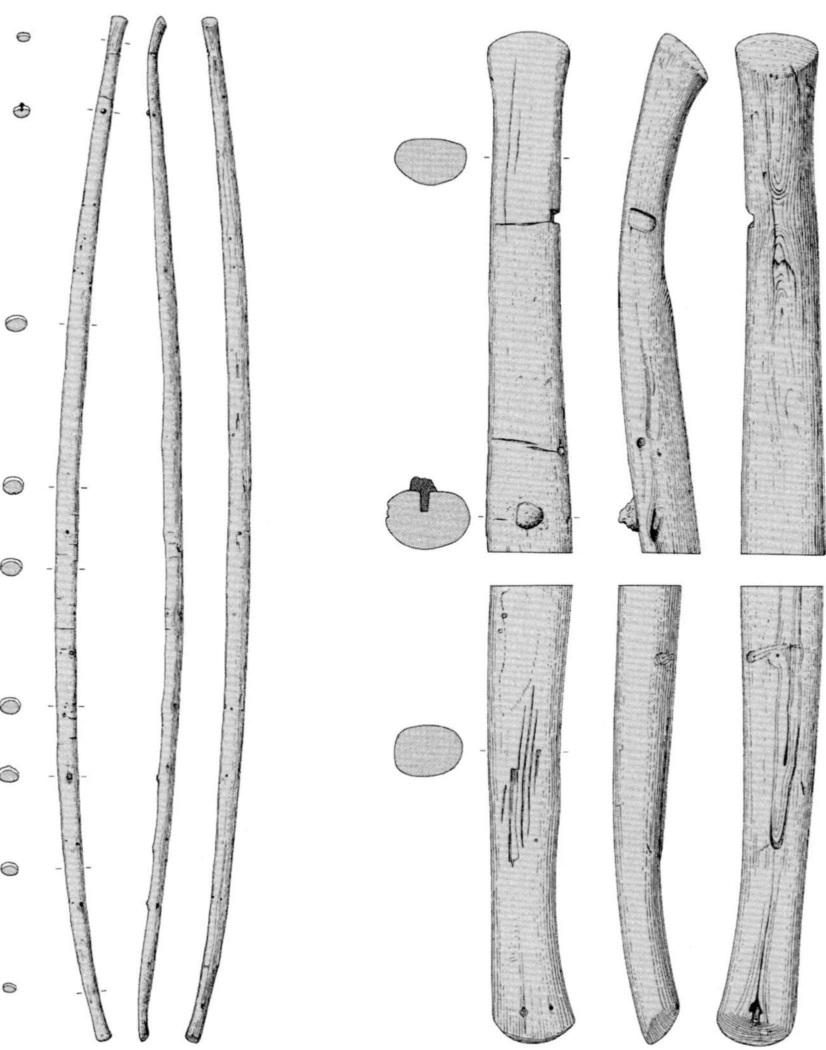

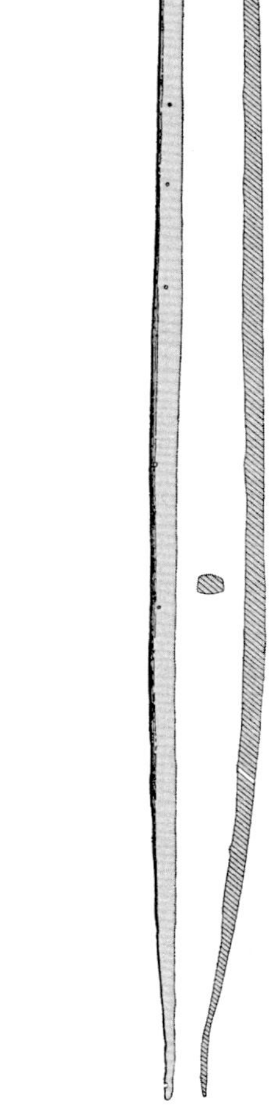

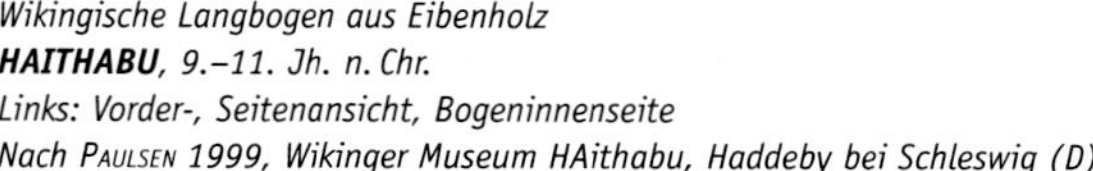

Wikingische Langbogen aus Eibenholz
***HAITHABU**, 9.–11. Jh. n. Chr.*
Links: Vorder-, Seitenansicht, Bogeninnenseite
Nach Paulsen 1999, Wikinger Museum HAithabu, Haddeby bei Schleswig (D)

Mitte: Oberes und unteres Bogenende

***BALLINDERY**, 10. Jh.*
Nach J. G. D. Clark 1963 (GB)

DER QUERSCHNITT

Wikingerbogen besitzen den typischen, sogenannten „D-förmigen“ Langbogenquerschnitt. Wie bei anderen mittelalterlichen Langbogen variiert dieser von „fast rund“ über „klassisch D-förmig“ bis zu annähernd rechteckigen Profilen. Trotz der geringen Zahl gefundener Wikingerbogen zeichnet sich ab, dass deren Querschnitte etwas flacher und breiter ausfallen als die der anderen Langbogen.

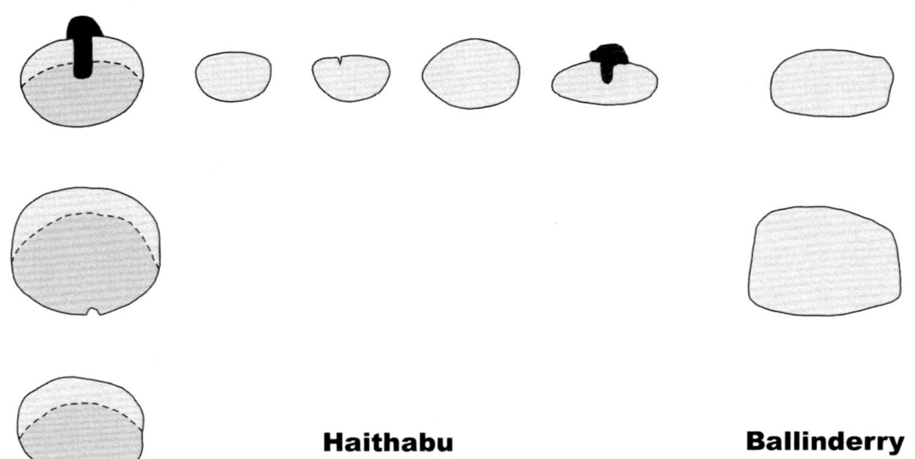

Abb.2
Querschnitte der Wikinger-Langbogen aus Haithabu (D) und Ballinderry (GB). Maßstab 1:2. Nach H. Paulsen 1999 und J. G. D. Clark 1963

Die Bogenvorderseite besteht üblicherweise aus der direkt unter der abgeschälten Rinde liegenden Außenseite des verwendeten Eibenstämmchens und weist daher dessen natürliche Krümmung auf, die je nach Stammdurchmesser mehr oder weniger stark ausfällt. Meist ist diese Wölbung aber deutlich flacher als die der Bogeninnenseite.
Auf der Vorderseite liegt eine Schicht des elastischen Eibensplintholzes, die einen wirksamen Schutz gegen Bogenbruch darstellt.

AUSGANGSMATERIAL

Die zur Herstellung der Bogen von Haithabu verwendeten Eiben waren durchweg von sehr kleinem Durchmesser, etwa zwischen 4–6 cm. Vielleicht ist dies ein Hinweis darauf, dass zu dieser Zeit in der Region keine größeren und älteren Eiben mehr vorhanden waren.
Die Mächtigkeit der Splintholzschicht kann bei Eiben sehr unterschiedlich ausfallen. Es scheint, dass in der Wikingerzeit, genau wie vorher in der Jungsteinzeit und Bronzezeit fast immer Eibenstämme mit nur wenigen Millimetern Splintholz zur Verfügung standen.
Der vollständig erhaltene Bogen 1 aus Haithabu besitzt eine ca. 4–5 mm dicke Splintholzschicht. Bei heutigen Eibenstämmen lässt sich dagegen oft eine mehrere Zentimeter dicke Splintholzschicht feststellen, die beim Bogenbau das Reduzieren des Splintholzes auf der Vorderseite des Bogens notwendig macht.
Die Jahresringdichte der Haithabu-Bogen liegt im Schnitt zwischen 12 und 15 Jahrringen je Zentimeter. Das verwendete Holz ist also für Eibe relativ schnell gewachsen. Prähistorische Bogen wurden meist aus Eiben mit Dichten um 30 und 40 Ringen/cm gefertigt, wie sie nur in dichten, schattenreichen Waldgebieten wachsen können. Zwischen Jahresringdichte und Eibenholzqualität besteht ein Zusammenhang: langsamer gewachsene Bäume besitzen meist ein härteres Holz als schnell gewachsene.

Anzeichen für Griffumwicklungen aus Leder oder Stoffen sind bisher nicht gefunden worden, so dass davon auszugehen ist, dass Wikingerbogen wie alle prähistorischen und mittelalterlichen Holzbogen ohne solche geschossen wurden.
Welches Material für die Bogensehne verwendet wurde, ist bisher nicht nachgewiesen. Man kann davon ausgehen, dass, wie einige Jahrhunderte später in der einschlägigen Literatur beschrieben (R. Ascham, Toxophilus, 1545), auch hier von der für Naturfasern sehr hohen Reißfestigkeit der Flachs- bzw. Leinenfaser Gebrauch gemacht wurde.

LEISTUNG

Schussversuche durch H. Paulsen

Harm Paulsen, Schleswig, baute zu Versuchszwecken insgesamt dreimal den komplett erhaltenen Wikingerbogen aus Haithabu nach. Dazu verwendete er 2–3 Jahre abgelagerte Eibenstämmchen von 6–10 cm Durchmesser. Obwohl die drei Repliken ungefähr den Maßen des Originalbogens entsprechen, besaßen sie unterschiedliche Zuggewichte (38, 42 und 46 kg bzw. 84, 93 und 101 lb., bezogen auf 70cm Pfeilauszug), was auf unterschiedliche Holzfestigkeit der verwendeten Eibenstämmchen zurückzuführen ist. Es handelt sich um einen für heutige Verhältnisse sehr starken Bogen.

„Nach längerem Training" war H. Paulsen in der Lage, die drei Repliken zu schießen. Über fünf Jahre erstreckten sich die Schussversuche. In dieser Zeit sanken die Zugewichte aller Bogen um jeweils etwa 2 kg; der stärkste Bogen brach nach etwa 1000 Schuss.
Sehr interessant ist, dass der stärkste Bogen nicht annähernd die Wurfleistung der beiden schwächeren Bogen zeigte. Vielleicht hätte dieser Bogen noch schwerere Pfeile benötigt, um die in ihm gespeicherte Energie sinnvoll auf einen Pfeil übertragen zu können.
Mit Pfeilen von 25–30 Gramm Gewicht erreichte H. Paulsen maximale Schussweiten zwischen 190 und 195 m; 30–40 g schwere Pfeile flogen 170-180 m; mit schweren 60-Gramm-Pfeilen konnten noch 150–160 m erreicht werden. In verschiedenen Versuchsreihen stellte sich eine sehr hohe Leistungsfähigkeit der Repliken beim Beschuss unterschiedlicher Ziele, von toten Tieren bis zu Holzschilden, Kettenhemden und Holzplatten heraus. Bis auf gewölbte Metallplatten (z.B. Schildbuckel) vermochten diese Bogen mit entsprechend ausgewählten Pfeilen alle getesteten Materialien problemlos zu durchdringen.

DER NACHBAU VON WIKINGERBOGEN

Im wesentlichen baut man einen Wikingerbogen genauso wie jeden anderen Langbogen.
Das geeignetste einheimische Holz ist zweifellos das der Eibe, gefolgt wahrscheinlich vom jedoch deutlich weniger leistungsfähigen Ulmenholz. Auch aus Hickory lassen sich sehr gute Vollholzlangbogen herstellen.
Eibenholz sollte mindestens 2 Jahre abgelagert sein. Hat man das Glück, einen Eibenstamm mit nur maximal 1 cm dicker Splintholzschicht zu bekommen, erübrigt sich das sonst notwendige, diffizile Reduzieren des Splintholzes.
Nach Entfernung von Rinde und Bast und etwas Schliff ist in diesem Fall die Vorderseite bereits fertig. Falls die Splintholzschicht zu dick ist, muss sie, sorgfältig den Unebenheiten der Holzmaserung folgend, mit einem scharfen Ziehmesser auf das notwendige Maß gebracht werden.

Das Splintholz sollte auf jeden Fall dünner sein als die projektierte Dicke des Bogens an den Enden, um zu verhindern, dass die Enden nur noch aus Splintholz bestehen.

Die Krümmung der Bogenvorderseite richtet sich nach der Wölbung der Stammaußenseite: bei größeren Stämmen ist sie gering, bei dünnen Stämmchen stärker. Die Bogeninnenseite wird je nach Gusto mehr oder weniger stark gewölbt.

Flachere Innenseiten sind grundsätzlich stärker druckbelastbar als gewölbtere, neigen weniger zur Dauerbiegung (stringfollow) und erreichen eine hohe Wurfleistung. Dagegen ist bei gerundeteren Querschnitten das Eigengewicht etwas geringer, was ebenfalls auf die erreichbaren Pfeilgeschwindigkeiten positiven Einfluss nimmt. Sowohl flachere als auch gewölbtere Querschnitte können an den wikingischen und anderen mittelalterlichen Langbogen beobachtet werden.

Bei der Überlegung, wie lang der Bogen werden soll, muss beachtet werden, dass die effektive Bogenlänge je nach Länge der überstehenden, abgewinkelten Enden um einiges geringer ist als die Gesamtlänge. Die effektive Länge sollte in etwa der eigenen Körpergröße entsprechen. Ist sie etwas geringer, wird der Bogen schneller, kann aber auch, wenn man Pech hat, vielleicht beim Tillern brechen. Bei sehr langen Armen sollte die effektive Länge etwas größer sein.

Es ist sehr wichtig, die Sehnenkerbe(n) erst nach dem Biegen der überstehenden Enden einzutiefen. Anderenfalls wird das Ende, ausgehend von der Kerbe, beim Biegevorgang durchbrechen.

Die Biegestellen sollten nicht zu dick sein (max. ca. 1,5 cm) und keine Astlöcher oder Jahrringverletzungen enthalten.

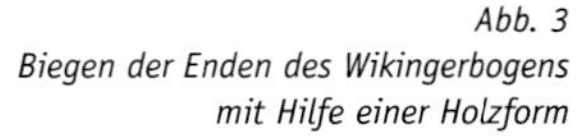

Abb. 3
Biegen der Enden des Wikingerbogens mit Hilfe einer Holzform

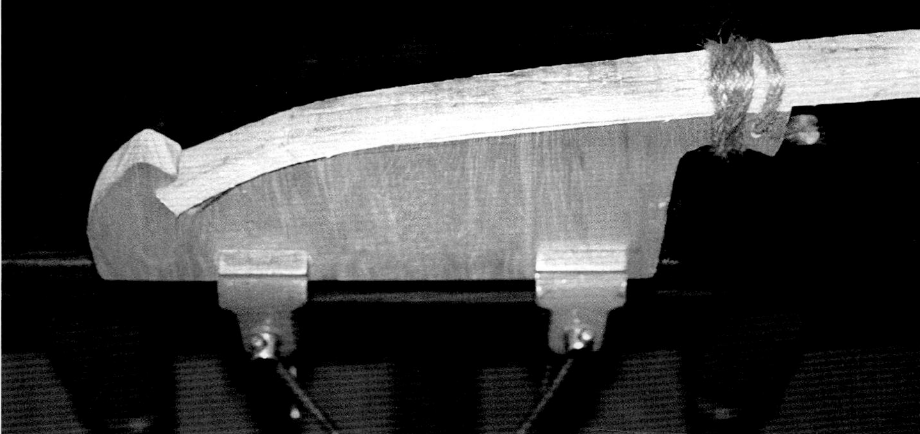

Vor dem Biegen müssen die Enden in einem großen Topf mit reichlich Wasser gekocht werden. Nach etwa 20 Minuten Siedezeit ist das Holz ausreichend weich, um den Biegevorgang durchzuführen.

Am besten macht man sich eine Holzform, in der das Bogenende befestigt und nach dem Biegen in gekrümmter Lage fixiert werden kann. Zur Not geht es auch z.B. durch Einklemmen zwischen den Rippen eines Heizkörpers.

Nach dem Biegen muss das Ende noch einige Minuten in der neuen Form abkühlen, sonst geht die Biegung wieder zurück. Ist das Holz einmal abgekühlt, bleibt die Biegung permanent, obwohl sie nach dem Lösen aus der Form noch leicht zurückgeht.

Einen Tag nach dem Kochen und Biegen kann der Bogen getillert werden. Beide Wurfarme sind gleich lang und werden symmetrisch getillert.

Da diese Langbogen keine verdickten Griffteile besitzen, biegen sie sich über die ganze Länge, also auch im Griffbereich. Dass dadurch Probleme beim Abschuss auftreten (Handschock o. ä.), wie es von manchen Autoren behauptet wird, kann nicht bestätigt werden.
Bei hohen Zuggewichten kommt es naturbedingt zu einer Art „Rückschlag" durch die plötzliche Muskelentspannung beim Lösen des Pfeils; dies ist aber bei allen starken Bogen der Fall und lässt sich nicht abstellen.
Voraussetzung für gute Schusseigenschaften ist in erster Linie ein sorgfältiges Tillern der Bogenarme und die Geradheit des Bogenstabs, wenn man diesen vorn vorne betrachtet.

Oberes Bogenende mit einseitiger Sehnenkerbe und Rückhaltenagel

Die obere Sehnenkerbe der Wikingerbogen befindet sich wie bei allen mittelalterlichen Bogen mit einseitiger Sehnenkerbe auf der rechten Bogenseite (von der Vorderseite aus gesehen). Dies hat beim Entspannen mit der Durchschrittmethode (siehe auch Seite 30) den Vorteil, dass die Sehnenschlaufe mit dem Daumen der rechten Hand aus der Kerbe gedrückt werden kann.
Linkshänder sollten die Kerbe auf der linken Bogenseite anbringen, vorausgesetzt, sie halten den Bogen beim Entspannen mit der Durchschrittmethode mit dem oberen Ende nach links orientiert.

Wer es originalgetreu mag, befestigt die Sehne am unteren Ende mittels einer festsitzenden Wicklung. Der Ansatz der aufgespannten Sehne sollte in der Mitte des Endknicks liegen.
Weniger authentisch, aber einfacher ist das Anbringen einer weiteren Sehnenkerbe, die dann gegenüber von der oberen Kerbe auf der anderen Seite des Bogens angebracht werden sollte, um eine einseitige Belastung des Bogenstabs zu vermeiden.

Bei allen Eibenholzbogen mit einseitigen Sehnenkerben sollte man über eine Umwicklung direkt unterhalb der Kerben (Siehe Foto links) nachdenken. Eibenholz ist sehr gut spaltbar und an einer so stark durch den einseitigen Sehnenzug belasteten Stelle entstehen oft Risse.

Ein Nachbau eines alemannischen Bogens brach mir eines Tages beim Schuss, indem ein Teil des Bogenendes sich seitlich abspaltete. Die Spaltflächen waren so glatt, dass der Bogen durch das Wiederaufleimen des abgespaltenen Bruchstücks wieder repariert werden konnte.

TYP HAITHABU [gebaut 4-99]		*Gesamtlänge:* 191 cm *effektive Länge:* 179 cm		*Dauerbiegung:* 2 % *Holzart:* Eibe		*Zuggewicht:* 77 lb/ 70 cm	
cm	Stelle	Breite	Dicke	cm	Stelle	Breite	Dicke
96,0	*Bogenende*			95,0	*Bogenende*		
89,5	*ob. Sehnenkerbe*	--	--	-89,5	*unt. Sehnenkerbe*		
80,0		2,01	1,65	-80,0		2,03	1,49
70,0	*Ast*	2,34	2,11	-70,0		2,22	1,85
60,0		2,58	1,92	-60,0		2,48	2,00
50,0		2,67	2,11	-50,0		2,65	2,18
40,0		2,81	2,25	-40,0		2,82	2,30
30,0		2,94	2,33	-30,0		3,00	2,34
20,0		3,09	2,46	-20,0		3,09	2,41
10,0	*Ast*	3,15	2,95	-10,0		3,19	2,67
0,0	*Mitte*	3,20	2,93	0,0			

Abb. 4
Maße eines Nachbaus vom Typ Haithabu

Ein von den Längenmaßen komplett dem Haithabu-Bogen entsprechender, aber deutlich weniger dicker (siehe Abb. 4) Nachbau eines Wikingerbogens hatte ein Zuggewicht von 77 lb. bei 70 cm Pfeilauszug.

Dieser Bogen entwickelte an der unteren, einseitigen Sehnenkerbe ebenfalls einen Riss, wodurch das Anbringen einer zweiten Kerbe zur Entlastung und eine Umwicklung notwendig wurden.

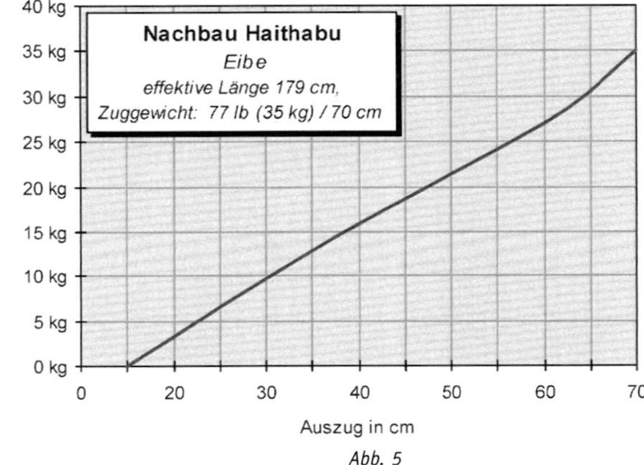

Abb. 5
Kennkurve (Kraft-Weg-Diagramm) des Wikingerbogen-Nachbaus

Der Nachbau schoss bei Geschwindigkeitsmessungen einen 20 Gramm schweren Pfeil mit einer Anfangsgeschwindigkeit von 198 km/h.

Biegeverhalten des nachgebauten Wikingerbogens

ULRICH STEHLI

wurde1948 in Zürich geboren. Holz und Metall faszinierten ihn gleichermaßen, er entscheidet sich für eine Lehre als Kunstschlosser. Seit Anfang der 70er Jahre ist er im Sauerland in der Nichteisenmetallindustrie tätig.
Begann in frühester Jugend mit dem Bogenschießen und fertigte 1983 seine ersten laminierten Bogen. Anfangs der 90er Jahre begann er mit dem Bau von traditionellen Langbogen.
Außerhalb seines Berufes beschäftigt sich Ulrich Stehli ebenfalls mit der schmiedetechnischen Rekonstruktion historischer Pfeil- und Lanzenspitzen, Werkzeugen für den Bogenbau, dem römischen Geschützwesen, sowie mit der Rekonstruktion von Museumsexponaten.

10

ULRICH STEHLI

DER ENGLISCHE LANGBOGEN

1. GESCHICHTE: VON DER JAGDWAFFE ZUM KRIEGSBOGEN

Technisch definiert stellt der Bogen ein Gerät dar, mittels dessen langsame menschliche Energie in schnelle mechanische Energie umgewandelt wird. Gegenüber allen anderen frühen Jagdgeräten unterscheidet sich der Bogen durch die Fähigkeit Energie zu speichern. Diese technische Eigenschaft und die relativ einfache Art der Herstellung aus organischen Materialien erklärt die weite Verbreitung des Bogens unter den Kulturvölkern dieser Erde. Seine Erfindung, oder vielleicht besser gesagt seine Entdeckung gehört, wo sie auch immer zuerst gemacht wurde, zu den wichtigsten Errungenschaften der Menschheit.

Frühzeit

Wenden wir uns dem einfachen Bogen und seiner Entwicklung im westlichen Teil Europas zu. Archäologische Funde belegen seinen Gebrauch nach Ende der letzen Eiszeit, am Übergang vom Jungpaläolithikum (jüngere Altsteinzeit) zum Mesolithikum (Mittelsteinzeit). Durch die klimatische Erwärmung breiteten sich Buschwerk und Wälder über die tundraähnlichen Kältesteppen Mittel- und Nordeuropas aus. Die als Jäger und Sammler lebenden Menschen mussten sich in relativ kurzer Zeit den neuen Bedingungen anpassen, indem sie ihre Jagdmethoden änderten.

Als Beispiel dafür kennen wir einen Wohnplatz der sogenannten Ahrensberger-Kultur, aus dem Stellmoor nördlich von Hamburg. Diese Kulturgruppe, die sich von Westpolen über Norddeutschland bis nach Holland ausbreitete, wird in den Zeitabschnitt von 9.000–8.300 v. Chr. datiert. Wie auch ihre Vorgänger, waren die „Ahrensburger" zur Hauptsache Rentierjäger. Durch ausreichendes Fundmaterial ist die Verwendung von Kiefernholz (*pinus silvestris*) für Bogen und Pfeile dieser frühen Jäger dokumentiert.

Der Zeitabschnitt danach (8.300–5.000 v. Chr.), Präboreal und Boreal genannt, ist als Glanzzeit der Jagdkulturen zu bezeichnen. Über ganz Nordeuropa breitete sich die Maglemose-Kultur aus. Bogen und Pfeile waren weiter die wichtigsten Waffen. Aus der Endzeit dieser Epoche sind uns mehrere Bogen erhalten. Am bekanntesten sind die zwei 1944 im Torfmoor von Holmegaard (Dänemark) gefundenen Exemplare. Beide sind aus dünnen Ulmenstämmchen (*ulmus glabra*) gefertigt. Technisch gesehen stellen diese „frühen" Typen jedoch das Produkt einer jahrtausendealten Entwicklung im Bogenbau dar.

Die bevorzugte Verwendung von Ulmenholz bei diesen Volksgruppen erklärt sich durch die relativ späte nacheiszeitliche Verbreitung der Eibe über die nördliche Hemisphäre.

Aufgrund des Holzaufbaus und der physikalisch-mechanischen Eigenschaften besitzt die Eibe (*taxus baccata L.*) gegenüber anderen bogentauglichen Holzarten entscheidende Vorteile. Das unter der Rinde liegende weiche, gelbliche Splintholz (*alburnum*) ist verglichen mit dem im Stamminneren gewachsenen harten, dunklen Kernholz (Duramen) um ein mehrfaches elastischer. Im Gegensatz dazu entwickelt das harte, hochfeste Kernholz unter dynamischer Beanspruchung eine äußerst effektive Kraftentfaltung. Diese idealen Verbundeigenschaften wurden von den Menschen sehr früh erkannt und zum Bau von Bogen genutzt.

Ihren damaligen Bedürfnissen entsprechend verwendeten sie in etwa armdicke Stämme, die sie aufgrund uralter Erfahrung so bearbeiteten, dass das Splintholz den Rücken- und das

Kernholz den Bauch des Bogens bildete. Aus den „eibenreichen“ süddeutschen und schweizerischen Gebieten sind uns einige jungsteinzeitliche Bogen erhalten. Sie sind allesamt aus Eibenholz.

Was die Machart der europäischen Steinzeitbogen anbelangt, so lassen sie sich bezüglich ihrer Verbreitung, von Ausnahmen abgesehen, in zwei Haupttypen unterteilen:

- Die aus den südlichen Regionen stammenden Exemplare weisen im großen und ganzen hohe, teilweise langbogenähnliche, gerundete Querschnitte auf.
- In den nördlichen Gebieten waren eher flach-runde Querschnitte üblich.

Begründen lässt sich dies durch die klimatischen Unterschiede. Bogen mit flachem Querschnitt sind unempfindlicher gegen niedrige Temperaturen. Die Eibenbogen vom Lötschenpass (Schweiz) zum Beispiel, die auf das Ende der Jungsteinzeit / Übergang zur Bronzezeit datiert werden, stellen eindeutig Flachbogen dar. Betrachtet man den alpinen Fundort, so würde sich die obengenannte These in diesem Fall bestätigen.
Rekonstruktionen früher Bogentypen aus Ulmen- und Eibenholz dokumentieren uns Zuggewichte von ca. 35 bis 70 lb. Dies war für jagdliche Zwecke ausreichend. Aktuelle Versuche im Rahmen experimenteller Archäologie belegen dies.

Im Laufe der Eisenzeit, mit Beginn der Völkerwanderung, lassen sich hinsichtlich der Bogenwaffe erste Veränderungen feststellen. Die „Nydambögen“, benannt nach deren Fundort, einem Moorgebiet an der Grenze Deutschlands zu Dänemark, können aufgrund ihrer Bauart als frühe Langbogen klassifiziert werden. Bedingt durch die in großer Stückzahl gefundenen nadelförmigen Pfeilspitzen haben sie zweifellos zu kriegerischen Zwecken gedient. Wenn sie auch nicht übermäßig hohe Zuggewichte aufwiesen, so waren sie der damaligen Kampfesweise angepasst und äußerst effektiv, wie dies durch Tests mit Nachbauten bewiesen wurde!
Dies zur Vorgeschichte des Bogens ganz allgemein.

Angeln, Sachsen, Wikinger

Die weitere Entwicklung verfolgend, wenden wir unseren Blick nach Westen, zu den Küsten Britanniens. Nach geschichtlicher Überlieferung besiedelten ab dem Jahre 450 n. Chr. Angehörige nordgermanischer Stämme England. Es wäre unlogisch, anzunehmen, dass die Angeln, Sachsen und Jüten, die sich in ihren Langbooten nach den Küsten Englands aufmachten, ihre Bogen und Pfeile zu Hause gelassen hätten.
Im ehemals römisch besetzten Teil der Insel, wie auch in Wales und Schottland, war der Bogen gebräuchlich, es sind uns jedoch keine Quellen bekannt, die einen taktischen Einsatz der Bogenwaffe in dieser Zeit belegen.
Für die nachfolgenden Jahrhunderte sollte sich dies hingegen ändern! Aus dem Jahre 633 ist ein Bericht über „Ottfried, Sohn von Edwin, König von Northumbria“ überliefert, der in einer Schlacht mit den Walisern von einem Pfeil getötet wurde.

Nach der in mehreren Wellen erfolgten Einwanderung der Angeln, Sachsen und Jüten, die das Land nach und nach eroberten und verschiedene Kleinkönigreiche gründeten, gewann König Egbert von Wessex (802–839) die Oberhand. Aber nicht über Wales und Schottland. Im gleichen Jahrhundert fielen norwegische und dänische Wikinger in England ein, konnten

Ausschnitt aus dem Teppich von Bayeux

jedoch zunächst zurückgedrängt werden. Was die Bogenwaffe dieser „Nordmänner" anbelangt, so bezeugen archäologische Funde von Pfeilspitzen in großer Zahl deren regen Gebrauch. In einer Studie weist der Schwede Erik Wagreus für die spätere Wikingerzeit eine Spezialisierung von Spitzen nach. Anhand von Beigaben aus über 1000 untersuchten Gräbern belegt er eine Differenzierung in typische Jagd- und Kriegsspitzen, mit zum Teil unterschiedlicher Schäftung.
Durch den Fund eines hervorragend erhaltenen Eibenbogens aus dem Hafenbecken von Haithabu, der ehemaligen wikingischen Handelsstadt in Schleswig, wissen wir um das Aussehen und die Bauart der in damaliger Zeit gebräuchlichen „nordischen" Bogen. In seiner Rekonstruktion dokumentiert er das respektable Zuggewicht von 100 englischen Pfund.
Für Jagdzwecke sind solche enormen Zuggewichte nicht notwendig. Unter Berücksichtigung der verschiedenen Kriterien, was Entwicklungen und Ereignisse dieser Zeit anbelangen, wird hier eine Optimierung des Bogens als Kriegswaffe erkennbar.
Dem zweiten großen Ansturm der „Nordmänner" war das Land jedoch nicht gewachsen. Die Dänenkönige, unter anderem „Knuth der Grosse" (1016–1035), beherrschten während 26 Jahren ganz England.
Waren damals Bogenschützen aufgrund ihres taktischen Einsatzes in der Kriegsführung noch nicht schlachtenentscheidend, so belegen Bodenfunde von Pfeilspitzen in großer Zahl ihre Beteiligung! Als in der Schlacht bei Hastings, am 14. Oktober 1066, das englische Heer König Haralds von den normannischen Eroberern unter Wilhelm I., Herzog der Normandie, geschlagen wurde, befanden sich auf beiden Seiten zahlreiche Bogenschützen. Dies ist durch den berühmten Bildteppich von Bayeux detailgetreu und authentisch überliefert.

Die darauffolgende gewaltsame Umstrukturierung der englischen Gesellschaft durch die normannischen Eroberer und die damit einhergehende schrittweise Entmachtung des Adels, sowie die Verfolgung der Freibauern, machten den Bogen heimlich zu einer immer beliebteren Waffe, vor allem in abgelegenen und waldreichen Gebieten, war er doch einfach herzustellen.
Über die Frage wann, wo und von wem der Bogen in England zuerst strategisch eingesetzt wurde, sind englische Historiker und Autoren geteilter Meinung. Berichte über Gebrauch und Einsatz von starken, langen Bogen gibt es aber in Fülle.

Bogen und Armbrust

Bevor wir uns diesen Auseinandersetzungen, die eine Schlüsselrolle bei der Entwicklung der Langbogenstrategie einnehmen, zuwenden, verdient die Tatsache, dass der Langbogen der damals gebräuchlichen Armbrust vorgezogen wurde, eine nähere Betrachtung.
Trotz des im Jahre 1139 vom Papst ausgesprochenen Verbots der Armbrust und der „Verdammung der Söldnerei", dienten in den Armeen Edwards I. und Edwards II. Armbrustschützen als Söldner. Sie stammten aus der Gascogne und Aquitanien.
Aufgrund von Überlieferung wissen wir, dass zu damaliger Zeit Bogenschützen in ausreichender Zahl vorhanden waren!
Was die finanzielle Seite anbelangt, ergeben einige Preisvergleiche aus der Zeit um 1300 das Bild, dass je nach Qualität und Ausführung für den Preis einer Armbrust ungefähr drei

Zuggewichte
Das Zuggewicht wird bei einem Auszug auf 28 Zoll (71,1 cm) bis zur Vorderkante des Bogens, in englischen Pfund (lb.) gemessen.

Gewichte
1 pound (1 lb.) = 454 Gramm

Längenmaße
1 inch (in.) =25,4 mm
1 foot (ft.) =12 in.=30,48cm
1 yard (yd.) =3 ft. =36 in. =94,5 cm

Hohlmaße
1 gallon = 3,78 l

Mengen
Pfeile: 1 sheaf
= 2 Dutzend = 24 Stück
Sehnen: 1 gros
=12 Dutzend = 144 Stück

Währung
1 pound (p.) = 20 shilling (s.)
1 shilling(s.) = 12 pence (d.)

Langbogen erhältlich waren. Gleiches gilt für die Preise von Armbrust-Bolzen und Bogen-Pfeilen. Der Preis für einen Langbogen belief sich auf 12 d. bis 1 s. 6 d., je nach Qualität. 24 Pfeile (one sheaf) kosteten ca. 3 d. Es wurde unterschieden zwischen Bogen aus Astholz (Branchwood bows) und solchen die aus „gutem Stammholz" gefertigt waren.

Nun zu den strategischen Aspekten: Ein Bogenschütze im Feldeinsatz ist in der Lage, sechs gezielte Pfeile pro Minute abzugeben. Demgegenüber besteht bei der Armbrust, bedingt durch die aufwendige Spanntechnik, die Möglichkeit, in der gleichen Zeit nur zwei Bolzen zu schießen. Zeitgenössische Berichte erwähnen unter anderem die Anfälligkeit der „Composite" Armbrustbogen gegenüber Feuchtigkeit.

Ein weiterer Nachteil besteht in der Ballistik allgemein. Im Rahmen experimenteller Versuche ermittelte repräsentative Daten ergaben für damalige Armbruste einen Nullpunkt von ca. 80 m.

Da in einer Feldschlacht, zumindest zu Beginn, auf weite Distanz geschossen wurde, musste ein Armbrustschütze aufgrund der obengenannten Tatsache weit über das Ziel halten! Daraus entsteht eine Behinderung der freien Sicht durch den breiten Schaft und den massiven Bogen. Ein weiteres Problem: Die relativ kurzen, schnell fliegenden Bolzen lassen sich während ihrer Flugbahn nur schlecht verfolgen, was eine eventuelle Trefferkorrektur bei Salvenbeschuss auf große Distanz erschwert.

Im Gegensatz dazu bestand beim Schiessen mit dem Langbogen die bessere Möglichkeit der Ziel- und Trefferbeobachtung! Zu den vorgenannten Ausführungen ist hinzuzufügen, dass bei großen Auseinandersetzungen nur massiver Salvenbeschuss zu einem durchschlagenden Erfolg führen konnte. Alles andere nannte man in der Militärsprache Geplänkel.

Unter Berücksichtigung der verschiedenen Faktoren sozialer, finanzieller, sowie strategischer Art ist es nicht verwunderlich, dass unter Edward I. und dem II. die Langbogenwaffe nach Kräften gefördert wurde.

Entlohnung und Lebenshaltungskosten aus der Zeit vor und um 1300

Ein Bericht aus der Mitte des 13. Jahrhunderts gibt uns wertvolle Informationen über die Anfertigung von Pfeilspitzen. Darin ist die Rede von einem „John Malemort", der in St. Braviels Castle on the River Wye, in der Nähe von Chepstow, im Royal Forest of Dean, von 1228 bis 1266 als „Arrowsmith" tätig war.

Zu Beginn seiner Karriere 1228 erhielt er 4 d. Tageslohn. 1265, als „Master Arrowsmith", verdiente er 7 ½ d. für das Schmieden von 100 Pfeilspitzen (quarrels) pro Tag und 3 d. für das Schäften und Befiedern von Pfeilen.

Für das Jahr 1257 wird die zahlenmäßige Produktion von 50 000 Pfeilspitzen (arrowheads) erwähnt, die aus dieser Manufaktur in alle Teile des Landes verschickt wurden.

Um 1300 verdiente ein Steinmetz zwischen 9 d. und 24 d. die Woche. Ein „Armbruster" 14 d., der „Harnischmacher" 18 d.

Der Küchenjunge einer Garnison wurde mit 15 d. für sechs Monate entlohnt. Ein Klempner (plumber) verdiente 3 d., sein Gehilfe 1 ½ d. pro Tag.

Der Sold für einen Bogenschützen betrug 60 s. pro Jahr (5 s. im Monat). Zwischen 1300 und 1305 kosteten zwei Pfeile ¼ d., eine Lanze das Stück 6 d., Helme (bascinets) 2 s. 2 ½ d. 20 Ellen Segeltuch (45 Zoll pro Elle) zur Anfertigung von Bogenhüllen kosteten 6 s. 8 d., Holzfässer für die Lagerung von Pfeilen 8 d. das Stück.

Zur gleichen Zeit bezahlte man für ein Pfund Weizen ¾ d., für 28 Pfund Hafermehl 2 s. und für die gleiche Menge Salz 16 d. Um 1300 kostete der Wein 2 ½ d. die Gallone, Speck 9 ½ d. die Seite. Für einen geschlachteten Ochsen musste 3 s. 8 d., für ein Schwein 2 s. 8 d. bezahlt werden.

Betrachtet man diese Kosten, die in der damaligen Zeit, bedingt durch ökonomische Faktoren, stark variierten, so kann man sich ein Bild über die volkswirtschaftlichen Belastungen machen, die durch große, stehende Heere entstanden.

Die schottischen Kriege

In den Auseinandersetzungen mit den sich jeder englischen Eroberung vehement widersetzenden nördlichen Nachbarn, verdient der Einsatz von Bogenschützen besondere Beachtung Es darf jedoch nicht der Fehler gemacht werden, die Rolle der Bogenschützen isoliert zu betrachten, sondern als integrierten Bestandteil eines Ganzen.

In der Schlacht von Dunbar zum Beispiel, im Jahre 1296, waren Bogenschützen anwesend, der Sieg ist jedoch in überwiegendem Maße der Reiterei zuzuschreiben.

März 1298: König Edward I. war wieder aus Frankreich zurück und sammelte eine große Streitmacht von 2.500 Reitern und 10.000–12.000 Mann zu Fuß, darunter eine große Anzahl Bogenschützen. Wiliam Wallace, der Anführer des schottischen Heeres hatte weniger Reiter zur Verfügung, etwa 500 und eine geringere Zahl an Schützen. In der Nähe von Falkirk kam es zur Schlacht. Die Schotten postierten ihre Bogenschützen zwischen vier großen, mit langen Speeren bewaffneten Haufen Fußvolk. Seitlich schützten sie sich mit zugespitzten Palisaden gegen Flankenangriffe der englischen Reiter. Der in mehreren Wellen anstürmenden englischen Reiterei gelang es, die schottischen Bogenschützen stark zu dezimieren, die durch die Masse ihrer eigenen Leute behindert wurden. Die in Reihen aufgestellten englischen Bogenschützen nahmen die speerbewaffneten Gruppen der Schotten so stark unter Beschuss, dass mit den letzten Angriffswellen der Reiterei und dem Einsatz der Infanterie die schottische Front aufgebrochen werden konnte.

Das bedeutete die Entscheidung der Schlacht!

Im umgekehrten Fall bekamen die Engländer, unter König Edward I., in der Schlacht von Bannockburn, am 24. Juni 1314, die Auswirkungen strategischer Fehler zu spüren. Die Schotten, angeführt von Robert de Bruce, der unter Edward I. auf englischer Seite gekämpft hatte und mit deren Taktik er vertraut war, fügten den Engländern eine schimpfliche Niederlage zu. Die englischen Linien waren noch nicht formiert, das heißt, das Fußvolk mit den Bogenschützen befand sich zum Zeitpunkt des schottischen Angriffs hinter neun Schwadronen Reiterei.

Die Schlacht von Bannockburn, nach Geoffrey Regan, Enfield 1991

Eilig wurden die Bogenschützen zur rechten Flanke vor die Hauptlinie beordert, um die angreifenden schottischen „Speermänner“ unter Beschuss zu nehmen. Sie konnten ihre Position gut festigen, doch de Bruce warf eine Kavalleriereserve hinter seiner Streitmacht herum und fiel seinem Gegner in die Flanke. Die dort postierten Bogenschützen waren diesem äußerst massiven Reiterangriff nicht gewachsen, sie wurden teils aufgerieben, teils in die englischen Linien hineingesprengt. Dadurch waren sie gezwungen, über die eigenen Truppen hinwegzuschießen, auf einen Feind, den sie nicht sehen konnten. Zur gleichen Zeit hatten die schottischen Bogenschützen ihre Reihen neu formiert und nahmen nun ihrerseits die englische Reiterei unter systematischen Beschuss. Die Katastrophe war perfekt!

Die Lehren die daraus gezogen wurden: Nur absolute Disziplin und eine geschützte Anordnung der Bogenschützen, die so postiert sein mussten, dass sie genügend Bewegungsfreiheit hatten und dadurch in der Lage waren, den Feind auf Sicht zu bekämpfen, konnte einen Erfolg bringen.

Im Jahre 1332 brach ein kleines englisches Expeditionsheer per Schiff nach Schottland auf. Es war eine kleine Streitmacht, bestehend aus 500 Rittern, Bewaffneten und 1.500 Bogenschützen. Der junge König Edward III. war nicht dabei. Nach ihrer Landung marschierten sie Richtung Perth und stießen auf eine große gegnerische Streitmacht von ca. 10.000 Mann, unter Führung des Earl of Mar, der sie bei Dupplin Muir erwartete. Die Streitkräfte formierten sich am darauffolgenden Tag zur Schlacht, beide Parteien abgesessen, die Pferde bei der Reserve. Die Engländer, in der Mitte die Ritter und Bewaffneten, die Bogenschützen an den Seiten, in Form zweier ungleich langer Flügel postiert. Der Angriff der Schotten erfolgte frontal gegen die Mitte. Die englischen Ritter konnten dem ersten Ansturm standhalten.
Währenddessen nahmen die Bogenschützen, in voller Bewegungsfreiheit, die schottischen Angreifer ins Kreuzfeuer. Die Wirkung war schrecklich. In der Mitte zusammengetrieben, durch die Enge sich gegenseitig behindernd, unfähig zu kämpfen, türmten sich die Toten. Darauf begannen die hinteren Reihen der Schotten zu fliehen und wurden von den eilig aufgestiegenen englischen Rittern verfolgt. Das Resultat war ein Massaker! Auf englischer Seite fielen nur dreiunddreißig Ritter und Bewaffnete, jedoch nicht ein Bogenschütze!
Als der junge König Edward III. im darauffolgenden Jahr selbst eine Armee gegen die Schotten führte, befanden sich unter seinen Kommandanten: Baliol, Umphraville, Beaumont und Atholl, die den Schlachtplan bei Dupplin Muir entworfen hatten. Edward belagerte mit seinen Truppen Berwick und wurde von einem starken schottischen Heer attackiert. Die Aufstellung zur Schlacht erfolgte in einem hügeligen Gelände, genannt Halidon Hill. Die Positionen waren wie zuvor bei Dupplin Muir. Jedoch wurden die Bogenschützen in Form von langgezogenen, stumpfen Dreiecken, deren Spitzen dem Angreifer zugekehrt waren, seitlich zu den abgestiegenen Reitern, die mit den anderen Bewaffneten die Mitte bildeten, postiert.
Auch hier war die englische Streitmacht kleiner und handlicher als die des Gegners. Diese Tatsache veranlasste die Schotten anzugreifen. Sie stürmten in vier großen Wellen über die Hügel. Wenige von ihnen bekamen überhaupt Kontakt mit den englischen Bewaffneten, sie wurden einfach von den Bogenschützen niedergeschossen. Über diese Begegnung berichtet die „Bridlington Chronik“: Viele Schotten wurden „geschlachtet“ aber auf englischer Seite fielen nur ein Ritter, ein Edelmann und einige Männer vom Fußvolk.

Wie wir aus diesen historisch fundierten Überlieferungen ersehen, ist die Taktik, die kurze Zeit später in Frankreich angewandt werden sollte, keine Neuheit, sondern beruht auf einer langen Entwicklung. Sagen wir so: die schottischen Kriege zeigen uns ein System der Forcierung der Bogenwaffe, nicht einfach um sie zu haben, sondern weil von ihr der Erfolg abhängt.
Die große Neuerung in der Militärgeschichte ist nicht einfach das Auftreten des Bogens als einer neuen Waffe, sie besteht im Einsatz einer großen Anzahl von Bogenschützen, die in strategisch gut gewählter Position, hervorragender Disziplin und Zusammenarbeit in der Lage sind, einen verheerenden Hagel von Pfeilen auf Mann und Pferd zu senden!

Die großen Siege

Die nun folgenden drei großen militärischen Siege englischer Heere während des hundertjährigen Krieges gegen Frankreich basieren auf dieser, in langjährigen Auseinandersetzungen mit den Schotten entwickelten Strategie.
Die erste Begegnung sollte bei Crecy stattfinden. In dieser Schlacht standen auf englischer Seite 13.000 Bewaffnete, darunter eine große Anzahl Bogenschützen, 36.000 bis 40.000 Mann

auf französischer Seite gegenüber. Die Schlacht begann im Laufe des Nachmittags des 26. August 1346. Noch während die französischen Truppen in Aufstellung begriffen waren, prasselte ein heftiger Gewitterregen auf beide Armeen nieder. In Front der französischen Hauptmacht postierten sich etliche tausend genuesische Armbrustschützen, die das Feuer auf die englischen Linien eröffnend, schiessend und ladend, in Etappen vorrückten. Augenzeugen berichteten, dass durch den Gewitterregen ihre Waffen durchtränkt und nicht voll einsetzbar waren. Die englischen Bogenschützen nahmen nun ihrerseits die Armbrustschützen unter starken Beschuss. Die wie Hagelschauer in ihren Reihen einschlagenden Pfeile entsetzten diese Söldner dermaßen, dass viele ihre Waffen wegwarfen und versuchten zu fliehen. In diesem Augenblick gab der Anführer der französischen Hauptmacht, der Compte d'Alencon, das Signal zum Hauptangriff.

Die Schlacht von Crecy, nach Froissarts Chroniken, 1877

Die genuesischen Armbrustschützen behinderten diesen durch ihre Anwesenheit in vorderster Linie, viele von ihnen wurden überritten. Nun begann das „Verhängnis" über die, wie die Geschichtsschreiber sich ausdrücken „ Blume der französischen Kavallerie" hereinzubrechen. Die Bogenschützen schossen ununterbrochen, ohne ihre Positionen zu verlassen, in eiserner Disziplin auf die angreifenden Reiter. Sechzehn Angriffswellen konnten sie abschlagen, die französischen Ritter unter König Philipp waren fassungslos. Das Feld war übersät mit Toten und Verwundeten. Die Verluste waren niederschmetternd. Auf französischer Seite fielen über 1.500 Ritter und eine große Anzahl der Fußtruppen. Edward III. hatte nur „wenige" seiner Männer verloren und zog triumphierend nach Calais.

Zehn Jahre später, am 19. September 1356, wurde unter ähnlichen Umständen bei Poitiers eine französische Armee von 16.000 Mann unter König John II. von einem unterlegenen, nur 6.000 Mann starken, englischen Heer unter dem Kommando des sechsundzwanzigjährigen Edward III. vernichtend geschlagen.
Am 12. Juni 1369 erließ König Edward III. ein Gesetz mit der Anordnung, dass jeder kräftige Mann der Stadt (London) in seiner Freizeit und an Feiertagen Bogen und Pfeile benützen solle, um die Kunst des Schießens zu erlernen. Des weiteren verbot er unter Androhung von Gefängnisstrafen Spiele wie Stein-, Holz- und Eisenwerfen, Handball, Fußball, Hahnenkampf oder andere eitle, wertlose Vergnügungen.

In der Schlacht von Agincourt am 25. Oktober 1415, standen 9.000 Engländer, davon 6.000 Bogenschützen, unter ihrem jungen König Heinrich V. einer fast vierfachen Übermacht Franzosen gegenüber. Auch hier war die Niederlage der französischen Armee katastrophal. Die nun folgenden Jahre zeigen jedoch gewisse Verschleißerscheinungen bei der Englischen Kriegspartei. Auch schienen die Gegner aus den Lektionen gelernt zu haben. Nach wechselseitigem Kriegsglück konnte die französische Seite den hundertjährigen Krieg schlussendlich für sich entscheiden und die englische Vormachtstellung an Frankreichs Küsten brechen.

In den von 1455 bis 1485 dauernden englischen Thronfolgekriegen, der Wappen der sich bekämpfenden Herrscherhäuser York und Lancaster wegen die „Rosenkriege" genannt, kämpften in verschiedenen Schlachten Langbogen-, Armbrustschützen und Musketiere Seite an Seite. Englische Historiker wehren sich deshalb gegen den Vorwurf, die englische Kriegsführung wäre antiquiert und nur auf den Langbogen ausgerichtet gewesen!

Aus dem Jahre 1470 stammt ein Gesetz Edwards IV. mit folgendem Inhalt: Jeder Engländer oder Ire, der in England wohnhaft ist, soll einen Bogen für seine Größe, aus Eibe, Hasel, Esche, Laburnum (Goldregen) oder einem anderen tauglichen Holz besitzen. Vor jeder Stadt sind Trainingsstätten einzurichten, zum Zwecke des Übens in freier Zeit und an Feiertagen. Unwürdige Spiele wie Kegeln, Fußball, Tennis werden bei Strafe verboten. Jede Person von kräftiger Statur und gesundem Körper soll ihren Bogen gebrauchen, weil die Verteidigung des Landes allein in den Händen der Bogenschützen liegt.

Aufgrund des enormen Bedarfs an Bogen erließ König Edward IV. 1472 das Gesetz von Westminster. Darin wurde den Händlern zur Auflage gemacht, für jede Tonne importierter Handelsware vier „Bogenstäbe“ einzuführen und an die Regierungsstellen abzuliefern. Bei Zuwiderhandlung drohten empfindliche Geldstrafen. Zehn Jahre später musste für jedes eingeführte Fass Wein sogar eine Abgabe von zehn Bogenstäben entrichtet werden.
Diese englische Handelspolitik der Zwangseinfuhr führte mit zur ersten frühkapitalistischen Monopolpolitik in der mitteleuropäischen Forst- und Holzwirtschaft. Aufgrund dieser Zustände waren die Handelsgesellschaften bestrebt, über entsprechende Kontrakte mit den europäischen Landesherren des Festlandes ihren Bedarf an Eibenholz sicherzustellen.

Die benötigten Holzmengen kamen aus den westlichen Teilen Russlands und den Karpaten auf Weichselflößen über den Haupthandelshafen Danzig nach England. Aus dem deutschsprachigen Raum wurde das Eibenholz über Köln und Antwerpen nach London transportiert. Rückblickend ist die erste Bogenholzausfuhr nach England durch eine städtische Zollrolle aus Dortrecht vom 10. Oktober 1287 dokumentiert.
Um 1483, der Bogenpreis war mit einer Höchstrate von 3s. 4d. für die Besten festgesetzt, mussten aufgrund politischer Wirren in der Lombardei Preiserhöhungen von 2p. auf 6 bis 8 p. für 100 Bogenstäbe in Kauf genommen werden.
Aus Monopolverträgen einer süddeutschen Handelsgesellschaft des 16. Jh. lässt sich durch Hochrechnung für einen Zeitraum von 60 Jahren der Exportumfang von 500.000 bis 600.000 Bogenstäben ermitteln. Nun war diese Gesellschaft nicht die einzige in dieser Zeit.
Betrachtet man die heutigen, äußerst spärlichen Vorkommen der Eibe in Mitteleuropa, so ist der Grund dafür zum überwiegenden Teil im Raubbau des 15. und 16. Jahrhundert zu suchen.

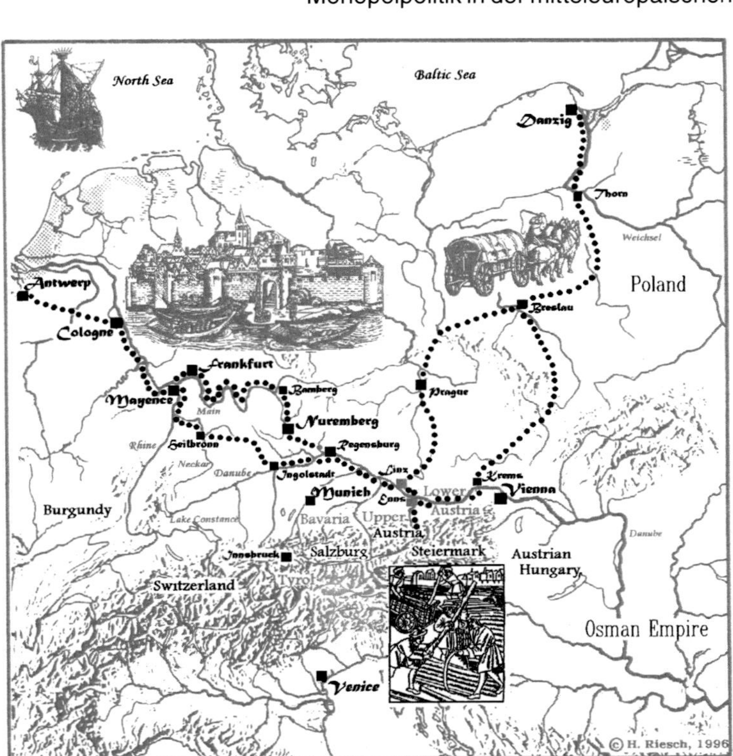

Abb. 1
Transportwege der Eibenholz-Bogenstäbe aus dem deutsch sprachigen Raum im 16. Jh., nach H. Riesch 1996

Doch wenden wir uns wieder den Ereignissen in England zu.
Obwohl in der letzten Schlacht der Rosenkriege 1485 bei Bosworth, in der der letzte Plantagenet Richard III. seinen Tod fand, auf Seite der Tudors 2.000 französische Söldner mit Musketen dienten, waren diese nicht ausschlaggebend für den Sieg.
In der nachfolgenden Zeit stellte sich jedoch ein langsamer Rückgang der Langbogenwaffe ein. Infanterie mit Langspeeren (Piken) und Hellebarden bewaffnet, Musketiere und leichte Kavallerie bestimmten, neben der immer stärker werdenden „jungen" Artillerie, mehr und mehr das Schlachtgeschehen.
Eine letzte Renaissance erlebte der Langbogen während der Regierungszeit Heinrichs VIII., des „letzten großen Bogenschützen". Heinrich war bei seinem Regierungsantritt 1509 achtzehn Jahre alt. Von kräftiger Statur übertraf er als Schütze selbst die Männer seiner Garde. Im Jahre 1510 bat er durch Piero Pesaro beim Dogen von Venedig um die Erlaubnis zum Ankauf von 40.000 Bogenstäben. Dies widersprach den Gesetzen Venedigs, doch der Doge bewilligte den Verkauf zu einem Preis von 16 p. für 100 Stück.

Abb. 2
Schlacht von Dixmuiden

Heinrich VIII. unternahm drei Kriegszüge gegen Frankreich. Sein erstes Engagement war jedoch die Entsendung von 1.500 Bogenschützen zur Unterstützung seines Schwiegervaters, Ferdinand von Aragon, gegen die Mauren. 1513 attackierte Heinrich mit seinen Truppen Frankreich. Kurze Zeit darauf erfolgte ein schottischer Angriff auf England. Am 9. September 1513 kam es zur Schlacht bei Flodden. Neben Musketieren und Artillerie kämpften in den englischen Reihen auch eine große Anzahl Bogenschützen. Die schottische Streitmacht erlitt eine vernichtende Niederlage. Ihr König, James IV. fiel, kämpfend mit den Tapfersten seiner Nation, durch einen Pfeilschuss in den Kopf. Auf dem Schlachtfeld blieben 12.000 Schotten und 4.000 Engländer. Dies war die letzte Schlacht, von der gesagt wird, dass sie ohne die Bogenschützen hätte anders ausgehen können.

Einen Eindruck von den Mengen an Rüstungsgütern, die damals in den Arsenalen gelagert wurden, gibt uns ein Ordonnanzreport aus dem Tower von London vom 21. September 1523. Darin wird aufgelistet als „ready for use" (fertig zum Gebrauch):

- 11.000 fertige Bogen, 6.000 Bogenstäbe
- 16.000 „sheaves" (384.000) Pfeile, 4.000 „sheaves" (96.000) Pfeile mit neun Zoll Befiederung und 600 „gross" (86.400) Bogensehnen
- ferner 5.000 Pferdetrensen, Ersatzteile für 70 Wagen, 80.000 Hufeisen und 500.000 Hufnägel

Abb. 3
Ausschnitt, Altarbild 1493

Als Heinrich VIII. auf einem Feldzug gegen Frankreich neben seinen Bogenschützen auch eine große Zahl an Musketieren, Feld- und Belagerungsgeschützen mitführte, akzeptierten die königlichen Bogenschützen den Wert der neuen Waffen. Heinrich glaubte an das Althergebrachte, er förderte jedoch nach Kräften den Gebrauch des Neuen.

Nach seiner Regierungszeit ertönte die Kritik „modern" denkender Militärexperten gegen den Gebrauch des Langbogens immer lauter. Einerseits wurden die „horrenden Importpreise" der Bogenstäbe angeführt, andererseits kritisierte man die hohen Verpflegungskosten der Bogenschützen, die um in guter Kondition zu bleiben und effektiv kämpfen zu können, eine „Unmenge an Fourage" benötigten.

1590 verfasste „Sir John Smythe" ein langes und überzeugendes Argument für die Beibehaltung des Langbogens, in dem er seine Gegner und einige Berater der Königin der Korruption und der Inkompetenz bezichtigte. Es sind damals viele Argumente für und gegen den Langbogen gesprochen worden. Die Zeit jedoch war gegen ihn.

Am 6. Oktober 1595 wurde von der Landschaft Herfordshire ein formeller Antrag gestellt, die letzten 100 Langbogen im Land, welche endgültig unbrauchbar wären, durch Musketen zu ersetzen. Drei Wochen später, am 26. Oktober, kam von Königin Elisabeth I. über das „Privy Council" die Verfügung, dass alle Langbogen der Milizen durch Handfeuerwaffen zu ersetzen wären.

Tatsache ist, dass die Handfeuerwaffen bei Waterloo, knapp 200 Jahre später, weniger effektiv waren als der Langbogen, in Schussgeschwindigkeit, wie in Präzision. Bei Waterloo jedoch gab es keinen Langbogen mehr!

Zeittafel

Normannische Könige	
Wilhelm I., der Eroberer	1066–1087
Wilhelm II., Rufus	1087–1100
Heinrich I.	1100–1135
Stephan von Blois	1135–1154
Haus Anjou Plantagenet	
Heinrich II.	1154–1189
Richard I., Löwenherz	1189–1199
Johann ohne Land	1199–1216
Heinrich III.	1216–1272
Eduard I.	1272–1307
Eduard II.	1307–1327
Eduard III.	1327–1377
Richard II.	1377–1399
Haus Lancester	
Heinrich IV.	1399–1413
Heinrich V.	1413–1422
Heinrich VI.	1422–1461
Haus York	
Eduard IV.	1461–1483
Eduard V.	1483
Richard III.	1483–1485
Haus Tudor	
Heinrich VII.	1485–1509
Heinrich VIII.	1509–1547
Eduard VI.	1547–1553
Maria I., die katholische	1553–1558
Elisabeth I.	1558–1603

2. DIE KUNST DES BOGENBAUS

Auf den folgenden Seiten möchte ich dem interessierten Leser, ihn ins Geschehen miteinbeziehend, von meinen Erfahrungen beim Bau von traditionellen Langbogen aus Eibenholz berichten.
Vorab jedoch einige grundlegende Feststellungen:
Ganz allgemein sei gesagt, man muss nicht unbedingt Handwerker sein, um einen Bogen bauen zu können! Wie bei jeder qualifizierten und ernsthaften Tätigkeit gehört natürlich eine Portion Disziplin, Ausdauer, Geduld und ein gewisses Maß an Fingerfertigkeit zur Grundausstattung. Bogenbau ist kein Spaß, Bogenbau kann jedoch Spaß machen!
Es ist ein stolzes und erhebendes Gefühl, wenn man die ersten Pfeile von einem selbstgebauten Bogen schnellen lässt. Diese uralte Faszination kann nur derjenige voll und ganz erfahren der Interesse zeigt und sich nach Kräften darum bemüht. In unserer hochtechnisierten, hektischen Zeit ist beinahe alles käuflich, jedoch nur beinahe!

DAS MATERIAL

Eibenholz ist aufgrund seiner physikalischen Eigenschaften das beste Bogenholz unserer Hemisphäre. Wie im vorherigen Kapitel erwähnt, haben dies unsere Vorfahren schon vor Jahrtausenden erkannt und genutzt. Diese Erkenntnisse beruhten jedoch auf rein empirischer Basis. Um nicht nur dem Fachmann, sondern auch dem interessierten Laien einen wissenschaftlich fundierten Einblick in diese hochinteressante Materie zu geben, folgt eine exakte Begründung der oben genannten Eigenschaften.
Bei den nachstehenden Ausführungen beziehe ich mich unter anderem auf ein, anlässlich der 4. Internationalen Eibentagung 1997 an der ETH Zürich gehaltenes, Referat von Herrn Prof. Dr. Dr. h.c. Ladislav J. Kucera, Professur für Holzwissenschaften ETH Zürich.
Für das Thema Bogen und Bogenbau von besonderem Interesse sind der strukturelle Aufbau und die physikalisch-mechanischen Eigenschaften. Zum besseren Verständnis einige grundlegende Erläuterungen zum Holzaufbau.

Holz

ist ein pflanzliches Gewebe, bestehend aus Millionen äußerst kleiner Zellen mit einem Durchmesser von einigen Hundertsteln Millimeter. Chemisch besteht Holz in der Hauptsache aus Zellulose und Lignin.

Längenwachstum

Eine junge, lebende Zelle besteht aus Protoplasma, einem eiweißartigen Stoff, und ist von einer dünnen Wand umschlossen. Eine solche Zelle kann sich durch Teilung vermehren, indem sich in der Mutterzelle eine Zwischenwand bildet und dadurch zwei Tochterzellen entstehen. Diese Zellteilung geht an der äußersten Spitze des Stammes, der Äste und der Wurzeln ständig vor sich. Außerdem strecken sich die in der Spitze befindlichen Zellen, so dass dadurch das Längenwachstum des Baumes bewirkt wird.
Wenn die Zellen älter werden, verdicken sich die Zellwände und sterben ab. Das Protoplasma verschwindet und wird durch Luft, Wasser oder durch oft farbige Stoffwechselprodukte ersetzt.

Dickenwachstum, Jahresringe

Neben dem Wuchs in die Länge nehmen die Bäume auch ständig an Umfang zu. Dieses sogenannte sekundäre Dickenwachstum geht vor sich, indem die zwischen Holz und Bast befindlichen Kambiumzellen ständig nach innen Holzzellen und nach außen Bastzellen abteilen. Diese Zellen behalten ihre Teilungsfähigkeit während des ganzen Baumlebens.

Der Baum wächst, indem sich an seiner Außenseite ständig eine neue Zelllage auf das vorher gebildete Holz ablagert, während auf der anderen Seite ebenso viele (allerdings viel dünnere) Schichten sich auf dem Bast neu bilden. Dieses Dickenwachstum erstreckt sich stetig auf die ganze Vegetationsperiode, aber die Dicke der in einem Jahr gebildeten neuen Schicht (Zuwachs) kann erheblich je nach Holzart, Alter des Baumes, Witterung, Standort etc. variieren. Ruht das Wachstum zeitweise, wie in unseren Breiten im Winter, so kann man das auf dem Holzquerschnitt deutlich an den Wachstumsringen feststellen. Der Bast stirbt an seiner Außenseite fortdauernd ab. Die Borke hat zunächst eine Schutzfunktion, sie kann aber dem fortwährenden Dickenwachstum des Stammes nicht folgen, wird rissig und spaltet sich schließlich teilweise ab.

Der Baum benötigt zum Leben eine Anzahl Nährstoffe. Die Wurzeln nehmen mit dem Bodenwasser Mineralstoffe auf und leiten den Wasserstrom (Transpirationsstrom), in den äußersten Splintlagen nach oben zu den Blättern (Nadeln). Dort verdunstet ein Großteil des Wassers und der dadurch entstehende Sog zieht weiteres Wasser nach. Ein Teil des Wassers wird in den Blättern (Nadeln) benötigt, um mit Hilfe von Licht und Chlorophyll (Blattgrün) aus Kohlensäure der Luft (Fotosynthese) Kohlehydrate aufzubauen. Die Assimilationsprodukte werden in gelöster Form im lebenden Teil des Bastes herabgeführt in den Stamm, der daraus sein Gewebe aufbaut. Es geht also ständig ein Transpirationsstrom durch das Holz nach oben, und ein Assimilationsstrom durch den Bast nach unten.

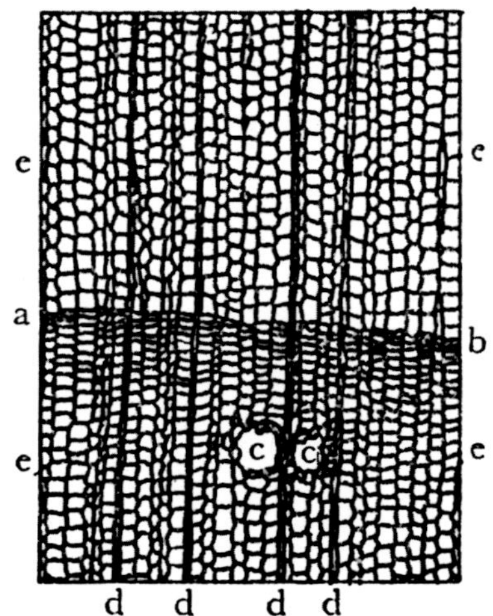

Abb. 1
Anordnung der Tracheiden in Nadelholz (vergrößert)

Zellaufbau bei Nadelhölzern

Der heller gefärbte Teil des Jahresringes, der im Frühjahr gebildet wird und deshalb Frühholz heißt, besteht aus sehr dünnwandigen Zellen. Im dunkleren Teil, dem Sommer- oder Spätholz, sind die Zellwände dicker. Außerdem sind die Spätholzzellen in Radialrichtung abgeflacht, lassen weniger Licht durch und erscheinen deshalb dunkel. Diese Zellen weisen im Querschnitt beim Frühholz eine ovalrunde und beim Spätholz eine flachrunde Form auf. Auf dem Längsschnitt erscheinen diese Zellen, in mikroskopischer Vergrößerung, im Verhältnis zu ihrem Querschnitt sehr langgestreckt. Sie heißen beim Nadelholz Tracheiden. Sie dienen sowohl der Festigkeit (Stützgewebe) als auch der Wasserleitung (Leitgewebe).

Der Saftstrom wird durch Öffnungen in den Zellwänden (Hoftüpfel) ermöglicht, durch die der Saft diffundieren kann. Bei näherer Betrachtung der glattgehobelten Stirnfläche, am besten mit einer Lupe, sieht man quer zu den Jahresringen eine große Anzahl feiner Linien, die Markstahlen.

Unter dem Mikroskop erkennt man sie als schmale, aus mehr oder minder back-steinförmigen Zellen gebildete Bänder, die dem Safttransport in horizontaler Richtung, sowie zur Lagerung von Reservestoffen dienen. Solche nicht zugespitzte, meist dünnwandige Zellen nennt man Parenchymzellen. Die Wasserleitung zwischen den Parenchymzellen, untereinander und zu den Tracheiden erfolgt durch dünne halbdurchlässige Stellen in den Zellwänden, einfach Tüpfel oder Fenstertüpfel genannt.

DIE EIBE (TAXUS BACCATA L.)

Makroskopische Beschreibung

„Sie bildet schmale und unregelmäßig gewellte Jahresringe. Eine Folge von unregelmäßigem Jahresringbau sind spannrückige Stammquerschnitte, wie man sie sonst z.B. bei der Hagebuche findet.

Das Splintholz ist schmal und gelblich, es umfasst in der Regel 10 bis 20 Jahresringe. Das obligatorische Kernholz besitzt eine einheitlich braune bis rötliche Färbung. Es kann im Bereich von Ästen in das Splintholz ausufern. Die natürliche Astreinigung erfolgt bei der Eibe sehr zögerlich. Ausschließlich bei innerartlicher Konkurrenz bildet sie eine natürliche „Totastzone“ aus.

„Die Folge davon sind im Holz eingewachsene Totäste, die den Jahresringverlauf zusätzlich stören“.

Diese Faktoren bilden, neben allgemeinen Wuchsdeformationen, den Hauptgrund für die Problematik bei der Selektion bogentauglicher Eibenstäbe.

„Häufig findet man im Holz der Eibe Spuren von schlafenden Knospen und Wasserreisern, die durch die dünne Rinde begünstigt werden und selbst in äußeren Jahresringen alter Bäume anzutreffen sind. Sowohl im Stamm als auch in den Ästen der Eibe findet man häufig Druckholz. Das Kernholz der Eibe gilt als sehr dauerhaft! Befall und Zerstörung durch Pilze sind selten und erfordern eine starke Exposition. Ähnliches gilt für die holzzerstörenden Insekten“.

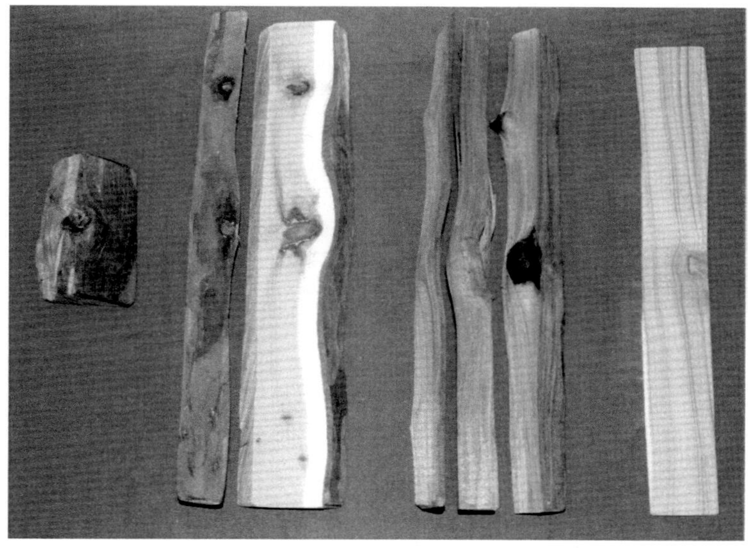

Abb. 2 Totäste und Wundüberwallung bei der Eibe. Von links: 1. Totast, 2. Totäste aufgeschnitten, 3. u. 4. abgeschlagene Äste mit anschließender Wundüberwallung (Siehe auch Farbtafel 10).

Struktureller Aufbau

„Das Holz der Eibe hat einen sehr schlichten Aufbau. Die Jahresringe haben eine gleichmäßige Farbe, die Jahresringgrenze ist zwar ausgeprägt, aber der Übergang von Frühholz zu Spätholz ist allmählich, und der Spätholzanteil ist in der Regel relativ bescheiden. Das Eibenholz besteht aus nur drei Zelltypen: Den Früh- und Spätholztracheiden und den Markstrahlparenchymzellen. Im Vergleich mit den meisten Nadelhölzern fehlen die Markstrahltracheiden und die vertikalen, wie horizontalen Harzkanäle.

Eine wichtige anatomische Besonderheit der Eibe sind die Schraubenverdickungen. Diese sind allgemein verbreitet in der Reihe der Taxales (Eibenartigen). Man findet sie auch bei Arten der Gattung Picea und Pseudotsuga. (Greguss 1955) Zwischen den Schraubenverdickungen der Eibe und jenen der Douglasie besteht jedoch ein großer quantitativer Unterschied. Die Schraubenverdickungen der Eibe, die man sowohl in den Früh- als auch in den Spätholztracheiden findet, sind ausgesprochen massig. Demgegenüber sind sie bei der Douglasie nur in den Frühholztracheiden vorhanden und extrem zart ausgebildet.

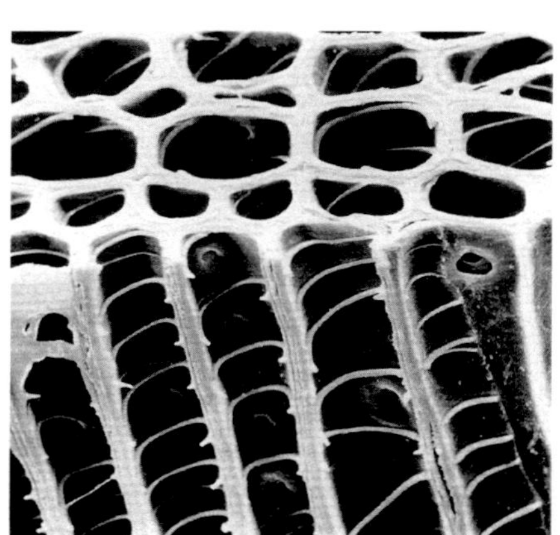

Abb. 4 Eibenholz: Quer- und Radialschnitt, rasterelektronenmikroskopische Aufnahme, Vergr. 865-fach, H. Hegnauer, proimente Schraubenverdickungen in den Tracheiden

Physikalisch-mechanische Kennzahl	*Fichte*	*Holzart Douglasie*	*Eibe*
Darrdichte g/cm^3	0,42	0,50	0,62
Volumenschwindmass %	11,8	12,0	8,8
Bruchfestigkeit längs zur Faser N/mm^2			
bei Druck	45	55	57
bei Zug	85	94	108
bei Biegung	71	85	85
Biege-E-Modul längs zur Faser N/mm^2	11000	12100	15700
Bruchschlagarbeit Nm/cm^2	4,5	4,9	14,7
Brinell-Härte längs zur Faser N/mm^2	31	45	70

Abb. 5 Durchschnittswerte ausgewählter Physikalisch-mechanischer Kennzahlen von Fichte, Douglasie und Eibe, nach SELL (1987) und WAGENFÜHR (1996) leicht angepasst.

Physikalisch-mechanische Eigenschaften

Diese Eigenschaften des Holzes gehören zu den bestuntersuchten.

In der Tabelle, Abb. 5, findet man die wichtigsten physikalisch-mechanischen Kennzahlen der Fichte, Douglasie und Eibe.

Die Eibe ist die schwerste Nadelholzart. Positiv überrascht das geringe Volumenschwindmaß, das eine gute Formstabilität von Erzeugnissen aus Eibenholz signalisiert. Die statischen Bruchfestigkeitswerte des Eibenholzes sind ansehnlich, übertreffen jedoch jene der Douglasie nur ganz geringfügig. Hervorragend ist das Eibenholz hingegen bezüglich der Biegeelastizität und besonders der Bruchschlagarbeit (Schlagbiegefestigkeit, Prüfung n. DIN 52189).

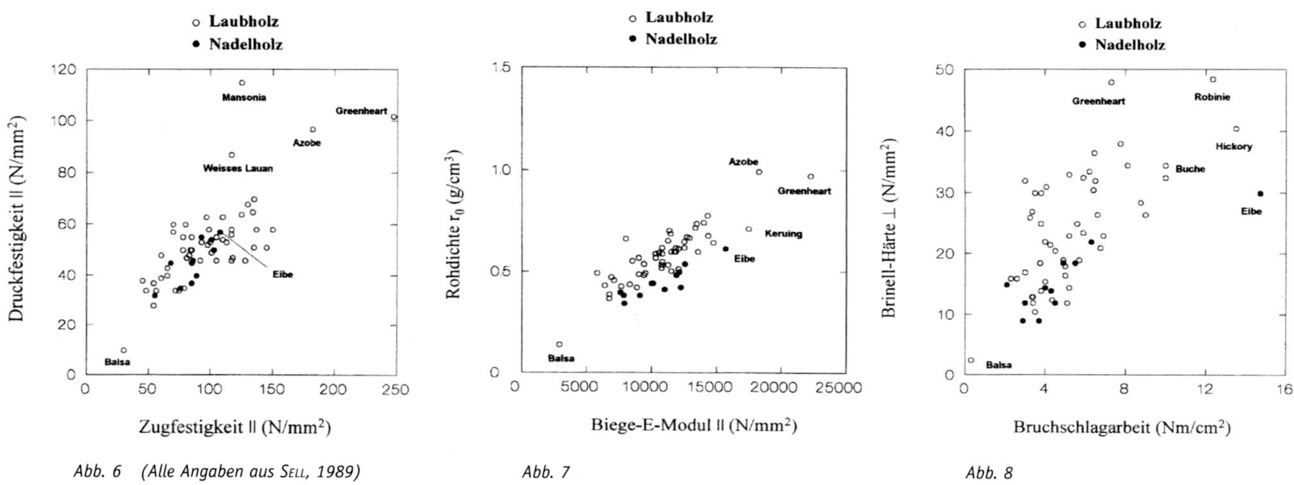

Abb. 6 (Alle Angaben aus SELL, 1989) Abb. 7 Abb. 8

Das Biegeelastizitätsmodul ist ein Maß der erforderlichen Verformungsenergie, die Bruchschlagarbeit, auch Schlagbiegezähigkeit genannt, ist die einzige dynamische Festigkeit des Holzes. Danach lässt sich Eibenholz nur sehr schwer verformen, und es kann extremen dynamischen (Schlag-) Beanspruchungen standhalten.

Aus diesen letzten Kennwerten ist die Bedeutung des Eibenholzes für die Herstellung von Bogenwaffen abzuleiten. Zur Abrundung dieser Aussagen, wurden einige physikalisch-mechanische Kennzahlen des Eibenholzes, mit jenen der einheimischen und der wichtigsten fremdländischen Nadel- und Laubholzarten in Beziehung gesetzt.

Dabei zeigt Abb. 6, die Zug- und Druckfestigkeiten und belegt eine durchschnittliche Positionierung des Eibenholzes. Der Abb. 7, sind die relativ hohe Rohdichte und das sehr hohe Biege-E-Modul dieser Holzart zu entnehmen. Schließlich belegt Abb. 8, die exzellente Härte und die unübertroffene Biegeschlagfestigkeit des Eibenholzes.“

Dies zur wissenschaftlichen Begründung der Vorzüge des Eibenholzes bei dessen Verwendung zum Bogenbau.

EIN ENGLISCHER KRIEGSBOGEN AUS EIBE

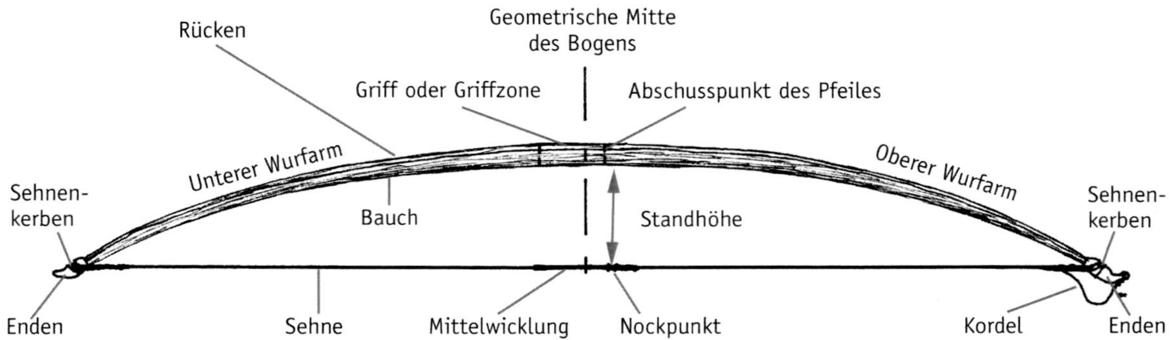

Abb. 9
Teile des englischen Langbogens und deren Benennung in bespanntem Zustand.

Als Anfänger im Bogenbau sollte man nicht den Fehler machen, sich unbedingt auf Eibenholz zu versteifen. In Bogenqualität ist es schwer erhältlich und wenn, so muss es mehrere Jahre gelagert werden, um auch zu halten was es verspricht!
Meine Empfehlung ist, zu Beginn mit Hasel-, Eschen-, Ulmen- oder Hickoryholz eigene Erfahrungen zu sammeln. Nur wer schon etwas Erfahrung im Bogenbau hat sollte sich an ein Stück Eibenholz wagen. Die folgenden Angaben sind für Eibenholz gedacht!

Abb. 10 Bogenbauerwerkzeuge

Werkzeuge
Beschrieben wird ein Ideal, Improvisationen sind möglich.

Wir benötigen:

- Zollstock, Schieblehre, Bleistift, Filzstift, Notizpapier
- Dünne Richtschnur, z.B.schwarze Nylonschnur
- Werkbank mit festmontiertem Schraubstock und gepolsterten Spannbacken
- „Werkstattbock“, verstellbar, mit gepolsterter Auflage
- Ziehmesser, nicht zu lang
- Handhobel
- Raspeln mittelfein, Halbrundfeilen mittel und fein, Rundfeilen, 5, 6, 8, 12 mm
- Ziehklingen, gerade, gewölbte und profilierte
- Flot - altes Bogenbauerwerkzeug, Mehrfachziehklinge
- Schleifpapier, versch. Körnungen, 100/150/180/240/320/400, feine Stahlwolle
- Spiralbohrer, konisch, 12/13/15, für die Horntips
- 3 Schraubzwingen, 200 mm lang
- Spannschnur, mit Lederkappen, für das Be- und Entspannen während des Tillerns
- Flachschnitzmesser, 4 mm breit.

Bevor wir mit der Arbeit beginnen, sollte der eigenen Gesundheit wegen folgendes beachtet werden:
Alles an der Eibe ist giftig, bis auf die Fruchtbecher (Arillus) der roten Beeren, die an den weiblichen Pflanzen wachsen!
Es ist daher wichtig, bei den Schleifarbeiten eine Feinstaubmaske zu tragen und angefallenen Staub mit einem Staubsauger zu entfernen. Durch dieses Minimum an Hygiene verhindern wir, dass die im Holz enthaltenen Toxide über die Schleimhäute in die Blutbahn eindringen.

Abb. 11 Spalten der Stammstücke

DIE AUSWAHL DES HOLZES

Aus einem zirka 25 cm dicken, gerade gewachsenen Eibenstammstück von gut 2 m Länge, welches astrein (frei von kleinen herauswachsenden Trieben) ist und keine Verwachsungen, Risse, Buckel oder Totäste aufweist, ist es möglich, bis zu vier gute Langbogen zu fertigen.
Solche Prachtexemplare sind allerdings äußerst selten. Unter hundert Stämmen, findet man oft nur wenige, die für den Bogenbau überhaupt tauglich sind. Oft treffen die Auswahlkriterien nur auf ein Viertelsegment oder die Hälfte eines Stammes zu.
Man sollte sich jedoch nicht entmutigen lassen!
Wenn die Aussicht besteht, einen guten Bogenstab zu erhalten, so spalten wir das ausgewählte Stammstück mittels Stahlkeilen sorgfältig in Segmentstücke von 8–10 cm Breite.

Den so gewonnenen „Stäben“ wird mittels eines Arbeitsbeiles der Kern herausgehauen und mit einem Ziehmesser die splitterigen Seitenkanten besäumt.
Die sauber gesägten Enden werden mit Lackfarbe oder einfachem Tischlerleim versiegelt, um einer zu schnellen Austrocknung und einem damit verbundenen Aufreißen vorzubeugen.
Stehen lange Stämme nicht zur Verfügung, so besteht allerdings die Möglichkeit, Langbogen aus kürzeren Stücken zu bauen. Diese werden in der Mitte mit einem „Doppelfischschwanz“ verspleißt, wie der Fachmann es ausdrückt. Bezüglich der Holzauswahl und der Rohverarbeitung erfahren diese die gleiche Behandlung wie lange Stücke.
Auf die Verspleißtechnik werde ich später noch näher eingehen.

Abb. 12 Zurichten der Stäbe

In der nun folgenden Trocknungs- und Ablagerungsperiode von mindestens 2, besser 3 bis 4 Jahren, besteht die Möglichkeit, mit anderen leichter verfügbaren Holzarten zu „experimentieren“!

Ich lagere das frische Holz ein Jahr lang, sorgfältig gestapelt, luftig, vor Sonne und Regen geschützt, im Freien. Im zweiten Jahr bringe ich die Stücke unter Dach, jedoch nicht in einen geheizten Raum.
Dies geschieht erst kurze Zeit vor der Verarbeitung.

Nachbau eines Wikinger-Langbogens aus Eibenholz.
Länge 191 cm (effektiv 179 cm)
Zuggewicht 77 lb.
bei 70 cm Auszug.
(Fotos u. Rekonstruktion: J. Junkmanns)

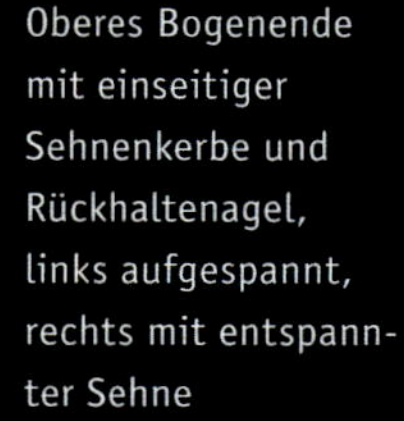

Oberes Bogenende mit einseitiger Sehnenkerbe und Rückhaltenagel, links aufgespannt, rechts mit entspannter Sehne

Unteres Bogenende mit Sehnenkerben

Biegeverhalten des Nachbaus

Abb. 46
Klassischer, englischer Langbogen
Griffumwicklung aus Leder, darüber arrow plate aus Knochen(Fotos: U. Stehli)

DIE EIBE

Abb. 3 Linke Seite: Spannrückiger Wuchs, Durchmesser ca. 20 cm, 110 Jahre alt.
Rechte Seite: Feinjährigkeit, auf 1 inch (25,4 mm) 62 Jahressringe.

Abb. 42 **Kriegsbogen Typ „Mary Rose“:** 100 lb. bei 28"

Drei „lange Jahre" sind jetzt vergangen!
Unser erster Hickory-Longbow, gebaut in einem Bogenbaukurs, ist schon längst Geschichte. Durch das Experimentieren mit Hasel- und Eschenholz sind wertvolle Erfahrungen dazugekommen. Unter anderem beherrschen wir die zur Anfertigung „standesgemäßer" Langbogensehnen wichtige Technik des „flämischen Spleiß"!
Inspiriert durch die Lektüre eines der einschlägigen historischen Werke sind wir fest entschlossen, den Nachbau eines englischen Kriegslangbogens aus unserem zwischenzeitlich abgelagerten Eibenholz zu wagen. Verglichen mit den heutzutage gebräuchlichen „komfortablen" traditional Longbows, die größtenteils mit einem Hickory-Backing ausgestattet sind und in der Mitte eine Versteifungszone, mit Samt oder Ledergriff aufweisen, macht dieser grifflose Bogentyp einen recht archaischen Eindruck!
Die englischen Kriegsbogen des Mittelalters waren jedoch so gebaut. Es mag uns heute befremdend erscheinen, doch herrschten zu damaliger Zeit andere Wertvorstellungen.
Keinem Yeoman (Bogenschütze) zur Zeit Edwards I. oder danach wäre es eingefallen, einen Lederriemen oder ein Samtband um seinen Bogen zu wickeln, nur um ihn besser halten zu können, wofür auch!
Aufgrund der hohen Zuggewichte, die teilweise weit über 100 lb. lagen, waren diese Bogen lang (74" bis 78") und mussten so getillert sein, dass sie sich über die gesamte Länge flachhalbkreisförmig bogen. Das heißt, die Griffpartie wurde in die Biegung miteinbezogen, lediglich an den Wurfarmenden bestand auf ca. 15cm Länge eine leichte Versteifung. Nur dadurch war es möglich, auf die massigen „artillery arrows", die teilweise Gewichte bis zu 100 Gramm aufwiesen, den für ihren „tödlichen Auftrag" notwendigen Schub zu übertragen.

Da unser Bogen im Gegensatz zu seinen mittelalterlichen Vorfahren, friedlichen Zwecken dienen soll, reicht ein Zuggewicht von 60 lb., bei einer Länge (Kerbenmaß) von 72" (1828 mm).

DER ROHLING

Wir wählen dafür einen nach der Lagerung gerade gebliebenen Stab von gut 1,9 m Länge aus. Eingespannt in den Schraubstock, wird dieser mit dem Zugmesser vorsichtig von der Rinde befreit. Bei genauer Betrachtung stellen wir fest, dass der geschälte Rohling eine unregelmäßig wellige Oberfläche, mit einer leichten Krümmung an seinem oberen Ende aufweist (oberer Stammabschnitt).
Der auf der Werkbank mit dem Splintholz nach oben liegende Stab wird nun mit kleinen Holzkeilen so unterlegt und ausgerichtet, dass die Hauptwurfzonen der Bogenarme, möglichst horizontal liegen. Ober- und unterhalb des Rohlings befestigen wir mit Schraubzwingen zwei mit Nägeln bestückte Holzklötze auf der Werkbank. Zwischen diesen beiden Nägeln wird die Richtschnur straff gespannt.
Durch genaues Visieren und seitliches Einrichten des Stabes ist es möglich, ihn so zu positionieren, dass wir auf der Splintholzoberfläche, entlang der Richtschnur, erst Punkte anzeichnen, die, miteinander verbunden, eine genaue Mittellinie ergeben.

Abb. 15
Umrisse mit reichlich Zugabe anzeichnen

Nach deren Anzeichnen übertragen wir anhand der folgenden Skizze (Abb. 16) die für einen Bogen dieses Typs empfohlenen Rohmaße und Konturen auf den Splintholzrücken.

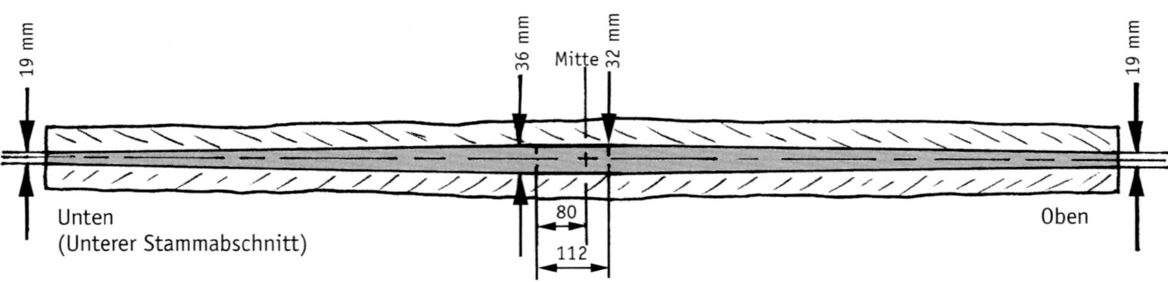

*Abb. 16 Rohling in der **Draufsicht**, Gesamtlänge 1870 mm*

Abb. 19 Splintholzreduzierung, fein mit Ziehklinge

Mit Querbeil, Zugmesser und Handhobel, wenn vorhanden mit einer Bandsäge, entfernen wir das überschüssige Holz an den Seiten.

Da in den meisten Fällen das Splintholz dicker ist als erwünscht, muss dieses auf eine Stärke von ca. 7mm reduziert werden. Zu diesem Zweck wird seitlich, einem Frühholzjahresring folgend, mit dem Bleistift frei Hand eine Linie angezeichnet.

Nun beginnt eine, je nach Feinjährigkeit des Splintholzes, schwierige Arbeit. Mit äußerster Sorgfalt, von der Bogenmitte beginnend, schnitzt und schabt man mit Zugmesser (grob) und Ziehklinge (fein) Jahresring um Jahresring von der Holzoberfläche, bis zum Erreichen der seitlich angezeichneten Linie. Auf keinen Fall dürfen in der Hauptbiegezone, Schichten durchtrennt werden!

Der hell- dunkel Kontrast des Früh- und Spätholzes erleichtert jedoch diese subtile Arbeit. Um etwaige „Sollbruchstellen" zu vermeiden, erfolgt anschließend ein sorgfältiges Vorschleifen des geschabten Rückens mit Schleifpapier K 100.
Die Seitenflächen des Rohlings werden nun mit einem Handhobel sauber bearbeitet.

*Abb. 22 Rohling in der **Seitenansicht**, Gesamtlänge 1870 mm*

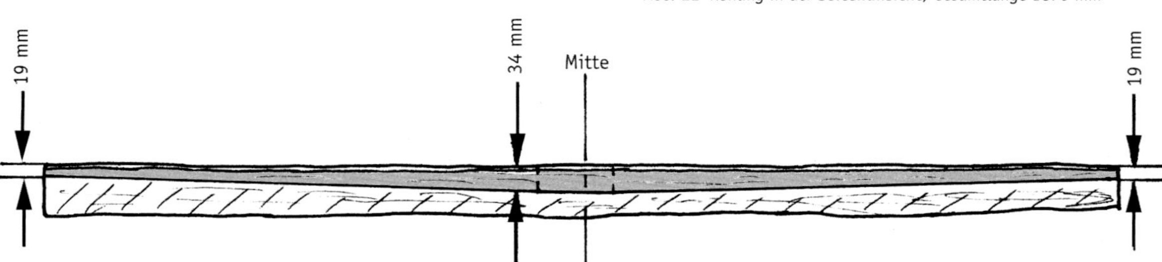

Jetzt können wir die rohen Seitenmaße (Stärken) des Bogens anzeichnen.
Bei der folgenden Bearbeitung der Bauchseite, ist je nach Wuchs des Holzes und dem Einsatz der zur Verfügung stehenden Werkzeuge, Vorsicht geboten. Unter Verwendung des Ziehmessers, wieder von der Mitte aus, schnitzen wir mit kleinen, kontrollierten Spänen das

überschüssige Holz in Etappen bis zum Erreichen der angezeichneten Linien ab.
Wie am Rücken des Bogens, so dürfen auch auf dessen Bauchseite Wellen nicht einfach eliminiert werden, nur um eine schöne, gerade Oberfläche zu erhalten. Unter Berücksichtigung des Jahresringverlaufes ist der Kontur des Backings zu folgen. Um einen nicht vermeidbaren, fest eingewachsenen Ast herum muss etwas mehr Material stehen gelassen werden. In diesem frühen Stadium besser etwas mehr als weniger.

Abb. 23
Bearbeitung des Bauches

Ein loser, mittig im Wurfarm sitzender dünner Ast, wird vorsichtig ausgebohrt und das Loch durch ein eingeleimtes Stück Hartholz verschlossen. Auch hier ist zum Schutz dieser Stelle Holz stehen zu lassen.

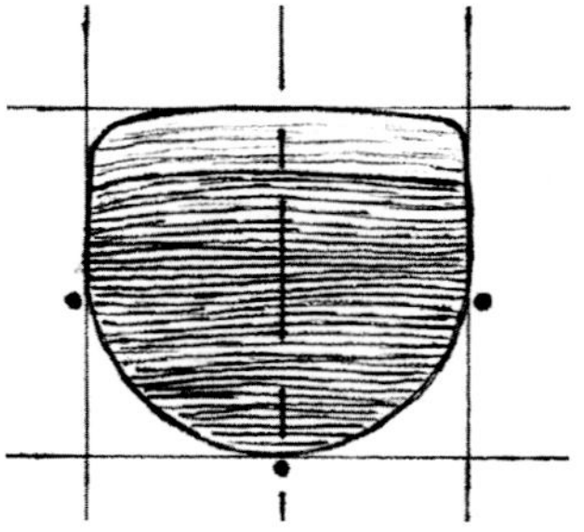

Abb. 24 Runden des Bauches

Der Stab hat jetzt eine beinahe quadratische Form erreicht. Die nun folgende Arbeit, das Runden des Bauches, beginnen wir mit dem Anzeichnen einer Mittellinie auf demselben und zwei Linien, rechts und links an den Seiten.Sie dienen zur besseren Kontrolle dieses Arbeitsvorganges. Wiederum von der Mitte aus wird sorgfältig Span um Span abgeschnitzt.
Hierbei ist mit dem Ziehmesser Vorsicht geboten. So fest, zäh und elastisch das Eibenholz ist, es neigt zum Splittern. Durch einen zu tief geratenen Span ist schon manch „hoffnungsvoller" Wurfarm ruiniert worden!
Besser ist es, die Gefahr, die immer dann besteht wenn das Holz wellig gewachsen ist, zu erkennen und eine Raspel, beziehungsweise Feile zu benutzen. Um eine gleichmäßige, halbrunde Kontur zu erreichen, ist der Einsatz von verschieden profilierten Ziehklingen empfehlenswert.

Ziehklingen

Diese Werkzeuge dienen nur der ganz feinen Materialabtragung.
Bei wiederholter Bearbeitung längerer Partien, in unserem Fall beim Abrunden des Bogenbauches und dem anschließenden Tillern, besteht die Gefahr der Wellenbildung („Cellulitis-Effekt"). Um dem vorzubeugen, ist der Einsatz eines „Flot" empfehlenswert. Dieses Werkzeug, das von den englischen Bogenbauern des Mittelalters benutzt wurde, stellt im Prinzip eine „Mehrfachziehklinge" dar.

Abb. 27 Flot

Bedingt durch die hintereinander auf einer Ebene liegenden Klingen gleitet dieses Spezialinstrument während des Einsatzes geführt über die Holzoberfläche und verhindert so, bei ziehendem Schaben in Längsrichtung, das Entstehen besagter Wellen.

Abb. 26 Feinarbeit mit dem Flot

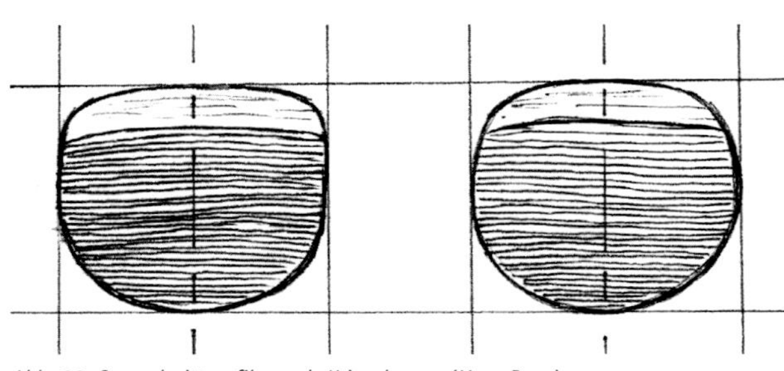

Abb. 28 Querschnittprofile engl. Kriegsbogen (Mary Rose)

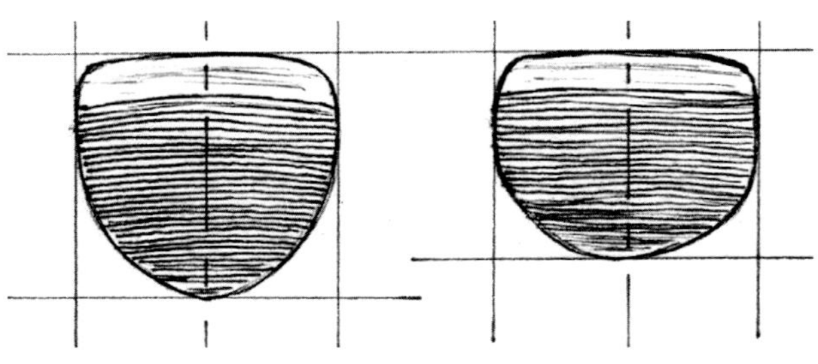

Abb. 29 Querschnittsprofile 1. hoch (schnell) 2. Flach (sanft)

Aus der Vergangenheit sind uns unterschiedliche Langbogenprofile überliefert:

Zu dieser Thematik folgendes:
Das optimale Maßverhältnis, bezüglich des Querschnittes, sollte in Breite zu Stärke 1,1 : 1betragen.
Nach meiner Meinung stellt dies ein Ideal dar, von dem je nach Art und Wachstum des Holzes und den projektierten Eigenschaften des zu bauenden Bogens, begrenzt abgewichen werden darf.
Allgemein gilt: je höher der Wurfarmquerschnitt, desto lebhafter und schneller ist der Abschuss!
Das Holz unterliegt dabei allerdings einer stärkeren Belastung, was sich wiederum auf die Haltbarkeit auswirkt.
Ein etwas flacherer Querschnitt ergibt einen sanfteren Schuss, der Bogen neigt jedoch eher zu „follow the string" (krumm werden). Für den Anfang würde ich, was diese Angelegenheit betrifft, eher auf Sicherheit tendieren.

Nun wird der verjüngte, gerundete Rohling mit Schleifpapier K100 vorgeschliffen und einer genauen Betrachtung unterzogen. Ein nochmaliges Anzeichnen einer Mittellinie auf dem Rücken ist unerlässlich. Das Eibenholz steckt voller Überraschungen!
Es besteht die Möglichkeit, dass, bedingt durch die erheblichen Materialreduktionen an Seite und Bauch, der Stab sich trotz langer Lagerung verzieht. Aus diesem Grund haben wir eine gewisse Maßreserve in der Breite gelassen. Würde dieser negative Fall eintreten, so bestünde immer noch die Möglichkeit, durch leicht einseitige Korrekturen, die für einen 60 lb.- Bogen erforderlichen Breitenmaße zu halten. Um ein solches Zuggewicht bei einer projektierten Länge von 72" (1829 mm) zu erreichen, sollte der Stab folgende Maße aufweisen:

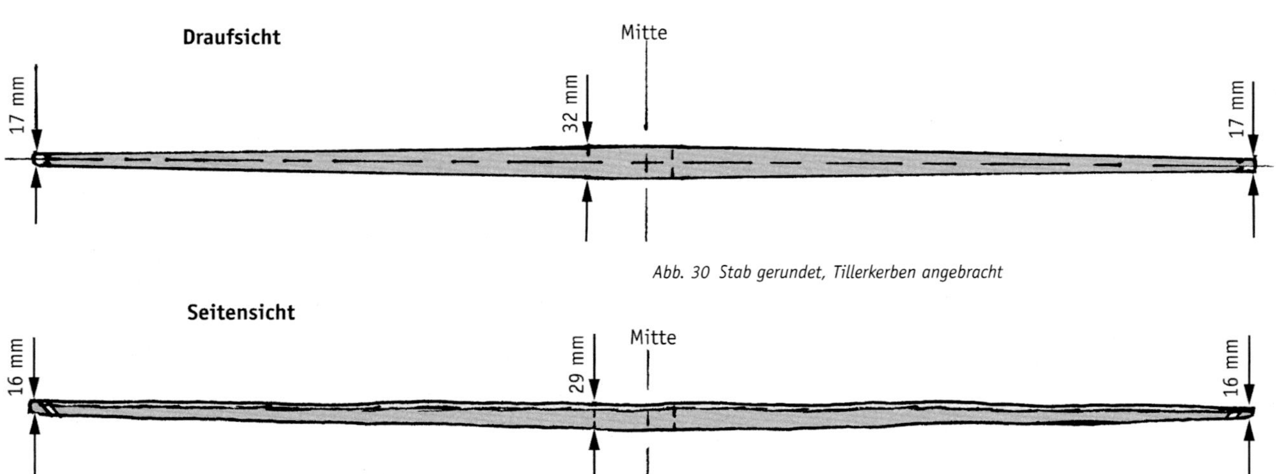

Abb. 30 Stab gerundet, Tillerkerben angebracht

DAS TILLERN

Zuerst werden an den Enden provisorische Sehnenkerben (Tillerkerben) eingearbeitet. Wichtig dabei ist es, diese Einkerbungen nicht über den Rücken des Bogens laufen zu lassen, sondern nur an den Seiten.
In diesem Stadium weist der Stab schon einige Flexibilität auf. Wir sollten allerdings nicht den Fehler machen, ihn jetzt schon zu bespannen. Das wäre zu früh! Erst muss „Er" lernen sich zu biegen!
Dies wird in der Fachsprache „Tillern" genannt.

Zu diesem Zweck ist es ratsam, sich eine einfache Einrichtung zu bauen: eine Tillerwand. Auf einem Papierstreifen von 1 m Breite und 2,1 m Länge, zeichnen wir mit einem Filzstift, die auf der folgenden Skizze dargestellte Skala auf.

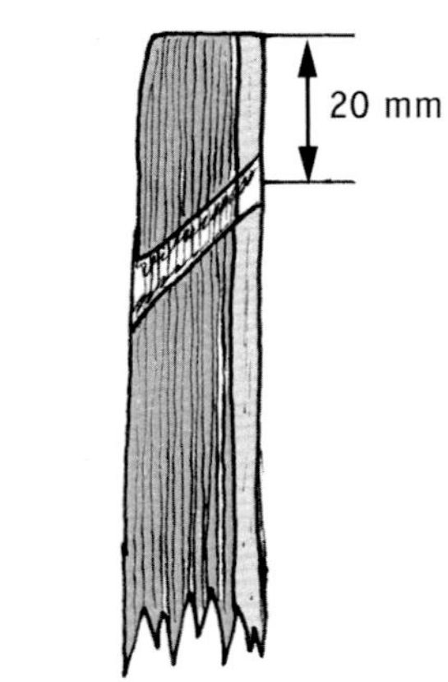

Abb. 31 Anbringen der Tillerkerben

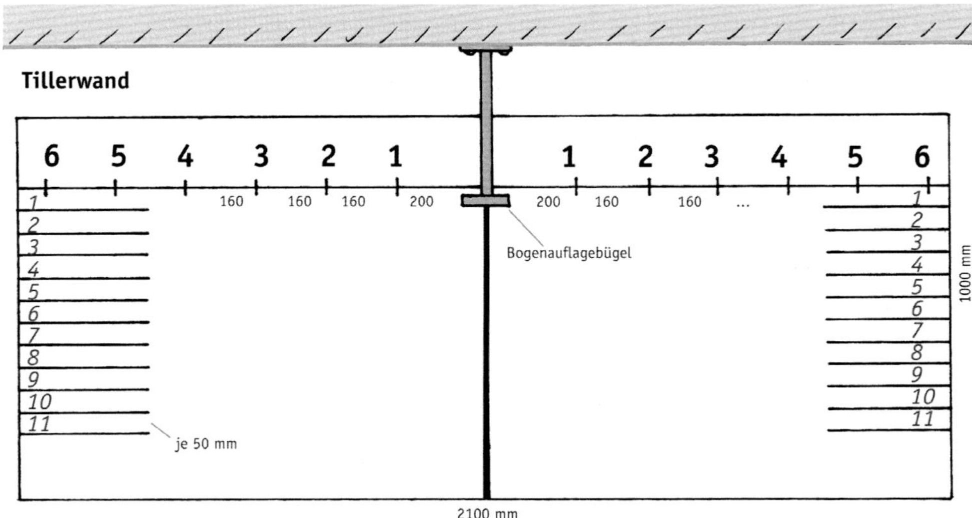

Abb. 32 Tillerwand

An einer Dachlatte festgetackert, wird das Ganze in Augenhöhe an einer Wand befestigt. Ein an der Decke festgedübelter Bügel dient zur Aufnahme des Bogens.
Am Boden wird eine kleine Umlenkrolle so befestigt, dass sie genau vertikal unter der Mitte der Tillerskala steht. Wir legen nun dem Bogen eine überlange, lose Sehne auf und platzieren ihn auf der Auflage. Eine mit einem Haken versehene, reißfeste Nylonschnur wird mittig an der Sehne eingehängt. Das lose andere Ende um die Umlenkrolle geführt, ermöglicht es uns, das Biegeverhalten des Bogens aus der Distanz kontrolliert zu beobachten und zu beurteilen.
Durch ein erstes vorsichtiges Ziehen biegen wir den Stab ca. 7 cm und stellen fest, dass er an den Enden zu ¾ „stocksteif" ist.

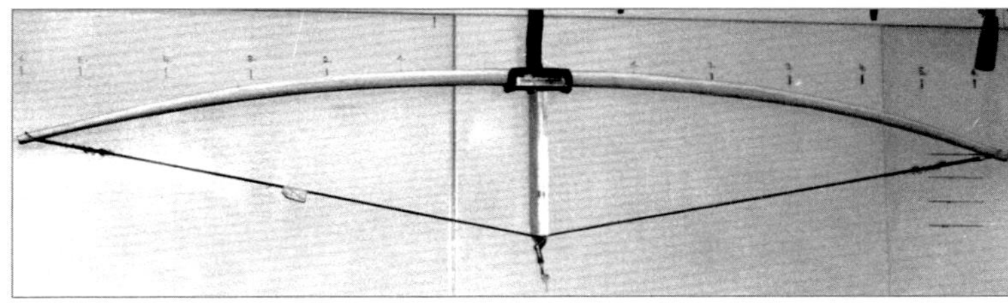

Abb. 33 Kriegsbogen, Typ Mary Rose, Vortiller – viel zu steif!

Runter vom Tiller!

Mit der Ziehklinge und dem Flot wird von 2 bis 4, an beiden Armen, Span um Span, vom Bauch des Bogens abgeschabt. Jedoch immer vorsichtig, nicht zu viel, abtragen ist immer möglich, ansetzen nicht!

Und wieder Prüfen auf dem Tiller.

Vorsichtig ziehen wir bis über 2, Resultat - noch zu steif! Nach mehrmaligem Wiederholen dieses Vorganges, beginnen beide Arme sich einigermaßen gleichmäßig zu biegen.

Bei genauer Betrachtung weist der obere Arm beim Ziehen auf 2 bis 3 eine zu starke Biegung auf.

Runter vom Tiller.

Der untere Wurfarm ist aufgrund der versetzten Griffzone kürzer und somit steifer. Wieder vorsichtiges Reduzieren auf der gesamten Bauchseite des unteren Armes. Haben wir das Gefühl, dass sich die Arme nach mehrmaligem Ziehen auf ca. 15 cm ebenmäßig biegen, so legen wir eine kürzere Sehne auf. Um dies risikolos und einfach zu bewerkstelligen, verwenden wir dazu während des gesamten Tillerns, unsere „lederkappenbestückte" Spezialspannschnur.

Der Bogen ist jetzt flach bespannt. Allerdings nur mit einer Spannhöhe von max. 7 cm.

Nun kontrollieren wir zum ersten Mal den Sehnenabstand. Ein mit einer Skala versehener Papierstreifen erleichtert uns diesen, ab jetzt öfter zu wiederholenden Vorgang.

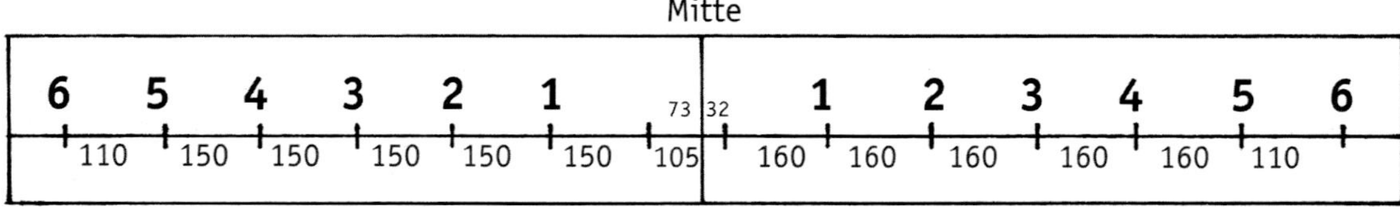

Abb. 34 Skala und Messpunkte für den Sehnenabstand

Wir legen den entspannten Bogen mittig auf die Skala und übertragen die Messpunkte auf dessen Bauchseite. Danach wird er wieder bespannt und mittig so ausgerichtet, dass sich die Sehne auf dieser Linie befindet.

Beim Vergleichen der Maße muss die Distanz zwischen Sehne und Bauch an den verschiedenen Messpunkten am oberen Arm ca. 2- 3 mm mehr betragen als am unteren.

Danach führen wir eine erste Seitenkontrolle durch, indem wir über die Sehne auf die Bauchseite visierend ihren exakten, mittigen Verlauf überprüfen. Sollte in diesem Stadium ein Wurfarm eine seitliche Abweichung aufweisen, in der Fachsprache „cast", so ist es jetzt früh genug darauf zu reagieren und im weiteren Verlauf des Tillerns zu korrigieren.

In unserem Fall ist dies tatsächlich eingetreten!

Der obere Wurfarm zeigt im Bereich der Punkte 3 und 4 eine leichte Abweichung nach links.

Wir prüfen zuerst noch einmal das Biegeverhalten auf dem Tiller. Vorsichtig ziehend, mehrere Male auf 3 und 4, stellen wir folgendes fest:

An der gleichen Position zwischen 3 und 4, wo auch der cast beginnt, zeigt sich eine steife Stelle.

Runter vom Tiller, entspannen!

Mit der Ziehklinge entfernen wir zuerst an der Wölbung des Bauches etwas Holz, um die steife Zone zu schwächen. Danach reduzieren wir von der rechten Seite der Wölbung des Bauches etwas Material, über die festgestellten Punkte hinaus.

Warum ist das so ?

Dorthin wo ein Wurfarm seitlich abweicht ist das Holz zu schwach. Also muss diesem Ungleichgewicht durch Materialabnahme an der entgegengesetzten Seite begegnet werden. Sollte es nicht möglich sein, mit der obengenannten Methode einen cast ganz auszugleichen, so vertiefen wir zusätzlich die Sehnenkerbe auf der Seite zu der sich der Wurfarm neigt.

Es gibt verschiedene Gründe, für Abweichungen dieser Art:

- Eine ungenau angelegte Mittellinie
- Unregelmäßiger Wuchs des Holzes
- In den meisten Fällen liegt jedoch eine Ungenauigkeit bei der Bearbeitung vor!

Als Rechtshänder neigt man leicht dazu, beim Bearbeiten des Bogenstabes an der linken Seite des oberen und an der rechten Seite des unteren Wurfarmes zuviel Holz von der seitlichen Wölbung des Bauches wegzunehmen. Erfolgt von Anfang an keine Kontrolle der „Sehnenmitte“ so kann es leicht passieren, dass aufgrund der obengenannten Tatsache beim fertigen Bogen, der untere Wurfarm eine Abweichung nach rechts und der obere eine Abweichung nach links aufweist. Im bespannten Zustand, bei der Draufsicht auf den Bauch, beschreibt der Bogen dann eine zwar elegante, jedoch „unqualifizierte“ S- Kurve.

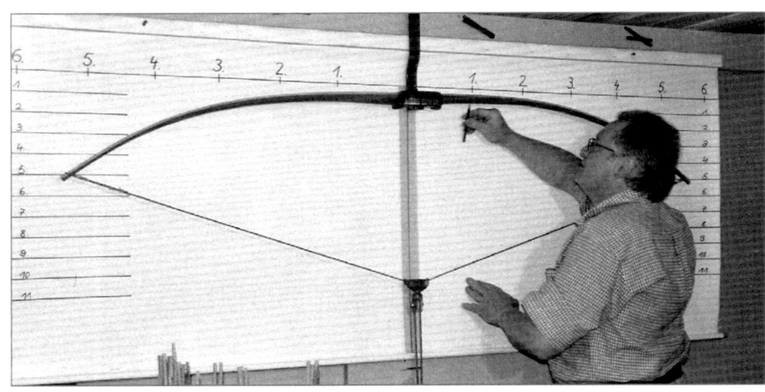

Was die Biegung der Arme in Zugrichtung anbelangt, so ist folgendes zu beachten:
Sollte bei einem Wurfarm eine Stelle auftreten, an der er sich zu stark biegt, so müssen wir diesen „Knick“ sofort durch Materialreduktion an der Bauchseite, davor und danach, entlasten! Steife Zonen werden durch Abtragung von Material, über dieselben hinaus auslaufend, geschwächt und somit in die Biegung miteinbezogen!

Zu diesen Vorgängen ist es wichtig zu wissen, dass jede Materialreduktion sich auf das Biegeverhalten verzögert auswirkt! Deshalb muss während des gesamten Tillervorganges durch wiederholtes, immer mehrmaliges Ziehen an der Tillerschnur dem Holz Zeit gegeben werden „sich zu setzen“.
Bei zu hektischem Voranschreiten besteht die Gefahr, dass sich die Vorgänge überholen, das heißt, man „schaukelt“ den Bogen durch unüberlegte Aktionen in seinem Zuggewicht herunter.
Am Ende entsteht dann meistens ein Kinderbogen!
Jeden Handgriff gut überlegend fahren wir fort, den flach bespannten Bogen auf dem Tiller mehr und mehr zu ziehen. Wir beobachten aufmerksam sein Biegeverhalten und korrigieren Fehler, immer bedenkend, dass sich jede Schwächung eines Wurfarmes auch auf das Verhalten des

anderen auswirkt. Dazwischen erfolgt laufend die Kontrolle des Sehnenabstandes und die Mittenkontrolle der Sehne. Symbolisch könnte man den Tillervorgang mit einer Gratwanderung vergleichen. Das heißt, jeder Schritt muss gut überlegt werden!
Je weiter wir fortschreiten, desto feiner werden die Maßnahmen.

Bei einer Überprüfung stellen wir fest, dass der Bogen, von Hand auf ca. 45 cm gezogen, schon einige Flexibilität aufweist. Wir erhöhen nun den Sehnenabstand durch Eindrehen der provisorischen Sehne auf ca. 10 cm. Beim Vergleichen der Messpunkte zeigt sich eine Differenz von 4–5 mm vom oberen zum unteren Wurfarm. Betrachten wir das Biegeverhalten auf dem Tiller, so bestätigen sich diese Werte.
Im bespannten Zustand weist der obere Wurfarm eine deutlich stärkere Krümmung auf als der untere. Beginnen wir jedoch den Bogen mit der Tillerschnur unter Spannung zu setzen, so „arbeiten" beide Arme „synchron"! Die Sehne verläuft exakt mittig über den Bogen. Wird er jetzt entspannt, so weist er über die ganze Länge eine leichte Krümmung zur Sehne hin auf. Dies ist bei der Verwendung eines geraden Rohlings normal, in der Fachsprache heißt das, der Bogen hat sich gesetzt (set-back).

Bei einem reflexen, das heißt, zum Splintholz hin gebogenen Stab wäre diese Biegung allerdings schwächer. Wieder bespannt, haben wir nach mehrmaligem Ziehen auf 2/3 der Auszuglänge ein „gutes Gefühl". Hinsichtlich seines Gesamtauszuges scheint er uns jedoch um einiges zu stark. Wir müssen hierbei allerdings bedenken, dass durch das noch bevorstehende Schleifen eine Schwächung des Holzes über die gesamte Länge eintritt.
Wichtig ist es auch, den Bogen mit 3 bis 4 lb. mehr Zuggewicht auszustatten, da er nach dem Einschießen an Kraft verliert. Dies abwägend, wird der ganze Bogen auf der Bauchseite mit Schleifpapier K 100 kräftig überschliffen und die Kanten des Rückens leicht abgerundet.
Sollte sich der Zustand noch nicht geändert haben, so wiederholen wir den Schleifvorgang.
Allerdings erst nach einer Kontrolle auf dem Tiller und anschließendem Vergleichen der Maße des Sehnenabstandes. Nach nochmaligem Schleifen hat sich die Situation entspannt!
Aufgrund seiner Länge von 72" lässt sich der Bogen auf 60 cm nun relativ weich ziehen. Kurzzeitig auf 70 cm gezogen, spüren wir jedoch, was in ihm steckt.

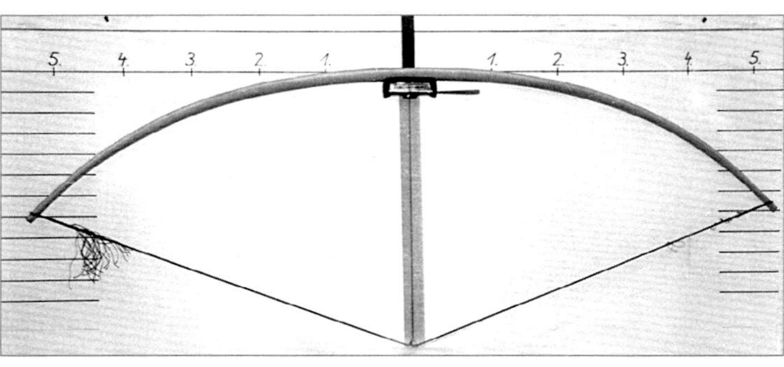

Abb. 35 Kriegsbogen Typ Mary Rose biegt sich auf 26"

PROBESCHIESSEN

Jetzt ist die Zeit für die ersten Probeschüsse gekommen. Bei sorgfältiger Ausführung der beschriebenen Arbeiten sollte eigentlich nichts schief gehen. Allerdings, wie vorhin schon erwähnt, steckt das Eibenholz voller Überraschungen.
Aufgrund der extrem hohen Zug- und Druckbelastungen, denen das Holz ausgesetzt ist, können im Nachhinein Reaktionen auftreten. Sollte sich die Biegung der Wurfarme in diesem Endstadium noch einmal verändern, so muss dies nach vorherigem Schema durch Nachtillern behoben werden.
Die ersten Probeschüsse sind erfolgreich verlaufen, eine Nachkontrolle bestätigt, dass sich bei unserem Bogen nichts verändert hat.

Nun kann das „Kunstwerk" mit Schleifpapier K 150, K 180 und K 240 feingeschliffen werden. Durch weiteres Eindrehen der Sehne, bringen wir die Standhöhe auf 140 mm. Nach nochmaligem Probeschießen erfolgen wieder die obligatorischen Kontrollen. Beim Vergleichen der Sehnenabstände, haben wir jetzt an den Messpunkten des oberen Wurfarmes jeweils um 5–6 mm höhere Maße gegenüber dem unteren. Auf dem Tiller gezogen, beschreibt der Bogen einen in der Mitte leicht abgeflachten, ebenmäßigen Halbkreis.
Die obengenannte Standhöhe von 140 mm behalten wir auch nachher noch einige Zeit bei, bis der Bogen gut eingeschossen ist. Danach erhöhen wir sie auf ca. 150 mm.

Wie beinflusst der Bogen den Pfeilflug ?
Im Moment des Abschusses wird ein Pfeil, bedingt durch seine Masseträgheit, durch die auf ihn wirkenden Beschleunigungskräfte gebogen. Er windet sich gewissermaßen um den Bogen herum und vollführt noch nach dessen Verlassen einige schlangenartige Bewegungen (Archer's paradox).
Für das seitliche Flugverhalten gilt daher, je besser der Pfeil, was sein Biegeverhalten anbelangt, zum Bogen passt, desto schneller hat er sich stabilisiert und seine gerade Flugbahn erreicht. Passt der Pfeil nicht zum Bogen, so ist seine Stabilisierung mangelhaft und es entsteht eine Abweichung nach der einen oder anderen Seite.
Für den Rechtshandschützen heißt das: Ist der Schaft zu steif, weicht er nach links, ist er zu weich, weicht er nach rechts ab! Für den Linkshandschützen gilt das Ganze umgekehrt.
Was das Verhalten des Pfeils in seiner Höhenflugbahn anbelangt, so ist dieses in erster Linie vom einwandfreien Tiller des Bogens abhängig.
Die bei unserem Bogen durch sorgfältiges Arbeiten erreichte Maßdifferenz von 5–6 mm in den Sehnenabständen hat folgenden Grund: Bedingt durch die versetzte Griffzone ist der obere Wurfarm länger, und hat somit eine größere Masse als der untere. Wären die Sehnenabstände oben und unten gleich, hieße das, beide Arme hätten in etwa die gleiche Kraft.
Da der obere Arm jedoch durch seine größere Länge mehr Masse aufweist, würde er aufgrund dieser Tatsache beim Abgeben der Energie den Pfeil negativ beeinflussen. Sagen wir es so: Durch diesen Maßunterschied dokumentiert sich eine zusätzliche Stärke des unteren Wurfarmes. Dadurch wird der Pfeil beim Abschuss leicht angehoben und gleitet „sauber" über seine Auflage, in diesem Fall unsere Bogenhand.
In dem nun erreichten Zustand wäre es möglich, das Zuggewicht des Bogens zu ermitteln. Für den Anfang sollten wir uns jedoch nicht mit aller Gewalt auf die Einhaltung eines exakten Wertes konzentrieren. Dazu wäre mehr Erfahrung notwendig. Begnügen wir uns damit, dass der Bogen gut arbeitet, zu uns passt und einwandfrei schießt!

Peck mark und arrow pass
Um bei diesem Bogen einen Anhaltspunkt für eine genaue Griffposition zu erhalten, ist es ratsam, diese durch ein individuelles Zeichen (peck mark) festzulegen, wie das in früherer Zeit üblich war. Zu diesem Zweck reicht eine Markierung, die 25 mm über der Bogenmitte an der linken Seite so angebracht wird, dass sie von der Bogenhand beim Greifen abgedeckt wird.
Direkt darüber befindet sich dann der sogenannte „arrow pass", also die Stelle, über die der Pfeil beim Abschuss den Bogen verlässt.

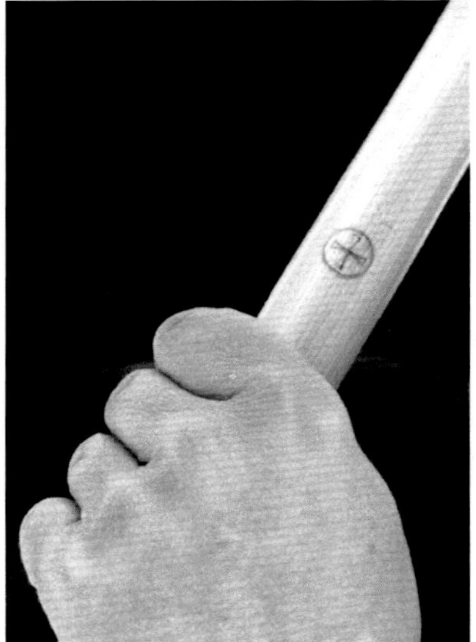

Abb. 36 Griffzone mit peck mark

Um dem Bogen schlussendlich noch etwas mehr Schießkomfort zu verleihen, verjüngen wir die Wurfarmenden auf eine Länge von ca. 15cm konisch, so dass sie am Beginn der Hornnocken bei einem 60 lb. Bogen einen Durchmesser von 13m aufweisen. (Je nach Stärke des Bogens dünner oder dicker.)

Sollte es uns im Laufe des Tillerns, trotz aller Bemühungen, nicht gelungen sein eine bei einem Wurfarm aufgetretene seitliche Abweichung zu beseitigen, so besteht jetzt noch eine letzte Korrekturmöglichkeit. Durch leicht „einseitiges" Anlegen der obengenannten Verjüngung, wird die Lage der Sehne nach der entgegengesetzten Seite der Abweichung hin korrigiert.

HORNNOCKEN

Zu guter Letzt fertigen wir zum Schutz der Wurfarmenden zwei Hornnocken („tips"). Mit konischen Bohrungen versehen und auf die angepassten Bogenenden aufgeklebt, geben sie den Sehnenschlaufen einen sicheren Halt. Am geeignetsten dafür sind die kompakten Spitzen von Kuhhörnern.

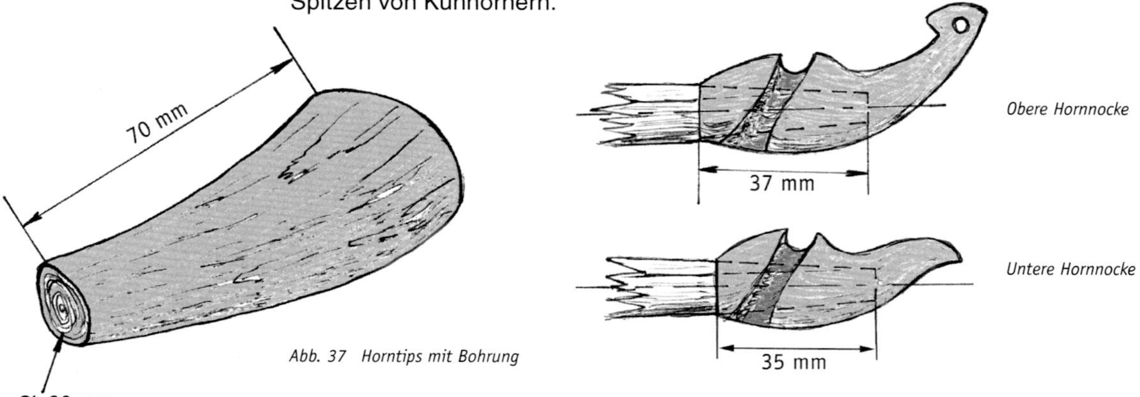

Abb. 37 Horntips mit Bohrung

Mittels eines auf das erforderliche Maß, konisch geschliffenen Spiralbohrers bohren wir an der dünneren Seite der Hornspitzen 37 mm tiefe Löcher. Mit Pattex provisorisch auf vorbereitete Hölzer geklebt, lassen sich die Hornstücke mit verschiedenen Halbrund- und Rundfeilen gut bearbeiten. Der obere Horntip erhält eine 3 mm Bohrung zur Aufnahme einer dünnen Kordel („*stringkeeper*").

Diese wird mit dem einen Ende in die Sehne eingeflochten und mit dem anderen am Tip festgeknotet, um beim entspannten Zustand des Bogens das Hinuntergleiten der Sehnenschlaufe zu verhindern. (Abb. 38)

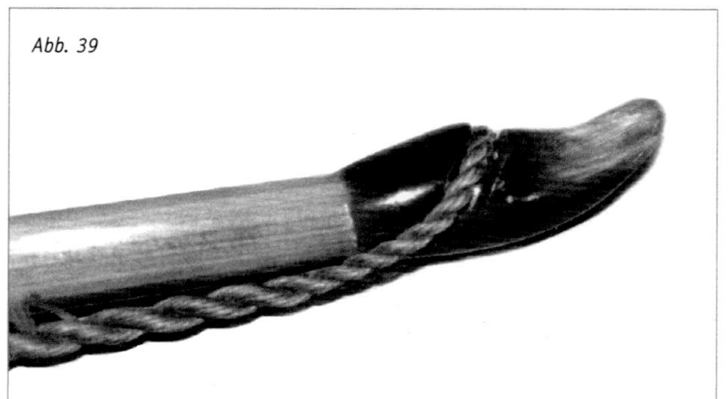

Abb. 39

Nach der groben Formgebung mit den Feilen werden die beiden Hornstücke mit Schleifpapier bis zur feinsten Körnung geschliffen.

Durch Erwärmen mit einem Heißluftföhn löst sich der Kontaktkleber, so dass wir die fertigen Hornnocken, nach einer gründlichen Reinigung der Bohrungen (Nitro-Verdünnung), mit Zweikomponentenkleber auf die angespitzten Wurfarmenden aufsetzen können.

Nun erfolgt das endgültige Finish des gesamten Bogens mit Schleifpapier K 320, K 400 und feiner Stahlwolle.

Zum Schutz des Holzes gegen Handschweiß, Feuchtigkeit und Schmutz ist es ratsam, den Bogen zu imprägnieren. Ich verwende dazu eine eigene Mischung aus natürlichen Ölen auf Terpentinbasis und zum Schluss Schaftol. Dieses ölige, leicht siliconhaltige Pflegemittel, das zur Konservierung von Gewehrschäften verwendet wird, hat den Vorteil, dass es nicht in die Tiefe eindringt. Durch die schnelle Verdunstung der Verflüssiger lagert sich das Silicon in den obersten Schichten ab. Mehrmals angewendet, schützt es das Holz auf natürliche Art und Weise gegen Umwelteinflüsse.

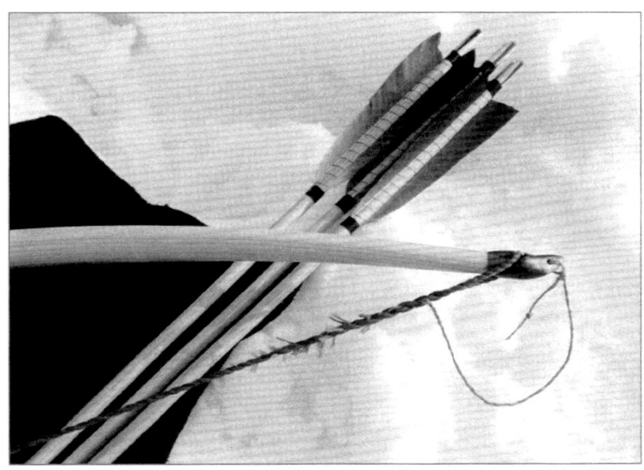

Abb. 38 Mary Rose-Bogen mit oberem Tip und Stringkeeper

Bestückt mit einer dem Zuggewicht entsprechenden Dacronsehne (siehe Tabelle S. 166) ist unser Bogen jetzt schussfertig!

Die auf den folgenden Skizzen angegebenen Endmaße beziehen sich auf einen von mir gebauten Bogen dieses Typs. Sie sollten allerdings nicht dogmatisch betrachtet werden, sondern nur als Stütze!

Kriegslangbogen Typ Mary Rose
Eibe (1988): 28 Jahresringe/inch
Bogenlänge: 72" (1828 mm)
Zuggewicht: 63 lb. / 28"

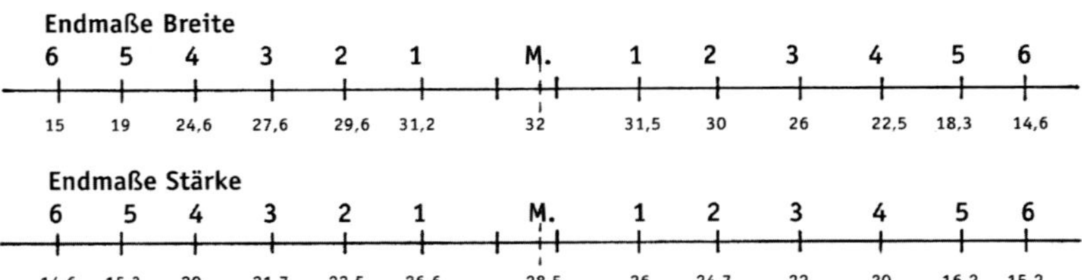

Endmaße Breite

6	5	4	3	2	1	M.	1	2	3	4	5	6
15	19	24,6	27,6	29,6	31,2	32	31,5	30	26	22,5	18,3	14,6

Endmaße Stärke

6	5	4	3	2	1	M.	1	2	3	4	5	6
14,6	15,3	20	21,7	22,5	26,6	28,5	26	24,7	22	20	16,2	15,2

Im Vergleich dazu die Dimensionen eines rekonstruierten „Kriegsbogens Typ Mary-Rose", der in Anlehnung an Originalmaße gebaut, auf 28" gezogen, gut 100 lb. Zuggewicht erbrachte.

Kriegslangbogen Typ Mary Rose
Eibe (1988): 28 Jahresringe/inch
Bogenlänge: 76,4" (1940 mm)
Zuggewicht: 103 lb. / 28"

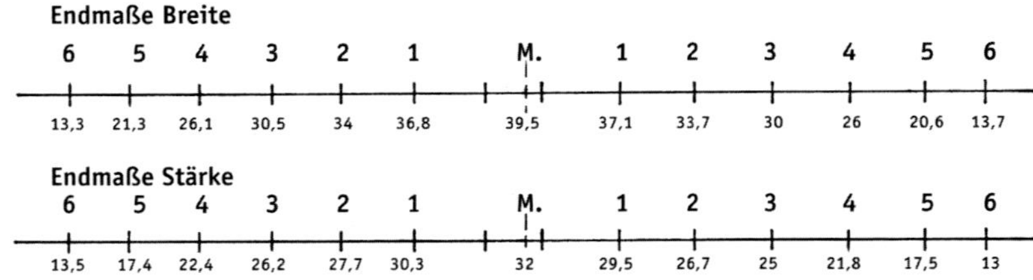

Endmaße Breite

6	5	4	3	2	1	M.	1	2	3	4	5	6
13,3	21,3	26,1	30,5	34	36,8	39,5	37,1	33,7	30	26	20,6	13,7

Endmaße Stärke

6	5	4	3	2	1	M.	1	2	3	4	5	6
13,5	17,4	22,4	26,2	27,7	30,3	32	29,5	26,7	25	21,8	17,5	13

Abb. 42 Kriegsbogen, Typ „Mary Rose" ca. 100 lb. / 28".

Die Abbildungen 15, 19, 26, 36, 38 und 42 dokumentieren den Bau dieses Bogens.

EIN ENGLISCHER LANGBOGEN MIT SPLINTHOLZRÜCKEN

Da wie anfangs schon erwähnt, die Beschaffung langer Eibenstäbe für den Bau von einteiligen Longbows recht schwierig ist, folgt nun die Beschreibung zweier Alternativen.

VERSPLEISSEN

Zum Ersten geht es um die Verspleißtechnik.

Dafür eignen sich am besten sogenannte Geschwisterstücke. Das sind zwei, in einem Stammstück von ca. 1,1 m Länge enthaltene, nebeneinander liegende Kurzstäbe, die den Anforderungen des Bogenbaus entsprechen. Aus solchen Teilstücken bauen wir einen traditionellen Langbogen mit Splintholzrücken (*„sap-wood backing"*).

Die beiden ausgewählten, gut abgelagerten Eibenstäbe werden wieder erst von der Rinde befreit. Aufgelegt auf die Werkbank, mit dem Rücken nach oben, beurteilen wir den Verlauf des Splintholzes.

Ist dieses bei beiden Teilen gerade gewachsen, so richten wir die Stäbe mit dem Handhobel auf ein Maß von 30 mm Breite und 35 mm Stärke kantig ab. Sollte sich nach dem Abschälen der Rinde jedoch herausstellen, dass die Oberflächen seitlich abfallend, unregelmäßig gewachsen sind, so besteht bei dieser Technik die Möglichkeit der Korrektur.

Durch leichtes Drehen würden sie vor der Bearbeitung so ausgerichtet, dass die Splintholzoberflächen an den Hauptbiegezonen horizontal liegen. Das heißt, im Griff ist ein leicht schräger Verlauf der Jahresringe zur Zugachse des Bogens eher zu akzeptieren als an den Biegezonen der Wurfarme.

Unter Berücksichtigung des Jahresringverlaufes und der obengenannten Kriterien legen wir fest, mit welchen Enden die beiden Stücke verspleißt werden.

Zur Herstellung der Fischschwanzverbindung müssen beide Stäbe an den dafür vorgesehenen Enden, über eine Länge von 20 cm, auf die Maße von 32 mm Breite und 35 mm Stärke, exakt winklig gearbeitet sein. Eine eventuelle Splintholzreduktion wird nach dem Verspleißen vorgenommen. Nach dem Anlegen der obligatorischen Mittellinien erfolgt das Anzeichnen des ersten Fischschwanzteilstückes.

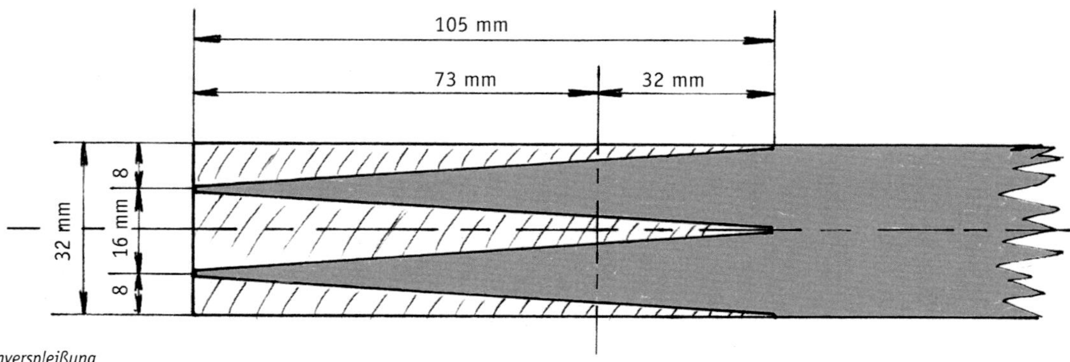

Abb. 43 Bogenverspleißung (Fischschwanz)

Das schraffierte Holz wird mit einer Bandsäge so „ausgeklinkt", dass die bleibenden Spitzen 1,5 mm Stärke und die gesägten Lücken ebenfalls 1,5 mm Breite aufweisen.

Nun spannen wir den noch nicht gesägten Stab in den Schraubstock, legen den anderen an der Griffzone deckungsgleich darauf und stützen das freie Ende mit einem Werkstattbock.

Durch Visieren über die Mittellinie richten wir den gesägten Stab fluchtend aus und kopieren die Kontur des Fischschwanzes, mit einem einseitig abgeschliffenen Bleistift, auf den unteren.
Beim Aussägen des zweiten Teilstückes ist auf eine möglichst saubere Passung zu achten. Das heißt, die beiden Teilstücke müssen sich an der Verbindungsstelle ohne „Gewaltanwendung“ zusammenstecken lassen (Rissgefahr!).
Für das nun folgende Verleimen verwende ich Klebit 303 von Kleiberit. Dieser Hochleistungsleim ist hartholztauglich und besitzt nach dem Aushärten Flexibilitätseigenschaften.
Gerade Stäbe werden mit 20 mm Reflex verleimt, um eine Reserve für das „set-back“ zu erhalten.
Nach dem beidseitigen Auftragen des Leimes spannen wir ein Teil in den Schraubstock, schieben das Gegenstück ein und stützen dieses provisorisch ab. Danach fixieren wir die Klebestelle mit einer Schraubzwinge.

Ausrichten
Zu diesem Zweck wird die Richtschnur, unter Verwendung zweier Klammern, straff über die Mittellinie der beiden zusammengesteckten Stäbe gespannt. In Längsrichtung peilend prüfen wir die „Flucht“, um eine eventuelle seitliche Abweichung durch Verschieben des abgestützten Stabes zu korrigieren. Durch das Anlegen von zwei weiteren Schraubzwingen, die vorsichtig im Wechsel festgezogen werden, erreichen wir eine dichte, dauerhafte und unlösbare Verbindung. Nach 24 Stunden kann die Weiterbearbeitung des Rohstabes erfolgen.

Bezüglich der Rohmasse und einer eventuellen Splintholzreduzierung folgen wir den vorherigen Ausführungen. Was die dynamische Beanspruchung des Rohlings anbelangt, so sollte man diesen einige Tage ruhen lassen, um dem Leim Zeit für ein endgültiges Abbinden zu geben. Dies ist wichtig, da dieser Prozess, was seinen Zeitablauf anbelangt, von der Holz- und Luftfeuchtigkeit beeinflusst wird. Das bedeutet, je trockener das Holz und je weniger Luftfeuchtigkeit, desto länger dauert die endgültige Aushärtung.

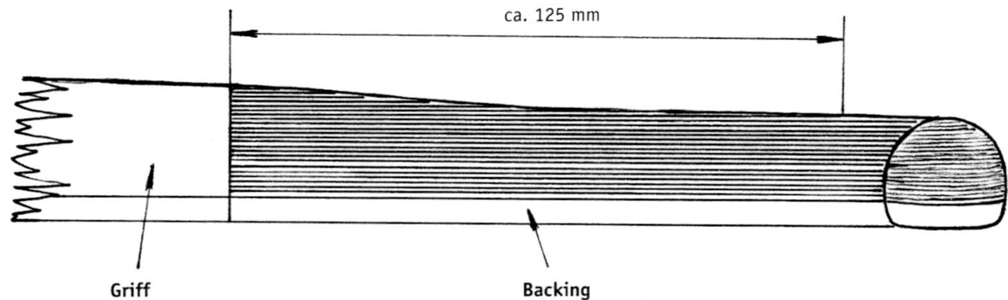

Abb. 44 Übergang Handgriff - Bogenarme (Dip)

DIP: ÜBERGANG VOM GRIFF ZUM BOGENARM

Gegenüber einem mittelalterlichen Kriegsbogen bestehen bei dem nun zu bauenden moderneren Typ einige gravierende Unterschiede.
Diese Art Langbogen weist in der Mitte eine deutliche Versteifung und einen verdickten Handgriff auf. Die Griffzone ist hierbei unter Spannung absolut inaktiv. Das ergibt einen ruhigen Abschuss, mit einem minimalen Handschock. Die vorhin erwähnte Versteifung der Bogenmitte erreichen wir durch eine dosierte Verjüngung („Dip“) in der Stärke des Bogenkörpers, am Übergang vom Griffstück zu den Wurfarmen.

Von dem dann erreichten Stärkenmaß erfolgt der weitere konische Verlauf bis zu den Enden. Durch diese dosierte, fast abrupte Verjüngung, werden die Bogenarme auch an ihren stärkeren, griffnahen Zonen gleichmäßig in die Biegung miteinbezogen.
Was das Biegeverhalten dieser Bogen anbelangt, so muss beim Tillern darauf geachtet werden, dass die Wurfarme an den Enden auf einer Distanz von ca. 15 cm, eine leichte Versteifung aufweisen. Dennoch ist es, in Anbetracht der gleichmäßigen Materialauslastung wichtig, dass ca. 8 - 10 cm ober- und unterhalb des Griffstückes die Biegung der Arme sanft beginnt, sich kontinuierlich nach außen hin fortsetzt und wie oben erwähnt, auf ca. 15 cm zu den Enden hin ausläuft.

ARROW PLATE

Unter Berücksichtigung dieser Unterschiede, nach den Erfahrungen des ersten Bogens getillert, bestückt mit Horntips und schussfertig, versehen wir ihn an der Stelle des Pfeildurchlasses mit einem kleinen Plättchen („arrow-plate") aus Bein (Knochen). Dieses dient zum Schutz des Holzes gegen die Abrasion beim Entlanggleiten des Pfeils.

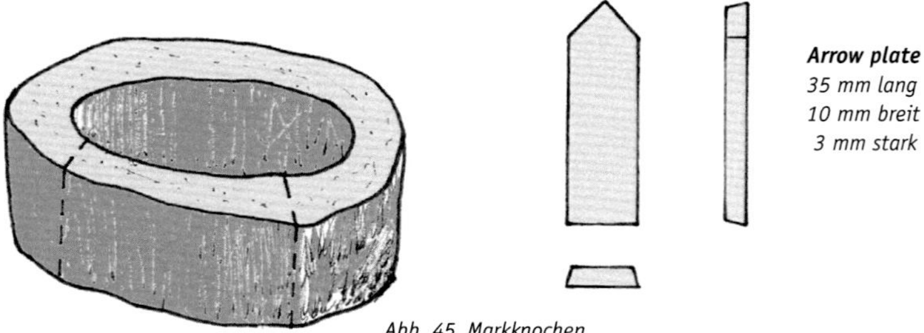

Arrow plate
35 mm lang
10 mm breit
3 mm stark

Abb. 45 Markknochen

Für die Herstellung dieses Einlegeteiles eignet sich ein möglichst dickwandiger Markknochen (Beinscheibe vom Rind). Nach vier bis fünfmaligem Waschgang in der Geschirrspülmaschine wird der saubere Knochen mit einer Säge aufgetrennt, flachgeschliffen und nach Abbildung zugerichtet.
Nach dem Übertragen der Umrisse auf den Bogen stechen wir diese mittels eines kleinen Flachschnitzmessers senkrecht ins Holz ein und tragen das dazwischenliegende Material ca. 2 mm tief ab. Diese Einlegearbeit sollte sehr sorgfältig ausgeführt werden, denn sie erfolgt am fertigen Bogen!
Mit Zweikomponentenkleber in die vorbereitete Aussparung eingesetzt wird das vorstehende Material, nach Aushärtung, mit Schleifpapier fein beigeschliffen.

GRIFFWICKLUNG

Als zusätzliche Verdickung des Handgriffes leimen wir auf die Vorderseite der Griffzone ein gewölbtes Stück Holz („block"), von 90 mm Länge, 30 mm Breite und 7 mm Stärke, dessen Kanten und Übergänge nach dem Festwerden sauber gerundet bzw. beigearbeitet werden.
Um den Komfort zu vervollständigen, statten wir diesen Bogen mit einer Griffwicklung aus.
Je nach individuellem Geschmack, eignen sich dafür Samtband, Leder- oder Rohhautstreifen, die mit Pattex geklebt, spiralförmig gewickelt die Spleißzone überdecken und zusätzlich einen guten Halt bieten.

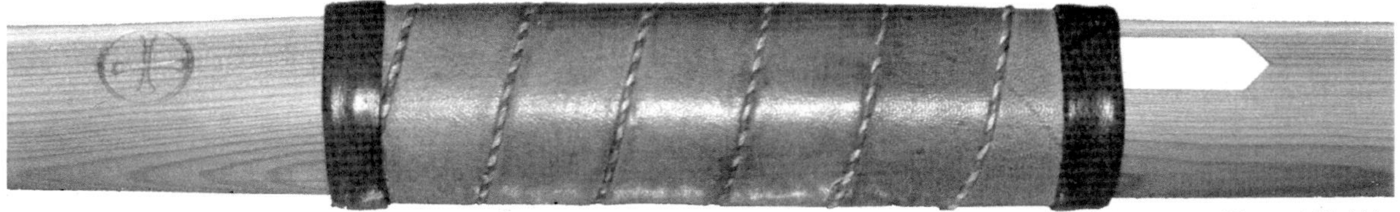

Abb. 46 Griffwicklung aus Leder, arrow plate

Als Ergänzung hierzu die Endmaße zweier in dieser Art gefertigter Bogen.

Trad. Longbow, gespleißt,
mit sap wood backing
Eibe (1984): ca. 40 Jahresringe/inch
Bogenlänge: 69,5" (1765 mm)
Zuggewicht: 67 lb. / 27"

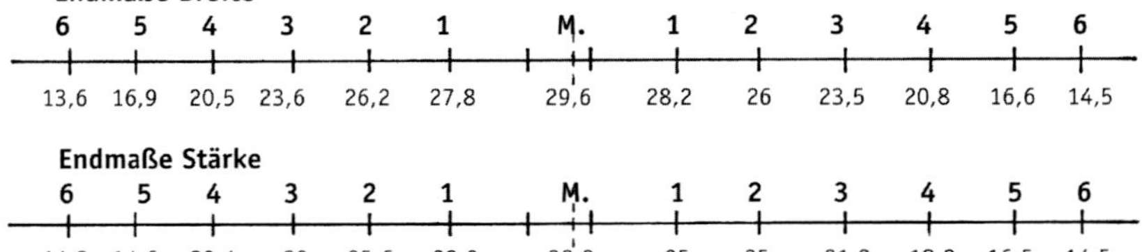

Abb. 47

Trad. Longbow, gespleißt,
mit sap wood backing
Eibe (1989): ca. 45 Jahresringe/inch
Bogenlänge: 74" (1880 mm)
Zuggewicht: 57 lb. / 28"
62 lb. / 30"

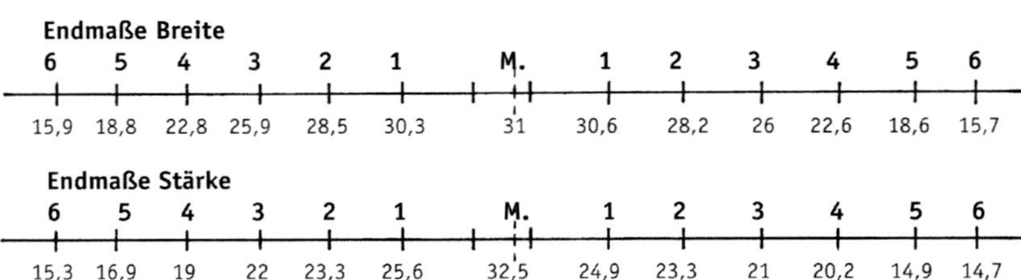

Abb. 48

VARIANTE MIT HICKORY-RÜCKEN

Zum Schluss meiner Ausführungen komme ich zur Anfangs erwähnten zweiten Alternative, dem Bau von traditionellen Langbogen mit Hickoryrücken (hickory-backing). Diese Variante ist die in der heutigen Zeit am meisten praktizierte.
Hierbei besteht der Vorteil der freien Holzauswahl. Das heißt bei dieser Verarbeitungsweise sind wir in der Lage, gute Kernholzstücke ohne Berücksichtigung des oft nicht bogentauglichen Splintholzes zu verwerten. Unter Anwendung der Fischschwanztechnik, versehen mit einem Rücken aus Hickoryholz, besteht hierbei die Möglichkeit zum Bau von qualitativ hochwertigen Langbogen. Ein zusätzlicher, wichtiger Aspekt besteht in der besseren Nutzung des wertvollen Eibenholzes.

Wir beginnen mit der Anfertigung eines Kernholz-Rohlings, von den Breitenmaßen gleich wie der zweite Bogen, jedoch in der Stärke reduziert um die Dicke des Splintholzes.
Bei der Holzauswahl ist zu beachten, dass wir zur „Paarung“ nur Stücke verwenden, die eine möglichst gerade, das heißt längs durchlaufende, einander ähnliche Maserung aufweisen.
Durch die vorhin ausführlich beschriebene Technik verspleißt, erhalten wir einen leicht reflexen Rohling von bestem Eibenholz. Als Ersatz für das Splintholz des Rückens verwenden wir wie oben erwähnt Hickory. Dieses Holz stellt aufgrund seiner enormen Elastizität und Zähigkeit die beste Alternative dar.

Eine Lamelle von 7 mm Stärke, in der Breite unserem Eibenrohling angepasst, wird an der Kontaktseite fein geschliffen und für die Verleimung vorbereitet.
Zum Arbeitsvorgang des Verleimens ist eine nähere Erläuterung notwendig:
Man sollte nicht versuchen, dies mittels zwei Dutzend Schraubzwingen „frei Hand provisorisch" zu bewältigen, es wäre schade um das Material und die Arbeit.

FORM

Um eine einwandfreie Verarbeitung zu gewährleisten, ist eine Form erforderlich. Dies ist allerdings mit einem gewissen Aufwand verbunden, garantiert jedoch den besten Erfolg.
Für das Verleimen von Bogenrohlingen dieser Art verwende ich eine zwei Meter lange Pressform aus Vierkant-Stahlrohr.

Auf der Oberseite dieser Vorrichtung liegt eine „Holzkulisse" (Hartholz!), die in ihrer Längsrichtung einen leichten Radius aufweist. Dadurch erhalten die Rohlinge einen Reflex von 35 mm als Reserve gegen das „set-back".
Für die seitliche Führung der zu verleimenden Hölzer sorgen je 10 höhenverstellbare Flacheisen, die an ihren oberen Enden mit Stellschrauben bestückt sind.

Abb. 49 Mitte: Pressform zum Verleimen von Langbogen mit Hickory-Backing. Im Vordergrund: Geschwisterstücke, An der Wand: Bogen, bereit zum Tillern

Exakt eingestellt verhindern sie das Verschieben der durch die viskosen Eigenschaften des Leimes instabilen Hölzer. An den Kopfseiten sind ebensolche Stellschrauben angebracht, die zum einen die zu verleimenden Teile, zum anderen die Druckbalken am Verrutschen in Längsrichtung hindern.
Die Druckübertragung wird durch zwei oben erwähnte Balken (Hartholz!), die an ihrer Unterseite mit 20 mm starkem Moosgummi gepolstert sind, erreicht.
Je sechs, seitlich am Stahlrohr festgeschweißte T-Eisen, dienen zur vertikalen Führung dieser Druckstücke. Um einen gleichmäßigen Pressdruck über die Drückbalken auf das Leimgut zu übertragen, werden je drei an ihrer Oberseite mit einer Stellschraube versehene Bügel, von oben über die Form geschoben. Durch an der Unterseite dieser Bügel gebohrte Löcher besteht die Möglichkeit, diese mit Steckbolzen unter der Form zu verriegeln. Im Wechsel festgezogen erzeugen diese Stellschrauben den für eine dichte Verleimung notwendigen, über die gesamte Länge verteilten Druck.

Wie dieser Arbeitsvorgang auch immer bewältigt wird, es ist wichtig darauf zu achten, dass durch Pressdruck keine seitliche Verschiebung auftritt. Eine Verspannung dieser Art würde sich im nachhinein beim Bau des Bogens katastrophal auswirken. Das Resultat wäre eine Verwerfung (cast), die schwierig zu beheben wäre.

Zur Verleimung ist wie beim Verspleißen Klebit 303 von Kleiberit zu empfehlen.
Wichtig dabei ist absolute Sauberkeit! Das heißt, die vorbereiteten, fein geschliffenen Kontaktflächen der Hölzer müssen staubfrei sein und vor dem Auftragen des Leimes mit Azeton entfettet werden. Eine Berührung darf nur noch mit sauberen Handschuhen erfolgen.
Um ein Festkleben des Rohlings auf der Form zu verhindern wird diese mit Ölpapier ausgelegt. Das Auftragen des Leimes erfolgt beidseitig, reichlich, mit einem kurzborstigen Flachpinsel. Beim anschließenden Pressen muss der überschüssige Leim aus den Fugen quellen. Nach Abschluss des gesamten Vorganges sollte der Stab eine Woche ruhen.
In dieser Zeit bindet der Leim vollends ab und entwickelt seine optimalen Eigenschaften.
Was den weiteren Bau dieses Bogens anbelangt, so verfahren wir wie beim letzten.
Die folgenden Maßangaben zweier Bogen dieses Typs sind wie bei den vorherigen Beispielen als Stütze zu werten.

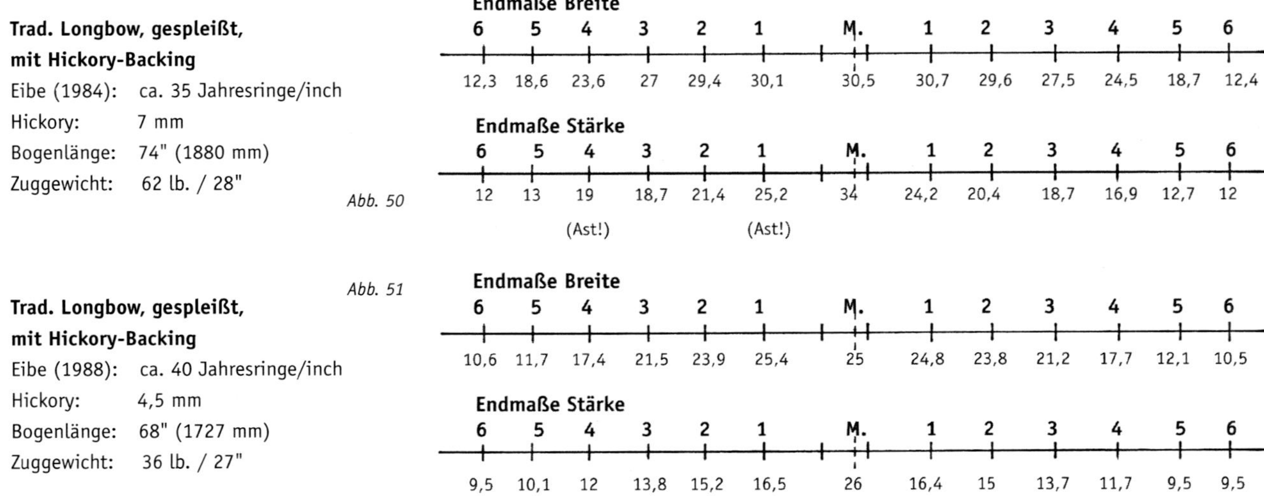

Trad. Longbow, gespleißt,
mit Hickory-Backing
Eibe (1984): ca. 35 Jahresringe/inch
Hickory: 7 mm
Bogenlänge: 74" (1880 mm)
Zuggewicht: 62 lb. / 28"

Abb. 50

Endmaße Breite

6	5	4	3	2	1	M.	1	2	3	4	5	6
12,3	18,6	23,6	27	29,4	30,1	30,5	30,7	29,6	27,5	24,5	18,7	12,4

Endmaße Stärke

6	5	4	3	2	1	M.	1	2	3	4	5	6
12	13	19 (Ast!)	18,7	21,4	25,2 (Ast!)	34	24,2	20,4	18,7	16,9	12,7	12

Abb. 51

Trad. Longbow, gespleißt,
mit Hickory-Backing
Eibe (1988): ca. 40 Jahresringe/inch
Hickory: 4,5 mm
Bogenlänge: 68" (1727 mm)
Zuggewicht: 36 lb. / 27"

Endmaße Breite

6	5	4	3	2	1	M.	1	2	3	4	5	6
10,6	11,7	17,4	21,5	23,9	25,4	25	24,8	23,8	21,2	17,7	12,1	10,5

Endmaße Stärke

6	5	4	3	2	1	M.	1	2	3	4	5	6
9,5	10,1	12	13,8	15,2	16,5	26	16,4	15	13,7	11,7	9,5	9,5

Spannweise und Behandlung von Eibenbogen

Zum Spannen fertiger Bogen sollte immer eine zweischlaufige Spannschnur verwendet werden. Nur durch diese Methode ist die absolut gleichmäßige Belastung der beiden Wurfarme während dieses Vorganges gewährleistet.
Einen Eibenbogen sollte man nie einem Fremden zum Ziehen überlassen! Ein Holzbogen ist kein Expander, dafür ist er zu schade. Jedes „trockene" Ziehen bedeutet einen verschenkten Schuss! Durch das Beherzigen dieser Ratschläge und einer allgemeinen pfleglichen Behandlung wird uns ein Eibenbogen lange Jahre gute Dienste leisten. Was seine Wurfkraft anbelangt, so steht er einem glasbelegten Langbogen mit gleichem Zuggewicht etwas nach.
Sanfter im Auszug wie im Schuss verzeiht er allerdings auch mehr. Und sollte er im Laufe der Jahre müde werden, so bauen wir ganz einfach einen Neuen!

Ich hoffe, dass durch die Schilderung meiner in langen Jahren gesammelten Erfahrungen, mancher Leser zum Bogenbau verführt wird, denn das war unter anderem der Ansporn, dies zu verfassen und niederzuschreiben!

Ulrich Stehli

Empfohlene Strangzahlen für Bogensehnen (bei Verwendung von Draconsehnengarn)

Bogen	40 lb.	10 Strang
Bogen	40–50 lb.	12 Strang
Bogen	50–60 lb.	14 Strang
Bogen	60–70 lb.	16 Strang
Bogen	70–80 lb.	18 Strang
Bogen	80–90 lb.	20 Strang
Bogen	90–100 lb.	22 Strang

Englische Bezeichnungen

Abschusspunkt des Pfeiles	arrow pass
Bauch	belly
Enden	tips
Griff	handle
Kordel	string keeper
Mittelwicklung	whipping
Nockpunkt	nocking point
Oberer Wurfarm	upper limb
Unterer Wurfarm	lower limb
Rücken	back
Sehne	string
Standhöhe	fistmele

Literaturverzeichnis

Robert Hardy	Longbow, A social and military history
Jim Bradbury	The Medieval Archer
James Duff	Bows and arrows
W. F. Paterson	A guide to the crossbow
Saxton Pope	Jagen mit Bogen und Pfeil
Ladislav J. Kucera	Das Holz der Eibe, Schweizerische Zeitschrift für Forstwesen
Thomas Scheeder	Die Eibe, Hoffnung für ein fast verschwundenes Waldvolk
Hector Cole	The manufacture of arrowheads in the medival periode
Werner Bellwald	Aus *Archäologie der Schweiz*: Drei spätneolithisch / frühbronzezeitliche Pfeilbogen aus dem Gletschereis am Lötschenpass.
Klaus Radatz	Pfeilspitzen aus dem Moorfund von Nydam
Erik Wagreus	Pilspetsar under vikingatid, Tor 15.
Holger Riesch	Journal of the Society of Archer-Antiquaries, Vol. 39,1996.
Friedel Rahlenbeck	Pfeil und Bogen im steinzeitlichen Skandinavien, Sehnengebrumm 2/1983

11

FLEMMING ALRUNE

EIN LANGBOGEN AUS DEM MITTELALTER

Aus dem Dänischen von Wulf Hein (in Zusammenarbeit mit Kerstin Wieland und Ole Nielsen)

Er wird immer da sein - der Mann in Grün mit seinem langen Bogen.
Diese kleine Beschreibung ist ihm gewidmet und all denen, die an Abenteuer und Romantik glauben.

Obwohl das Hochmittelalter nicht mehr als 650 Jahre zurückliegt, ist unser Wissen über Bogen und Pfeile aus dieser Zeit verschwindend gering. Wenn wir das ganze dänische Mittelalter von ca. 1050–1536 einbeziehen, können wir feststellen, dass das größte Wissen in den schriftlichen Quellen liegt. Leider nichts über die technischen Aspekte von Pfeil und Bogen, sondern nur über ihren Gebrauch in vielen berühmten Schlachten. Darüber hinaus auch in Aufstellungen und Rechenschaftsberichten aus den damaligen Rüstkammern sowie in Gesetzgebungen und Forderungen dahingehend, wie ein Bogenschütze nach des Königs Gebot auszurüsten sei.
Archäologisch gesehen sind es fast ausschließlich Funde von Pfeilspitzen, die von der Anwendung der Waffe berichten, doch diese sind schwer von Armbrustbolzenspitzen zu unterscheiden, die in jeder Hinsicht das Bild verwirren.

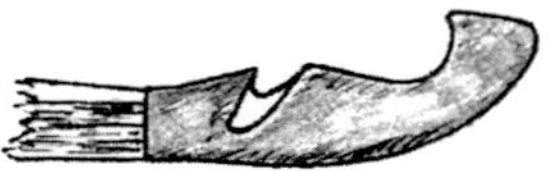

Hornnocke mit Sehnenlager

Es gibt keinen Zweifel daran, dass im Mittelalter verschiedene Bogentypen in Gebrauch waren, aber die Funde sind verschwindend wenige, insbesondere in Dänemark.
England entwickelte den Bogen im Laufe einiger Jahrhunderte zur Perfektion. Im 13. Jahrhundert war der gefürchtete englische Langbogen eine Realität, und er wurde erst nach dem Jahr 1600 vom Militär nicht mehr verwendet.
Aber obwohl vielleicht Millionen von Bogen gebaut worden sind, wurde nur ein einziger Bogen aus dem 13. Jahrhundert gefunden.
Doch zu unserem Glück sank die „Mary Rose“ bei Portsmouth im Jahr 1545. Das Schiff war ein vollausgerüstetes Kriegsschiff, das sein Schicksal bei den Franzosen fand und darur zum Geschenk für die Unterwasserarchäologie unserer Tage wurde.
Unter den Tausenden von Gegenständen, die in den ‘70er und ‘80er Jahren geborgen wurden, waren Massen von Bogen und Pfeilen.
Die „Mary Rose“- Bogen sind klassische Langbogen für den Krieg. Die verschiedenen Pfeile sind ebenso Kriegspfeile. Selbst wenn diese Bogen und Pfeile aus der Zeit sind, da die Waffe bereits aus der Mode kam, kann man annehmen, dass sie mitten im 13. Jahrhundert auch so aussahen.
Die folgende Bauanleitung hat ihren Ausgangspunkt in den „Mary Rose“- Funden.

„Bodkinspitze“, eine gehärtete Stahlspitze zum Durchdringen von Rüstungen und Kettenhemden.

Die Definition für einen Langbogen ist ein wenig schwierig, aber im Mittelalter unterschied man zwischen einem „Langbogen“ oder „Handbogen“ und einem „Kurzbogen“ oder „Querbogen“. Letzteres ist die Benennung für den Bogen, der auf Armbrusten sitzt (und auf altdänisch „Schloss“- oder „Verschlussbogen“ heißt).

Armbrustbolzen

Man sollte nicht den Langbogen des Mittelalters mit dem traditionellen englischen Langbogen verwechseln.
Sie haben viel Gemeinsames, unterscheiden sich jedoch in wesentlichen Punkten.
Der Mittelalterbogen biegt sich im Griff, wenn er ausgezogen wird. Das macht der traditionelle Bogen nicht. Er hat eine steife Griffssektion.

Schwungfeder Graugans, rechte Schwinge

Der mittelalterliche Langbogen war aus Eibe gebaut, aber es ist nicht falsch, anzunehmen, dass auch Ulme benutzt wurde.
Das Holz dieser Bauanleitung ist Ulme. (Ersatzhölzer siehe auch Seite 17)
Die Pfeilschäfte des Mittelalters wurden aus Kiefer, Esche, Espe, Birke u.ä. hergestellt.
Die damalige Sehne war aus Hanf oder Flachs (Leinen).

Oberer Wurfarm
Sehne
Nockpunkt
Griff
Standhöhe ca. 16 cm
Unterer Wurfarm

Langbogen aus dem Mittelalter

LANGBOGEN AUS ULME

„Eine schlichte Schönheit ohne Prunk“
Die folgende Anleitung führt Schritt für Schritt durch den Prozess, einen Langbogen aus Ulme zu bauen, wie er im Hochmittelalter ausgesehen haben könnte.

Holz fällen und lagern
Im Prinzip kann Holz ungeachtet der Jahreszeit gefällt werden, aber mir scheint der Winter die beste Saison dafür. Jetzt ist es bequem, in den Wald zu gehen, leicht, die einzelnen Stämme zu bewerten, und schließlich fließt am wenigsten Saft im Baum, was kürzere Lagerungszeit bedeutet.
Die Stämme für diesen Bogen sollen einen Durchmesser von 8–15 cm haben.
Solche Bäume haben ein Alter von 12–25 Jahre.
Achte gut auf das Alter des Stammes.
Hölzer, die auf einer Länge von zwei Metern gerade sind, ohne große Seitenäste, tote Knäste oder andere Fehler, sind das, was wir brauchen.
Wir wollen ja einen schönen Bogen bauen, und dazu suchen wir uns auch gutes Holz. Kleine Äste und Zweige machen nicht so viel aus.

Wenn der Baum gefunden ist, dann sei kritisch.
Nimm Dir Zeit, geh ein paar mal um ihn herum und beurteile ihn mehrmals. Befühle ihn, spüre ihn, bevor er gefällt wird.
Er ist ein lebendiges Wesen und es steckt große Medizin in gutem Bogenholz.
Taugenichtse ohne Respekt vor der Natur werden niemals richtige Bogen bauen können.

Benutze einen Fuchsschwanz oder eine Bügelsäge zum Fällen und schlage nur so viele Bäume wie erlaubt ist oder die Umgebung vertragen kann.
Spätestens ein paar Tage nachdem der Stamm gefällt worden ist soll die Rinde abgenommen werden.
Stämme mit einem Durchmesser bis ca. 13 cm kann man ganz lagern, dickere Stämme müssen jedoch gespalten oder aufgesägt werden.
Bevor man das angeht, sollte gut überlegt werden, wo man den Stamm teilt - die besten Stücke findet man, wenn man das Holz ein paar Mal dreht und wendet.
Die Enden des Stammes werden mit Lack, Leim oder ähnlichem versiegelt und das Holz an einem luftigen Ort, im Schatten und vor Regen geschützt, auf Lager gelegt.
Markiere die Stücke mit Datum und Jahr, samt dem Platz wo sie gefällt wurden, und warte so mindestens 7–8 Monate.
Je länger das Holz lagert, desto besser wird es. Ein Zeitraum von 2 Jahren wäre ideal.
Leider gibt es keine andere Lösung, aber die Zeit kann ja genützt werden, indem man über Pfeil und Bogen liest, Sehnen macht, oder nicht zuletzt, Pfeile herstellt.

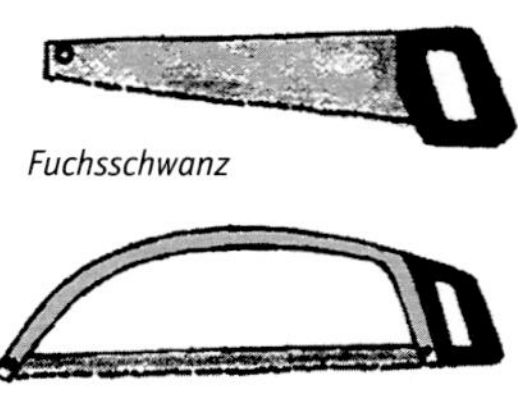

Fuchsschwanz

Bügelsäge

HERSTELLUNG DES BOGENSTABES

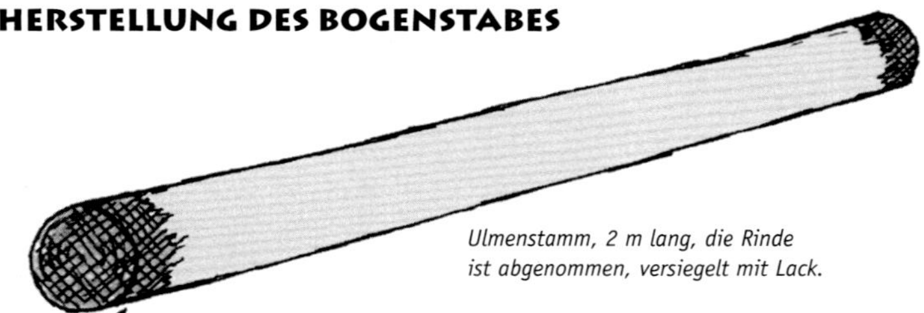

Ulmenstamm, 2 m lang, die Rinde ist abgenommen, versiegelt mit Lack.

Blatt einer Waldulme

Nach überstandener Lagerung wird das Resultat in Augenschein genommen. Wahrscheinlich haben sich einige der Stücke verdreht, verzogen oder sich geworfen - also Brennholz oder bestenfalls ein paar kürzere Bogen für Kinder. Gut, dass mehrere Stücke gefällt wurden.
Der Bogen wird selbstverständlich auf die beste Seite des Stammes gelegt.
Aber davor ist es nötig, schnell noch mal die Zeichnungen von Seite 18–19 zu wiederholen (Platzierung des Bogens im Stamm).
Markiere gleich mit dem Bleistift wo der Rücken sein soll.

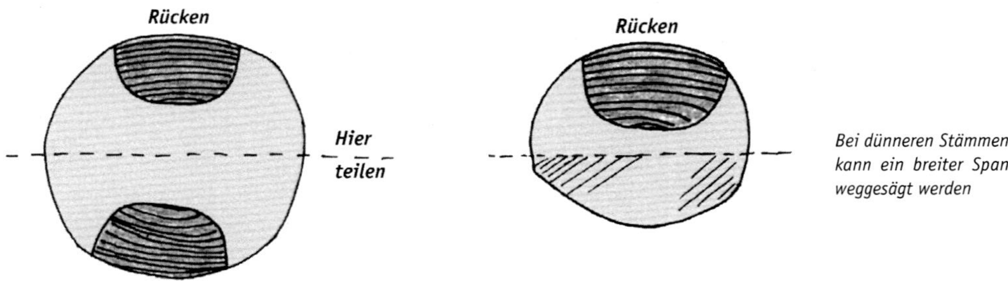

Bei dünneren Stämmen kann ein breiter Span weggesägt werden

Hat der Stamm einen Durchmesser von ca. 13 cm oder mehr, sollte er aufgesägt oder gespalten werden. Vielleicht können daraus 2 Bogen werden – aber werde nur nicht zu gierig: Lieber ein guter Bogen als zwei schlechte!

Anzeichnen des Stabes

Als Lineal kann man ein gehobeltes Stück Kiefernholz nehmen. Sieh gut nach, ob es gerade ist, bevor du es in der Holzhandlung kaufst.
Der Bogen darf nicht schräg im Stamm liegen, sondern soll gerade liegen, so dass die Fasern schön im Bogenstab verlaufen, ohne dass sie durchschnitten werden. Selbstverständlich ausgenommen das notwendige Zuspitzen an den Enden.

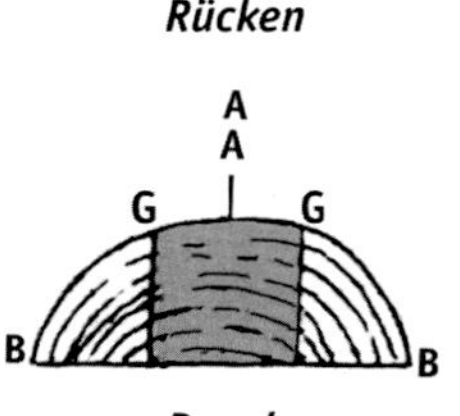

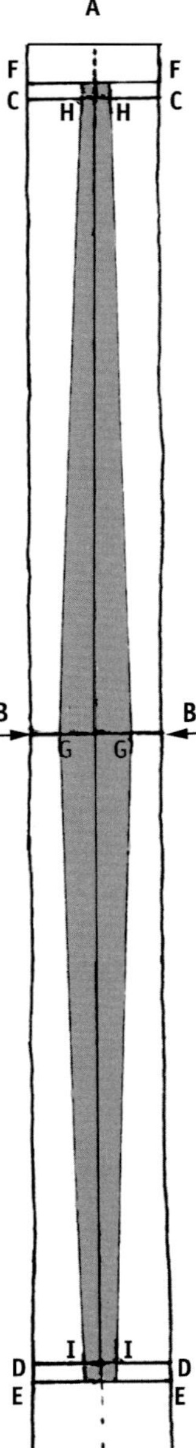

Vom Rücken aus gesehen

Die Linie A – A wird angezeichnet und bei B – B auf der Mitte senkrecht geteilt.
Markiere B – B mit einem deutlichen X, das bis zuletzt nicht entfernt werden darf.
Der Bogen soll 184 cm lang werden.
Von X werden 92 cm angezeichnet bis zu den Linien C – C und D – D.

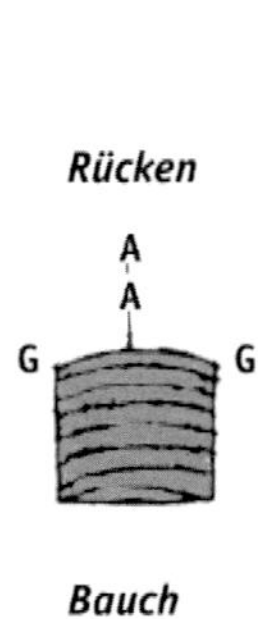

1 cm Zugabe wird bei E – E und F – F angezeichnet. Hier wird der Stamm abgesägt.
Der extra Zentimenter an jedem Ende ist für das Stellen auf den Haublock, Boden oder ähnliches während der Arbeit. Es kann nicht vermieden werden, den Stab hier zu beschädigen. Wenn das Gröbste überstanden ist, wird der zusätzliche cm weggesägt.
Bei **X** wird 1,8 cm von der Mittellinie A - A gemessen. Das gibt dem Bogen eine max. Breite von 3,6 cm, das ist die Strecke G – G.
Auf den Linienstücken C - C und D - D wird von der Mittellinie A – A 0,8 cm nach jeder Seite gemessen. Das sind die Strecken H – H und I – I.
Die Punkte werden verbunden, so dass der Bogenstab die Umrisse der grauen Fläche hat.

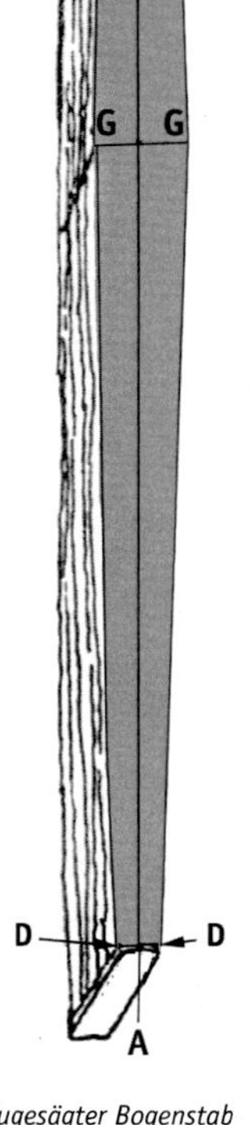

Zugesägter Bogenstab

Achtung, Zeichnung ist nicht maßstabsgetreu!

Wenn man Zugang zu einer Bandsäge hat, dann sollte man sie benutzen. Wenn nicht: in die Hände gespuckt und die Axt genommen. Beginne die Behauarbeit von unten (von den Nocken der Wurfarme) und arbeite dich zur Mitte vor. Danach wird der Stab gedreht usw.
Es darf nur soviel abgeschlagen werden, dass der Strich immer noch sichtbar ist.
Kontrolliere oft, sehr oft.
Es ist ungeheuer wichtig, dass die Seiten parallel und rechtwinklig zu den Ebenen von Rücken und Bauch stehen.
Überprüfe das, überprüfe das - und überprüfe das nochmals. Denn was einmal weggenommen ist, kann man nicht wieder dransetzen.
Nach viel Schufterei und Mühe, samt „in die Hände spucken“, sieht der Stab wie die rechte Zeichnung aus.
Aber bevor man mit der Bearbeitung des Bauches weitermacht, lohnt es sich, sich mit Knästen, Wirbeln und anderem kniffligem Holz zu beschäftigen.

Knäste, Wirbel und schwieriges Holz

Bevor das Holz überhaupt gefällt wird, hat man sich davon überzeugt, dass keine großen Seitenäste oder große überwachsene Knäste vorhanden sind (Beulen in der Rinde).
Es gibt große Unterschiede bei den Knästen.
Schwarze Knäste sind tote Hinterlassenschaften von Ästen. Das tote Holz muss weggekratzt und der Rest untersucht werden, um zu sehen, ob es sich überhaupt lohnt, weiterzuarbeiten.
„Frische Knäste“ bestehen aus gutem und dichtem Holz und bereiten in der Regel keine Probleme. Knäste von Reisern oder Zweigen haben keine Bedeutung.

Wichtig ist, wo die Knäste platziert sind. Sitzen sie auf dem Rücken, an den Seiten, am Bauch?
Liegen sie im Griffbereich oder etwas außen auf den Wurfarmen?
Die besten Stellen sind um den Griff herum, wo der Bogen am dicksten ist, am besten auf dem Rücken.
Alles andere geht von „weniger gut“ bis „wegwerfen“.
Die wichtigste Regel ist: „Niemals gegen die Jahrringe arbeiten, sondern mit ihnen.“
Wenn man gegen sie arbeitet, fährt die Axt, der Hobel oder das Messer unter die Jahrringe und hebt sie an.
Darum ist es die ganze Zeit über notwendig, den Stab abwechselnd in die eine oder andere Richtung zu wenden, wenn an Knästen gearbeitet wird.

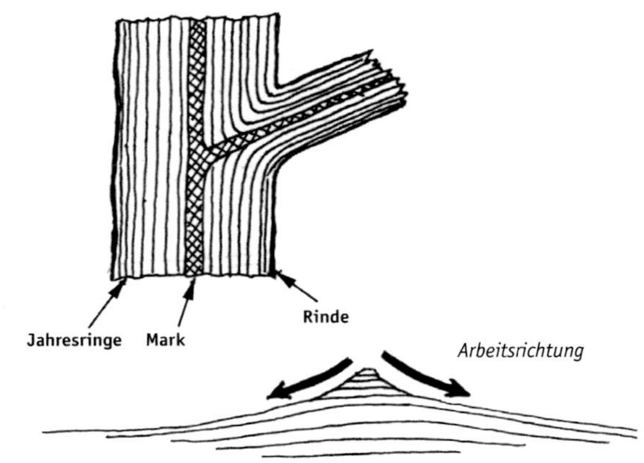

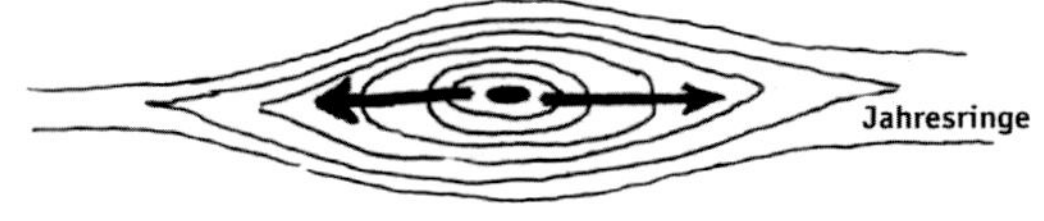

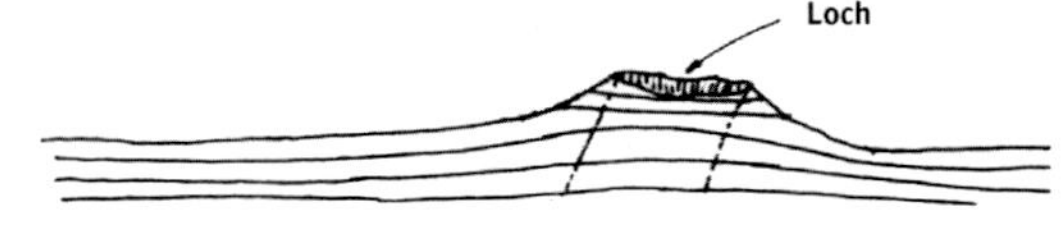

Es wird extra Material stehengelassen als Ersatz für die schwächere Stelle.

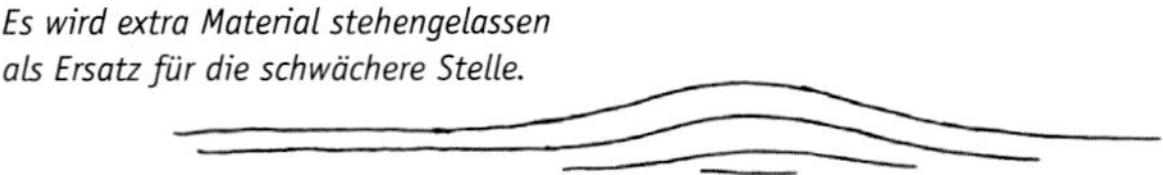

Das Holz in und um frischen Knästen ist hart und zäh. Gehe langsam vor und lasse Vorsicht walten. Tote Äste werden ausgeschabt, um zu sehen, ob es sich lohnt, weiterzuarbeiten. Wenn es sich rentiert, wird das Loch ausgebohrt und ein Holzpfropf eingeleimt. Verwende Weißleim (z.B. Ponal®). Der Pfropf sollte aus Ulme sein und die Jahresringe sollten den gleichen Verlauf haben wie im Stamm.

Von der Seite gesehen

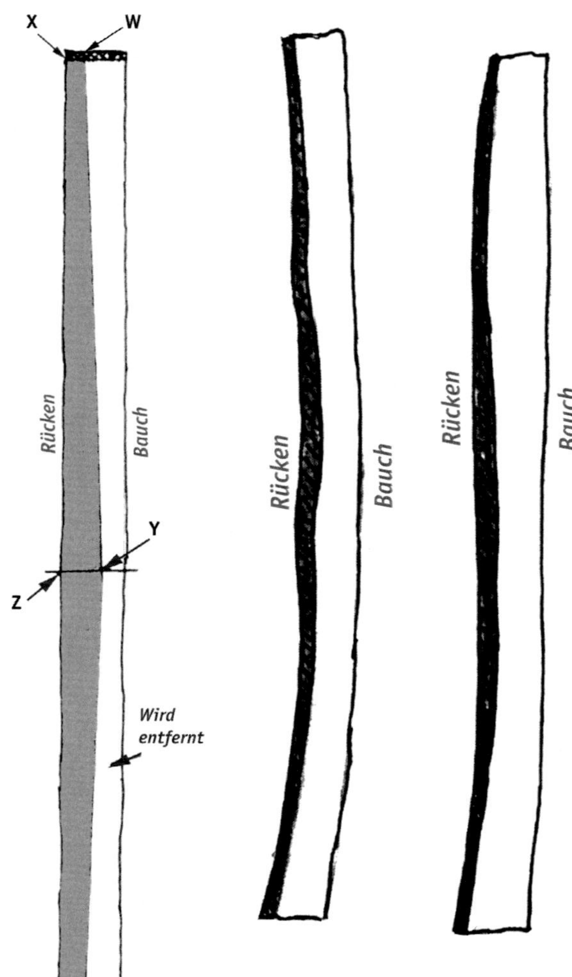

Herausarbeiten des Bogenstabes

Achte darauf, dass der **X**-Strich jetzt um den ganzen Stab herum gezeichnet wird.

Er sollte die ganze Zeit während der Arbeit angezeichnet bleiben.

Schwieriges Holz, Wirbel und ähnliches entdeckt man oft erst, wenn die Axt sich plötzlich im Holz festbeißt. Versuche dann nicht, das Holz auseinander zu hebeln, sondern zieh die Axt heraus, dreh den Stab herum und arbeite von der anderen Seite.

Das kann manchmal nerven, aber es ist eine der vielen spannenden Herausforderungen, denen ein Bogenmacher begegnet. Es nützt nichts, dem Holz mit Gewalt seinen Willen aufzuzwingen. Der Bogen, der im Stamm verborgen liegt, soll in Zusammenarbeit mit dem Holz herausgebracht werden. Die Kunst liegt darin, die Möglichkeiten erkennen zu können.

Darum Geduld, Ruhe und viel Zeit. Bau niemals am Bogen, wenn du in schlechter Stimmung oder gestresst bist oder ein paar Bier zuviel gehabt hast. Das funktioniert nicht. Einen Bogen zu bauen ist zwar ein Prozess – aber es ist mehr noch ein Zustand.

Die Seiten sind jetzt zurechtgeschnitzt, und nun soll der Bauch herausgearbeitet werden.

Auf den Seiten (es soll auf beiden Seiten markiert werden) wird die Mittellinie **X** angezeichnet.

Vom Rücken Punkt Z werden 4,5 cm bis runter zum Punkt Y gemessen.

Auf beiden Nocken, vor dem Zugabe-cm, werden vom Rücken Punkt **X** 1,6 cm nach unten zum Punkt W gemessen. Die Punkte werden verbunden, und nun soll das ganze aussehen wie die graugetönte Fläche.

Alles Überstehende wird weggearbeitet. Achte nun darauf, beide Seiten zu kontrollieren.

Es ist nicht selten, dass sich der Stab dem Rücken entsprechend verzieht wie in den beiden rechten Abb. Es ist sehr wichtig, dass alle Maße vom Rücken aus genommen werden.

Man kann ja nicht die Linien (W - Y - W) mit dem Lineal ziehen, sondern muss sie so zeichnen, dass sie parallel zum Rücken verlaufen.

Der Bogenstab ist nun auf einen „vierkantigen“ Stab mit schwach gewölbtem Rücken heruntergearbeitet. Von hier aus soll das Weitere geformt werden, und nun ist es wichtig, sich vor Augen zu halten: „Jetzt gibt es kein Vertun mehr!“ Je dichter der Prozess an den fertigen Bogen herankommt, desto vorsichtiger muss man vorgehen.
Die „Arbeitsstücke“, der extra Zentimeter außerhalb jedes Wurfarms können nun mit einer Feinsäge vorsichtig abgesägt werden.
Die Bleistiftstriche vom Aufzeichnen sind alle intakt und weder weggeschlagen noch abgesägt.
Die Striche auf dem Rücken werden alle mit einem Radiergummi entfernt. Die **X** Linie wird wieder um den ganzen Stab herum angezeichnet.

QUERSCHNITT

Der nächste Schritt ist, den Querschnitt des Bogens herauszuarbeiten, was am besten mit einem Putzhobel mit flacher Sohle geschieht.
Um die Arbeit zu steuern, wird sie in zwei Schritte aufgeteilt.

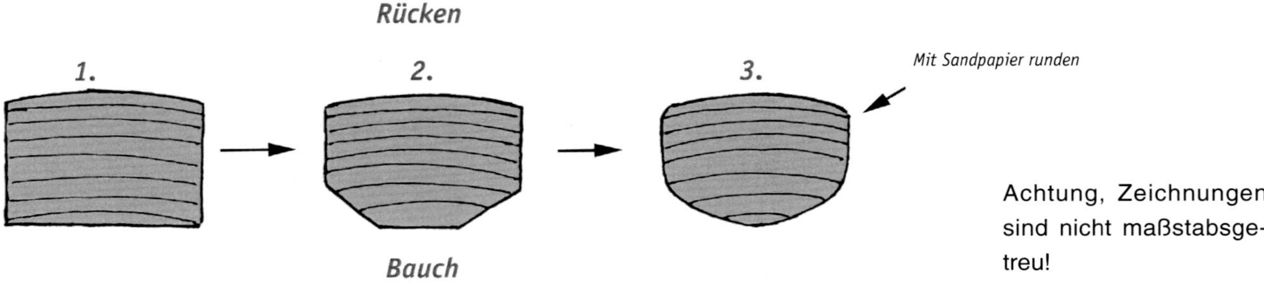

Achtung, Zeichnungen sind nicht maßstabsgetreu!

Der Bogenstab wird fertig gearbeitet, 1 – 3 zeigt die Vorgehensweise. Die Querschnitte zeigen jeweils die Mitte des Wurfarms.

Während man den Wurfarmen den richtigen Querschnitt gibt, soll man sachte und gleichmäßig an beiden Armen arbeiten. So ist es leichter, den Ablauf zu steuern und zu kontrollieren.
Beim Sandpapier startet man mit Korn 80–100, gefolgt von 180er.
Achte beim Übergang von den Seiten zum Rücken darauf, die Kante nur zu „brechen“, also leicht zu runden.
Pass auf, dass es nicht zuviel wird.
Denk daran, wie die Knäste zu behandeln sind.

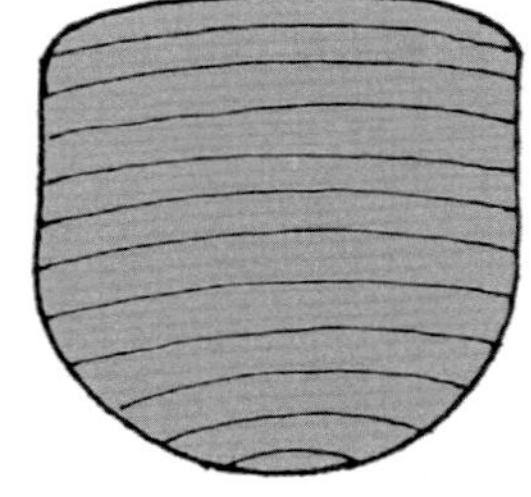

Griffbereich

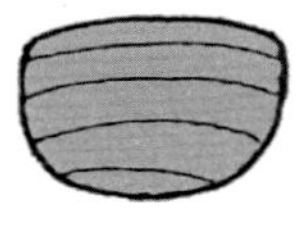
Nocken

Wenn der ganze Bogenstab den Prozess durchlaufen hat, werden alle Bleistiftstriche entfernt. Geputzt wird mit 180er Sandpapier.

Markiere **X** wieder um den ganzen Bogen herum mit ruhiger Hand.

DAS TILLERN

Wenn man den Stab „auf dem Boden tillern" kann, ist es Zeit, die Sehnenkerbe zu machen. „Auf dem Boden tillern" bedeutet, dass man den Bogenstab, wenn man ihn mit der einen Hand an der Nocke eines Wurfarms festhält und die andere Nocke auf den Boden stellt, federn lassen kann, indem man mit der freien Hand die Bogenmitte durchdrückt. Drück einige Male, dreh den Stab herum und spüre die Elastizität des Holzes.
Das ist das Signal für den nächsten Prozess, der „den Bogen tillern" genannt wird, was am besten mit „Ausbalancieren" oder „Trimmen" des Bogens übersetzt werden kann.
Aber vorher muss die Sehnenkerbe angebracht werden.

Sehnenkerbe

Zeichne die Kerben rund um den Bogen herum an, wie auf den Abbildungen.
Es wird angeraten, den Schnitt X–X mit einer Laubsäge zu sägen, danach besorgt ein gutes Schnitzmesser den Rest. Es sollte nicht zu lang sein, Länge der Klinge ca. 7 cm.

Gib dir viel Mühe mit der Sehnenkerbe. Sei sorgfältig und runde alle Kanten ab.
Eine Feile taugt nicht dafür. Sandpapier ist weitaus vorzuziehen.

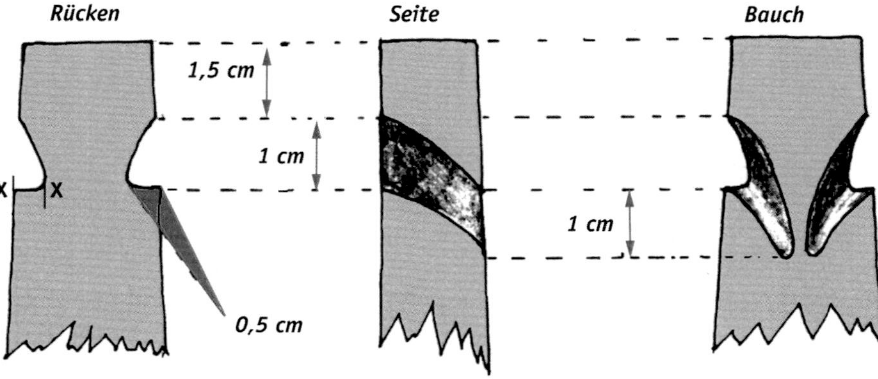

Die Ausformung der Nocken oberhalb der Sehnenkerbe ist Geschmackssache.
Dort, wo die Sehne laufen soll, müssen alle scharfen Kanten mit Sandpapier abgerundet werden. Sonst scheuern die Fasern im Leinengarn über den scharfen Kanten durch, und die Sehne hat eine sehr kurze Lebenszeit.
Schau nun noch einmal genau nach, was Rücken und was Bauch ist.
Es darf unter keinen Umständen in den Rücken geschnitten werden. Nur die Kante zwischen Seite und Rücken wird schön mit Sandpapier gerundet.

Jetzt kommen wir zum Tillern, das ist der Prozess, wo Geduld, Selbstkritik und Genauigkeit belohnt werden und sich der Könner zeigt.
Tillern will sagen: dass der Wurfarm sich schön und gleichmäßig in seiner ganzen Länge biegen soll, gleichzeitig sollen sich beide Arme gleich stark und gleich rund biegen.
Eine goldene Regel, simple Bogenphysik: „Nur Holz, das sich biegt, baut Energie auf".
Holz, das sich nicht biegt, „faulenzt" und verursacht dem Holz, das sich biegt, zuviel Stress und schließlich Bruch.

Tillerstock

Ein wichtiges Werkzeug hierfür wird selbst gemacht. Ein sogenannter Tillerstock, den man leicht aus einem Stück Dachlatte herstellen kann.

Sorge dafür, dass die „Klaue" für die Bogenaufnahme oben am Stock zu den Dimensionen des Griffs passt.

Der Bogen sollte während des Tillerns festliegen.

Die Sehne wird auf den Bogen gezogen. Benutze die gezeigten Knoten (siehe Seite 28), da sie immer wieder zu öffnen sind. Die Sehne soll stramm sitzen.

Der Bogen wird im Tillerstock platziert, so dass die Mitte des Bogens mit der Mitte des Stocks übereinstimmt. Sorge dafür, dass der Winkel zwischen Bogen und Tillerstock 90° beträgt.

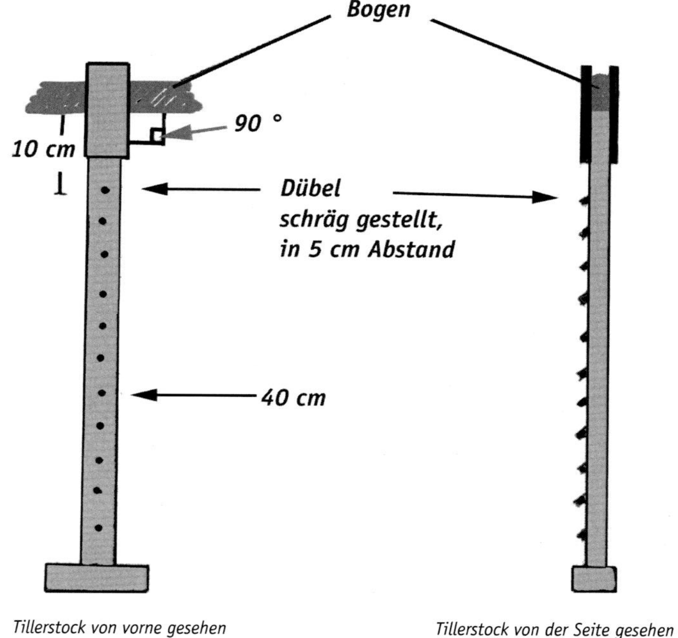

Tillerstock von vorne gesehen

Tillerstock von der Seite gesehen

Zieh die Sehne runter bis zum 1. Anschlag und sieh, was passiert.
Sicher nicht viel, also zieh sie bis zu Nr. 2.
Mach so weiter, bis der Bogen sich zu biegen beginnt. Die Sehne hat sich nun noch mehr gesetzt, also nimm den Bogen heraus, - kürze die Sehne und beginne von vorn.
Wenn der Bogen anfängt, sich zu biegen, tritt ein Stück zurück und betrachte das Resultat.
Man sieht vielleicht immer noch nicht viel, also zieh bis zum nächsten Anschlag und wieder zum nächsten, bis sich abzeichnet, wo sich die Wurfarme biegen.

Langbogen Mittelalter

Ein „Mittelalterbogen" biegt sich auf seine ganze Länge, auch im Griff.
Wenn der Bogen voll ausgezogen ist, beschreiben die Wurfarme den Teil eines Halbkreises.

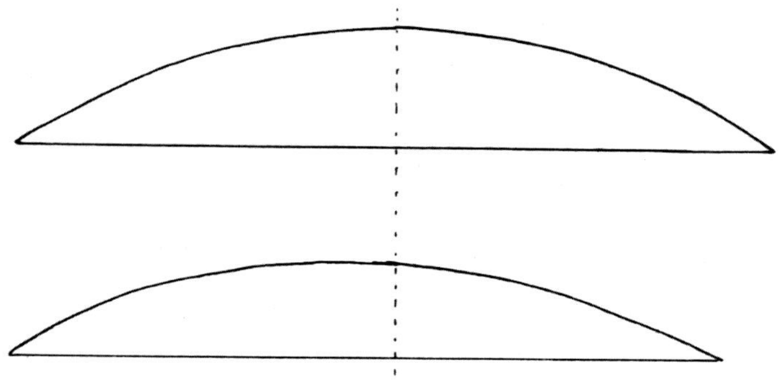

Langbogen „Klassische Englische" Form

Der „Klassische" biegt sich nicht im Griff. Der ist steif. Daraus folgert, dass die Wurfarme verschieden getillert werden müssen, so dass der untere Arm etwas steifer bleibt.

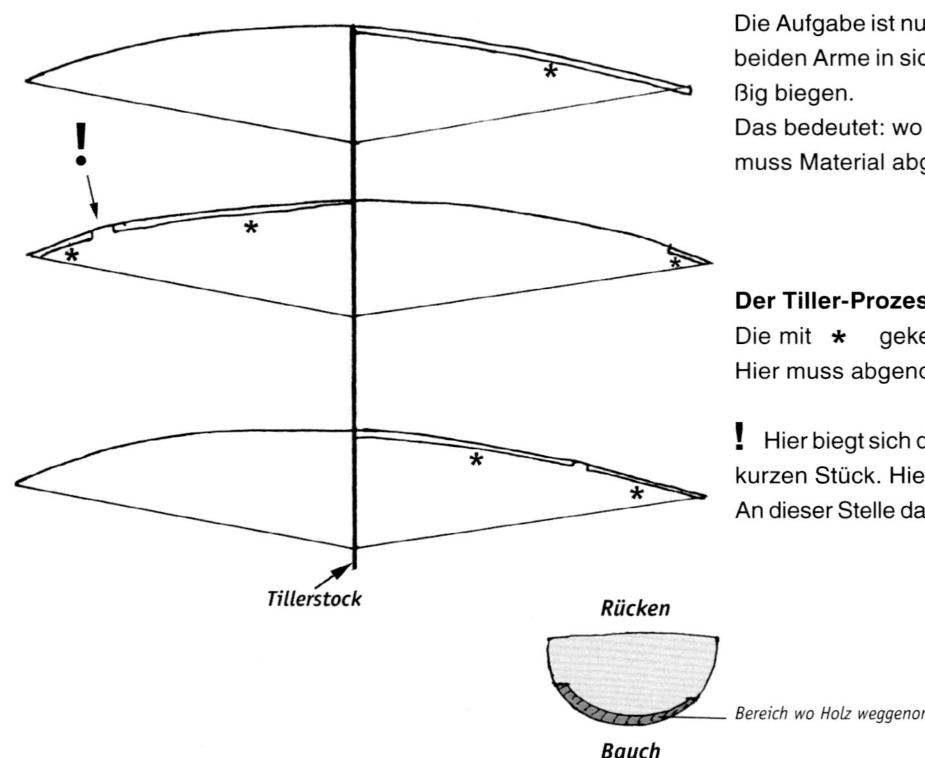

Die Aufgabe ist nun, es so hinzukriegen, dass sich die beiden Arme in sich selbst und miteinander gleichmäßig biegen.
Das bedeutet: wo sich die Wurfarme nicht mitbiegen, muss Material abgenommen werden.

Der Tiller-Prozess
Die mit * gekennzeichneten Stellen sind zu steif. Hier muss abgenommen werden.

! Hier biegt sich der Wurfarm ziemlich stark auf einem kurzen Stück. Hier muss man sehr aufpassen.
An dieser Stelle darf nichts mehr abgenommen werden.

Wenn es notwendig ist, kann man mit einem Ziehhobel arbeiten, aber eigentlich ist das ein Job für die Ziehklinge. Das ist ein Stück Flachstahl mit scharfen 90°-Kanten, das wie ein Schaber gebraucht wird. Sie nimmt sehr feine Späne ab, was auch nötig ist, da nun vorsichtig zu Werke gegangen werden muss.
Markiere mit dem Bleistift, wo abgenommen werden soll, nimm den Bogen aus dem (Tiller)Stock und arbeite mit der Ziehklinge.
Betrachte den Bogen im Stock und kontrolliere. Wenn es nicht geholfen hat, nimm ihn dir noch mal vor.
Dieser Prozess braucht Zeit. Drehe den Bogen um, schaue ihn spiegelverkehrt an - denk nach.
Wenn der Bogen auf 40 cm ausgezogen ist, nimm ihn aus dem Tillerstock.

Die Sehne wird durch Verschieben des Knotens mit dem Zimmermannsstek verkürzt (Die Sehne sollte nicht abgeschnitten werden). Mach einen neuen Zimmermannsstek, so dass die Sehnenlänge 7 cm weniger als der Abstand zwischen den Sehnenkerben beträgt.
Nun wird der Palstek abgenommen.
Der Zimmermannsstek wird festgemacht, und jetzt kann die Sehne auf den Bogen gezogen werden. (Spannmethoden siehe auch Seite 28 und Glossar)

Der Abstand zwischen der Sehne und der Bauchseite des Griffes (Standhöhe) soll 16 cm sein.
Betrachte dein Werk sorgfältig und kritisch. Soll etwas in kleinerem Umfang geändert werden, kann das mit aufgespannter Sehne gemacht werden. Ist es dagegen umfassender, muss der Bogen wieder auf den Tillerstock.

Wie viel Pfund?

Wenn die Sehne aufgezogen ist überprüfe immer, ob die Sehne richtig in beiden Kerben sitzt.
Probiere den Bogen ein wenig zu ziehen und fühle die Stärke.
Ziehe ihn halb aus, aber halte ihn nicht lange ausgezogen. Halte die Sehne gut fest und führe sie langsam wieder zum Bogen zurück.
Ist der Bogen zu kräftig, muss noch etwas abgenommen werden, und zwar gleich viel an beiden Wurfarmen. Denk dran, dass er immer noch im Tiller ist.
Nimm nur soviel ab, dass er immer noch ein Bisschen zu schwer ist. Ein Holzbogen kann beim Schießen zwischen 5 und 10 % seines Zuggewichts verlieren.

Abschließen des Tillerns

Das geht so vor sich, dass man ein oder zwei Tage ein paar Mal mit dem Bogen schießt oder ihn auszieht. Dann wird er noch mal in den Tillerstock gesetzt, um evtl. noch etwas zu ändern.
Wenn man den Bogen ganz ausziehen kann, kann er mit einer Federwaage gemessen werden.
Zum Schluss wird der Bogen mit feinem Sandpapier (320er) geputzt. Als Schutzüberzug kann man wählen zwischen Schellack, Leinöl, Wachs oder Lack.

BORIS PANTEL

ist Jahrgang 1961, Entwicklungsingenieur, hat beruflich mit Klebstoffen zu tun.
Eigentlich bin ich über die Technik zum Bogenschiessen gekommen. Ein guter Bogen ist ein bis an die physikalischen Grenzen ausgereiztes Bauteil. Trotzdem hat es der Mensch verstanden, diese Perfektion schon vor Tausenden von Jahren zu erreichen, ohne dass ihm die heutigen modernen Fertigungs- und Analyseverfahren zur Verfügung standen.
Mein Ziel ist es letztlich, die Arbeit unserer Vorgänger nicht nur nachvollziehbar zu machen, sondern auch im Detail zu verstehen.

12

BORIS PANTEL

KLEBSTOFFE IM BOGENBAU

Dieser Artikel soll sich an alle Bogenschützen richten, die einmal daran denken ihren Bogen selbst zu laminieren, die ihre Staves spleißen wollen oder die grundlegende Reparaturen durchführen müssen. Nachdem ich zum x-ten Mal auf Turnieren gefragt wurde, ob man dieses oder jenes noch kleben kann und welcher Klebstoff am besten zu verwenden ist, habe ich mich entschlossen, alles Wissenswerte, soweit es mir zugänglich ist, in komprimierter Form und möglichst mit Bezug zu unserem Hobby niederzuschreiben. Auch finde ich, dass es an der Zeit ist, mit der Geheimniskrämerei, die sich noch ab und zu unter den Bogenbauern findet, Schluss zu machen.
Nach einem kurzen geschichtlichen Abriss über die Herkunft der Klebstoffe muss ich euch anschließend mit ein bisschen Theorie quälen. Das ist für manchen Zeitgenossen zwar ätzend, aber wichtig für ein besseres Verständnis der Haftungsbedingungen und der Qualität, die ich von einer Klebung erwarten kann. Es schließt sich ein Überblick über die für uns relevanten Klebstoffe an, seien sie künstlichen oder natürlichen Ursprungs.
Dann ein paar Tipps und Kniffe, wie ich mit Klebstoffen umgehe und welche Gefahren von ihnen ausgehen. Und zum Schluss ein Glossar, in dem die wichtigsten Begriffe noch einmal erklärt werden, damit wir auch alle die gleiche Sprache sprechen.

GESCHICHTE DER KLEBSTOFFE

Schon lange bevor man das Schrauben, Nieten, Löten und Schweißen kannte wurde bereits geklebt. Kleben ist eine der einfachsten und ältesten Fügetechniken die der Mensch kennt. Galten bisher die Menschen der Altsteinzeit (80.000–10.000 v. Chr.) als älteste Klebstoffanwender, müssen nach neuesten Forschungsergebnissen des Doerner-Institutes für Farbstoffforschung (München) möglicherweise die Neandertaler dafür angesehen werden (Staatsministerium für Wissenschaft Forschung und Kunst Bayern).
Im Jahre 1963 wurden im mitteldeutschen Braunkohletagebau 'Harze' aus der Neandertalerzeit entdeckt. Diese Funde sind älter als 80.000 Jahre und lassen erkennen, dass sie mit der Hand geformt (Fingerabdrücke) und als Klebstoff für Steinklingen (Silex) in Holzgriffen verwendet wurden. 1999 gelang es erstmals, genaue Analysen durchzuführen (Doerner Institut für Farbstoffforschung). Sie ergaben, dass dieser Klebstoff eindeutig aus Birkenpech besteht (Nachweis von Betulin). Dieser Befund ist in den Augen der Archäologen sensationell.
Denn Birkenpech ist kein Produkt, dass die frühen Menschen zufällig irgendwo aufsammeln konnten, vielmehr mussten sie es in einem schwierigen technischen Prozess mit besonderen Hilfsmitteln, wie z. B. geeignet geformten Gefäßen, gezielt herstellen. Die Analysen des Institutes erlauben den Schluss, dass dieser Klebstoff unter Luftausschluss und bei Temperaturen zwischen 340 und 370°C aus der Birkenrinde gewonnen wurde.

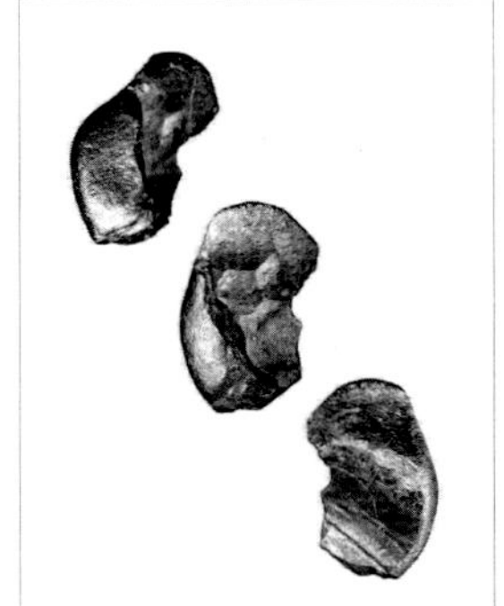

Abb. 1 Birkenpech (80.000 v. Chr.)

Erste historische Zeugnisse stammen aus den antiken Hochkulturen des Zweistromlandes zwischen Euphrat und Tigris, aus den versunkenen Stadtstaaten: Sumer - Akkad - Assur und Babylon (ca.7 000 v. Ch.). Die Sumerer kochten aus Tierhäuten eine Art *Glutinleim* und scheinen für Mosaiken sowie beim Bau ihrer Häuser und Tempel bereits *Asphalt* als Bindemittel benutzt zu haben (Emil Hoffmann, Lexikon der Steinzeit).

Es ist außerdem zu vermuten, dass bereits zu diesem frühen Zeitpunkt Sehnenbackings für Jagd- und Kriegsbögen verwendet wurden, archäologische Befunde existieren dazu aber nicht.
Weitere Zeugnisse frühgeschichtlicher Leimherstellung findet man bei den Ägyptern. Aus der 18. Dynastie (ca. 3.500 v. Chr.) ist die Verwendung von *Haut und Knochenleimen* bekannt. Aus etwas späterer Zeit (1.500 v. Chr.) stammt auch der erste gesicherte Beweis für die Verwendung von Composite-Bögen durch die Ägypter (W. McLeod)
Das Leimsieden wurde später von den Griechen und Römern übernommen. Die Römer erweiterten die damals gebräuchlichen Leime um den Fischleim. Die bei den Römern erwähnten Fischleime tauchen in unseren Breiten erst im 6. Jahrhundert nach Christus auf. Sie wurden zu dieser Zeit durch auskochen von Fischabfällen gewonnen. Leime für bestimmte Zwecke wurden speziell aus den Schwimmblasen von Fischen hergestellt.
In der Folgezeit des frühen Mittelalters scheint die Entwicklung in Mitteleuropa zu stagnieren. Während bei den Bögen in China, Japan und der Mongolei die Composite-Technik vorangetrieben wird und der Klebtechnik immer neue Höchstleistungen abverlangt, sind bei uns bis ins 15. Jh. hinein fast keine interessanten Zeugnisse der Verleim-Technik bekannt. Erst mit Johannes Gutenberg und seiner Erfindung der beweglichen Lettern im Buchdruck, setzt die Entwicklung wieder ein. Gezwungenermaßen benötigte das Buchbindergewerbe einen erhöhten Anteil an speziellem Leim für die Fertigstellung der Bücher.
Als auch noch der Furniertechnik im 16. und 17. Jahrhundert eine Renaissance widerfuhr, entstand ein großer Bedarf an geeigneten Leimen. So wurde folgerichtig im Jahr 1690 in Holland die erste handwerkliche Leimfabrik gegründet und in England 1754 das erste Patent auf die Herstellung eines Tischlerleims angemeldet.
Bevor die endgültige Entwicklung der Kunstharzklebstoffe begann, war um 1830 schon der Gebrauch von *Naturlatex* als Klebstoff üblich. Mit der Erfindung der Vulkanisierbarkeit des Kautschuks durch Charles Nelson Goodyear erfuhr diese Technologie nochmals einen größeren Fortschritt.
Der eigentliche Ursprung der *modernen Klebstoffe* liegt im ausgehenden 19. und frühen 20. Jahrhundert. 1846 wurde zum ersten Mal Cellulose nitriert, 1864 gelang es W. Parks den halbsynthetischen Kunststoff Celluloid herzustellen. In den dreißiger Jahren entdeckte man das Carboxymethyl und Methylcellulose für den Leim und Klebstoffmarkt, sie werden heute noch als Tapezier- und Malerleime eingesetzt. Entwickelt werden kurz hintereinander die Harnstoff, Mellamin und Phenolharze (Bakelite), Kunstkautschuk wie Polychloropren, Buna (Polybutadien) und die Gruppe der Siliconkautschuke. Es folgten, noch vor dem Krieg, die Epoxide und die Polyurethane, die man aus den Komponenten Diisozyanat und mehrwertigen Alkoholen herstellt.
Nach dem zweiten Weltkrieg geht die Entwicklung ebenso stürmisch weiter. Entdeckt werden in den fünfziger Jahren die unter Luftabschluss härtenden Methacrylate, sowie die große Gruppe der Cyanacrylate, die auf der Basis der Methyl, Ethyl und Buthylester der Cyanacrylsäure durch Luftfeuchtigkeit in kurzer Zeit aushärten, und allgemein unter dem etwas schwammigen Begriff „Sekundenkleber“ bekannt sind. In den sechziger Jahren kommen dann die anaeroben Klebstoffe auf den Markt, die eng mit dem Namen LOCTITE verbunden sind.

Weltweit bieten heute etwa 1000 Klebstoffhersteller eine Palette von schätzungsweise 250.000 unterschiedlichen Kleb- und Dichtstoffen an und erzielen damit einen Umsatz von ungefähr 13 Mrd. EUR.

Als Beweis für die schon recht ordentlich ausgebildete Klebekunst dient ein 1886 in Breslau gefundenes Eichenholzkästchen, auf dessen Deckel Münzen aufgeklebt sind.
Der vermutlich auf einer Eiweiß-Kalk-Verbindung basierende Klebstoff muss eine für die damalige Zeit enorme Haftkraft besessen haben, da vier der fünf Münzen noch immer, nach über eineinhalb Jahrtausenden, auf der Holzunterlage haften.

DER BEGRIFF DES KLEBENS

Klebstoffe sind nichtmetallische Werkstoffe, sie verbinden Körper durch Oberflächenhaftung (Adhäsion) zwischen Fügeteil und Klebstoff und innerer Festigkeit des Klebstoffes selbst (Kohäsion). Klebungen weisen Eigenschafen auf, derer man sich immer bewusst sein sollte um keine Überraschungen zu erleben.

Sie haben viele Vorteile wie:

- Gleichmäßige Spannungsverteilung und Kraftübertragung
- Sie verbinden ganz unterschiedliche Werkstoffe
- Sie beeinflussen das Fügeteil nicht
- Es können glatte großflächige Verbindungen leicht hergestellt werden
- Klebstoffe überbrücken die Toleranzen der Fügeteile
- Sie haben gute Dämpfungseigenschaften
- Klebungen dichten und isolieren
- Die Klebstoffe können Anwendungsspezifisch gewählt werden

Klebungen haben aber auch Nachteile:

- Begrenzte Festigkeit des Klebstoffes, sie liegt in der Regel Größenklassen unter der der Fügeteile
- Kleben ist immer flächiges Verbinden, wo keine Fläche zu Verfügung steht kann auch der beste Hightech-Kleber nicht zum Erfolg führen.
- Spezifische Prozessführung erforderlich. Das soll heißen, Klebungen verzeihen bei der Herstellung keinen, aber auch gar keinen Fehler.
- Begrenzte thermische Belastbarkeit
- Festigkeitseinbußen durch Langzeiteinflüsse müssen berücksichtigt werden.

Lassen wir die Klebstoffe zunächst einmal außen vor, und betrachten das erste wichtige Glied in der Kette der Klebverbindung, die Fügeteiloberfläche.

EIGENSCHAFTEN DER FÜGETEILOBERFLÄCHE

Oberflächen sind niemals sauber, so sauber sie uns auch erscheinen wollen. Man findet garantiert Verschmutzungen (Staub, Fett, Trennmittel), Adsorptionsschichten (mikroskopisch dünne Wasserschichten, vor allem auf Glasfaserlaminaten und Metallen) und Oxide (auf Metallen). Diese Schichten wirken sich negativ auf die Adhäsionsfähigkeit der Oberfläche und das Langzeitverhalten von Klebungen aus.

Neben dem Zustand der Oberflächenschichten hat auch die Rauigkeit der Oberfläche selbst einen großen Einfluss. Daher muss man bei einer Klebung zwischen geometrischer, wahrer und wirksamer Oberfläche unterscheiden.

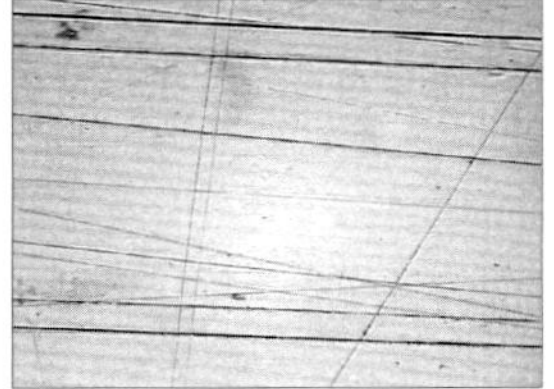

Abb. 2 polierter Edelstahl (200x)

Die geometrische Oberfläche resultiert aus den Abmessungen der Bauteile, ist aber für die Betrachtung der Adhäsion im molekularen Bereich völlig unzureichend.

Die wahre Oberfläche kann sich von der geometrischen um einen Faktor 2–8 unterscheiden, je nachdem wie rau ich meine Fügeteiloberfläche gestalte.

Davon wiederum unterscheidet sich die wirksame Oberfläche, die in ihrer Größe gar nicht erfasst werden kann, da eventuelle Lufteinschlüsse und Verunreinigungen die Benetzung der wahren Oberfläche verhindern.

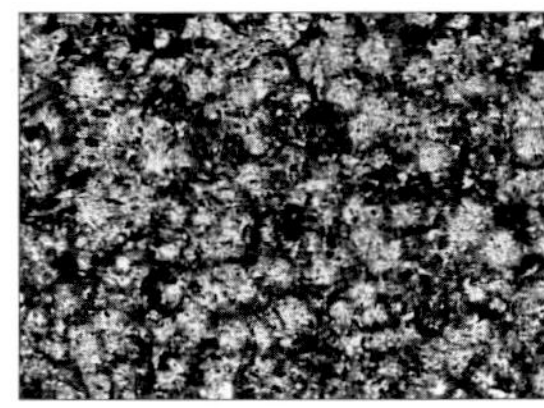

Abb. 3 gestrahlter Edelstahl (200x)

ADHÄSION UND OBERFLÄCHENENERGIE

Unter dem Begriff Adhäsion versteht man das Haften gleichartiger oder auch verschiedenartiger Stoffe aneinander. Die Adhäsion hat folgende Ursachen:

Fügeteil
Adhäsionszone
Klebstoff
Adhäsionszone
Fügeteil

Abb.4 Klebefuge

Physikalische Anziehungskräfte:

- Dispersionskräfte, verursacht durch Wechselwirkung von Elektronen in grenzflächennahen Molekülen von Fügeteil und Klebstoff.
- Dipolkräfte, hervorgerufen durch elektrostatische Wechselwir kungen zwischen positiven und negativ geladenen Bereichen von Molekülen. Für die Insider: auch Wasserstoffbrückenbindun gen als Sonderfall
- Van der Waals Kräfte: elektrostatische Wechselwirkung durch induzierte Dipolmomente.

Chemische Bindungen:

- Kovalente Bindung (Atombindung)
- Ionen Bindung
- Koordinierte Bindung (Komplex Bindung, zwischen Fügeteil und Klebstoff)

Eine Adhäsion, die nur auf physikalischen Anziehungskräften beruht, ist grundsätzlich schwächer als die, der chemische Wechselwirkungen zugrunde liegen.
Damit nun eine erfolgreiche Adhäsion auch zustande kommt ist es notwendig, dass der Klebstoff das Fügeteil möglichst vollständig benetzt. Diese Benetzung des flüssigen Klebstoffes auf eine Fügeteiloberfläche ist das zweite wichtige Glied in der Prozesskette einer optimalen Klebverbindung. Die Benetzung hängt dabei wesentlich von der Oberflächenenergie des flüssigen Klebstoffes einerseits, und der Oberflächenenergie des Fügeteiles anderseits ab.
Es gilt hier der Grundsatz: Nur wenn die Oberflächenenergie des Fügeteiles *größer* ist als die des Klebstoffs kommt eine, für eine Klebung ausreichende Benetzung zustande.
Hier zum Vergleich die Oberflächenenergien einiger Kleb- und Fügewerkstoffe

Material	Oberflächenenergie		
PTFE (Teflon)	18,5	mN/m	(das Material mit der niedrigsten bekannten Oberflächenenergie)
Silikon Öl	22	mN/m	
Polymethymetacrylat	40	mN/m	
Polyamid 6.6	46	mN/m	
Epoxidharz	47	mN/m	
Wasser	72,8	mN/m	
Aluminium	1200	mN/m	
Stahl	2550	mN/m	

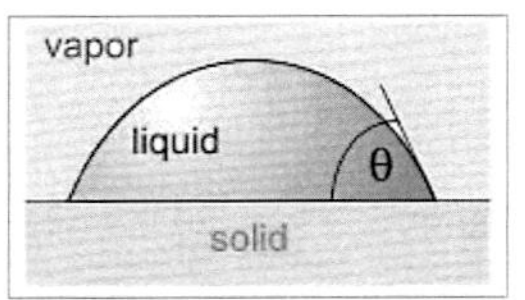

Abb.4 Randwinkelmessung

Interessant hier, das Epoxidharz kann mit seiner Oberflächenenergie (auch genannt Oberflächenspannung) nur sehr schwer das auf einer beliebigen Fügeteiloberfläche vorhandenen Wasser verdrängen. Das bedeutet, das Wasser muss auf andere Art und Weise beseitigt werden. Gemessen werden kann die Benetzbarkeit einer Oberfläche durch die sogenannte Randwinkelmessung. Der Randwinkel ist der Ausdruck der unterschiedlichen Oberflächenenergien zwischen Fügeteiloberfläche (solid) und Klebstoff (liquid).

Je größer diese Differenz, desto kleiner der Randwinkel, desto besser die Benetzung.
Bei vielen Klebungen liegen die Oberflächenenergien der Fügeteile und die des Klebstoffes aber nicht so weit auseinander wie das wünschenswert wäre, um so wichtiger ist hier die entsprechende Vorbereitung und Reinigung der Oberfläche.

EINTEILUNG DER KLEBSTOFFE

Wir unterscheiden zunächst zwischen organischen und anorganischen Klebstoffen.

Zu den anorganischen zählen z.B. Kalk-Mörtel, Zement, Wasserglas (Natrium-Silikat) sowie keramische Vergussmassen. Sie bleiben bei unserer Betrachtung außen vor, da sie für den Bogenbau keine Bedeutung besitzen.

Die organischen Klebstoffe teilen sich in die Gruppen physikalisch abbindende und chemisch härtende Systeme.
Die natürlichen Klebstoffe (Glutin, Casein, Fischleime) gehören zu den physikalisch abbindenden Systemen und dort in die Untergruppe der wässrigen Klebstoffdispersionen, auf sie werden wir später noch zurückkommen.
Bei allen anderen aushärtenden organischen Klebstoffen handelt es sich grundsätzlich um Kunststoffe. Es sind dies Makromoleküle (Polymere), die durch chemische Reaktionen aus kleineren Molekülen (Monomeren), hervorgegangen sind. Aufgrund der Verschiedenheit ihres chemischen Aufbaus besitzen sie sehr unterschiedliche technologische Eigenschaften. Ausgehend von chemischen Gesichtspunkten lassen sie sich wie folgt grob unterteilen.

PHYSIKALISCH ABBINDENDE SYSTEME

- Klebstoffe ohne Lösungsmittel (Schmelzkleber) : Ferr-L-Tite, Beman, Pattex Heißklebesticks
- Haftklebstoffe (Klebstoffbänder) : TESA-Band
- Klebstofflösungen : Easton Fletching Cement, UHU-Alleskleber, Sounders Arrow Mate
- Wässrige Klebstoffdispersionen : Acryllacke, Weißleim (PONAL), Naturklebstoffe

CHEMISCH HÄRTENDE SYSTEME

- Polykondensationsklebstoffe : Silikonharze, Phenolharze, Polyamide
- Polymerisationsklebstoffe : Cyanacrylate, Methacrylate, anaerobe Klebstoffe
- Polyadditionsklebstoffe : Epoxidharze, Polyurethane

Neben dieser Einteilung gibt es auch noch andere Kriterien in die sich die Klebstoffe einordnen lassen. Z. B. thermoplastische oder duroplastische Klebstoffe, ein oder mehrkomponentige Klebstoffe, kalt oder heißhärtend, sowie Klebstoffe die kombinierte Härtungsmechanismen aufweisen, z.B. reaktive Hotmelts (Das sind im Prinzip Polymerisate, die wie ein Schmelzkleber aufgetragen werden und durch die Luftfeuchtigkeit nachvernetzen, sie sind für unsere Anwendungen aber weniger wichtig).

TECHNOLOGISCHE EIGENSCHAFTEN

Im Folgenden möchte ich die für uns wichtigsten Klebstoffgruppen in ihren technologischen Eigenschaften kurz vorstellen und mich dabei auf folgende Gruppen beschränken.

- Schmelzkleber
- Lösungsmittelkleber
- Natürliche Klebstoffe: Glutinleime, Fischleime
- Polymerisationsklebstoffe: Cyanacrylate, anaerobe Klebstoffe
- Polyadditionsklebstoffe: Epoxydharze, Polyurethane

Schmelzkleber

1-komponentiger thermoplastischer Klebstoff, der erhitzt (bis zum schmelzflüssigen Zustand) und anschließend aufgetragen wird.

Vorteile: schnelles Abbinden, problemlose Lagerung, lösungsmittelfrei, wenig Verlust beim Auftragen, leicht zu entsorgen, gute Schlagzähigkeit und Haftung, Verbindung ist jederzeit lösbar.

Nachteile: eingeschränkte Temperaturbeständigkeit, keine großen Flächen klebbar.

Verwendung: Pfeilspitzen, Reparaturen.

Birkenpech: (Holzteer)

1-komponentiger, auf langkettigen Kohlenwasserstoffen basierender, Schmelzklebstoff. Bei der zerstörenden Destillation (ca. 300–400°C) entstehen aus dem Lignin des Holzes Pyrolyseprodukte wie Holzteer und Holzgas (gelblicher Rauch).

Vorteile: Einer der ältesten bekannten Klebstoffe (80.000 Jahre). Leicht anzuwenden, praktisch ewig haltbar.

Nachteile: in kleinen Gebinden nicht im Handel, muss daher selbst hergestellt werden. Geringe Festigkeit, ist leider immer „Pechschwarz“.

Verwendung: Befiederung, Befestigung von Spitzen und Klingen (vorzugsweise Silex, Obsidian oder Knochen) steinzeitlicher Replicas.

Lösungsmittelkleber

1- komponentiger thermoplastischer Klebstoff. Der Thermoplast ist im organischen Lösungsmittel vollständig gelöst, nach dem Auftragen verdampft das Lösungsmittel und der Klebstoff härtet aus.

Vorteile: Leichte Handhabung, Flächenauftrag problemlos, auch problematische Oberflächen sind durch das aggressive Lösungsmittel noch klebbar.

Nachteile: Feststoffanteil nur 15–25 %, verdampfendes Lösungsmittel ist in der Regel gesundheitsschädlich, Lebensdauer begrenzt.

Verwendung: Lacke für Bogen und Pfeile, Kleber für Nocken, Pfeilauflagen, Befiederung

Weißleim: (Holzleim, Kaltleim, PVAC-Leim usw.)

Synthetisch hergestellte wässerige Klebstoffdispersion. Der Thermoplast (PVAC = Polyvinylacetat) ist im organischen Lösungsmittel (Wasser) vollständig gelöst, nach dem Auftragen verdampft das Wasser und der Klebstoff härtet aus.

Vorteile: Leichte Handhabung, Flächenauftrag problemlos möglich. Weißleim ist sofort gebrauchs fertig, lange lagerfähig und lässt sich gut verarbeiten. In flüssigem Zustand noch weiß gedeckt, wird der Klebstoff beim Härten transparent.

Nachteile: Feststoffanteil nur 20–35%. Normaler Weißleim ist nicht wasser- und wärmebeständig. Es gibt im Fachhandel wasserfeste Modifikationen, sowie einige 2-Komponenten-Weißleime, die andere Härtungsmechanismen und erhöhte Festigkeiten aufweisen.

Strukturklebungen mit Weißleim sind durch die eingeschränkte Beständigkeit gegen Umwelteinflüsse eher problematisch und verlangen ein genaues Studium des jeweiligen Datenblattes. Normaler Weißleim (z.B. Ponal) ist dafür ungeeignet.

Achtung! Nicht in Kontakt mit Eisen-, Kupfer- und Aluminiumhaltigen Materialien bringen. Der Weißleim reagiert mit einer starken Farbveränderung (schwarz).

Verwendung: Pfeilschäftungen, Griffleder, Pfeilauflagen aus Holz, Stabilisierung von Lederwicklungen.

Glutinleime

1-komponentige, auf langkettigen tierischen Collagenen (Eiweißen, vorzugsweise Bindegeweben) basierende Dispersionsklebstoffe. Käufliche Leime erhalten in der Regel nur noch zwischen 10–15 % Feuchtigkeit, die Rohleime (Platten oder Flocken) müssen deshalb zur Verarbeitung erst in lauwarmem Wasser eingeweicht und anschließend erhitzt werden. Durch verschiedene Zusätze kann die Wasserlöslichkeit nach dem Aushärten günstig beeinflusst werden.

Vorteile: Naturprodukt, bis auf einige Zusätze weitgehend ungiftig. Und, wichtig für die Puristen unter euch, stilecht und passend zu eurer Holmegard Replika.

Nachteile: Mäßige Festigkeit, zum Teil wochenlange Trocknungszeiten notwendig, feuchtigkeitsempfindlich,

Verwendung: Sehnen- und Rohhautbackings auf Langbogen und asiatischen Reiterbogen, zur Verstärkung und Fixierung von Sehnenwicklungen, zum Kleben von Selfnocks.

Oben: Hautleim als „Granulat", unten: Knochenleim in Plattenform

Fischleime

Wie bei den Glutinleimen 1-komponentige langkettige Collagene, nur eben vom Fisch. Das Spitzenprodukt dieser Klebstoffgruppe ist der Hausenblasenleim, der nicht mehr aus den Abfällen ganzer Fische, sondern nur noch aus der Schwimmblase einer bestimmten Art (Stör) gewonnen wird.

Vorteile: Zum Teil deutlich höhere Festigkeit als bei tierischen Glutinleimen, die Klebverbindungen lassen sich mit denen von modernen Epoxidharzen vergleichen.

Nachteile: Bis auf die Festigkeit dieselben wie bei den Glutinleimen, Fischleim ist deutlich teuerer als aus Säugetiergewebe hergestellter Leim.

Verwendung: Wie bei den Glutinleimen. Achtung, tabu für steinzeitliche Bögen, gab's damals noch nicht.

Cyanacrylate

1-komponentiger thermoplastischer Klebstoff. Bei der Polymerisation verbinden sich *gleichartige* kurzkettige Monomere zu langkettigen Polymeren. Die Reaktion benötigt einen Katalysator der das Ganze anstößt, in diesem Fall ist dies das Wasser, gegeben durch die natürliche Luftfeuchtigkeit.

Vorteile: Sehr einfach zu Handhaben, zum Teil extrem schnelle Härtung (10–30 sec.), auch optisch saubere Klebungen möglich, hohe Festigkeit (bis 30 N/mm^2). Klebstoff ist in der Regel transparent bis klar, mittlerweile ist eine große Anzahl verschiedener Modifikationen, zwischen wasserdünn bis gelartig, erhältlich.

Nachteile: Das Polymer ist relativ spröde mit geringer Schlagzähigkeit, die Härtereaktion ist abhängig von der Luftfeuchtigkeit d.h. unter 40 % rel. Feuchte geht gar nichts, geringe Spaltüberbrückung, zum Teil sogenanntes Ausblühen (Ausgasen von restlichen Monomeren aus dem härtenden Klebstoff) mit weißlichem Niederschlag.

Verwendung: Pfeilauflagen, Fixierung gewickelter Nockpunkte, Sicherung der Sehnenwicklung, Notreparaturen.

Anaerobe Klebstoffe

1-komponentiger duroplastischer Klebstoff. Polymerisationsreaktion wie bei den Cyanacrylaten, mit dem Unterschied, dass die Startreaktion durch Luftabschluss und Metallkontakt (genauer: alkalische Metalloberfläche) ausgelöst wird.

Vorteile: Leichte Handhabung, Aushärtung nur im gefügten Bereich, lösungsmittelfrei, hohe Festigkeit, hohe Temperaturbeständigkeit.

Nachteile: geringe Spaltüberbrückung, das Polymer ist relativ spröde; stehen keine alkalischen Oberflächen (wie bei Messing, Kupfer, Bronze, Nickel und Stahl) zu Verfügung, muss mit Aktivatoren gearbeitet werden. Dies gilt besonders für blankes oder auch eloxiertes Aluminium, sowie für Edelstähle.

Verwendung: Schraubensicherung

Polyurethane

Die Gruppe mit der größten Vielfalt an Härtungsmechanismen. Es finden sich 1- und 2- komponentige Systeme, thermo- oder duroplastisch, feuchtigkeitshärtend, heiß oder kalt härtend sowie wässrige Dispersionen. Anders als bei den Polymerisaten reagieren hier immer 2 unterschiedliche Monomere miteinander und bilden die Polymerketten.

Vorteile: Festigkeit, Schlagzähigkeit, Elastizität, Topfzeiten, alles in gewissen Grenzen frei einstellbar

Nachteile: Bei 2-komponentigen Systemen ist auf das genaue Mischungsverhältnis zu achten. Topfzeiten in der Regel auf 30–45 min begrenzt. Viele Modifikationen sind nicht UV- beständig.

Verwendung: 1- und 2-Komponenten-Lacke für Bogen und Pfeile, einige wenige Klebstoffe eignen sich auch für Strukturklebungen am Bogen selbst.

Epoxydharze

In aller Regel 2-komponentige duroplastische Klebstoffe. Wie bei den Polyurethanen reagieren 2 unterschiedliche Monomere miteinander. Dabei sollte kein Rest einer der beiden Komponenten übrigbleiben. Zur Erzielung der maximalen Festigkeit ist es deshalb äußerst wichtig, dass das Mischungsverhältnis exakt eingehalten wird.

Vorteile: Höchste Festigkeiten (45 N/mm^2), Schlagzähigkeit und Elastizität in weiten Bereichen einstellbar, gute Haftung auf vielen Oberflächen, lange Topfzeiten (2–4 h) möglich, geringer Schwund, lösungsmittelfrei, kalt oder heiß härtende Systeme verfügbar.

Nachteile: Exaktes Mischungsverhältnis notwendig, Epoxies sind zum Teil extrem teuer.

Verwendung: Strukturklebungen am Bogen, Spleißen von Pfeilschäften, Kleben von Tips und Pfeilauflagen, hochwertige 2-Komponenten-Lacke für Bogen und Pfeile.

TRICKS UND KNIFFE

1. Oberflächenvorbereitung - Schleifen und Entfetten

Wie schon erwähnt sind Oberflächen niemals sauber. Wir müssen also einiges tun, um die gewünschte Benetzung des Klebstoffes auf die Fügeteiloberfläche zu erzielen, damit sich im Anschluss eine perfekte Adhäsion zwischen beiden einstellt.
Oberflächen sind grundsätzlich zu schleifen, nicht zu grob aber auch nicht zu fein. Bei Körnungen zwischen 100 und 150 stellt sich das gewünschte Ergebnis in der Regel ein.
Bei Metallen ist zu beachten, dass auch gegebenenfalls schon vor dem Schleifen entfettet wird, wenn diese grobe Verschmutzungen aufweisen.
Nachdem die Oberfläche geschliffen ist, wird der Staub entfernt, am besten mit ölfreier Druckluft. Wer das nicht hat, nimmt einen sauberen, möglichst fusselfreien Lappen und wischt die Flächen ab. Anschließend wird mit einem entfettenden Lösungsmittel noch mehrmals darüber gewischt.

Unter **entfettendem** Lösungsmittel verstehe ich:

- Aceton
- Isopropanol 99% reinst
- MEK (Methyletherketon)
- Trichlorethylen und Perchlorethylen.

Abb. 6: eloxal Oberfläche sauber

Darunter verstehe ich **nicht:**
Spiritus – Waschbenzin – Dieselöl – Rasierwasser – oder ähnliches.

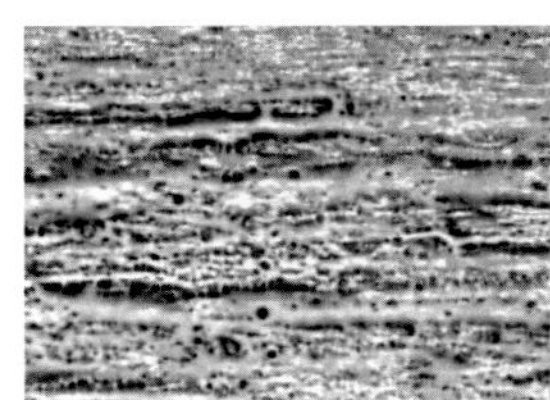
Abb. 7: eloxal Oberfläche verölt

Manchmal lassen sich Flächen nicht anschleifen (Spitzen, Nocks usw.), dann wird eben dafür um so gründlicher entfettet. Zu beachten ist dabei, dass unser Lösungsmittel zwar entfettet aber nicht unsere Fügeteile anlöst (Nocks, Pfeilauflagen usw.), also vorher testen.
Bei eloxierten Oberflächen wird aus optischen Gründen normalerweise nicht angeschliffen, aber ebenfalls gründlich entfettet. An und für sich bildet die Eloxalschicht einen optimalen Untergrund zum Kleben, aus Gründen der Handhabung werden die Schichten aber meistens vom Werk aus gefettet oder gewachst, so das eine entsprechende Vorbehandlung trotzdem notwendig ist.

Eine Besonderheit bilden einige tropische Hölzer, ihr Ölgehalt ist so hoch, dass alles oberflächliche Entfetten nichts nutzt. Hier muss man zu einem Trick greifen. Die Hölzer werden geschliffen und vom Staub befreit, dann wird anschließend die zu verklebende Fläche einige Minuten komplett in das Lösungsmittel getaucht. Dadurch werden aus den obersten 1/10 Millimetern fast alle Öle heraus gelöst. Kurz ablüften lassen und sofort verarbeiten. Bis die Öle wieder zu Oberfläche aufgestiegen sind, ist der Klebstoff bereits ausgehärtet.
Dieses Verfahren sollte bei den meisten Palisanderarten, Ebenholz, Cocobolo, Bongossi, Greenheart und Olivenholz angewendet werden.

Nachdem die Oberflächen geschliffen und entfettet sind, sind sie für die bloße ungeschützte Hand tabu. Jeder Fingerabdruck und jede nachträglich Verschmutzung setzen die Festigkeit der Klebung drastisch herab. Außerdem sollte generell, auch wenn die Fügeteile geschützt liegen, nicht zu viel Zeit zwischen dem Schleifen und der Klebung vergehen (max. 2–3 Tage).

2. Vorbereitung der Werkstücke und des Umfeldes

Machen wir uns nichts vor, in der Werkstatt herrscht normalerweise das Chaos, außer beim Kleben. Staub, Dreck und meterhohe Schichten aus Werkzeugen und Utensilien auf der Werkbank verhindern zuverlässig den Erfolg unserer Bemühungen.

Zuerst werden einmal die Fügeteile in Sicherheit gebracht, anschließend gründlich aufgeräumt. Jetzt kann man beginnen das Equipment, das man zum Kleben braucht, herzurichten.
Dazu zählen die Fügeteile, die Bogenform oder andere Vorrichtungen, Klammern zum Fixieren oder ein Druckschlauch zum Verpressen, eine genaue Waage, Einweghandschuhe, Gefäße zum Anrühren des Klebers, Spatel zum Mischen, Lösungsmittel, Lappen zum Abwischen, einen Abfallkübel, zum Schluss der Kleber.

Habt ihr Größeres vor, z.B. einen komplizierten Recurve, kann die Vorbereitung so weit gehen, dass der ganze Vorgang, vom Einlegen der Laminate in die Form bis zum Spannen der Zwingen, zuerst einmal trocken ohne Klebstoff durchgespielt werden muss. Denn sobald die beiden Komponenten des Klebstoffs vermischt werden läuft die Zeit, es gibt jetzt kein Zurück mehr.
Natürlich ist diese umfangreiche Vorbereitung nicht immer nötig, eine abgebrochene Spitze repariere auch ich ambulant. Aber um hochfeste dauerhafte Klebungen beim Laminieren von Bögen herzustellen, ist Sauberkeit und exaktes Arbeiten unerlässlich und das gilt in übertragenem Sinn für alle Klebungen.

3. Kleber anrühren

Bevor ihr den Deckel öffnet solltet ihr bereits Einweghandschuhe angezogen haben. Nicht nur schützt ihr eure Hände vor aggressiven Lösungsmitteln und Härtern, ihr schützt auch die Fügeteiloberflächen vor eueren Butterfingern.

Bei 1-komponentigen Systemen ist die Vorgehensweise einfach, Klebstoff beidseitig auf die Fügeteile auftragen, gegebenenfalls ablüften lassen, zusammenfügen, fixieren bzw. pressen, aushärten lassen, fertig.

Bei 2-komponentigen Systemen müssen Harz und Härter im genauen Mischungsverhältnis miteinander vermengt werden. Genau meint hier, auf das Gramm genau, und das bei einem Klebstoffansatz von vielleicht 50 g oder 100 g. Eine kleine Briefwaage ist aus diesem Grund unabdingbar.
In der Regel werden die Mischungsverhältnisse in Gewichtsprozent angegeben bei einigen Lacken aber auch in Volumenprozent, vergewissert euch vorher was auf dem Beiblatt oder der Packung steht.

Merken solltet ihr euch auch die folgenden vier Punkte:

- Etwas mehr Klebstoff anrühren als ihr zu benötigen glaubt. Der Rest dient euch als Kontrolle, ob die Härtereaktion auch richtig einsetzt.
- Die Topfzeit läuft ab dem ersten Kontakt des Härters mit dem Harz und sie ist abhängig von der Ansatzmenge und der Umgebungstemperatur. Gewöhnlich wird die

Topfzeit bei Raumtemperatur 20°C angegeben. Denkt also daran, wenn ihr im Hochsommer in der Garage arbeitet. Umgekehrt verlängert eine niedrigere Temperatur die Topfzeit, allerdings verlängert sie auch die Härtungsreaktion. Man kann sagen, unter 15° C Umgebungstemperatur sollte mit Raumtemperaturhärtern nicht mehr gearbeitet werden.

- Je größer die Ansatzmenge, desto kürzer wird die Topfzeit (exotherme, sich selbst beschleunigende Reaktion). Bei zu großen Mengen, 500 g und mehr, kann der Kleber buchstäblich zu Kochen anfangen. Man kann diesen Ansatz zwar anrühren, muss die Menge aber anschließend auf mehrere Gefäße aufteilen.)
- Komponenten gründlich mischen, auch wenn sie sich zunächst nur schwer vermengen lassen, 2–4 min. rühren ist normal.

Zum Schluss noch ein Trick. Wenn die Zeit knapp wird und der Klebstoff bereits anfängt zu gelieren (man merkt das an einer deutlichen Zunahme der Viskosität), ihr aber immer noch nicht fertig seid, kann der Klebstoffansatz in einem Wasserbad vorsichtig erwärmt werden. Die Viskosität nimmt kurzfristig wieder ab, allerdings nimmt die Reaktionsgeschwindigkeit rasant zu. Mehr als 10 min. schindet ihr dadurch nicht heraus, aber vielleicht reicht es ja gerade noch.

Ist der 2-Komponenten-Klebstoff angerührt, werden beide Fügeteile dünn bestrichen und zusammengefügt. Sie bleiben dann bis zum Aushärten in der Form oder der Vorrichtung fixiert. Ein besonderer Druck muss nur dann ausgeübt werden, wenn die Teile nicht selbständig aufeinander liegen bleiben.

4. Härtung und was danach kommt

Ein neuer Tag ein neues Glück. Die Werkstatt wird aufgesperrt und die Spannung steigt ins Unermessliche. Ist die Klebung gelungen und der Klebstoff hart geworden?
Jetzt kommt euch der Kleberest zugute, den ihr am Vortag übrigbehalten habt. An ihm könnt ihr testen, ob die Härtungsreaktion dem ersten Augenschein nach richtig abgelaufen ist. Das Zeug sollte jetzt steinhart sein. Aber Vorsicht! Gewöhnlich erreichen Epoxydharze nach 24 h. Raumtemperatur Härtung zwischen 60 % und 80 % ihrer Endfestigkeit. Normaler Umgang mit den Teilen ist also kein Thema, aber den gerade entformten Bogen mal probeweise auf Vollauszug bringen dagegen schon.
Bei Heißhärtern ist nach der angegebenen Härtezeit, z. B. 3 h bei 90° C alles klar, knackige 100%. Dies gilt für Polyurethane und Epoxydharze gleichermaßen.
Bei den Raumtemperatur-Härtern (Epoxiden, Polyurethanen) kann man nun etwas durchführen, das der Fachmann Tempern nennt. Im Falle der Klebstoffe bedeutet dies, nachträgliches Erwärmen auf ca. 50–70° C um eine Nachvernetzung des Klebstoffes zu erreichen.
Die Molekülketten werden dadurch zwar nicht länger, die Verbindungen zwischen den einzelnen Ketten aber zahlreicher. Festigkeit und Schlagzähigkeit steigen an. Getemperte Harze haben generell höhere Festigkeiten als nur bei Raumtemperatur ausgehärtete und zudem den Vorteil, dass man mit der Form oder Vorrichtung nicht in den Ofen muss.

So das war's im Wesentlichen zur Verarbeitung. Jetzt schnell die Werkstatt wieder aufräumen und den Kleber verstauen. Doch halt stop, stop!

Es gibt noch mehrere **Punkte, die zu beachten sind:**

- Klebstoffe haben in der Regel eine begrenzte Lebensdauer, besonders bei hochfesten Klebungen ist dies zu beachten. Das Verfallsdatum wird auf dem Beiblatt und meistens sogar auf dem Gebinde vermerkt, es beträgt normalerweise 1 Jahr nach Herstellung. Das heißt nun nicht, dass der Klebstoff nach dieser Zeit nicht mehr zu gebrauchen ist, sondern nur, dass der Hersteller nach dieser Zeit nicht mehr für die angegebenen Festigkeiten und sonstigen Parameter garantiert. Trotzdem, „Asbach-Uralt-Kleber“ die 10 Jahre und älter sind, sollte man für Strukturklebungen nicht mehr verwenden.
- Die Lagerumgebung beeinflusst wesentlich die Haltbarkeit. Klebstoffe sind möglichst trocken und kühl zu lagern. Nicht schockgefrieren in der Tiefkühltruhe, aber ein kühles Plätzchen im Keller ist Ideal. Feuchte Wärme ist die absolute Pest und ruiniert jeden Klebstoff in kürzester Zeit.
- Denn die meisten Härter bei Epoxies und Polyurethanen sind hygroskopisch. D.h. sie ziehen wie Kochsalz Wasser an und sind dann irgendwann nicht mehr zu gebrauchen. Deshalb solltet ihr auch dafür sorgen, dass das Gebinde für die noch vorhandene Menge an Harz und Härter nicht zu groß ist. Lieber in ein kleineres Gefäß umfüllen damit die eingeschlossene Luftmenge möglichst klein bleibt.

An dieser Stelle muss auch einmal über die Gefahren im Umgang mit Klebstoffen geredet werden. Kein erhobener Zeigefinger, aber einige Regeln, die vernünftig und leicht zu befolgen sind. Sie schaden der Klebung nicht und nützen euerer Gesundheit.

UMGANG MIT KLEBSTOFFEN

Regel 1 „Du sollst keinen Kleber mit dem Löffel fressen.“ Will heißen, keinen Klebstoff verschlucken oder in die Augen reiben. Eigentlich jeden Hautkontakt so weit wie möglich vermeiden, denn außer den Natur-Klebstoffen sind **alle** Kleber giftig und gesundheitsschädlich. Deshalb:

Regel 2 Wann immer möglich Handschuhe tragen, ihr schützt euch und nützt der Klebung. Hintergrund ist, alle Epoxies und Polyurethane sind sensibilisierend, d.h. ihr könnt euch im Lauf der Zeit eine Allergie einfangen. Besonders aggressive organische Lösungsmittel, Härter mit freien Polyaminen und die Diisocyanat-Komponenten der Epoxies und Polyurethane sind in dieser Hinsicht kritisch.

Regel 3 „Du sollst deinen Rüssel in keine Töpfe stecken“: Dosen und Gebinde nicht unter der Nase öffnen, außerdem beim Kleben soweit als möglich für gute Belüftung sorgen.

Regel 4 Unausgehärtete Klebstoffe sind grundsätzlich Sondermüll, sie gehören auf keinen Fall in die Mülltonne. Ausgehärtete Klebstoffe dagegen sind unbedenklich, und ihr könnt sie normal entsorgen.

Regel 5 Lebensmittel und Klebstoffe vertragen sich überhaupt nicht. Alle organischen Lösungsmittel und viele Komponenten von Härtern bzw. Harzen sind fettlöslich und reichern sich in Lebensmitteln an. Also lasst keine Butterbrote herumliegen, wenn ihr eure Nocken verklebt oder befiedert.

AUSGEWÄHLTE KLEBSTOFFE FÜR STRUKTURKLEBUNGEN

Scotch-Weld 9323 B/A

Hersteller: 3M

Scotch-Weld 9323 ist ein zähelastischer Zweikomponenten-Konstruktionsklebstoff, der bei Raumtemperatur härtet. Er wurde für das Kleben von Metallen wie Aluminium und Stahl, einer Vielzahl von Kunststoffen und Verbundwerkstoffen wie GFK und CFK-Laminaten entwickelt. Geringes Fließvermögen, höchste Scher-, Schäl- und Schlagfestigkeit im Temperatureinsatzbereich von –55°C bis +120°C und gute Beständigkeit gegen Öle, Treibstoffe und feuchte Wärme zeichnen ihn aus. Im gemischten Zustand hat 9323 B/A eine opake (nicht transparente) rosa Färbung. Bei der Verwendung von durchsichtigen Laminaten muss auf einen exakten Klebespalt geachtet werden, da sich der Klebstoff sonst durch Farbveränderungen bemerkbar macht.

Scotch-Weld 9323 B/A	Basis	Härter
Farbe	weiß gedeckt	rot-orange
Chem. Basis	mod. Epoxidharz	mod. Polyamin
Konsistenz	thixotrope Paste	gelartig
Viskosität 20°C	1 500 000 mPas	150 000 mPas
Spezifisches Gewicht	1,15 g/cm³	1,05 g/cm³
Festkörper Anteil	100 %	100 %
Mischungsverhältnis Gewicht	100 Teile	27 Teile

Erreichbare Zugscherfestigkeit nach DIN53283 42 N/mm²

Topfzeit:		
	25g Ansatz	2,5 h
	130g Ansatz	2,0 h
	160g Ansatz	1,0 h

Härtungszeit 48 h bei 25°C oder 2 h bei 65°C

Festigkeitsaufbau bei RT:	Nach	
	6 h	10 %
	8 h	30 %
	12 h	40 %
	24 h	70 %
	48 h	80 %
	15 Tage	100 %

Araldite AW 106 (Basis) / HV 953 U (Härter) auch unter der Bezeichnung Araldite 2011

Hersteller: Vantico

Araldite AW 106/HV 953 U ist ein zähelastischer Zweikomponenten-Konstruktionsklebstoff, der bei Raumtemperatur härtet. Er wurde für das Kleben von Metallen wie Aluminium und Stahl, einer Vielzahl von Kunststoffen und Verbundwerkstoffen wie GFK und CFK-Laminaten entwickelt. Geringes Fließvermögen, hohe Scher-, Schäl- und Schlagfestigkeit im Temperatureinsatzbereich von –50°C bis +80°C und gute chemische Beständigkeit zeichnen ihn aus. Im gemischten Zustand hat der Klebstoff eine weißlich transparente Farbe, was ihn für Klebungen mit durchsichtigen Laminaten besonders geeignet macht.

Araldite AW 106/HV 953 U	Basis (AW 106)	Härter (HV 953 U)
Farbe	cremeweiß transparent	gelblich transp.
Chem. Basis	mod. Epoxidharz	mod. Polyamin
Konsistenz	zähflüssiges Harz	honigartig fließfähig
Viskosität 20°C	40 000 mPas	30 000 mPas
Spezifisches Gewicht	1,20 g/cm³	1,0 g/cm³
Festkörper Anteil	100 %	100 %

Mischungsverhältnis Gewicht 100 Teile 80 Teile

Erreichbare Zugscherfestigkeit nach DIN 53283 25-30 N/mm²

Topfzeit:		
	25 g Ansatz	3,0 h
	130 g Ansatz	2,0 h
	160 g Ansatz	1,0 h

Härtungszeit 15 h bei 20°C oder 50 min bei 70°C

Festigkeitsaufbau bei RT:	Nach	
	6 h	50 %
	10 h	70 %
	15 h	80 %
	48 h	100 %

UHU-Plus Endfest 300

Hersteller: Henkel

UHU Endfest 300 ist ein zähelastischer Zweikomponenten-Konstruktionsklebstoff, der bei Raumtemperatur härtet. Er wurde für das Kleben von Metallen wie Aluminium und Stahl, einer Vielzahl von Kunststoffen und Verbundwerkstoffen entwickelt.
Geringes Fließvermögen, hohe Scher, Schäl und Schlagfestigkeit im Temperatur-einsatzbereich von -40°C bis +80°C und gute chemische Beständigkeit zeichnen ihn aus. Im gemischten Zustand hat der Klebstoff eine weißlich transparente Färbung. was ihn für Klebungen mit durchsichtigen Laminaten besonders geeignet macht.
Der Vorteil von UHU-Endfest 300 ist seine Transparenz und die Verfügbarkeit in kleinen Gebinden (ca.20g). Wenn ihr die in Baumärkten üblichen Preise aber mal auf Kilo-Preise umrechnet werdet ihr feststellen, dass dieses Produkt um den Faktor 2-3 teurer ist als der im Moment beste Hitech-Klebstoff.
Für Strukturklebungen sollte UHU-Plus Endfest außerdem grundsätzlich bei ca. 120-130°C für 20 min getempert werden.

UHU-Plus Endfest 300	Basis	Härter
Farbe	weißlich opak	gelblich transparent
Chem. Basis	mod. Epoxidharz	mod. Polyamin
Konsistenz	zähflüssige Paste	honigartig fließfähig
Viskosität 20°C	50 000 mPas	35 000 mPas
Spezifisches Gewicht	1,20 g/cm³	1,0 g/cm³
Festkörper Anteil	100 %	100 %
Mischungsverhältnis Gewicht	100 Teile	100 Teile

Topfzeit:		
	5g Ansatz	120 min
	20g Ansatz	100 min
	100g Ansatz	90 min

Temperatur	Härtungszeit	Festigkeit
20°C	12 Std.	1200 N/cm²
40°C	3 Std.	1800 N/cm²
70°C	45 Min.	2000 N/cm²
100°C	10 Min.	2500 N/cm²
180°C	5 Min.	3000 N/cm²

Festigkeitsaufbau bei RT:	Nach	
	6 h	50 %
	12 h	70 %
	24 h	80 %
	48 h	100%

Erreichbare Zugscherfestigkeit nach DIN53283 12-30 N/mm²

Birkenpech (Holzteer):
entsteht unter Sauerstoffabschluss und Hitzezufuhr im Bereich zwischen 340–420°C. Historische Bedeutung haben das sogenannte Grubenmeiler- sowie das Doppeltopfverfahren. Sie unterscheiden sich technologisch gesehen aber kaum. Da Birkenpech, soweit mir bekannt, nicht über den Handel bezogen werden kann, sieht sich der ehrgeizige Bogenschütze gezwungen die Sache selbst in die Hand zu nehmen.

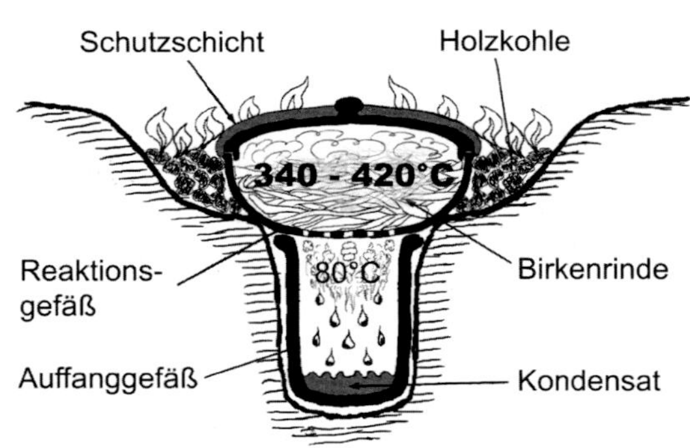

Abb. 8 Doppeltopfverfahren

Beim Doppeltopfverfahren werden 2 tönerne Gefäße übereinander im Boden vergraben. Über einem kleineren Topf, der später als Auffanggefäß für das Pech dient, steht ein etwas größerer, im Bodenbereich perforierter Topf, der ringsum befeuert wird. In Ihm befindet sich die Birkenrinde oder vergleichbare harzreiche Hölzer. Um Risse zu vermeiden wird normalerweise der Deckel mit einer Schutzschicht aus Lehm (Lutum Sapientiae) versehen. Mit steigender Temperatur beginnt die Rinde auszugasen, da die Teerdämpfe nicht durch den Deckel entweichen können, gelangen sie durch die Löcher im Bodenbereich in den unteren, durch das Erdreich wesentlich kühleren Topf und kondensieren schließlich an dessen Wandung.

Die Ausbeute hängt wesentlich von der Temperatur ab, ist sie zu niedrig entsteht kein oder fast kein Kondensat. Ist sie zu hoch, verascht die Rinde im Topf und damit auch das in ihnen enthaltene wertvolle Pech.

Bei einer vereinfachten Methode, wird auf den unteren Topf verzichtet. Der Deckel bekommt ein kleines Loch, damit kein Überdruck entstehen kann und statt ihn in die Erde einzugraben benutzt man den heimischen Gartengrill. Befeuert wird mit Holzkohlenglut (keine Flammen) und da die Dämpfe hier nicht so gut kondensieren können, muss der Vorgang nach kurzer Zeit (10–15 min) unterbrochen werden.
Das gewonnene Pech wird mit einem Holzspatel von Boden und Wand abgekratzt, anschließend wir das Ganze wiederholt, bis die Rinde vollständig entgast ist. Für dieses Verfahren benutzt ihr vorzugsweise Mutters besten Metallkochtopf (ca. 20–25 cm Durchmesser), dessen Deckel sehr gut schließt (evt. beschweren), oder der am Topf tief hinunterreicht (Stülpdeckel). Auch hier empfiehlt sich die ständige Überwachung, einerseits der Temperatur mittels eines Abgasthermometers (Heizungsfachhandel), andererseits die des Aufenthaltsortes der Besitzerin eures Topfes.

Technisch gesehen ist Birkenpech ein Schmelzkleber (Physikalisch abbindende Systeme -> Lösungsmittelfreie Kleber -> Ferr L-Tite, Beman, Pattex Heißklebe-Sticks usw.).
Entsprechend gestaltet sich die Verarbeitung:

- Klebstoff mit einer Kerze zum schmelzen bringen
- evt. vorher die Obsidian- oder Knochen-Spitze ebenfalls kurz anwärmen
- Klebstoff applizieren
- zusammenfügen
- abkühlen lassen, fertig.

Wie bei allen Heißklebern ist Wasser hier das beste Trennmittel. Achtet also besonders darauf, dass die Fügeteile trocken sind. Umgekehrt, mit feuchten Fingern lässt sich der Kleber hervorragend in Form bringen, ohne dass er an euch selbst haften bleibt.

Naturklebstoffe

Glutin- oder Fischleime werden angesetzt, indem die Flocken oder Platten zuerst in lauwarmem Wasser eingeweicht werden. Die Dauer ist dabei von der Größe der Partikel abhängig und beträgt ca. 2–4 h. Platten sollten aus diesem Grund vorher grundsätzlich zerkleinert werden um die Zeit nicht ins Uferlose wachsen zu lassen.

Erst wenn der Rohleim vollständig durchgequollen ist wird vorsichtig erhitzt. Dabei ist zu beachten, dass der Leim nicht über 60°C aufgeheizt wird, um die Eiweißketten nicht zu zerstören. Normalerweise benutzt man zum Erhitzen emaillierte Stahl- oder Edelstahl-Töpfe. Bei der Verwendung von unbeschichtetem Eisen oder Kupfer kann es sonst zu starken Farbveränderungen kommen.

Die Viskosität wird durch Zugabe von Wasser oder langsames Einköcheln eingestellt und ist reine Erfahrungssache (ca. 25–30 % Feststoffgehalt). Einen Anhaltspunkt bietet die Fließfähigkeit von normaler Kunstharzfarbe, läuft unser Leim ungefähr genauso schnell vom Pinsel ist die Viskosität in etwa richtig.

Die Abbindezeit hängt stark vom Wassergehalt des Leims (Viskosität) und der Beschaffenheit des Untergrundes ab. Daumenregel: wenn der Leim im Kocher wieder die Zähigkeit von Leder angenommen hat, sollte die Klebstoffschicht ebenfalls abgebunden haben. Das kann sich mitunter über Wochen und Monate erstrecken. Lasst also keine Ungeduld aufkommen.

Zwei Rezepte, um die Wasserlöslichkeit nach dem Abbinden zu verringern.

GLUTINLEIM

Haut- oder Knochen-Leim (Platten oder Flocken)	100 Teile
Wasser	200 Teile
Harnstoff (Kristalle)	8 Teile
Glyzerin	8 Teile

FISCHLEIM

Fischleim (Platten oder Flocken)	100 Teile
Wasser	10 Teile
Benzolsäure	0,22 Teile
Methylalkohol 95%	0,75 Teile
Kochendes Wasser	8 Teile

Kocher mit Topf im Topf: Glutinleim wird vorteilhaft im Wasserbad temperiert.

Ich hoffe, Ihr findet diese kleine Einführung in die Klebtechnik interessant und sie hilft euch, die Klebstoffe in ihrer Anwendung und Leistungsfähigkeit besser einzuschätzen.

Im übrigen gilt die 1. Grundregel der Klebtechnik, die bereits in der Jungsteinzeit eingeführt und niemals verändert wurde, und die da heißt:

Kleber klebt am besten,
an Händen,
Hosen,
Westen!

Mit klebrigem Gruß, Boris Pantel

GLOSSAR DER KLEBSTOFFE

Abbinden Verfestigen der Klebschicht von physikalisch abbindenden Klebstoffen. Hierbei handelt es sich um Prozesse wie Abkühlen (Erstarren) oder Verdampfen des Lösungs- bzw. Dispergiermittels. Es finden keine chemischen Prozesse statt.

Ablüften Vortrocknung eines aufgetragenen Lösungs- bzw. Dispersionsklebstoffes durch teilweises Abdampfen des Lösungs- oder Dispergiermittels.

Adhäsion Haftkräfte zwischen der Grenzfläche zweier Stoffe. In einer Klebung beschreibt die Adhäsion die Haftkräfte zwischen den Fügeteilen und dem Klebstoff.

Adhäsionsbruch Versagen einer Klebung an der Grenzfläche zwischen Fügeteil und Klebstoff. Bei einem solchen Bruchverhalten hat sich der Klebstoff von der Werkstückoberfläche gelöst. Der Adhäsionsbruch ist ein Hinweis auf mangelnde Oberflächenvorbereitung.

Aktivator Chemische Verbindungen, die in der Lage sind, chemische Reaktionen einzuleiten, die ohne diese Stoffe nicht ablaufen würden. Im Gegensatz zu Katalysatoren nehmen Aktivatoren an der chemischen Reaktion teil.

Ausblühen Eine Form von Ausgasungsverhalten, die speziell bei der Aushärtung von Cyanacrylaten auftritt. Dabei gasen leichter flüchtige Klebstoffbestandteile aus und schlagen sich neben der Klebestelle als weißlicher Belag nieder.

Aushärten Verfestigen der Klebschicht von chemisch härtenden Klebstoffen wie z.B. Epoxid, Phenol-, Polyurethan oder Silikonharzen, wodurch die Kohäsionskräfte entstehen. Hierbei handelt es sich um chemische Prozesse, die irreversibel sind.

Aushärtezeit Zeitspanne, innerhalb der die Klebung mit chemisch härtenden Klebstoffen nach dem Zusammenfügen eine für die spezifische Beanspruchung notwendige Festigkeit erreicht hat und chemische Reaktionen nicht mehr ablaufen.

Benetzung Eigenschaften des Klebstoffs, sich in molekularen Dimensionen den Konturen des Fügeteils anzupassen. Die Benetzungstendenz nimmt mit abnehmender Oberflächenenergie (Oberflächenspannung) des Klebstoffs zu. Ziel ist, eine möglichst große Differenz zwischen Oberflächenenergie des Klebstoffs (klein) und Oberflächenenergie des Fügeteils (groß) zu erzielen.

Beschleuniger Substanz, die in geringer Konzentration die Geschwindigkeit einer chemischen Reaktion steigert. Die Topfzeit und die Aushärtungszeit werden dadurch verkürzt.

Bruchbild Aussehen der Bruchflächen bei einer Klebung. Das Bruchbild lässt Aussagen darüber zu, ob beim Verkleben Fehler gemacht wurden oder ob die Klebung stark gealtert ist.

Endfestigkeit Maximal erreichbare Festigkeit, die ein Klebstoff unter Normprüfungsbedingungen noch erreichen kann. Die Werte, die z.B. in Datenblättern diesbezüglich angegeben werden, sind hinsichtlich einer Vergleichbarkeit genauestens auf alle Parameter zu überprüfen.

Erweichungstemperatur Kennzahl für das Erweichungsverhalten thermoplastischer Kunststoffe. Am Erweichungspunkt ändern sich die mechanischen Eigenschaften wie z.B. die Festigkeit dramatisch. Eigentlich sollte lieber vom Erweichungsbereich gesprochen werden, er beträgt ca. 40–60°C.

Exotherm Physikalische oder chemische Prozesse, die unter Energiefreisetzung (i. d. Regel Wärmefreisetzung) ablaufen.

Fügeteilbruch Versagen einer Klebung außerhalb der Klebfläche. Bei einem Fügeteilbruch ist die Festigkeit der Klebung größer als die Eigenfestigkeit des Fügeteilwerkstoffs.

Füllstoff Anorganische oder schwach quellbare organische Zusätze zu Klebstoffen. Füllstoffe sind z.B. Quarzmehl, Kreide, Ruß, Metallpulver, Glasfasern usw. Ziel ist die Erhöhung der Viskosität, der Härte, der Festigkeit, der Steifigkeit, Minderung von Schrumpfspannungen, Verbesserung der Fugenbeständigkeit, der Elektrischen- oder der Wärmeleitfähigkeit.

Glasübergangstemperatur Temperaturbereich, der für hochpolymere Kunststoffe (wie z.B. den Klebstoffen) den Übergang von einem eher weniger elastischen, steifen, festen Zustand, in einen elastischeren, weniger steifen und weniger festen Zustand kennzeichnet. Siehe auch =>Erweichungstemperatur.

Haftklebstoff Klebstoff, der als Newtonsche Flüssigkeit wirkt und in diesem relativ hochviskosen Zustand auf nicht porösen Oberflächen ein verhältnismäßig unspezifisches Haftvermögen (wie eine Art Saugnapf) erzielt. Die Haftung resultiert aus reversiblen physikalischen Haftungskräften. Typische Haftklebstoffe werden für Klebebänder eingesetzt.

Haftvermittler In der Regel hochgradig verdünnte Lösung der Grundstoffe des nachfolgend verwendeten Klebers zur Verbesserung der Haftung und/oder Langzeitbeständigkeit. Jeder Klebstoff benötigt seinen eigenen, speziellen Haftvermittler. Siehe auch => Primer

Handfestigkeit Festigkeit, die ein Weiterverarbeiten eines geklebten Bauteiles ohne zusätzliche Fixierung erlaubt. Der Klebstoff ist zu diesem Zeitpunkt noch nicht quantitativ ausgehärtet.

Härter Klebstoffkomponente, die die chemische Aushärtung durch Polykondensation, Polymerisation oder Polyaddition bewirkt. Bei 2-komponentigen Klebstoffen handelt es sich im deutschen Sprachraum beim Härter um die B-Komponente, die A-Komponente ist das Bindemittel. Bei Klebstoffen englischer oder amerikanischer Hersteller ist die Bezeichnung genau umgekehrt. Der Härter (Accelerator) ist die A-Komponente, das Bindemittel die B-Komponente (Basis).

Harz Technologischer Sammelbegriff für feste oder zähflüssige, organische, nicht kristalline Produkte. Für die Klebstoffindustrie sind Epoxid-, Polyurethan- und Polyesterharze bekannt.

Hautbildung Verstärkte Reaktion eines Klebstoffs aufgrund äußerer Einflüsse. Die Einflüsse können bei PUR-Klebstoffen Feuchtigkeit, bei methacylathaltigen Klebstoffen Sauerstoff sein. Durch die Hautbildung wird die Benetzung der Fügeteiloberfläche durch den Kleber verhindert. Die Werkstücke müssen also zusammengefügt sein, bevor die Hautbildung einsetzt.

Klebspalt Zwischenraum zwischen den zu verbindenden Fügeteilen, der möglichst vollständig mit Klebstoff gefüllt ist. Die Klebespalten sind vom Klebstoff abhängig und betragen in der Regel zwischen 0,02 mm und 0,3 mm.

Kohäsion Die Bindungskräfte im Klebstoff selbst. Die Kohäsion beschreibt den Zusammenhalt von Molekülen und setzt sich zusammen aus zwischenmolekularen Anziehungskräften und rein mechanischen Verklammerungen der Polymerketten.

Kohäsionsbruch Versagen einer Klebung im Klebstoff selbst. Bei einem solchen Bruchverhalten ist die Haftung des Klebstoffs auf der Fügeteiloberfläche erhalten geblieben. Bei den meisten Klebungen wird kohäsives Bruchverhalten angestrebt.

Mischungsverhältnis Verhältnis nach Gewicht oder Volumen, in dem die Komponenten A und B eines Klebstoffes gemischt werden müssen, um optimale Ergebnisse zu erzielen.

Monomer Allein existierende kleine Moleküle, die die Grundbausteine der entstehenden Makromoleküle (Polymere) darstellen. Je nach Aufbau der Monomere erfolgt die Bildung der Polymere durch Polykondensation, Polymerisation oder Polyaddition.

Nachvernetzen Meist durch Wärme begünstigte Reaktionen, die die eigentliche Aushärtung, die bei Raumtemperatur abgeschlossen ist und nicht weiterlaufen kann, über restliche, noch nicht abreagierte Molekülteile vervollständigt.

Oberflächenenergie/Oberflächenspannung Eigenschaften von Festkörpern und Flüssigkeiten, ihre Oberfläche möglichst zu verkleinern (bei Festkörpern ist das zwar nicht möglich, trotzdem unterliegen sie denselben Gesetzmäßigkeiten). D.h. Flüssigkeiten versuchen, ihre Oberfläche in eine Kugelform zu bringen. Bekanntestes Beispiel ist das Metall Quecksilber, welches auf Grund seiner sehr hohen Oberflächenenergie kugelförmige Tropfen ausbildet.

Primer Stark verdünnte (5-20%ige) Lösung des Klebstoffes, die auf die frisch behandelten Fügeteiloberflächen aufgebracht wird. Sie benetzt die Oberfläche vollständig und erbringt dadurch einen zusätzlichen Schutz vor Verunreinigungen. Sie verbessert außerdem die adhäsiven Eigenschaften und verzögert Alterungsvorgänge.

Schrumpf Bei der Entstehung von Polymeren kommt es aufgrund der chemischen Aushärtungsreaktion zu einer Volumenverminderung des Klebstoffs.

Strukturklebung Klebung, bei der die klebtechnische Verbindung den wesentlichen Beitrag zu Sicherstellung der Funktion des Bauteiles liefert.

Tempern Warmlagern, um den Klebstoff nachzuvernetzen, sowie mögliche innere Spannungen abzubauen.

Topfzeit Zeitspanne, während der ein Klebstoff nach dem Mischen sinnvoll verarbeitet werden kann. Sie hängt von der Geschwindigkeit der Polymerbildung und den äußeren Rahmenbedingungen ab, und sollte genaueste beachtet werden.

Viskosität Kriterium zur Beschreibung der Fließfähigkeit eines Stoffes (Flüssigkeit). SI-Einheit Pas (Pascal-Sekunden). In der Literatur wird häufig die Einheit mPas (Millipascal-Sekunden) verwendet. Ein kleiner Zahlenwert beschreibt eine dünnflüssige, niedrigviskose Flüssigkeit z.B. Wasser (1mPas), ein hoher Zahlenwert eine zähflüssige, hochviskose Substanz z.B. ein Epoxydharz mit 170 000 mPas.

Bezugsquellen von Klebstoffen

3M Deutschland
Carl Schurz Strasse 1
41453 Neuss
http://www.3m.com/de/
Fon: +49 (0)21 31 14-0 Zentrale
Fax: +49 (0)21 31 26 49
Fon: +49 (0)2131 14-2921 *Vertrieb Scotch-Weld Adesives* (Hier könnt ihr den Händler in euerer Nähe erfragen)

Vantico GmbH & Co KG
Öflinger Strasse 44
79664 Wehr/Baden
Fon:+49 (0) 77 62 82 28 28 (Hier könnt ihr den Händler in euerer Nähe erfragen)
Fax:+49 (0) 77 62 40 59
http://www.araldite-adhesives.com
Hersteller der ARALDITE Klebstoffe

Dick GmbH
Donaustraße 51
D-94526 Metten
Tel. +49 (0)991 - 91 09 901
Fax +49 (0)991 - 91 09 801
www.dick.biz
Knochenleim und Fischleim

ACHIM STEGMEYER

Jahrgang 1960, gelernter KFZ-Schlosser, kam 1987 zum traditionellen Bogensport und begann noch im selben Jahr autodidaktisch mit ersten Bogenbau-Experimenten.
Seit 1989 verkauft er seine Bogen, seit 1995 lebt er hauptberuflich vom Bogenbau. Höchste handwerkliche Qualität, Ästhetik und beste Wurfeigenschaften sind ihm Anspruch und Ansporn gleichermaßen. Auch darum legt er großen Wert auf das Gespräch und die Rückmeldung seiner Kunden.

13

ACHIM STEGMEYER

DER LAMINIERTE BOGEN

Einen Bogen in Laminat-Bauweise herzustellen ist eine relativ moderne Art des Bogenbaus. Heute versteht man darunter das Verleimen mehrerer dünner Schichten aus Holz zwischen zwei Schichten aus Fiberglas, wobei ein vorgeformtes Stück Hartholz, das den Griffbereich bildet, gleich mit eingeleimt wird.
Die gesamten Komponenten (Holzleisten, Glasstreifen, Griffstück) werden dabei in einem Arbeitsgang auf einer speziellen Bogenform miteinander verleimt. Die wesentlichen Vorteile dieser Art des Bogenbaus liegen in der relativ „einfachen" Herstellung, der Dauerhaftigkeit, gleichbleibenden Zugkraft und recht guten Leistung des Bogens und in den vielen Variationsmöglichkeiten bei Bogenholz und Bogendesign.
Da die Arbeitsweise zur Herstellung eines schichtverleimten Bogens bei allen Modellen (Langbogen, Flachbogen, Recurve) gleich ist, werde ich nachfolgend den Bau nur eines Bogentyps darstellen. Zuvor jedoch werde ich erst einmal die einzelnen Materialien beschreiben, die dazu verwendet werden.

WURFARMHÖLZER

Die wichtigsten Eigenschaften für optimales Wurfarmholz sind hohe Elastizität, hohe Biegefestigkeit, hohe Scherfestigkeit, geringes Gewicht und gute Verleimeigenschaften. Es gibt eine große Anzahl von Hölzern, die für laminierte Bogen geeignet sind, von denen ich hier nur die wichtigsten nenne: Bambus, Eibe, Osage Orange, Ulme, Robinie, Bergahorn, Esche, Nussbaum, Hickory, Kirsche.
Eibe, Bambus, Osage Orange, Robinie und Ulme gehören meiner Erfahrung nach zu den besten Wurfarmhölzern, wobei ich Eibe und Bambus bevorzuge: Sie sind etwas leichter im Gewicht, verursachen daher einen geringeren Handschock und ermöglichen eine höhere Pfeilgeschwindigkeit.

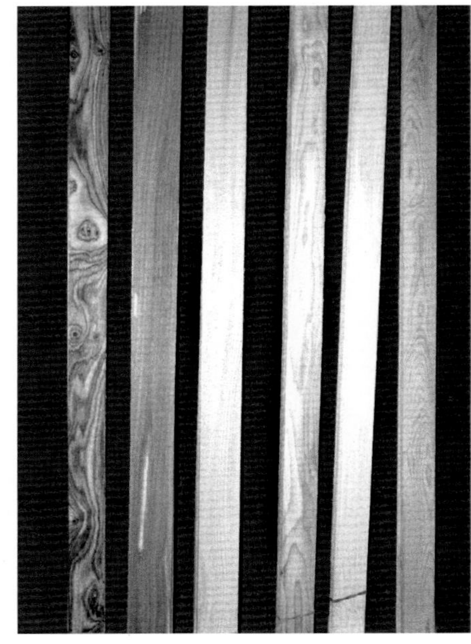

Dagegen haben Bogen aus Osage, Robinie und Ulme ein sehr gutes Schussverhalten bei schweren Pfeilen, sind sehr robust und dauerhaft und recht unempfindlich gegen Temperaturschwankungen.
Bei Recurve-Bogen entwickeln sich in den Wurfarmen sehr hohe Scherbelastungen, weshalb man hier ein Holz wählt, das dem standhält.
Dazu zählt der Bergahorn, er gehört deshalb bei den Recurves zu den am meisten verwendeten Hölzern. Es hat aber meiner Meinung nach ebenso kommerzielle Gründe, dass dieses Holz bevorzugt bei Recurve-Bogen verwendet wird. Diese sind: gute Trocknungseigenschaften, geringe Rissanfälligkeit, gute Maschinenbearbeitbarkeit, wenig Verschnitt, gute Verleimeigenschaften sowie gute Lackierfähigkeit durch Feinporigkeit. Und es ist billig und einfach zu beschaffen.
Ich persönlich verwende es recht selten und bevorzuge Osage, Robinie oder Ulme, da sie genauso scherfest sind, aber unter klarem Fiberglas ein attraktiveres Aussehen und einen schnelleren Abschuss haben. Die restlichen erwähnten Hölzer gehören zu den mittelschweren Hölzern, aus denen man ebenfalls gute Bogen machen kann.

Den Anfängern im Bogenbauen empfehle ich, es erst mal mit Ahorn oder Esche zu probieren. Diese Hölzer sind leicht zu bekommen, um einiges billiger, und ergeben ganz zufriedenstellende Bogen, normalerweise nicht ganz so schnell und komfortabel, dafür aber sehr dauerhaft und robust.

Abb. 1 Getaperte Holzleiste

Um einen Wurfarm möglichst effizient zu machen ist es vorteilhaft, die einzelnen Holzleisten zu „tapern“, das heißt sie keilförmig verjüngend zu schleifen. Dadurch verringert sich die Eigenmasse erheblich.
Sicherlich kann man diese Lamellen auch parallel lassen, also in gleicher Stärke von einem Ende zum anderen, aber ein solcher Bogen hätte mehr Handschock, ein nicht so gleichmäßiges Auszugsverhalten und wäre auch langsamer im Abschuss.
Wie stark getapert werden soll, hängt immer vom Bogendesign ab. Am besten führt man hier selbst einige Tests durch. Bei meinen eigenen Bogen beträgt der Unterschied zwischen der dicksten und der dünnsten Stelle des Wurfarmes beim Recurve ca. 2–3 mm und beim Langbogen ca. 3–5 mm. Dies bedingt sich immer durch die Stärke des Reflexes so wie die Länge und Breite des Wurfarms.
Für alle Hölzer gilt, dass sie luftgetrocknet sein sollen, je länger abgelagert umso besser (ca. 6%–7% Holzfeuchtigkeit). Das Holz soll natürlich möglichst fehlerlos sein, gerade gemasert, astfrei und ohne Risse!

GRIFFHÖLZER

Bei der Auswahl von Griffhölzern ist es wichtig, dass sie sehr hart, schwer und von dichtem Wuchs sind. Bei gut sortierten Holzhändlern steht ein großes Angebot von wunderschönen, verschieden farbigen Edelhölzern zur Verfügung.
Zum Beispiel Ebenholz, Rosenholz, Bocote (brasil. Rosenholz), Kingwood, Purple Heart, Schlangenholz, Cocobolo, Olive, um nur einige von den schönsten und schwersten, aber auch teuersten, zu nennen.
Bubinga, Red Paduk, Wengé oder Zebrano sind auch sehr hart, aber ein wenig leichter im Gewicht und günstiger im Preis.
Hier hat man alle Möglichkeiten der Holzkombination, auch ein schichtverleimtes Griffstück ist möglich.
Vorsicht ist allerdings bei sehr ölhaltigen Hölzern geboten, da dies Probleme mit der Leimhaftung geben kann (Holz an den Klebestellen gut entfetten, siehe auch vorangegangene Seiten über Klebstoffe).

FIBERGLAS-LAMINATE

Fiberglas ist ein moderner Verbundwerkstoff, der seit den 40er Jahren im Bogenbau benutzt wird. Unzählige unidirektionale Glasfasern (ca. 70 % in Längsrichtung) eingebettet in Epoxidharz ergeben ein extrem biegefestes Material, allerdings nur in Faserichtung.
Fiberglas gibt es transparent und farbig (schwarz, weiß, braun, grün, grau, rot) und in verschiedenen Längen, Breiten und Stärken. Ich verwende ausschließlich transparentes Glas, weil dadurch das Holz schön zur Geltung kommt und ich sehen kann, ob meine Verleimarbeit gut geworden ist.
Dieses speziell für den Bogenbau gefertigte Glas (Gordon Bo Tuff) kann man über einige Großhändler aus den USA beziehen (Bingham Projekt, Old Master Crafters) oder aus Schweden (Björn Bengston). Manche Sorten kann man auch von verschiedenen Skiherstellern bekommen. Ich persönlich benutze Bo Tuff aus den USA in den Stärken 0,8 mm, 1 mm, 1,2 mm und 1,5 mm in verschiedenen Längen und Breiten.

KLEBSTOFF

Zwei-Komponenten-Epoxidharz-Klebstoff ist sicherlich das beste Material, um den hohen Belastungen eines Bogens standzuhalten. Diese Klebstoffe gibt es bei verschiedenen Herstellern mit unterschiedlichen Mischungsverhältnissen und Eigenschaften.
Die meisten lassen sich gut verarbeiten und haben eine recht lange „offene Zeit“ von ca. 1 Std. bevor sie beginnen auszuhärten. Bei der Verarbeitung sind die Herstellervorschriften genau zu beachten. Diese Klebstoffe sind meistens auch dort zu bekommen, wo auch das Glasfiber angeboten wird.

DAS BOGENDESIGN

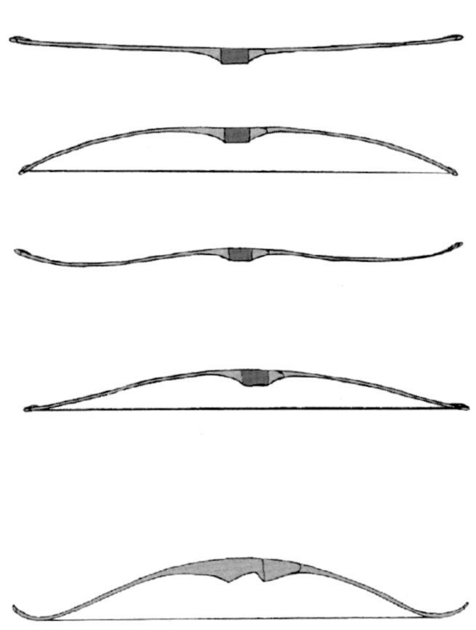

Langbogen, Flachbogen und Recurves gibt es in den verschiedensten Längen und Ausführungen. Hier den richtigen Bogen für sich zu finden ist eine Sache der persönlichen Ansprüche und Vorlieben und ist abhängig vom eigenen Schießstil.
In der Regel wird ein Schütze mit kurzem Auszug, der gerne auf die Jagd geht oder „jagdliche“ Turniere schießt, gerne einen kurzen Bogen benutzen, wenn er aber einen langen Auszug hat eher einen längeren Bogen oder einen Recurve.
Beispiel: Wenn ein Schütze einen Auszug von 26"–27" hat, könnte er einen Flachbogen mit einer Länge zw. 58" - 62" wählen, einen Langbogen von 64"–66" Länge oder einen Recurve von 56"–60" Länge. Diese Standardangaben variieren natürlich je nach Bogenausführung.
Der kürzere Bogen bietet viel Bewegungsfreiheit im Gelände, ist recht schnell, setzt aber auch sauberes Schießen voraus.
Der längere Bogen ist ruhiger im Abschuss und verzeiht eher einen Schießfehler, ist dafür aber manchmal hinderlich im Gelände. Bevor man sich für einen Bogentyp entscheidet, sollte der Schütze ausgiebig die verschiedenen Bogentypen schießen, da der praktische Eindruck doch sehr unterschiedlich wahrgenommen wird.

Anmerkung: Ein gerader Bogen ist am einfachsten zu bauen. Ein Bogen mit Reflex-Deflex oder ein Recurve-Bogen ist dagegen etwas aufwändiger herzustellen.

DIE BOGENFORM (VERLEIMFORM)

Die Bogenform ist die Grundlage für einen laminierten Bogen. Da auf dieser Form alle Komponenten gleichzeitig miteinander verleimt werden, wird der spätere Bogen genau dieser Form entsprechen.

Einrichten auf der Bogenform

Diese Form sollte man aus Sperrholz (Multiplex oder Buchensperrholz) oder auch aus Metall machen, wobei Holz meistens billiger zu beschaffen und einfacher zu bearbeiten ist. Bei Formen aus einem einzigen gewachsenen Stück Holz besteht die Gefahr, dass sie sich durch die hohen Temperaturen beim Verleimprozess verziehen können.

Um die Bogenform anzufertigen, zeichnet man die Bogenkontur zuerst auf Millimeterpapier und überträgt das Ganze auf einen Block Multiplex.
(Maße für Langbogenform: 4 cm stark, 15 cm hoch und ca. 10 cm länger als die Gesamtbogenlänge.)

Nach dem Aussägen der Kontur mit einer Bandsäge schleift man die raue Oberfläche an einer Kantenschleifmaschine vollends auf Maß. Wer keine solche Maschine hat, kann deswegen bei seinem Schreiner anfragen. Dabei ist darauf zu achten, dass die ganze Form völlig winkelgerecht ist und keine Unebenheiten aufweist.
Noch genauer und schneller geht es mittels einer Schablone aus 5 mm dickem Sperrholz. Anhand dieser Kontur fräst man das Ganze an einem Stück heraus. Zum Schluss die Form noch fein schleifen und mit PU-Lack lackieren.

Um die Laminat-Schichten in die Form zu pressen gibt es verschiedene Möglichkeiten.
Eine davon ist die Verwendung von Schraubzwingen (Abb. 2).

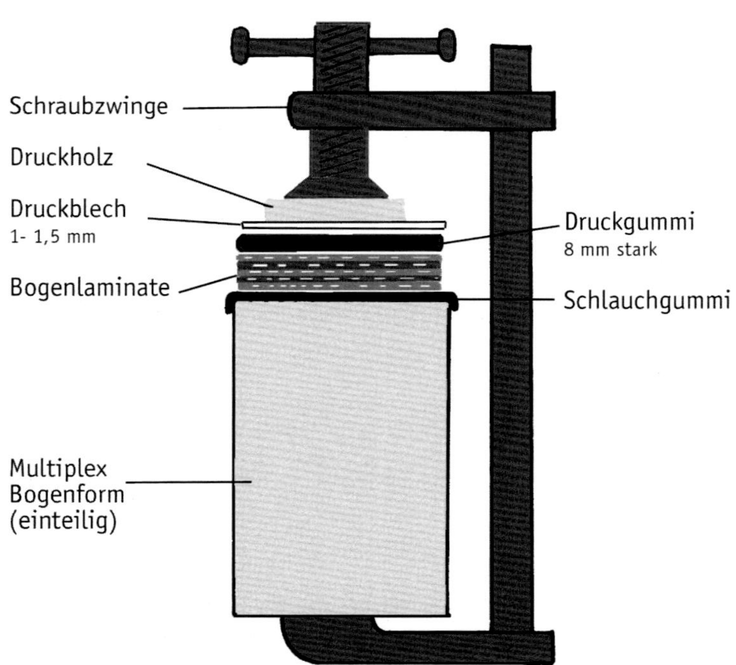

Abb. 2 Bogenform mit Schraubzwingen

Eine andere ist die Luftschlauchpressung. (Abb. 3 und Foto links). Ich persönlich bevorzuge die Schlauch-Methode, weil sich hierbei der Pressdruck völlig gleichmäßig verteilt. Auch wird die ganze Vorrichtung nicht so schwer, da bei der Schraubzwingen-Methode doch etliche Zwingen gebraucht werden.

Die obere Hälfte der zweiteiligen Form kann aus Vollholz hergestellt oder aus 2 bis 3 Tischlerplatten zusammengeleimt werden.
Die Flächen der Form, auf der die Komponenten aufliegen, kann man noch mit dünnem Gummi (z. B. alter aufgeschnittener Fahrradschlauch) bekleben, wodurch sich der Pressdruck noch besser ausgleichen lässt.

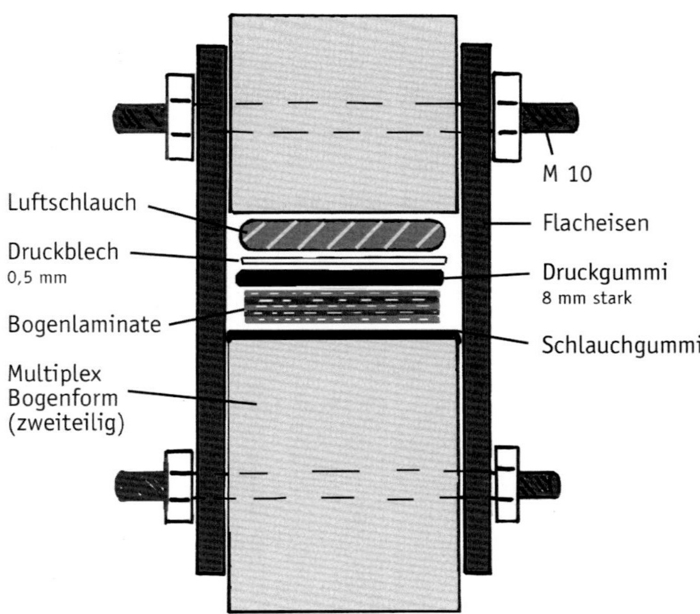

Abb. 3 Zweiteilige Bogenform mit Luftschlauchpressung

DIE WÄRMEBOX

Die meisten Epoxydharz-Klebstoffe erreichen ihre höchste Festigkeit, wenn sie beim Abbinden auf eine bestimmte Temperatur gebracht werden. Diese ist je nach Hersteller unterschiedlich.

Man baut sich deshalb eine große Kiste, in der man die komplette Bogenform bequem unterbringen und gleichmäßig erwärmen kann.
Zur Erwärmung dienen 4 bis 5 Glühbirnen mit je 150 Watt, die zur Regelung der Temperatur mit einem vorgeschalteten Thermostaten gesteuert werden. Das Ganze wird im unteren Bereich der Kiste angebracht und die Innenseite der Kiste wird zusätzlich mit reflektierendem Material beklebt, damit sich die Wärme gleichmäßig verteilt.

Für den professionellen Bogenbauer können sich auch elektrisch betriebene flexible Heizplatten lohnen, die direkt in der Bogenform mitverwendet werden. Dadurch spart man sich auch den Platz für die sperrige Wärmebox.

Abb. 4 Wärmebox mit Bogenform

DER EIGENTLICHE BOGENBAUPROZESS

Die Maßangaben der folgende Beschreibung gelten in erster Linie für einen Langbogen von 66" Länge, mit ca. 50 bis 55 lb. auf 28" Auszug, mit 2" reflex und ¾" deflex.
Prinzipiell gilt die Beschreibung aber für sämtliche laminierten Bogen.

Griffstück

Wir suchen ein Stück Griffholz aus und bearbeiten es auf die Maße 1,5" x 1,5" x 18" (4 cm x 4 cm x 46 cm) und markieren die Griffsektion bei stehenden Jahresringen.

Abb. 5 Griff

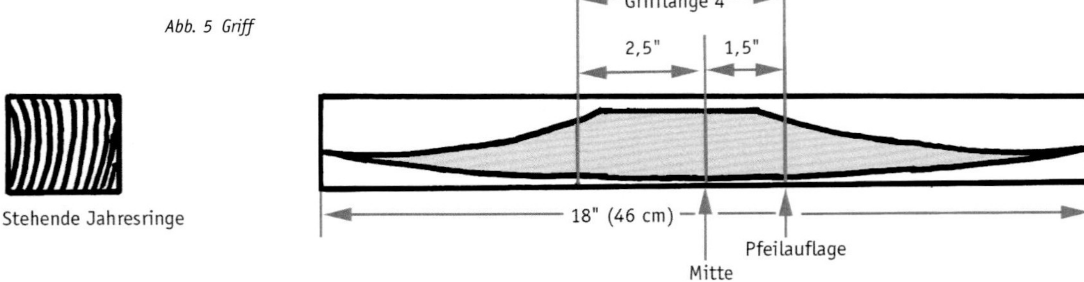

Danach sägt man das Griffstück grob aus und schleift es so, dass es perfekt in die Bogenform passt.

Dabei ist darauf zu achten, dass die Ausdünnung (fade-out) ganz sanft ausläuft, papierdünn wird und alles im rechten Winkel ist.

Wurfarme

Für die Wurfarme werden 3 Paar gerade gemaserte Holzleisten in den Maßen 92 cm x 0,5 cm (36" x 1,5") verwendet, die anschließend getapert (sich verjüngend geschliffen) werden, d.h. von 3,4 mm am dicken Ende auf 1,8 mm am dünnen Ende.

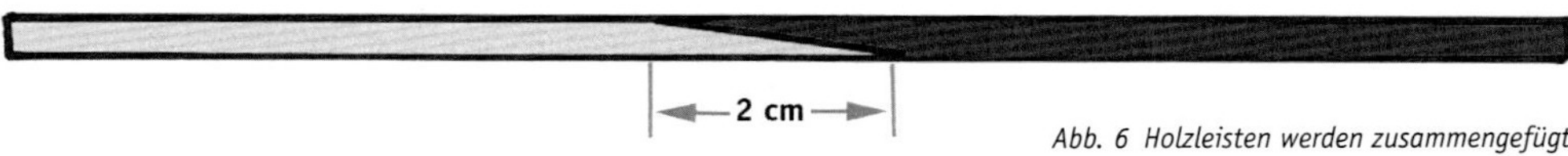

Abb. 6 Holzleisten werden zusammengefügt

Danach werden aus zwei Paaren der 92 cm langen Streifen durch einfaches Schäften (am dicken Ende) zwei Stücke von je 182 cm Länge hergestellt.

Die Fiberglasstreifen beklebt man auf der Außenseite mit Klebeband, das schützt das Glas und man sieht darauf die späteren Markierstriche besser. Einen der Glasstreifen sägt man in zwei Hälften, da diese mit den übrigen zwei kurzen Holzleisten auf die Innenseite des Bogens (den Bogenbauch) geleimt werden, wo sie vom Griffstück unterbrochen werden.

Nun reinigt man sämtliche Klebeflächen mit Verdünner oder Aceton, denn eventuelle Verunreinigungen der Klebeflächen durch Fett oder Staub beeinträchtigen die bestmögliche Verklebung, was zu Delamination oder Bruch des Bogens führen kann.

Die Einzelkomponenten vor der Verleimung

Die Verleimung

Jetzt mischt man sich die entsprechende Menge Epoxidharz-Kleber an und bestreicht sorgfältig alle (!) Klebeflächen. Danach werden die Komponenten in die zuvor mit Klarsichtfolie geschützte Bogenform gelegt und mit Klebestreifen fixiert, damit sie nicht verrutschen können. Dabei ist darauf zu achten, dass die Mitten von Form und Griffstück genau übereinstimmen.

Wenn die Druckkomponenten wie Luftschlauch, Gummi, Bleche und die obere Hälfte der Form fixiert und verschraubt sind, gibt man langsam Druck in den Schlauch bis man etwa 6 - 7 bar erreicht hat und legt dann die ganze Form in die Wärmebox.

Bei ca. 70 °C ist der Klebstoff nach 3–4 Stunden ausgehärtet und man kann nach dem Abkühlen den Bogenrohling aus der Form nehmen.

Nun wird der überschüssige Leim entfernt (Vorsicht, scharfe Kanten).

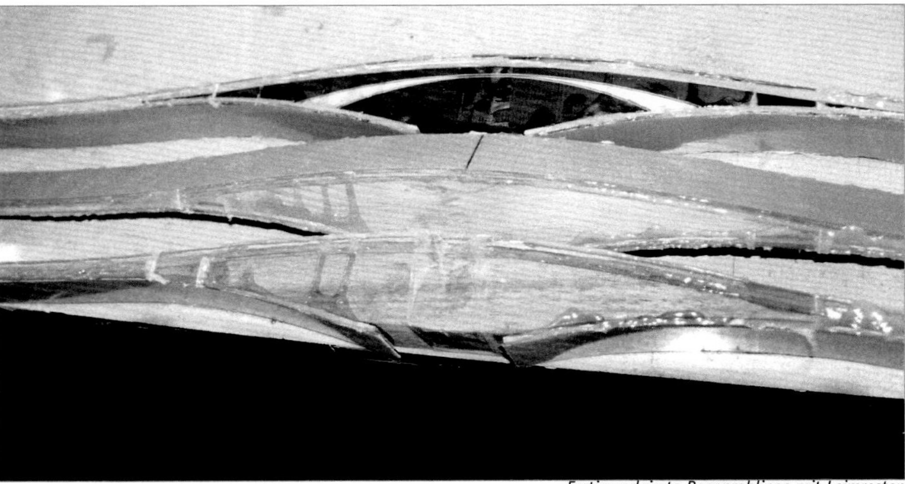

Fertig verleimte Bogenrohlinge mit Leimresten

Bogenmaße

markiert man die Zentrumslinien in Länge und Breite auf dem Bogenrücken des Rohlings (Abb. 7.1).

Von der Bogenmitte ausgehend markiert man jetzt die Bogenlänge und die Griffstücklänge mit dem Griffbereich. Da die Bogenlänge von 66" von Sehnenkerbe zu Sehnenkerbe gemessen wird, muss auf jeder Seite noch 1" an Länge für die Tips zugegeben werden (Abb. 7.2).

Anschließend markiert man die gewünschte Bogenbreite an den Tips und an den Enden des Griffstücks und verbindet die Punkte miteinander.

Alles in Länge und Breite über die Markierung hinausstehende Material kann jetzt entfernt werden (Abb. 7.3).

Abb. 7 Bogenrücken mit Maßen

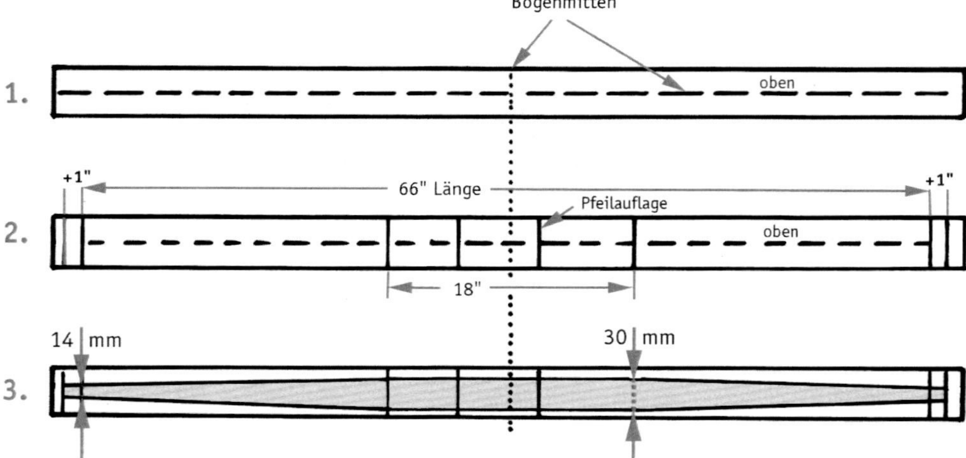

Tip-Overlays

Nach dem Abschleifen des überstehenden Materials leimt man zur Verstärkung der Wurfarmenden die sog. Tip-Overlays auf. Diese sind bei der Verwendung von Dacron-Sehnen nicht unbedingt nötig, aber bei der Verwendung von Fast-Flight-Sehnen ist es unumgänglich, Overlays aus Fiberglas, Micarta, Knochen, Horn oder aus einer Kombination dieser Materialien zu verwenden.

Beim Einfeilen der Sehnenkerben (Sehnenlager) ist darauf zu achten, dass die seitliche Tiefe (ca. 3-4 mm) auf beiden Seiten gleich ist und dass keine scharfen Kanten bleiben, an denen sich die Sehne mit der Zeit durchscheuern kann.

Abb. 8 Tip mit aufgeleimtem Overlay

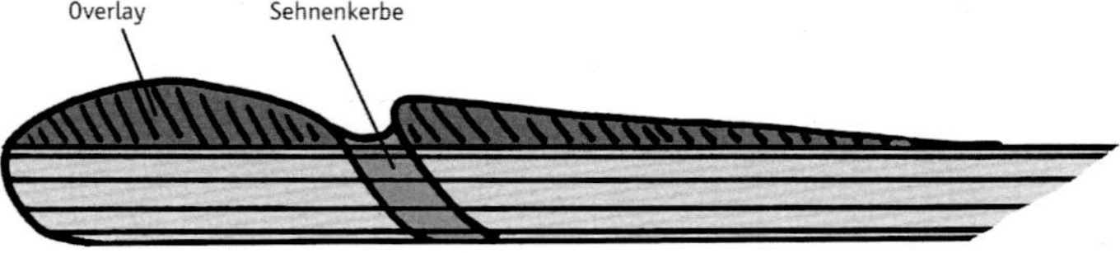

Griffstücke zum Verleimen vorbereitet,
rechts: verschiedene Grifflösungen

Bogen von Achim Stegmeyer

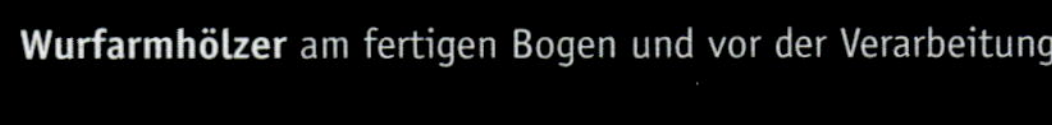

Wurfarmhölzer am fertigen Bogen und vor der Verarbeitung

Bogen von Achim Stegmeyer

Tillern

Bevor man den Bogen das erste Mal aufspannt werden alle Glasfiberkanten der Wurfarme gerundet, da das Glas sonst einreißen kann.

Am aufgespannten Bogen prüft man jetzt, ob die Flucht beider Wurfarme in Längsrichtung stimmt. Ist dies nicht der Fall, nimmt man noch etwas Material weg. Da sich der Wurfarm immer zu seiner schwachen Seite hin neigt, nimmt man also auf der gegenüberliegenden, stärkeren Seite des Wurfarmes etwas Material ab.

Danach prüft man den sogenannten Tiller der Wurfarme, d.h. man achtet darauf, ob sie sich gleichmäßig stark biegen. Das macht man am besten an einer Tillerwand, an der parallele Linien angebracht sind, da man dadurch gut erkennen kann, wie sich die Wurfarme biegen.

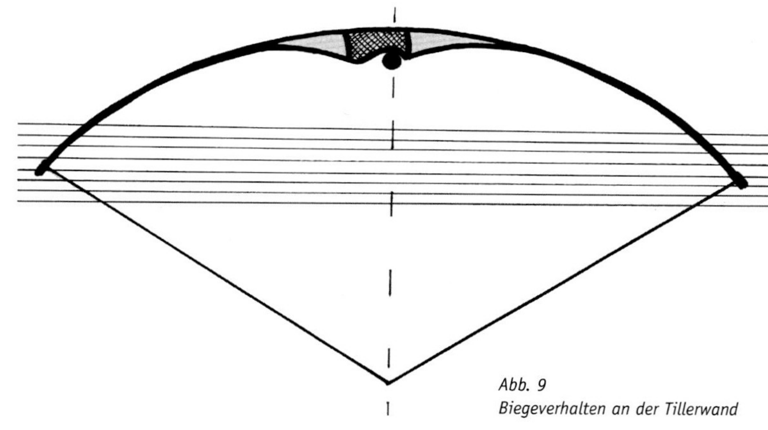

Abb. 9
Biegeverhalten an der Tillerwand

Die Pfeilauflage liegt oberhalb der Bogenmitte, also näher am oberen Wurfarm, wodurch dieser etwas stärker belastet wird.

Damit der obere Wurfarm beim Schuss aber nicht mehr Energie abgibt als der untere, muss der obere Wurfarm etwas schwächer gemacht werden.

Dieser Unterschied ist messbar. Bei aufgespanntem Bogen (Standhöhe 6"–7") misst man den Abstand der Sehne zu den Griffstückenden. Der Abstand sollte am oberen Wurfarm 3–7 mm größer sein.

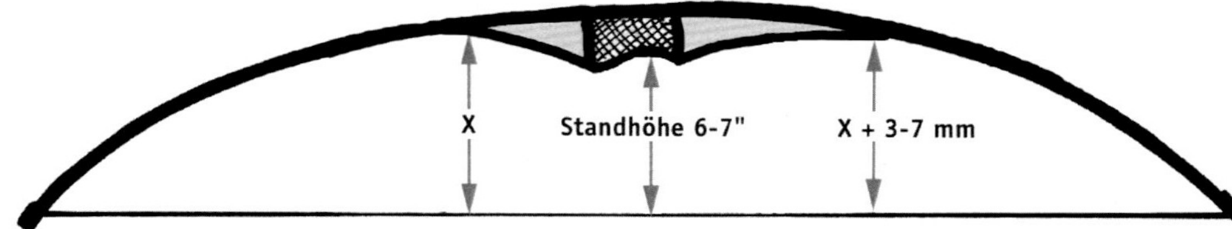

Abb. 10
Überprüfung der Standhöhe

Zuggewicht

Jetzt prüft man das Zuggewicht mit einer Zugwaage bei einem Auszug von 28", gemessen von der Vorderkante (dem Rücken) des Bogens.

Ist das Zuggewicht noch zu hoch, kann man durch Abschleifen der Kanten auf der Bauchseite der Wurfarme oder durch vorsichtiges Abschleifen der Fiberglasschicht der Bauchseite das Zuggewicht reduzieren. Dabei ist aber immer wieder zu überprüfen, ob Flucht und Tiller noch stimmen.

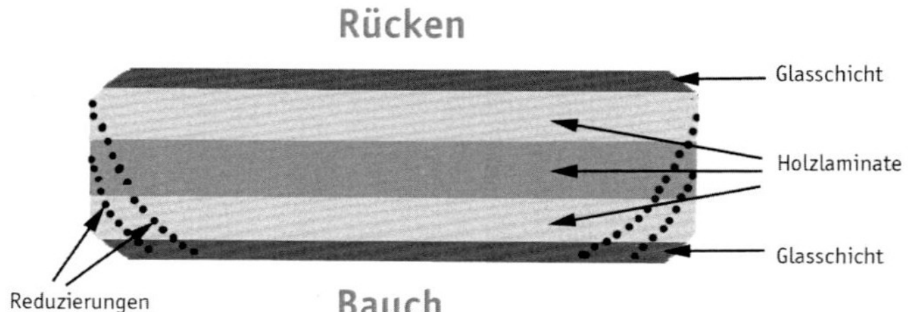

Abb. 11
Querschnitt durch den Wurfarm

Wenn das Zuggewicht zu niedrig ausgefallen sein sollte, hat man nur noch die eine Möglichkeit, auf das gewünschte Zuggewicht zu kommen: Man muss den Bogen etwas kürzen, wieder neue Tip-Overlays aufleimen und die Prozedur des Tillerns wiederholen.
Es ist deshalb von Vorteil, wenn das Zuggewicht in diesem Stadium noch 2–3 lb. höher ist als erwünscht, da durch das Herausarbeiten von Griffstück und Pfeilauflage und durch den Feinschliff das Zuggewicht evtl. noch etwas nachlassen kann.

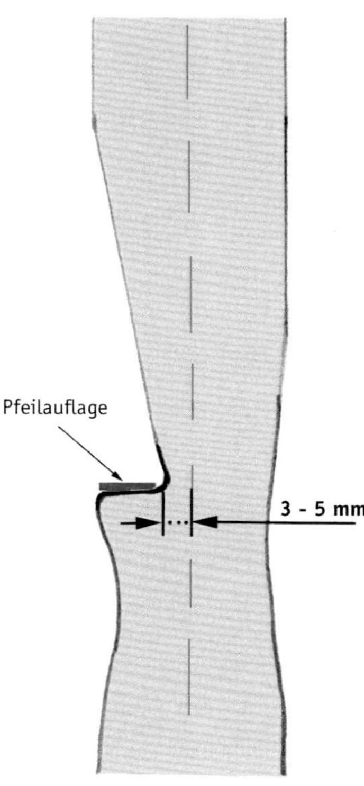

Pfeilauflage

Der nächste Schritt ist das Herausarbeiten der Pfeilauflage. Dieser seitliche Einschnitt darf allerdings nicht zu weit in das Griffstück eingearbeitet werden, seine tiefste Stelle sollte noch ca. 3–5 mm außerhalb der Bogenmitte liegen.
Danach bearbeitet man den Griff, wobei unbedingt darauf zu achten ist, dass die Glasschicht des Bogenrückens durchgehend und unverletzt bleibt.

Fertigstellen

Nach dem abschließenden Feinschliff wird der Bogen noch lackiert. Polyurethan-Lacke, Zwei-Komponenten-Acryl-Lacke oder diverse Parkettlacke tun hier gute Dienste.
Wichtig ist, dass der Lack elastisch bleibt, gut haftet und abriebfest ist.

Damit der Bogen in der Hand nicht so sehr rutschen kann, klebt man mit Kontaktkleber dünnes weiches Leder auf den Griff.
Und damit der Pfeil beim Schießen auf der Pfeilauflage keine Spuren hinterlässt, kann man auch hier noch ein Stück Leder, Fell oder Filz aufkleben.

Als Sehne für diesen Bogen empfiehlt sich entweder eine Dacron-Sehne mit 12–14 Strang oder eine Fast-Flight-Sehne mit 14–16 Strang.

Anmerkung

Um diese Beschreibung in die Tat umsetzen zu können, halte ich handwerkliches Geschick und Einfühlungsvermögen in Material und Technik für unumgänglich. Sämtliche Beschreibungen beruhen auf meinen persönlichen Erfahrungen beim Bogenbau.

Grundsätzlich muss aber doch jeder seine eigenen Erfahrungen machen.

Ich hoffe, dass ich etwas dazu beitragen konnte, sich den Traum vom eigenen Bogen zu erfüllen. In diesem Sinne wünsche ich viel Erfolg und Spaß.

Longbow for ever!

Achim Stegmeyer

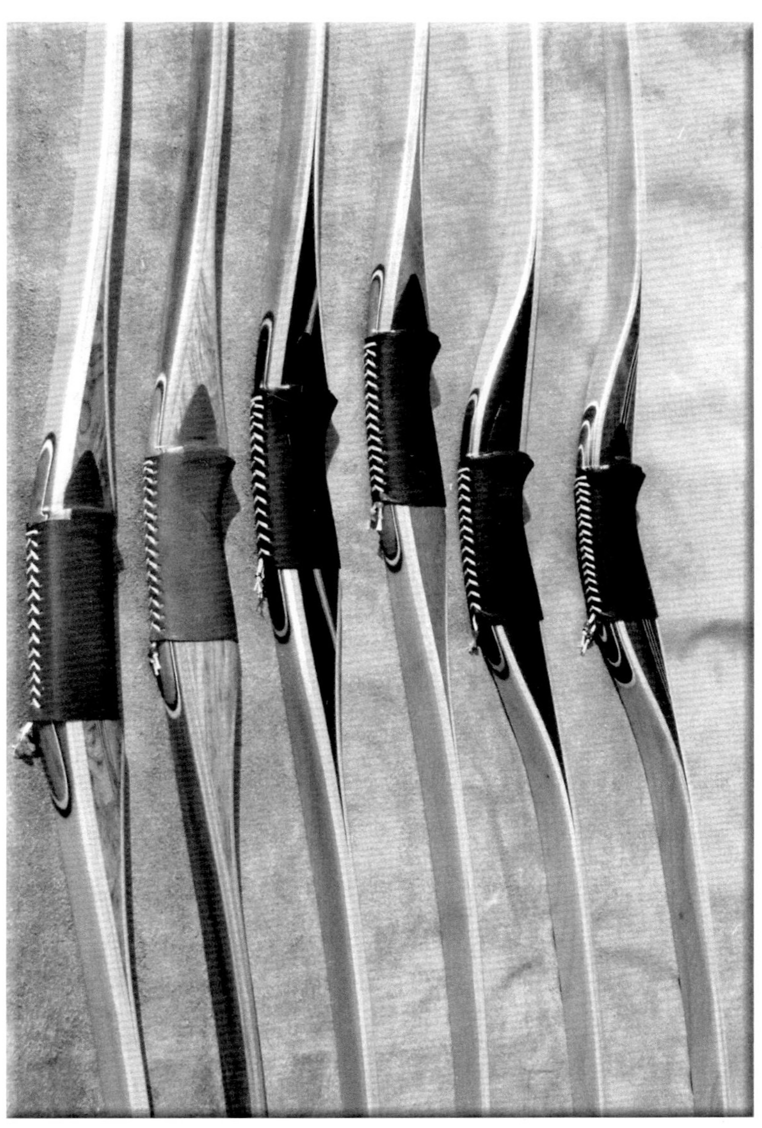

GLOSSAR

DER BEI BOGENBAU UND BOGENSPORT VERWENDETEN BEGRIFFE

Abgreifen s. string walking

Ablass, Abzug das Loslassen (Lösen) der Sehne zum Schuss

Agincourt Ort einer berühmten Schlacht von 1415. Englische Bogenschützen bereiten den Franzosen eine verheerende Niederlage

Anker(punkt) bestimmter Punkt, meist im Gesicht, bis zu dem der Bogen ausgezogen wird, dient u.a. der Auszugskontrolle

Archer's Paradox Phänomen, dass der Pfeil nicht seitlich abgelnkt wird, sondern sich im Abschuss verbiegt, um den Bogen herum windet und im freien Flug wieder beruhigt. Dies erklärt die Bedeutung des Spine-Wertes.

Armschutz schützt den Unterarm der Bogenhand vor dem Sehnenschlag und verhindert, dass Kleidung in den Weg der Sehne gerät

Auszug voller Auszug, s. Auszugslänge

Auszugslänge Abstand von der Sehne bis zur Bogenaußenseite im voll gespannten Zustand vor dem Schuss, hiernach richtet sich natürlich die nötige Pfeillänge. Ebenso sollte der Bogen natürlich zur Auszugslänge des Schützen passen

Back engl. für (Bogen-)Rücken

Backing Belag des Bogenrückens aus zugstabilem Material (Holz, Tiersehne etc.), um den Bogen zu verstärken und/oder vor Bruch zu schützen

Back Set Vorspannung, der ansonsten gerade Bogen hat im entspannten Zustand eine leichte Krümmung zum Rücken hin, vgl. String-Follow und Reflex

Bambus sehr gutes Material sowohl für Bogen als auch für Pfeile

Bare Bow Bogen ohne Zielvorrichtung oder andere Hilfsmittel, wird „instinktiv" oder mit System geschossen

Barrelled engl. für fassförmig. Ein Pfeilschaft, der vorne und hinten verjüngt ist, ist „barrelled"

Bauch die Innenseite des Bogens, die dem Schützen zugewandt ist

Belly engl. für (Bogen-)Bauch

Birkenpech steinzeitlicher Klebstoff, entsteht durch das Verschwelen von Birkenrinde unter Luftabschluss

Blankbogen s. Bare Bow

Blunt breite, stumpfe Pfeilspitze, die ein Eindringen des Pfeils verhindert

Bodkin engl. für Schusterahle, bezeichnet eine nadelförmig schlanke, drei- oder viereckige Spitze, konnte Rüstungen durchschlagen

Bogenbauerknoten auch Zimmermannstek, einfache, leicht versetzbare Schlinge zum Befestigen der Sehne am Bogen

Bogenhand Hand, die den Bogen hält, vgl. Zughand

Bogenhülle schützendes Futteral für den entspannten Bogen

Bogenköcher s. Köcher

Bogenlänge meistens die Länge des entspannten Bogens von Nocke zu Nocke, kann aber auch die Sehnenlänge bezeichnen (!), was eigentlich sinnvoller wäre

Bogenrohling aus dem Stave grob herausgearbeiteter Bogen vor dem Tillervorgang

Bogner Bogenschütze

Bowyer engl. für Bogenbauer

Broadhead engl. für eine zwei- oder dreiflügelige, scharf geschliffene Spitze für die Jagd

Button im modernen Bogensport eine einstellbare, gefederte seitliche Pfeilanlage

Checker Hilfsmittel zum Überprüfen und Einstellen von Sehnenstand und Nockpunkt

Center Shot engl. für Mittenschnitt, das Bogenfenster ist so weit eingeschnitten, dass der Pfeil nahe bei oder in der Mittelachse des Bogens liegt

Clout-Schießen Wettkampfart, bei der gemeinsam auf ein Ziel in sehr großer Entfernung geschossen wird

Compound-Bogen technischer Bogen mit Umlenkrollen, ermöglicht eine Auszugserleichterung und hohe Pfeilgeschwindigkeit

Crécy Ort einer berühmten Schlacht 1346, durch engl. Bogenschützen entschieden

Cresting Farbringe am Pfeilschaft als Schmuck und zur Kennzeichnung

Crowndip Farbauftrag durch Tauchen des hinteren Pfeilschaftes in Farbe, im Bereich der Befiederung

Dacron beliebtes Sehnengarn aus Kunstfaser mit geringer Elastizität, deshalb bogenschonend

Dämpfer Büschel aus Fell, Wolle oder Gummi werden zur Geräuschdämmung in die Sehne eingeflochten

Daumenring Fingerschutz für den Daumen beim mongolischen/asiatischen Ablass: Die Sehne liegt im Daumen, dieser wird durch den Zeigefinger gesperrt bzw. freigegeben

Dechsel Querbeil, zum flachen Behauen von Holz, die Klinge ist nicht längs, sondern quer geschäftet, wurde in der Steinzeit zum Bogenbau verwendet

Deflex Krümmung eines Teils des Wurfarmes zum Schützen hin

Deflex-Reflex geschwungene Bauform beim modernen Langbogen, steigert Leistung und Komfort

DFBV Deutscher Feldbogensport Verband

Dominantes Auge das stärkere Auge des Schützen, das den Zielvorgang bestimmt

Druckholz aufgrund ungleichmäßiger Belastung des Baumstammes besonders druckstabiles Holz

Druck-und-Zug-Methode nach der Methode mit der Spannschnur die zweitbeste Art, einen Bogen aufzuspannen. Der untere Tip liegt an der Innenseite des linken Fußes, die linke Hand zieht am Griff, die rechte Hand drückt den oberen Wurfarm und führt die Sehnenschlaufe in die obere Nocke. Kann auch eine Technik bezeichnen, wie der Bogen in den vollen Auszug gebracht wird. Vgl. Vorhalte-Methode und Swing-Draw-Methode

Durchsteige-Methode weit verbreitete Methode, den Bogen auf und ab zu spannen. Man steht dabei mit einem Bein „im Bogen". Birgt allerdings das Risiko, den Bogen ungleichmäßig zu belasten und / oder die Wurfarme zu verdrehen

Eibe das Holz der Eibe war in Europa von der Jungsteinzeit bis ins späte Mittelalter das bevorzugte Bogenholz, heute in guter Qualität nur sehr selten zu bekommen

Endlossehne Bogensehne, die aus einem einzigen, mehrfach umlaufenden Faden hergestellt wird

Epoxy Zwei-Komponenten Epoxidharz-Kleber, meistverwendeter Klebstoff im Bogenbau, sehr fest und leicht fugenfüllend, aber ungesund

FAAS Schweizer Feldbogensportverband

Face Walking Technik beim Systemschießen, je nach Entfernung wird der Ankerpunkt höher oder tiefer gewählt

Facing entsprechend dem Backing die Verstärkung der Bogeninnenseite

Fade-Out engl. auch: Dip, Übergang vom dickeren Griff in die dünneren Wurfarme

Fast-Flight beliebtes Sehnengarn aus Kunstfaser mit minimaler Elastizität für schnellen Pfeilflug

Feldschießen Bogenschießen im Gelände auf unterschiedliche Ziele und wechselnde Distanzen

Feldspitze traditionelle Form der Scheibenspitze, wegen ihrer scharfen Kante aber nicht so scheibenschonend wie eine „bullet point" o.ä. Spitzen

Fenster Schussfenster, großer Ausschnitt im Griffstück des Bogens, erleichtert das Zielen und reduziert das Archer's Paradox, s. Center Shot

Finish durch Auftragen von Öl, Wachs oder Lack wird der fertige Bogen vor der Witterung, besonders vor Feuchtigkeit, geschützt

FITA internationaler Bogensportverband für das olympische Bogenschießen

Flämischer Spleiß beliebte mittelalterliche Technik, das Sehnenöhrchen (Auge) herzustellen

Flat Bow engl. für einen Bogen mit flachen, dafür breiten Wurfarmen. Der flachbreite Wurfarmquerschnitt ermöglicht eine kürzere Bauform als beim klassischen Langbogen

Fliegender Anker Der Bogen wird nicht im Anker gehalten, sondern Ziehen, Ankern, Lösen und Nachhalten erfolgen in einer ununterbrochenen, fließenden Bewegung

Flight-Schießen Wettkampf zur Erzielung einer Maximaldistanz

Flu-Flu Pfeil mit besonders großer Befiederung für schnelles Abbremsen des Pfeilflugs

Footing eingespleißter Vorschaft aus Hartholz

fps, ft/s feet per second, Abschussgeschwindigkeit des Pfeils nach Verlassen des Bogens, 100 ft/s sind ungefähr 110 km/h

Game Trail spielerische Jagdsimulation. Entlang einer markierten Strecke hat der Schütze nicht nur die unbekannten Scheiben, sondern auch die günstigsten Schusspositionen zu finden.

Glasbelegter Bogen s. Glasfiber

Glasfiber Glasfaser, modernes Material im Bogenbau, wird bei der Laminatbauweise als Backing und Facing eingesetzt. Extrem belastbar, ermöglicht neue Bogenformen wie z.B. Deflex-Reflex, besonders kurze Bogen oder arbeitende (elastische) Recurves

Grain engl. Gewichtseinheit, 100 grain sind 6,47 Gramm

Handschock engl. Kick, Rückschlag oder Vibration des Bogens beim Abschuss. Ein starker Handschock wird als störend empfunden und kann auf Dauer sogar Schmerzen verursachen.

Hanf historisches Fasermaterial zur Sehnenherstellung

Hartriegel lat. Cornus, ähnlich dem Schneeball gutes Pfeilmaterial, schwer, hart und zäh

Holmegaard-Bogen bislang ältester eindeutiger Bogenfund Europas, aus Ulmenholz und mit der charakteristischen Schulter in den Wurfarmen

Holzbogen Bogen nur aus Holz, ohne Glasfaser o.ä.

Hornnocke v.a. beim engl. Langbogen, die auf die Wurfarmenden aufgesetzten Spitzen aus Horn mit dem Nockschlitz

Hunter-Runde Turniermodus, bei dem auf Tierdarstellungen je nur ein Schuss abgegeben wird

IFAA International Field Archery Association

Inch engl. für Zoll, entspricht 25,4 mm, das Zeichen dafür ist „

Instinktives Schießen Schießen ohne bewusstes Zielen, rein aus dem Gefühl

Jagdbogen etwas kräftigerer Bogen für die Beschleunigung schwerer Pfeile, meistens von kürzerer Bauart für mehr Beweglichkeit im Gelände, vgl. Scheibenbogen

Jahresringe jahreszeitlich bedingte Wachstumsringe im Holz, je nach Holzart von größter Bedeutung für den Bogenbau

Judo-Spitze stumpfe Spitze mit gefederten Krallen, verhindert beim Roving das Verschwinden des Pfeils in Gras o.ä.

Kernholz s. Splintholz

Kill-Zone bei Tierscheiben der innere Wertungsbereich, der einen tödlichen Treffer symbolisiert

Köcher Behälter zum Transport der Pfeile, am Gürtel oder über die Schulter getragen. Ein Bogenköcher dient zum Befestigen der Pfeile direkt am Bogen.

Komposit-Bogen eigentlich jeder Bogen, der aus verschiedenen Materialien zusammengesetzt wurde; bezeichnet häufig den klassischen, orientalisch-asiatischen Recurvebogen mit Horn am Bauch, Holzkern und Sehnen-Backing

Kompressionsrisse Risse im Holz des Bogenbauches, entstehen an der Stelle übermäßiger Druckbelastung. Leistungsmindernd, aber meistens ungefährlich.

Kriechen Nachlassen im vollen Auszug, verringert die Auszugslänge vor dem Schuss

Kyudo japanisches traditionelles Bogenschießen

Laminierter Bogen Bogen, der aus mehreren miteinander verleimten Schichten besteht, vgl. Selfbow

Langbogen ein prinzipiell gerader Bogen, bei dem die Sehne nicht am Wurfarm anliegt, sondern frei zwischen den Wurfarmenden schwingt. Vgl. Recurvebogen

lb englisches Pound, siehe Pfund

Leinen Flachs, historisches Fasermaterial zur Sehnenherstellung, bietet hohe Zugfestigkeit und sehr geringe Elastizität

Leitfeder auch Hahnenfeder, die Feder am Pfeil, die im rechten Winkel zum Nockschlitz steht

Longbow engl. für Langbogen

Lösen s. Ablass

Mary Rose	engl. Schlachtschiff, gesunken 1546, auf dem man 137 Langbogen mit Zuggewichten bis zu 185 Pfund (!) gefunden hat
Mediterraner Griff	Griff der Sehne mit zwei Fingern unter, einem Finger über dem Pfeil
Mittelwicklung	Umwicklung der Sehnenmitte mit Faden, dient zum Schutz der Sehne vor Verschleiß
Mittenschnitt	s. Centershot
Nachhalten	der Schütze verharrt in der Position des Lösens, bis der Pfeil steckt. Vermindert das Verreißen oder Verwackeln des Schusses.
Nocke	meist erhabene Stelle am Wurfarmende (Tip) mit Nockkerbe zur Aufnahme der Sehne. Die Pfeilnocke ist das auf den Schaft gesetzte, geschlitzte Endstück des Pfeiles. Vgl. Selfnocke
Nockpunkt	Markierte Stelle an der Sehne, an der der Pfeil aufgesetzt wird
Nockwicklung	unterhalb des Nockschlitzes um den Pfeilschaft herum, verhindert bei Selfnocks das Spalten des Schaftes durch die Bogensehne
Nullpunkt	Entfernung, bei welcher der Pfeil das Ziel trifft, wenn die Pfeilspitze im vollen Auszug im Ziel gesehen wird
ÖBSV	Österreichischer Bogensportverband
Parcours	längere Strecke im Gelände, entlang der mehrere Scheiben aufgestellt sind
Pfeilanlage	entsprechend der Pfeilauflage die seitliche Fläche, wo der Pfeil den Bogen berührt
Pfeilauflage	kleine Auflagefläche für den Pfeil am Bogen, vgl. Fenster
Pfund	gemeint ist das engl. Pound (lb), ca. 453 Gramm, das Zeichen dafür ist #
Pistolengriff	stark ausgeformtes Griffstück für festen, ruhigen Halt
Popinjay	Vogelschießen, Wettkampfart, bei der fast senkrecht nach oben geschossen wird
Propellerholz	Drehwuchs, in sich verdreht gewachsener Stamm. Ein daraus gebauter breiter Bogen würde wie ein Propeller aussehen.
Recurve-Bogen	Bogen mit geschwungenen oder geknickten Wurfarmen, an denen die Sehne im gespannten, aber nicht im voll ausgezogenen Zustand anliegt. Er hat durch die Hebelwirkung im Prinzip weniger Stacking als ein Langbogen und erreicht durch das Verkürzen der frei schwingenden Sehnenstrecke eine kraftvollere Endbeschleunigung des Pfeils.
Recurves	die nach vorne gebogenen Teile der Wurfarme am Recurve-Bogen
Reflex	Krümmung eines Teils des Wurfarmes zum Ziel hin
Release	s. Ablass, beim „technischen" Bogenschießen ein mechanisches Lösegerät
RH	Abkürzung für rechtshändig, ein Bogen für einen Rechtshand-Schützen, der mit der Rechten zieht, mit der Linken den Bogen hält
Rohschafttest	Test zum Ermitteln des richtigen Spine-Wertes. Es werden Pfeile ohne Befiederung geschossen. Sinnvoll nur bei gut entwickeltem Schießstil.
Roving	umherstreifendes Bogenschießen auf natürliche Ziele wie Blätter, Pilze, Baumstümpfe etc.
Rücken	die dem Ziel zugewandte Außenseite des Bogens
Schabhobel	kleiner Hobel mit seitlichen Griffen, sinnvolles Werkzeug zum Holzbogenbau, füllt die Lücke zwischen Zugmesser und Ziehklinge
Schachtelhalm	Zinnkraut, kann durch seinen hohen Gehalt an Kieselsäure wie feines Schmirgelpapier verwendet werden, bei Geigenbauern beliebt
Schaft	stabförmiges Pfeilmaterial, an dem Spitze, Befiederung und Nocke angebracht werden
Scheibe	Zielscheibe, worin der Pfeil steckt, wenn er getroffen hat. Kann aus den verschiedensten Materialien sein, z.B. Holzwolleballen. Eine 3-D Scheibe ist meist eine vollplastische Nachbildung eines Jagdwildes
Scheibenauflage	Papier mit Ringen oder Bildern, wird auf der Scheibe befestigt
Scheibenbogen	Bogen für das sportliche Schießen mit eher leichten, schnellen Pfeilen, vgl. Jagdbogen
Schießhandschuh	dreifingeriger Handschuh als Fingerschutz der Zughand
Schneeball	lat. Viburnum, wolliger oder gemeiner Schneeball, in der Steinzeit beliebtes Material für Pfeilschäfte, hart und zäh, wird unter Hitze gerichtet
Sehne	Schnur, ohne die der Bogen keiner ist
Sehnenbrett	wie der Sehnengalgen eine Hilfskonstruktion zum Herstellen einer Bogensehne

Sehnengalgen	langer Balken mit verstellbaren Stiften, dient zum Herstellen einer Sehne
Sehnenstand	s. Standhöhe
Sehnenwachs	Wachs zur Pflege und Imprägnierung der Bogensehne
Selfbow	Bogen aus einem einzigen Stück Holz, ohne Verleimungen
Selfnocke	Nocke, die nicht auf den Pfeil aufgesetzt, sondern als Kerbe direkt in den Schaft geschnitten wird
Shelf	Unterkante des Bogenfensters, dient zur Auflage des Pfeils
Silex	in der Vorgeschichte für Pfeilspitzen verwendetes glasartiges Gestein, z.B. Obsidian oder Flint (Feuerstein)
Siyah	engl. Ear, das Ohr: der steife, abgewinkelte Teil des Wurfarmes bei den klassischen, orientalischen Komposit-Recurve-Bogen
Spannschnur	sinnvolles Zubehör zum Auf- und Abspannen des Bogens
Spine, Spine-Wert	Biegesteifigkeit des Pfeilschaftes, muss zur Stärke des Bogens und zum Schießstil des Schützen passen, deshalb angegeben in lb als grober Anhaltswert für die richtige Auswahl
Spine-Tester	Gerät zur Messung der Biegesteifigkeit des Pfeils, der Messwert der Durchbiegung wird umgerechnet und in lb-Werten angegeben
Spleißen	Technik zum Zusammenfügen zweier Teile, die Verleimung von Vor- und Hauptschaft oder von oberer und unterer Bogenhälfte, s.a. Flämischer Spleiß
Splintholz	bei bestimmten Hölzern die äußeren Jahresringe des Baumes, im Unterschied zum innenliegenden Kernholz
Stacking	Verhärtung, überproportionale Zunahme des Zuggewichts am Ende des Auszugs
Standhöhe	Abstand der Sehne vom Bogen im gespannten, nicht gezogenen Zustand
Stave	Bogenstab, ein Stück Holz oder laminiertes Material, aus dem der fertige Bogen heraus gearbeitet werden soll
Stellmoor-Bogen	vermutetes Fragment eines Bogens von 9.500 v. Chr., nicht mehr vorhanden
String Follow	der Bogen nimmt dauerhaft eine leichte Krümmung an, leistungsmindernd
String Walking	Technik des Zielens, bei der die Position der Zughand auf der Sehne je nach Schussdistanz wechselt
Stump Shooting	siehe Roving
Systemschießen	bewusst gesteuerter Zielvorgang nach eigenem System, vgl. instinktives Schießen
Swing-Draw-Methode	der Bogen wird in einer fließenden Bewegung mit ausgestrecktem Arm nach oben genommen und dabei in den vollen Auszug gezogen. Vgl. Vorhalte-Methode und Druck-und-Zug-Methode
Tab	einfacher Fingerschutz für die Zughand aus Leder oder Fell
Take-down	teilbarer Bogen, der im Griff demontiert werden kann
Tapered	engl.: in eine Richtung sich verjüngend, beim Pfeilschaft nach hinten, beim Wurfarm zu den Enden hin
Tiller	s. Tillern, meint den geringfügig unterschiedlichen Sehnenstand der Wurfarme
Tillerbrett, -stock, -wand, -baum	Vorrichtung zum Tillern, in die der Bogen eingespannt bzw. darin ausgezogen werden kann
Tillern	vom engl. tiller, bezeichnet den Vorgang beim Bogenbau, mit dem für eine gleichmäßige Biegung beider Wurfarme gesorgt wird.
Tillerschnur	stabile, überlange Sehne für das anfängliche Tillern, wird später durch eine passende Sehne ersetzt oder entsprechend verkürzt
Tips	die meist verstärkten Spitzen der Wurfarme mit den Sehnenkerben, s.a. Nocke
Traditioneller Bogen	ein Bogen, der auch bei moderner Fertigungstechnik in der Tradition des einfachen Bogens steht, d.h. bei grundsätzlich ähnlicher Bauart identische Handhabung verlangt, und natürlich ohne jegliche Hilfsmittel geschossen wird
Trockenrisse	längs laufende Risse im Stave durch zu schnelle, ungleichmäßige Trocknung
Trockenschuss	auch Leerschuss – „Schuss“ ohne Pfeil, kann den Bogen zerstören!
Tuning	Abstimmung von Pfeil, Sehne und Bogen auf den Schießstil, für einen ruhigen, geraden Pfeilflug

Untergriff	Griff an der Sehne mit drei Fingern unter dem Pfeil, s.a. string walking
Vorhalte-Methode	der Bogen wird mit aufgelegtem Pfeil ins Ziel gehalten, dann erst voll ausgezogen
Vorschaft	vorderer Teil des Pfeils, entweder aus stabilerem Material als der Hauptschaft, oder (bei der Jagd) sich vom Hauptschaft lösend
Wärmebox	Große beheizbare Kiste zum Trocknen von Staves oder Rohlingen bei Holzbogen bzw. zum Aushärten des Epoxy-Klebers in der Bogenform bei Laminatbauweise
Wurfarme	die sich bewegenden, arbeitenden Teile des Bogens, im Unterschied zu Griff- bzw. Mittelstück
Yard	1 yard sind 0,91 Meter
Yew	engl. für Eibe
Ziehklinge	Blech mit angezogenem Grat für feinsten Spanabtrag beim Bogenbau
Zielpunkt	bewusst gesuchter Punkt, vor den die Pfeilspitze gehalten wird, über oder unter dem eigentlichen Ziel, Form des Systemschießens. s. a. Nullpunkt
Zuggewicht	Kraft des Bogens im vollen Auszug, gemessen in engl. Pfund (lb). Wird keine spezielle Auszugslänge angegeben, gilt dieses (meistens) bei einem Auszug von 28 Zoll
Zughand	Hand, die die Sehne greift, bei Rechtshandschützen die rechte
Zugmesser	auch Ziehmesser, Klinge mit zwei Griffen, zum ziehenden Abtrag von Holz beim Bogenbau
Zugwaage	Federwaage, mit der die Zugkraft des Bogens gemessen wird, s. Zuggewicht

ZEITAFEL

Prähistorische und historische Vollholzbogentypen –
Wichtige Fundstücke von der Steinzeit bis zur europäischen Renaissance

Name / Fundort	**früheste Datierung**	**Verbleib / Ausstellung**
Holmegaard-Bogen	Ca. 8.000 v. Chr.	Dänisches Nationalmuseum Kopenhagen (DK)
Tybrind Vig-Bogen	Ca. 5.300–4000 v. Chr.	Moesgaard Museum, Aarhus (Dänemark)
Bodman-Bogen	Ca. 4.000 v. Chr.	Rosgarten-Museumesitz Konstanz
Egolzwil-Bogen	Ca. 3.800 v. Chr.	Schweizerisches Landesmuseum Zürich (Schweiz)
Hauslabjoch-Bogen („Ötzis“ Bogen)	Ca. 3.300 v. Chr.	Südtiroler Archäologiemuseum Bozen (Italien)
Aamosen-Bogen	Ca. 3.000 v. Chr.	Dänisches Nationalmuseum Kopenhagen (DK)
Meare-Heath-Bogen	Ca. 2.700 v. Chr.	Museum of Archeology and Anthropology Cambridge (England)
Lötschenpass-Bogen	Ca. 2.200 v. Chr.	Lötschentaler Museum in Kippel (Schweiz)
Nydam-Bogen	Ca. 200 n. Chr.	Archäologisches Landesmuseum Schleswig
Oberflacht-Bogen	Ca. 550 n. Chr.	Württembergisches Landesmuseum Stuttgart
Altdorf-Bogen	Ca. 650 n. Chr.	Historisches Museum Uri in Kippel (Schweiz)
Haithabu-Bogen	Ca. 900 n. Chr.	Wikinger Museum Haithabu in Schleswig
Burg-Elemendorf-Bogen	Ca. 1050 n. Chr.	Archäologisches Landesmuseum Schleswig
Mary-Rose-Bogen	1445 n. Chr.	Mary Rose Museum in Portsmouth/Tower of London (England)
Schloss-Hohenaschau-Bogen	Ca. 1480 n. Chr.	Germanisches Nationalmuseum Nürnberg

UNSER VERLAGSPROGRAMM: BOGENBAU

MEIN PFEIL- & BOGENBUCH

Genaue und bestens bebilderte Anleitung für Kinder, Jugendliche & Einsteiger im Bogenbau. Einfacher Flitzebogen und ein Nachbau eines Steinzeitbogens. Geschichte des Bogens, Pfeileherstellung, Befiederung, Bogensehne, Arm- u.Fingerschutz, Schießanleitung

ISBN: 9783938921180 **39,80 €**

DIE BIBELN DES TRADITIONELLEN BOGENBAUS

Das nordamerikanische Standardwerk über traditionellen Bogenbau in 4 Bänden. Umfangreiches Nachschlagewerk über Pfeil- und Bogenbau auf verschiedenen Kontinenten.

Band 1, Band 2, Band 3 im Softcover-Format je **29,- €**
Innenteil s/w, mit vielen Abbildungen.
Jeder Band hat zwischen 356 u. 400 Seiten, 17 × 24 cm

Band 4 als Hardcover
34,- €

je 19,99 €

HOLZBOGEN BAUEN! Was ich vorher gerne gewusst hätte...

Es sind drei einfache Grundregeln, mit deren Beachtung jedes Bogenbauprojekt gelingen kann. Jim Hamms letztes Buch zeigt dir wie es geht!

ISBN: 978-3-938921-59-3
18,80 €

DER GEBOGENE STOCK

Ein Holzbogen muss nicht aus Eibe oder aus Osage Orange sein. Denn weiße Hölzer wie Esche, Ulme, Hickory, Walnuss, Birke und viele andere ergeben ebenso leistungsfähige und dauerhafte Bögen wie die angeblichen Spitzenhölzer.

ISBN: 978-3-9808743-6-6
19,80 €

AUF DER SPUR DES OSAGEBOGENS

Bogenbau nicht als trockene Anleitung, sondern als spannende Erzählung. Dazu wertvolle Praxistipps zu Holztrocknung, Facettentiller und vieles mehr, ein Buch für den Bogenbau-Gourmet! Von Dean Torges

ISBN: 978-3-9808743-3-5
19,80 €

OSMANISCHE KOMPOSITBOGEN Konstruktion und Design

Alles was man für den Bau eines türkischen Kompositbogens wissen muss, mit Anleitungen, Maßen und vielen Fotos.

ISBN 978-3-938921-19-7
39,80 €

BOGENSCHIESSEN AUSRÜSTUNG & ZUBEHÖR SELBST GEMACHT

Das komplette Zubehör eines traditionellen Bogenschützen, zum eigenen Nachbau.

ISBN: 978-3-938921-03-6
39,80 €

UNSER MAGAZIN

ALS PRINTHEFT

und / oder DIGITAL

...und als APP FÜR UNTERWEGS

TB Magazin

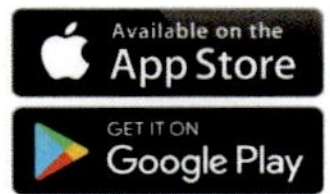

EINZELHEFT 8,50 €
4-er ABO Inland 38 €
Europa & Welt 48 €
Kombi digital +Print + 6 €

www.bogenschiessen.app

BOGENBAUER-PAKET NR.1: BOGENHÖLZER

TB 64: Hickory, Yumi-Longbow-Hybrid
TB 65: Esche
TB 66: Robinie
TB 68: Ahorn
TB 69: Osage
TB 70: Ulme
TB 71: Eibe
TB 72: Roteiche
TB 73: Die 3 H: Hasel, Holunder, Hartriegel
TB 74: Hainbuche /Rattanbogen
TB 75: Schwarznuss
TB 77: Bogenholz ernten Verarbeiten Teil 1
TB 78: Bogenholz ernten Verarbeiten, Teil 2, Bogen-Schnitzbank

Bestellnr.: pak-holz 10,- €

BOGENBAUER-PAKET NR.2: BESONDERE BOGEN

13 Indianischer Flachbogen. Der Saami-Bogen.
16 Der erste (?) Langbogen mit Karbon-Backing.
27 Bambus beim Bogenbau. Hornbogen als Hobby.
31 Japanische Bogenverleimtechnik mit Schnur u. Keilen.
32 Bambusbelegter Perry-Reflex-Bogen. Teilbare Bogen.
36 Japanischer Bogenbau.
38 Kinderbogen aus Rattan.
39 Der Hörnerbogen
45 Langbogen-Eigenbau. Meare-Heath-Bogen.
46 Zierlaminate in Bogengriffen.
51 Bogen mit Kabelbacking. Abenteuer Kompositbogen.
52 Bau eines osmanischen Kompositbogens, Teil 1
53 Bau eines osmanischen Kompositbogens, Teil 2
54 Ein Glasbogenbau-Workshop.
62 Glaslaminierter Recurve-Bogen.
64 Ein Yumi-Longbow-Hybrid.
67 Der saamische Zweiholzbogen.
74 Themenschwerpunkt Rattanbogen
82 Takedown-Bogen mit Glasfaser-Steckhülse.

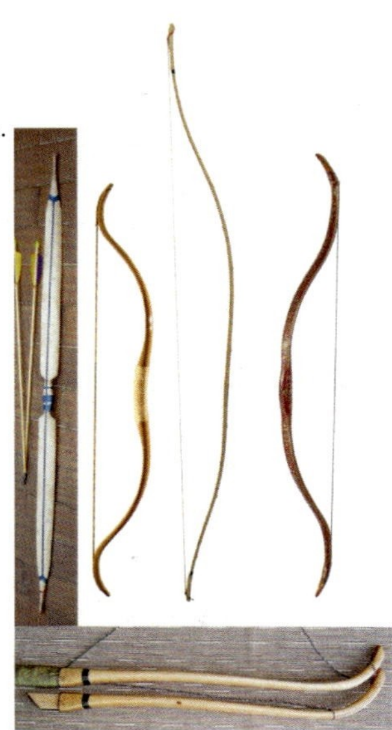

Bestellnr.: pak-bogen 15,- €

Alle Bücher und Hefte gibt es hier:
www.bogenschiessen.shop

Verlag Angelika Hörnig